创新心脏

肯德尔广场创新启示录 ◀

[美]罗伯特·布德里 著
(Robert Buderi)

王瑜玲 译

WHERE FUTURES CONVERGE

Kendall Square and the Making
of a Global Innovation Hub

中国科学技术出版社
·北京·

北京市版权局著作权合同登记图字：01–2024–1616

图书在版编目（CIP）数据

创新心脏：肯德尔广场创新启示录 /

（美）罗伯特·布德里 (Robert Buderi) 著；王瑜玲译 .

北京：中国科学技术出版社，2024. 10. -- ISBN 978-7 –5236–0849–4

Ⅰ . G305

中国国家版本馆 CIP 数据核字第 20248J2T99 号

策划编辑	杜凡如　任长玉	责任编辑	安莎莎　童媛媛
封面设计	东合社	版式设计	蚂蚁设计
责任校对	焦　宁	责任印制	李晓霖

出　版	中国科学技术出版社
发　行	中国科学技术出版社有限公司
地　址	北京市海淀区中关村南大街 16 号
邮　编	100081
发行电话	010-62173865
传　真	010-62173081
网　址	http://www.cspbooks.com.cn

开　本	710mm×1000mm　1/16
字　数	430 千字
印　张	26.25
版　次	2024 年 10 月第 1 版
印　次	2024 年 10 月第 1 次印刷
印　刷	大厂回族自治县彩虹印刷有限公司
书　号	ISBN 978-7–5236–0849–4 / G·1058
定　价	89.00 元

（凡购买本社图书，如有缺页、倒页、脱页者，本社销售中心负责调换）

前言
生物地理学角度的肯德尔广场理论

肯德尔广场可以说是世界上最大、最密集的创新中心之一，是一个由人才、思想、公司、办公室和实验室组成的极其复杂的生态系统。那么，还有什么比与一位生物生态系统专家交谈更能深入理解肯德尔广场的故事呢？

麻省理工学院奈特科学新闻项目的负责人维克多·麦克尔赫尼（Victor McElheny）的想法和我几乎不谋而合。他提到，他经常在马萨诸塞州列克星敦附近的一个辅助生活社区❶见到埃德·威尔逊（Ed Wilson），他们都把那里称作"家"。我说"几乎不谋而合"，是因为我花了几秒才弄清楚"埃德"就是那个大名鼎鼎的科学家——E.O. 威尔逊。

威尔逊是哈佛大学的名誉教授，曾经两次获得普利策奖，是我心目中的英雄之一。20 世纪 80 年代中期，我在麻省理工学院做研究员时曾和他有过短暂的接触。我的书架上甚至有一本他出版的 23 本书中的其一——《热爱生命的天性》（*Biophilia*）的签名版。他可能是有史以来最重要的蚂蚁专家。他和普林斯顿大学的科学家罗伯特·麦克阿瑟（Robert MacArthur）共同提出了岛屿生物地理学理论，用于解释岛屿上的生态系统是如何发展和维持的。该理论认为岛屿上的物种数量为新物种拓殖速率和已有物种灭绝速率的函数。

这听起来与肯德尔广场的创新生态系统异曲同工——初创公司来来去去，一些会成长为巨头，另一些会找到自己的利基市场❷，或为下一个商业物种提供素材。到这里你就可以理解为什么我认为和威尔逊坐下来聊聊可能会

---

❶ 辅助生活社区，即为老年人提供日常生活辅助服务（如保洁、洗衣、交通）的居住单位或社区。——译者注

❷ 利基市场（niche market）也称利益市场、小众市场，是指由已有市场占有率居绝对优势的企业所忽略，并且在此市场尚未完善供应服务的某些细分市场。——译者注

很有趣，并且也许他会对我的主题有一些新的见解了。维克多安排了一次午餐，我们约在他们的社区餐厅。

威尔逊当时即将迎来 90 岁生日（他于 2021 年 12 月去世，享年 92 岁），正在对他的第 24 本书做最后的润色。他还接到了越来越多的邀约，请他向商界听众介绍自己的工作。他解释道："他们想知道是否可以利用生物学上的成功故事来提高他们自己企业的成功概率。"

他认为，像肯德尔广场这样的创新生态系统确实有"生物学上的类似物"。以马塔贝勒蚁（matabele ant）❶ 为例。这种蚂蚁已经进化到专门捕食白蚁了。威尔逊用诗意的语言描述道：马塔贝勒蚁的"脑袋如同戴着沉重的头盔，全副武装。它们有尖刺一样的下颚骨。它们是优秀的战士"。马塔贝勒蚁向着白蚁丘一拥而上，"很快，白蚁巢穴里里外外，遍布着白蚁士兵的战斗血迹"。最后，马塔贝勒蚁会把白蚁士兵的尸体运回家。"它们专门吃战场上死去的白蚁。"威尔逊说。

我很容易就能看到当今商业世界与之相似之处。我想知道肯德尔广场的马塔贝勒蚁和白蚁会是谁。

威尔逊还提出过一个更为重要的观点——生态系统的关键属性是可持续性。"它们能够长期存在而不灭绝。"他说。他认为，物种能够以一个"互利共赢的结果"走到一起。例如，这可能包括捕食者虽然会让猎物物种减少，但会保持在可持续的数量上。这样它们的食物就不会消失。

拥有可持续性并不一定意味着就获得了稳定性。相反，威尔逊指出，生态系统几乎可以说是在不断变化的。旧物种会灭绝，继而新物种出现并进化。外部世界会带来灾难性的事件，如地震、流行病、大陆板块的崩塌，或冰河期的兴衰。

对我来说，这幅野生生态系统的图景与肯德尔广场的故事惊人地相似。正如你将读到的，肯德尔广场在 20 世纪初蓬勃发展，在肥皂制造、糖果生产、印刷和出版、筑路技术、高科技橡胶等方面引领全美国甚至全世界。但仅仅几十年后，几乎所有这些曾经占据主导地位的领导者都销声匿迹了。同样，

---

❶ "matabele" 取自非洲南部一个以勇猛善战著称的部落——马塔贝勒部落（Matabele）。——译者注

在 20 世纪 80 年代，肯德尔广场又因其人工智能巷而备受追捧，人们认为麻省理工学院在那里的一大批初创公司为人工智能领域开辟了一条非常光明和智能的未来之路，但在 10 年内这些公司也几乎全军覆没。

这个创新生态系统如何？为何会发生如此迅速的变化？这个故事有很多线索，包括一些公司被拥有更好技术或商业模式的新贵创新者取代，一些公司因为其他地方的土地或劳动力更便宜或更容易获得而被迫搬迁，一些公司可能生不逢时，超前于时代，或者因为战略和管理失误而注定失败。

如今，生物技术在肯德尔广场占据着主流，但这也不是一成不变的。由于肯德尔广场是全世界最昂贵的地产之一，一些公司可能会为了控制成本而搬去城外。一场全球经济衰退或其他灾难可能会导致许多企业破产，形成一种大规模物种灭绝事件（我写这句话的时候，新冠疫情还未席卷全球。新冠病毒似乎提高了生物技术公司的价值，这场疫情说明了这一点）。如果有人发明了一种全新的方法来发现药物，淘汰掉今天的方法，那么新兴领域将以某种方式超越今天的公司。对药物价格的强烈抵制也会颠覆肯德尔广场公司的商业模式。在之后的一些章节中，我听取了来自不同领域的诸多领导者的见解，他们试图展望25—50年后推动肯德尔广场生态系统的因素。当然，并非所有的可能性都会涉及生物技术。

也许最重要的是，在我努力记录这个动态生态系统的起源和演变的过程中，我试图把威尔逊的建议牢记在心。正如他所指出的，"除非我们知道这些物种是什么，否则我们不会取得任何进展，就像如果你对产品或生产产品的人都不了解，那你还如何能在商界取得什么发展"。因此，这本书的主要内容是收集了一些人才和思想的故事。这些人才和思想把从波士顿到查尔斯河对岸不到 1 平方英里❶ 的土地变成了世界上有史以来最强大的创新引擎之一。

---

❶ 1 平方英里＝ 2589988.11 平方米。——译者注

引言
解决这些问题的最佳地点

凯蒂·蕾（Katie Rae）是波士顿高科技创业生态系统中的"长青树"。她现在领导着麻省理工学院成立的风险投资公司和加速器——引擎（The Engine）。她将肯德尔广场称作"世界上联系最紧密的地方"。当学生或企业家想要创办、发展或拯救一家公司时，蕾会告诉他们不要再抱怨了，撸起袖子加油干吧，"再没有比这里更好的地方去解决这些问题了。寻求帮助吧，办法就在那里"。

这就指向了肯德尔广场的一个不协调之处。虽然许多人觉得它是一个几乎无与伦比的创新中心，但从表面上看来，它似乎是最不受欢迎、最乏味的中心之一。正如麻省理工学院媒体实验室教授和城市专家肯特·拉森（Kent Larson）所说："来自全世界各地的人都认为肯德尔广场是一个模范的创新区。数百家初创公司环绕着麻省理工学院。该地区是生物技术、机器人和高度创造性商业活动的国际中心。但事实上，作为一个社区，它运作得并没有那么好。这一地区虽然坐拥麻省理工学院的资源，却缺乏药房、医疗保健设施和人们日常生活所需的其他设施。该地区的住宅密度极低，可用的住房主要面向富人，而不是面向作为该地区命脉的年轻企业家。由于住房不足，大多数人都住在其他地方。这限制了他们在下班后交流和碰撞思想的机会。交流对于创新至关重要。肯德尔广场在晚上和周末总是死气沉沉的，你也就不必奇怪了。"

我最喜欢的一段描述来自约斯特·邦森（Joost Bonsen）。他是麻省理工学院的讲师，长期以来一直是当地创新活动上的常客——其中包括在麻省理工学院校园内的俱乐部举办的创业之夜。这是一项面向企业家的社交活动。肯德尔广场的邦森说："这里虽然是最有趣的地方之一，但却出人意料地不适合居住，并且界面丑陋。这就像是士绅化失控了。"

我在肯德尔广场住了 8 年多，在这里工作了 20 多年。我在这里写了另外两本书，办了一本杂志，创办了我自己的在线新闻媒体公司。我后来把这家公司卖了，然后新东家把公司搬到了波士顿。有一天，我穿过肯德尔广场回家，一位科学家出身的教授兼企业家［肯德尔广场有不少这样的人，这位叫大卫·爱德华兹（David Edwards）］看到我，便大步流星地走出了他的餐厅（开餐厅的资金来自他成功创办的一家初创公司）。他挥手招呼我进去，招募我去管理他和另外两位科学家兼企业家创办的非营利组织。这件事实际上让我真正弄清了这里。正如你将读到的，规划者、开发商、各种企业和城市领导人一直以来在肯德尔广场（新冠疫情之前和之后）试图做的很大一部分事情就是增加"人与人的碰撞"的概率。这就是肯德尔广场人与人的碰撞的故事。

因此，当我思考如何写这本书时，我决定向这种个人联系妥协，至少在一定程度上是这样。这是一本关于一个地点的书，笔者在这个地方生活和工作了很长时间。他与许多人已是很多年（有些人甚至是几十年）的相识。这本书讲述了他们在做什么。这个过程中充满了深刻的见解，偶尔也有有趣的故事，同时也为未来打开了一扇窗户。我认为这是一种前所未有的观点。我们可以由此看到事情如何发展到如今的模样。

这不仅仅是一本让人感觉良好的书。肯德尔广场也面临着一些重大挑战，有一些才俊认为它有失去灵魂的危险。"天哪，任何认为收获今天的繁荣就可以一劳永逸的人都太天真了"，奥瓦迪亚·罗伯特·"鲍勃"·西姆哈（Ovadia Robert "Bob" Simha）如是说。他在麻省理工学院的规划主任一职的任上有 40 年。有些人可能会说他是艺术大师。他直言不讳地批评了目前正在实施的一些计划，"我们的这座城市如同一个哑铃——一头是富人，另一头是穷人。中产阶级已经被掏空了。"

剑桥居民联盟（Cambridge Residents Alliance）的副主席李·法里斯（Lee Farris）也发出了类似的警告。该联盟一直密切参与肯德尔广场的开发计划，尤其是将建设更多经济适用房付诸实践。尽管她帮助推动了一些调整措施，使得当下的状况有所改善，但她在接受美国国家公共电台下属机构 WBUR 的采访时表示："在建的按市价计算、价格高昂的公寓很多，但在建的保障性住房却供不应求。"

肯德尔广场协会（KSA）主席 C.A. 韦伯非常认真地考虑了这些担忧，并指出，不仅仅住房存在问题，劳动力构成本身也有问题。"你知道，围绕股权存在一些非常有趣和重要的紧张关系，这是为了谁？"她说，"为了让肯德尔广场成为世界上最权威的创新中心，为了真正将这个地方作为创新中心，我们所有的组织，我们所有的人，都必须把多样性、公平和兼容并包放在中心位置。但没有人做对。"

在本书的几处地方，我会以更全面的方式看待这些问题以及其他问题。我们首先来看看现在的肯德尔广场，以及它的发展方向。当我在 2019 年真正投入这个项目时，新冠疫情还未暴发。在我看来，肯德尔广场正在进行大量具有变革意义的活动——起重机和推土机纷纷开动，摩天大楼正在拔地而起，一系列新建筑和开放空间的设计和计划正在蓬勃开展。这些很大程度上是由麻省理工学院推动的。他们在校园内外拥有大量房地产。麻省理工学院投资管理公司的房地产总经理史蒂夫·马什（Steve Marsh）在一次公开听证会上对大约 300 名与会者半开玩笑地说："我们可能真就要在肯德尔广场建一个广场了。"[1]

我的第一位采访者是麻省理工学院前校长苏珊·霍克菲尔德（Susan Hockfield），采访地点是她在麻省理工学院的科赫综合癌症研究所（Koch Institute for Integrative Cancer Research）的办公室。从我的公寓步行去那里大约需要 10 分钟。我穿过摆满了艺术品和展品的大厅，坐电梯上到四楼。霍克菲尔德与菲利普·阿伦·夏普（Phillip Allen Sharp）共用一间办公室。菲利普·阿伦·夏普是诺贝尔奖得主。他是渤健（Biogen）[2] 和艾拉伦制药（Alnylam）[3] 的联合创始人。这两家公司的总部都设在肯德尔广场。

---

[1] 马什 2018 年 10 月 9 日在圆顶内（Inside the Dome）会议上。——原书注

[2] 渤健是查尔斯·韦斯曼（Charles Weissmann）、海因茨·夏勒（Heinz Schaller）、肯尼斯·默里（Kenneth Murray）与诺贝尔奖获得者沃特·吉尔伯特（Walter Gilbert）和菲利普·阿伦·夏普携手在 1978 年成立的全球首批生物科技公司之一。在过去 10 年里，渤健引领创新科学研究，与严重破坏性神经系统疾病战斗。——译者注

[3] 艾拉伦制药是一家生物制药公司，致力于发现、开发与应用"核糖核酸干扰机制"治疗遗传性疾病。艾拉伦制药成立于 2002 年，总部位于美国马塞诸塞州剑桥市。2016 年曾入围富比士"100 家最具创新力的成长型公司"名单。——译者注

　　我找到了霍克菲尔德的办公室，迎接我的是淘气的金毛猎犬彬格莱。霍克菲尔德解释说，她通常把宠物放在家里，但那天她决定把它带过来。等彬格莱安静下来后，她告诉我，她在 2004 年从耶鲁大学来到麻省理工学院担任校长后不久，就对肯德尔广场的情况——用"困境"这个词可能更好一些，有了某种认识："我来到这里，我记得我站在主街上对人说，'为什么这看起来这么糟糕？''这些脏兮兮的停车场是谁的？'，对方回答说是'麻省理工学院的'。我说，'你在开玩笑吧。我们可以做点什么。我知道我们确实可以做点什么，所以计划是什么？我们需要一个计划'。于是我们制订了一个计划。这是一个精简的版本。"❶

　　这一计划被称为"麻省理工学院 2030"。我写这本书的时候，肯德尔广场正掀起不可思议的建筑热潮，你们从中便可窥见一二。预计这股热潮至少会持续到 2025 年（这些只是目前的计划，如果你想知道为什么它不能一直持续到 2030 年的话）。霍克菲尔德讲了一个更完整的版本，但仍然被大大简化了。她来的时候，人们对肯德尔广场已经做了多年的复兴努力。她接着说："一些新事物即将发生，也许我对肯德尔广场梦的热情在于它能做什么。为了麻省理工学院，为了这一地区，为了联邦，为了国家，为了世界，做些什么——我都胸有成竹。所以我很容易就说'我们做起来吧'。但说实话，我的角色可以被看作火上浇油。"

　　剑桥的这片狭长地带继续发生着迅速而激烈的变化。有些人甚至认为有点儿失控了。欢迎来到肯德尔广场。

---

❶　2018 年 9 月 28 日对霍克菲尔德的采访内容。其通过电子邮件进行了一些澄清。——原书注

CONTENTS 目录

001   第 1 章
地球上最具创新力的 1 平方英里

013   第 2 章
创新模式

029   第 3 章
肯德尔广场的第一个经济愿景是破产

035   第 4 章
查尔斯·达文波特与肯德尔广场的转变

045   第 5 章
肯德尔初露锋芒

051   第 6 章
达文波特未实现的梦想为"新麻省理工学院"打开了大门

065   第 7 章
工业烟雾笼罩的天幕

077   第 8 章
辐射实验室：肯德尔广场的引爆点

093   第 9 章
从城市沼泽到城市更新

103   第 10 章
肯德尔，我们有麻烦了

117   第 11 章
技术的涌现——从莲花软件开发公司到人工智能巷

135   第 12 章
法令和渤健

151   第 13 章
基因小镇初露锋芒

163   第 14 章
泡沫时期：从媒体实验室到阿卡迈科技

187   第 15 章
剑桥创新中心：肯德尔广场的创业中心

203   第 16 章
诺华生物医学研究所：大型制药公司加大了投入

217   第 17 章
本土生物技术大获成功

241   第 18 章
康庄大道

259   第 19 章
肯德尔广场的公司化

277   第 20 章
在风险投资移民与科技初创公司的夹缝中艰难求存

301   第 21 章
坐失良机的 40 家公司

319   第 22 章
肯德尔广场的故事：主街 700 号大厦

335   第 23 章
合作的纽带

349   第 24 章
挑战与区域优势

365   第 25 章
肯德尔广场的声音

379   第 26 章
11 个塑造了肯德尔广场的决定

383   第 27 章
观察和教训

395   第 28 章
融合与一致性

405   致谢

第 1 章

地球上最具创新力的
1 平方英里

肯德尔广场在哪里？从地理上看，这是一块很小的土地。它在地图上的轮廓有点儿像一个脑袋尖尖的机器人，鼻子笔挺，梳着复古油头。它位于波士顿对面的查尔斯河沿岸、剑桥市东部，曾经是大片的沼泽和泥滩。波士顿咨询公司（Boston Consulting Group）将这里称为"地球上最具创新力的1平方英里"。❶ 肯德尔广场协会自豪地把这句话用作口号进行宣传，只不过口号中用"星球"代替了"地球"。虽然我已经看过地图很多次了，但是其确切的边界仍存在一些争议。这片地区的总面积实际上只有 2.59 平方千米左右（见图 1-1）。

另一种看法来自马克·莱文（Mark Levin），他是总部位于剑桥市的千年制药（Millennium Pharmaceuticals，是一家生物制药公司，现为武田制药的全资子公司）的前首席执行官，也是 Third Rock Ventures（一家领先的生命科学风险投资公司，投资了几家肯德尔广场的公司）的联合创始人。"你知道《新机器的灵魂》（*The Soul of a New Machine*）这本书吗？书里讲的是如何制造一台新式小型计算机。"他问道，并指出这是特雷西·基德（Tracy Kidder）1981 年获得普利策奖的作品，"这个概念是说，你把这些人放在一个小空间里，让他们整天与研究不同学科的人互动，他们就会对事物抱有一个开放的心态。肯德尔广场就是一个新机器的灵魂。在一个广场大小的地方，人们聚在一起，你会见到其他人，你会被事物所激励，你与每个人合作，每个人都在变换工作。这是一个非常紧密的小群体。他们真正充满干劲地从事伟大的科学研究。最重要的是，他们能为患者带来改变。"❷

---

❶ 波士顿咨询公司，*Protecting and Strengthening Kendall Square*。1 平方英里约为 2.59 平方千米。——原书注

❷ 2020 年 5 月 18 日对莱文的采访。《新机器的灵魂》讲述了数据通用公司（Data General）的工程师们竞相制造下一代微型计算机的故事。——原书注

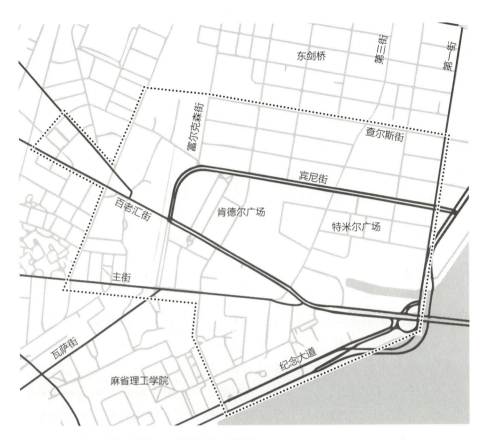

图 1-1　肯德尔广场创新生态系统的核心部分

　　这些人聚集在一个长方形的区域里，大致的界限是北面的查尔斯街、西面的布里斯托尔街、东南面的查尔斯河，以及西南面的麻省理工学院——所有的地方都在肯德尔 / 麻省理工学院地铁站步行 10 分钟的范围内。

　　让我们四处走一走，以我自己的公寓大厦为起点。它位于地图最右侧的宾尼街和第一街。正对面是摩西·萨夫迪（Moshe Safdie）设计的 Esplanade 共管公寓❶，地中海风格的逐级而上的梯形建筑面朝查尔斯河，源自萨夫迪为 1967 年蒙特利尔世界博览会建造的"栖息地"。萨夫迪还设计了肯德尔广

----

　　❶　"共管公寓"全名"共管式独立产权公寓"。实际是个人拥有单户产权、整个物业由统一物业公司管理的集合型社区。与一般物业相比，共管公寓拥有更完善的生活配套和休闲娱乐设施，物业的拥有者都可以共享这些设施。——译者注

场的许多标志性建筑，包括麻省理工学院对面的红砖万豪酒店，以及广场和屋顶城市公园。我们面对河水站立，Esplanade 公寓的左边是一座单调的办公楼，曾经是软件制造商莲花发展有限公司（Lotus Development）❶的所在地。如今，它的租户包括旗舰先锋（Flagship Pioneering）❷。这家公司的 500 多名员工每年构想、培育和孵化 5~7 家生命科学初创公司。在我写这篇文章时，它最著名的成果是莫德纳❸。该公司于 2020 年 12 月成为第二家获得美国食品药品监督管理局（FDA）批准的新冠病毒疫苗的公司。

本书还会提到更多关于旗舰先锋的内容。我们将在本书中遇到许多人和公司。Esplanade公寓这一片地方，大多建筑都是在过去几年里新建或翻新的。现在，让我们背朝Esplanade公寓，沿着宾尼街往前走，我的左手边是赛诺菲健赞（Sanofi Genzyme）和基因治疗公司蓝鸟生物（Bluebird Bio）的总部。健赞是一家具有开创性的本土生物技术公司，成立于1981年，后成为世界上最大的生物技术公司之一，并在2011年被赛诺菲以200亿美元的价格收购。蓝鸟生物用于治疗一种罕见的遗传疾病——β-地中海贫血。他们的治疗方案可取代通常需要的定期输血的疗法。❹

在我的右手边是宾尼街 75 号，这里是 IBM 沃森健康（Watson Health）的总部，它是医疗保健和人工智能融合的领导者。IBM 研究院和"蓝色巨人"❺的网络安全指挥部 IBM Resilient 的分支机构也坐落在同一栋大厦（于 2018 年开放）里。

我穿过街道，继续沿着宾尼街走，靠港的一边是大型制药公司百时美

---

❶ 被国际商业机器公司（IBM）收购前名为 Lotus Development Corporation，现为 Lotus Software。——译者注

❷ 一家位于马萨诸塞州剑桥市的美国生命科学风险投资公司。——译者注

❸ 莫德纳，是一家总部位于美国马萨诸塞州剑桥市的跨国制药、生物技术公司，专注于癌症免疫治疗（包括基于信使核糖核酸的药物发现、药物研发和疫苗技术）。——译者注

❹ 蓝鸟计划在 2021 年年中接管了整栋建筑，当时赛诺菲健赞计划搬到东剑桥一个名为剑桥十字路口（Cambridge Crossing）的新开发项目。——原书注

❺ 蓝色巨人是 IBM 的外号，它的徽标是蓝色的。——译者注

施贵宝（Bristol Myers Squibb）❶，脸书（Facebook）❷也在同一栋大厦里。走过这栋楼，我向左转，穿过一条整齐的景观通道，再经过林斯基路（Linskey Way），来到西肯德尔街。我经过艾拉伦制药的两栋办公楼和实验室，这是最早的 RNA 干扰（RNAi）公司之一。RNA 干扰是指 RNA（核糖核酸）分子干扰有害基因表达，阻断其致病效应的能力。2018 年，在经历了大约 16 年的"黑暗时代"后，艾拉伦制药成了第一家获得美国食品药品监督管理局批准的 RNAi 药物公司。这种药物可用于治疗一种致命的罕见病——遗传性转甲状腺素蛋白淀粉样变性（hereditary transthyretin amyloidosis）。截至 2021 年年初，该公司另有 3 种药物也已获批，还有更多药物正在研发中，包括一种旨在靶向和杀死新冠病毒的抗病毒药物的临床前研究。

在艾拉伦制药第二幢大厦的对面，是肯德尔广场为数不多的户外聚集区之一——小公园，这里设有供午餐和聊天的桌子。冬天这里是溜冰场；在温暖的月份里，它就会变成一个举办音乐会的地方。这里叫作亨利·A. 特米尔广场（Henri A. Termeer Square），为纪念在 2017 年猝然离世的健赞首席执行官而建造。特米尔还是年轻企业家的导师，他是成功建立该地区生命科学的强大网络的关键人物（见第 23 章）。

特米尔的雕像落成于 2020 年 12 月，人们对其落成仪式进行了直播——只见他跷着二郎腿坐在椅子上，伸出一只手邀请人一同来聊聊。雕像正对着屡获殊荣的健赞总部大厦（在赛诺菲将其搬到拐角处之前）。这座玻璃幕墙的建筑共 12 层高，每层至少有一个室内花园，如今已经被日本制药公司武田制药接管。通过几次高调的收购，武田制药已经成为马萨诸塞州最大的生命科学雇主。2015 年，该公司将全球研发总部迁至剑桥，4 年后又将美国总部和商业业务从芝加哥迁至马萨诸塞州。2019 年，武田制药的董事会在剑桥召开会议，这是该公司 238 年的历史上首次在日本以外举行董事会议。

接下来，我在经过肯德尔广场协会的办公室后，向左转进入第三街，走过剑桥创新中心（CIC）——这是一个由两位麻省理工学院毕业生创办的早

---

❶ 百时美施贵宝源于美国的跨国制药公司，于 1989 年由美国两大药厂百时美与施贵宝合并而成。——译者注

❷ 现更名为 Meta（元宇宙）。——译者注

期联合办公空间。剑桥创新中心已经扩展到广场上的三栋建筑（以及波士顿和世界其他城市）。但这是主要的一个。总体而言，剑桥分部目前拥有大约700家公司，而该分部自1999年成立以来，已经培育了5000多家初创公司。

第三街走到头就是主街。麻省理工学院的校园就在我的正前方。严格来说，麻省理工学院并不是肯德尔广场的一部分，尽管它的精神影响了街道文化。我们在主街右转，朝查尔斯河相反的方向走。主街虽然是肯德尔广场的主街，但无论从哪方面看，它都不是一条宏伟的大道——只有两条机动车道，以及街道两旁各一条自行车道。在我的右手边，即麻省理工学院校园对面，是万豪酒店和一大片名为肯德尔中心的办公楼。谷歌是这里主要的租户，在新冠疫情之后，该公司计划在未来几年将员工数量从约1800人扩大到3000人。谷歌于2005年进驻肯德尔广场，当时它悄无声息地收购了安卓（Android），后者在剑桥有一小部分业务。谷歌本地业务的重点领域有谷歌搜索、谷歌Chrome浏览器和YouTube，其他小一点儿的业务还包括图像搜索、互联网、Google Play线上商店和Go编程语言。

在街道的左边，也就是麻省理工学院这一边，动荡和建设占据了主导地位。到2021年，3座新的多层建筑处于不同的完工阶段，其中两座结合了20世纪初的工厂建筑，将其作为基础或立面的一部分。最终，另外两座尚未开工的建筑也将从侧翼拔地而起。这5栋建筑加上主街另一侧的另一栋建筑，作为一个整体，将提供实验室和创业空间、超过750套的研究生和普通公共公寓、企业研发设施（包括波音、苹果和IBM剑桥研究部门的宿舍），麻省理工学院的招生办公室，以及麻省理工学院博物馆的新址。这里也将成为麻省理工学院许多创业和创新活动的焦点。在下一章中，我将结合一些图片，更深入地讨论这群建筑。麻省理工学院的教职工乐意称为"新正门"。

沿着主街再往前走两个街区，我们来到了主街和瓦萨街（Vassar Street）交会的路口。风险投资人胡安·恩里克斯（Juan Enriquez）在《连线》杂志上写道，这里被称为"世界上最具创新力的十字路口"。

在我的右边是怀特黑德研究所（Whitehead Institute），这里的生物医学研究人员正在揭示自闭症、帕金森综合征和糖尿病等疾病的基本机制。旁边是布罗德研究所（Broad Institute）——一家基因组学和生物学领域的巨头，正在牵头开展人类细胞图谱项目。这是一项绘制人体所有细胞图谱的大型国际合作项目。在 2020 年 3 月的一个周末，该研究所将其庞大的基因组测序业务重组为新冠病毒检测，成为美国最大的检测中心之一，每天能够处理多达10 万次的检测。一年后，也就是 2021 年 3 月，布罗德研究所宣布了一项重大举措，即通过新成立的埃里克和温迪·施密特中心（Eric and Wendy Schmidt Center），利用机器学习和人工智能来对抗疾病。该中心以谷歌前首席执行官和他的妻子命名，他们捐赠了 1.5 亿美元——与伊莱·布罗德和埃迪·布罗德向冠名的布罗德研究所捐赠的基金金额相同。❶

在我的左边，即怀特黑德研究所和布罗德研究所在的主街对面，是《前言 2.0》中提到的科赫综合癌症研究所，其使命是将生物学和工程学结合起来，共同抗击癌症。除了菲利普·阿伦·夏普和苏珊·霍克菲尔德，这里的居民还包括化学工程师罗伯特·"鲍勃"·兰格。他是一位多产的发明家，创立或共同创立了 41 家公司，包括莫德纳和医疗设备初创公司 Teal Bio，后者成立于新冠疫情期间，致力于开发先进的口罩技术。桑吉塔·巴蒂亚（Sangeeta Bhatia）是继加州理工学院诺贝尔奖得主弗朗西斯·阿诺德（Frances Arnold）之后第 25 位同时入选美国国家科学院、美国国家工程院和美国国家医学院三院院士，也是第二位女性入选者。巴蒂亚本人帮助创立了 5 家公司，并与霍克菲尔德和麻省理工学院的教授南希·霍普金斯（Nancy Hopkins）共同发起了一项重要的项目，以帮助更多的女性教员加入创业者队伍（见第 21 章）。

同样位于或毗邻这个交叉路口的还有麻省理工学院的史塔特科技中心（Stata Center），中心里有学校的计算机科学与人工智能实验室（CSAIL）。万维网发明者蒂姆·伯纳斯-李所在的万维网联盟（W3C）、脑与认知科学系、麦戈文脑科学研究所（McGovern Institute for Brain Research）、诺华制药集团（Novartis）的研究中心、莫德纳的总部，以及其他实体或集团。再过一个街区就是 19 层高的阿卡迈科技（Akamai）总部。该公司的服务器处理了很大比例的全球互联网内容分发，其网络运营指挥中心（NOCC）提供实时的、全天候的全球互联网流量监控。

---

❶ 布罗德研究所通讯，*Broad Institute Launches*。——原书注

布罗德研究所的创始人、数学家埃里克·兰德（Eric Lander）是纽约人，从小就是神童，曾在 1974 年的西屋科学竞赛中摘得最高奖。排名第二的是来自弗吉尼亚州的汤姆·莱顿（Tom Leighton），他是阿卡迈科技的联合创始人兼首席执行官。他在 18 楼的办公室里装饰着《星际迷航》的纪念品。他可以俯瞰他以前竞争对手的办公室。❶

我们继续往下看。过了两个街区，我们来到了主街 700 号。这是一栋 3 层红砖外墙的建筑，也是剑桥最古老的工业建筑。它历经的旅程反映了肯德尔广场的精髓或精神。这栋楼的历史与一位领先的火车车厢的创新者、管钳的发明、第一通长途电话……、宝丽来创始人埃德温·兰德（Edwin Land）的私人实验室，以及一系列生物技术创新联系在一起。❷

我将用整整一章（第 22 章）来讲述主街 700 号的故事。如今，这个地址是初创公司 LabCentral 的所在地。现在我们推开标示着"700 号"的亮绿色玻璃大门，里面大约有 70 家刚刚起步的公司。它们的业务包括治疗多种形式的癌症，神经、遗传和自身免疫疾病，心血管疾病，新成像形式，等等。

在这趟短暂的旅程中，我们基本上将肯德尔广场看了个大概，全程并不完全是一条直线，只走了 1 英里左右。我希望这次轻快的漫步能带你捕捉到这个地方的独特味道，尽管只是走马观花。还有另一种方式来感受肯德尔广场的特殊性质——看看它的总数字。据肯德尔广场协会称，新冠疫情前，约有 6.6 万人在肯德尔广场生活、工作和学习。其中大多数人都属于"工作"范畴，因为实际上最多只有几千人住在广场上（似乎没有人能给出一个令人满意的数字）。至于企业的总数，麻省理工学院官方在 2018 年年底估计，肯德尔广场约有 300 家大型科技和生物技术公司。但这一数字并不包括小型初创公司、风险投资公司、律师事务所、会计师事务所和其他服务提供商，所

---

❶ 这项科学竞赛始于 1942 年，1998 年由英特尔公司接管，2016 年由再生元制药公司接管。现在叫作"再生元科学天才奖"（Regeneron Science Talent Search）。——原书注

❷ 虽然官方地址都是主街 700 号，但不同的大楼入口有不同地址，其中包括主街 708 号、奥斯本街 28 号和奥斯本街 2 号。——原书注

以总数很可能超过 1000 家。

数十亿美元流入肯德尔广场，为这个创新引擎提供动力。剑桥创新中心表示，新冠疫情暴发前，剑桥创新中心内的 700 多家初创公司，连同它们的前身，自 2001 年以来已募集了近 80 亿美元的风险资本和战略投资。我从未见过该地区交易总额的准确数字——这取决于你是否计算了风险投资、公开募股、收购价格等。但过去 10 年的数字可能是数千亿美元，甚至上万亿美元。

麻省理工学院斯隆管理学院创业学教授、主管创新事务的副院长菲奥娜·默里（Fiona Murray）认为，这些数量庞大的公司和资金，聚集在不到半平方英里的土地上，随之而来产生的是一种更难以衡量的东西——在其他任何地方都很难找到的文化。事实上，她指出，世界各地的人们都想要了解这种文化，希望能在自己的地区培养出这种文化：在新冠疫情之前，麻省理工斯隆管理学院几乎每周都会接待访问代表团。默里说："它是世界上最特殊的创新生态系统之一，但它更容易让人理解，因为它在地理上比硅谷更集中。""只要去肯德尔广场走一走，你就能体验到这种文化。"

她说，肯德尔广场的精神独树一帜，部分原因是它通常包含了"硬科技"（tough Tech）。这些技术问题不能通过应用程序或社交媒体迅速解决，而通常需要 10 年或更长时间才能推向市场，比如开发一种新药、创造新的机器人或其他硬件系统，或者解决重大的能源和环境问题。"我认为肯德尔广场，乃至整个波士顿都是一个非常注重影响力的生态系统，所以人们都有一个共同的愿望，那就是做一些对全世界都有影响力的事情"，默里补充道。

根据马萨诸塞州生物技术委员会的数据，2021 年年初，估计有 97 家总部或大量业务位于马萨诸塞州的公司正在研究新型冠状病毒。其中 32 家公司位于剑桥，23 家公司位于肯德尔广场。

"硅谷为我们提供了社交媒体应用程序。马萨诸塞州为我们提供了有效率达 94.5% 的新冠疫苗。"lola.com 首席执行官迈克·沃尔普在推特上写道。[1]

---

[1] 我从莱昂那里得到了马萨诸塞州生物技术委员会关于研究新冠病毒的公司名单和沃尔普的推文《马萨诸塞州奇迹》。玛德琳·特纳随后分析了这份名单，以确定肯德尔广场的公司。——原书注

发明家和计算机科学家丹尼·希利斯（Danny Hillis）在加利福尼亚州生活了近 20 年后又回到肯德尔广场，正是被这种品质所吸引。1982 年，希利斯与人共同创立了并行计算公司思维机器（Thinking Machines）❶，当时他还是麻省理工学院的一名博士生。该公司的总部历史上大部分时间都设在肯德尔广场。1996 年，希利斯搬到了"金州"，但 2015 年，他厌倦了西海岸的科技圈子，又回到了马萨诸塞州。他刚到加利福尼亚州时，互联网刚刚起步。"当时的情况是，人们被一夜暴富的故事所吸引，有点像淘金热一样，纷纷去往西海岸，他们拥有发财梦。"他回到马萨诸塞州后不久告诉我，"这甚至影响了技术人员之间的交流。如果你坐在帕洛阿尔托的一家餐厅里，你从每一张桌子上都能听到人们谈论他们的夹层融资 ❷、他们的策略、他们的种子投资。这些都是关于财务方面的事情。而如果你坐在肯德尔广场的一家餐厅里，你会听到人们谈论 CRISPR（最新的基因编辑技术）、基因驱动和深度学习方法。这些都是关于想法的东西。"❸

那么这个与众不同的地方是如何形成的呢？肯德尔广场的故事是关于一个野蛮变化和进化的故事，就像 E.O. 威尔逊毕生研究的许多自然生态系统一样。"如果你回到两个半世纪以前，你就会发现肯德尔广场有一个非常迷人的、激动人心的、共同的主题。这一主题在一个又一个经济周期和一项又一项技术中被贯穿和延续下来。"肯德尔广场协会第一任执行董事、后来担任马萨诸塞州生命科学中心首席执行官的特拉维斯·麦克里迪（Travis McCready）说，"这真的是创新、创业、技术、领袖和领导力、政治和房地产开发的疯狂混搭——这些都可以从肯德尔广场找到。"

---

❶ 并行计算（parallel computing）一般是指许多指令得以同时进行的计算模式。在同时进行的前提下，人们可以将计算的过程分解成小部分，之后让其以并行方式来加以解决。——译者注

❷ 夹层融资是指风险收益介于股权融资和债权融资之间的一种金融工具。夹层基金主要以股权或股债权相结合的形式进行投资，在融资到期时由融资人或第三方以回购股权或偿还债务的方式实现退出。夹层基金投资通常在约定固定利率外，还附带对融资者的股权认购权或协议以分享超额收益。——译者注

❸ 希利斯要求在本书中稍微修改一下这句话，增加了"在帕洛阿尔托"一词，并把"剑桥"换成了"肯德尔广场"。——原书注

麦克里迪热爱历史，并且会照着他自己喜欢的步行路线向大公司、研究机构和各种官员推销肯德尔广场。他三番五次地去主街 700 号，谈论亚历山大·格雷厄姆·贝尔和电话，以及埃德温·兰德和即时摄影。他会在波士顿编织液压胶管和橡胶公司（Boston Woven Hose and Rubber）的总部稍作停留。这家公司革新了消防，后来又革新了自行车轮胎。他会谈论第一个重组 DNA（脱氧核糖核酸）条例，以及它如何鼓励渤健搬到肯德尔广场，让其从此开始成为生物技术中心。他还会带游客参观莲花软件和思维机器等曾经风光无限的科技公司。

"增长，增长，增长，增长，增长，"麦克里迪总结了他的巡回演出的精彩片段，"我们用一句画龙点睛的妙语结尾，那就是：'你大概还在考虑其他地方，对吧？你是想去一个在过去 15—20 年里创新才刚刚开始的地方，还是想去一个创新已经存在了 250 年的地方？当经济衰退的时候，你想在哪里？你是想待在一个必须自问是否要投资创新的地方，还是想待在一个经历了数十次衰退，而每次都在创新上再投资的地方？'"

麦克雷迪说："肯德尔广场几乎是名副其实的，而不仅仅是象征性的美国的第一个创新区。"

第 2 章

创新模式

　　在一个寒冷但天气晴朗的冬日，我穿好衣服，踏上了一段旅程，前往肯德尔广场的时代精神所在——沃尔普中心 CityScope。这是一个该地区的动态模型。这一模型不仅生动地展现了今天肯德尔广场的密度和活跃的活动，也让人们看到了它的未来——对生态系统中心一块占地 14.5 英亩❶关键地块的雄心勃勃的再开发。该计划代表了人们对肯德尔广场未来的一种开拓性愿景：让硅谷与巴黎在一个有限的区域内相遇。这样的未来正是我所要思考的。

　　这个模型位于麻省理工学院媒体实验室的"城市科学"展区。为了到达那里，我漫步于错综复杂的园区，经过数个办公室和实验室，绕过一张乒乓球桌，穿过走廊（走廊上摆放着破旧的沙发、健身房常用的储物柜，以及装有《天星之城》和《猴子空手道》等游戏的电子游戏机）。"城市科学"就坐落在这个传奇实验室的中心附近，紧邻贝聿铭 1985 年设计的威斯纳大厦（Wiesner Building）和 24 年后开放的由日本建筑师文彦（Fumihiko Maki）扩建的大厦的交汇处。"城市科学"展区大约有半个篮球场那么大，玻璃墙面向外部的走廊，经过的路人可以观看到里面的大部分情况。往里瞧，你可以看到处于不同完成阶段的项目——一些是现有的项目，另一些则展示了一扇通往过去、前沿的窗口。

　　事实上，"城市科学"展区就像是科技馆和水晶球的混合体。展品有"GreenWheel"（这是一种 2008 年发明的"电子辅助"装置。它可以嵌在标准自行车的车轮内，以便在需要时提供额外的动力）和"CityCar"（这一个始于 2003 年的项目，最初主要由通用汽车赞助）。CityCar 是一款超小型的可折叠全电动汽车，一个标准规格的车位可以容纳折叠起来后的 3 辆 CityCar。这款汽车的成轮技术被称作"机器人汽车"（robot wheels），采用线控驱动。这款汽车的整个车头都可以打开，这样司机和乘客就可以直接走到

---

❶ 1 英亩约等于 4046 平方米。——编者注

马路上。它催生了一个名为 Hiriko Fold 的商业原型。可惜的是，获得技术许可的西班牙财团由于缺乏资金而倒闭了。

我还参观了一些"城市科学"展区的当代项目。其中一个是设计模型，后来衍生出了一家名为 Ori Living 的公司。它设想的不是智能或自动驾驶汽车，而是智能家具，比如，你只需按个键，就能将一个开间从客厅变成卧室、步入式衣柜，或一个配有办公桌的工作区。这种智能家具非常适合千禧一代或 Z 世代人群。

但真正吸引人眼球的是 CityScope 的互动模型——一种参观者可以亲身体验的立体模拟城市的模型。它们被安排在宽敞的展厅前部展示。这些模型提供了真实的城市、社区甚至是通勤火车站等街区的景观。其中一个 CityScope 模型展示了地处法国和西班牙之间、比利牛斯山脉中部的安道尔公国首都——安道尔城的大部分地区。它利用移动电话的位置数据，通过闪烁的小灯描绘出繁忙时段的电信活动，比如，在环法自行车赛期间，你可以看到人们最有可能聚集在哪里。这并不是真正的跟踪，但你可以大致了解呼叫者在不同时间所处的位置。这样一来，研究人员就能够模拟出真实的人可能会做什么，并由此探索改善交通流量等的方法。

CityScope 的一个项目瞄准了波士顿的一个快速公交站，而另一个项目则展示了巴塞罗那的几个街区。

不过，到目前为止最大的模型是沃尔普中心 CityScope。它几乎占据了一个 6 英尺❶见方的玻璃桌面的全部空间。模型旁边另一张桌子上的大显示器显示了两幅图像。右边的是模型本身的 3D 计算机图形版本。左边的是一个雷达图，显示了与各种类型的土地用途及其密度、多样性和邻近性有关的数据。上面贴满了标签，诸如住宅、联合办公、教育、公园、健康食品、安全和公共交通。雷达图的下方是一些框图和柱状图，模拟了拟议设计的社会和环境表现，比如它们如何影响共享自动驾驶汽车与选择私人拥有汽车的人。

沃尔普中心 CityScope 是重建的肯德尔广场中心。它以约翰·A. 沃尔普国家运输系统中心的名字命名。这是一个在 20 世纪 60 年代中期为美国国家航空航天局（NASA）建造的研究机构，后来被交通部接管，几十年来一直

---

❶ 1 英尺 =30.48 厘米。——译者注

手握马萨诸塞州一些最受欢迎的房地产。这个建筑群包含一栋巨大的政府大厦，周围环绕着 5 栋同样土褐色的小型建筑和大量的停机坪——所有这些几乎都是公众无法进入的。雨后看起来像水坑的地方很可能是开发商们流的口水。现在，在肯德尔广场演变的最新篇章中，它终于要被拆除了。[1]

2017 年 1 月，经联邦政府同意，麻省理工学院出价 7.5 亿美元，用于购买和开发这块占地 14.5 英亩土地的大部分。学校计划首先建立一个新的沃尔普中心总部设施，将之前分散在 6 栋建筑中的所有工作整合到一栋建筑中。新沃尔普中心占地仅 4 英亩，并配有屋顶太阳能电池板和 LEED 金牌认证。停车场将主要位于地下，为与周围社区相连的公共人行道腾出空间。设计了华盛顿越战阵亡将士纪念碑的建筑师兼艺术家林璎（Maya Lin）将创造一个展示多普勒效应的公共景观，用起伏的草堆模仿出唤起的声波（见图 2-1）。

图 2-1　2021 年年初沃尔普中心综合体开发计划效果图

注：计划包括 4 栋公寓楼，其中包括 1 栋带尖顶的大塔楼、4 个办公室和实验室建筑、社区中心、新的沃尔普运输中心。

⊟Q 资料来源　麻省理工学院投资管理公司。

---

[1]　关于麻省理工学院媒体实验室的城市科学展区的描述来自多次访问，包括肯特·拉森和邦森的采访，以及与肯特·拉森的电子邮件。——原书注

　　接下来，一旦重新想象的沃尔普中心在 2022 年左右的某个时段完成，正如 CityScope 模型有些尴尬地显示的那样，麻省理工学院将开始重新开发剩余的 10 英亩场地——将其改造成一个混合使用的区域，其中包括住宅单元、实验室和商业空间、底层零售、社区中心，以及一个工作连接器，用来帮助培训和帮助社区中的人口适应该地区的企业提供的工作。4 栋公寓楼将包括约 1400 套住宅，其中 280 套为永久性补贴的经济适用房，另外 20 套则面向中等收入家庭。

　　不过，沃尔普中心的梦想只是肯德尔广场未来发展的一小部分。沃尔普地产的一侧毗邻百老汇街，面向万豪酒店。万豪酒店的另一边就是我们在上一章步行途中经过的广场、MBTA 肯德尔 / 麻省理工学院地铁站或 T 站，然后我们穿过主街，就来到麻省理工学院的校园。直到 2018 年秋天，在广场和万豪酒店正对面的主街一侧，还矗立着一排建筑，它们在城市和麻省理工学院的校园之间形成了一种缓冲或周界。这些建筑——一家富达投资的分行、一家邮局、一家花店、一家咖啡和三明治店、麻省理工学院出版社书店以及学校的安全研究部门等集零售、商业和学术于一体。你可以通过一些小街进入缓冲建筑的背后，那里有一系列灰色的露天停车场，是专为麻省理工学院的员工保留的。

　　在沃尔普中心项目开始之前，主街旁的那排建筑就被部分拆除，露天停车场被挖开改为地下停车场。该项目可为肯德尔广场另一项大规模翻新工程中的一系列新建筑打地基。在我们的步行导览中，我给出了一个关于这种剧变的高层次的描述，但这里有一个更详细的描述。这个类似的姐妹项目被称为肯德尔广场改造项目。这是剑桥市在 2016 年 5 月由官方正式批准的 6 栋建筑的计划[1]。计划中包含多达 88.8 万平方英尺的办公空间，可容纳 454 套研究生公寓的住宅楼（图 2-2 中的 4 号楼）、300 个公共住宅单元（1 号楼）、3 处商业研究设施、创业空间提供商 LabCentral 的大幅扩张、麻省理工学院博物馆的新址、学校的招生办公室，以及麻省理工学院创新总部。在这里，麻省理工学院正在整合一系列创业创新项目和举措（见图 2-2）。

---

[1]　分区规划于 2013 年获得批准。——原书注

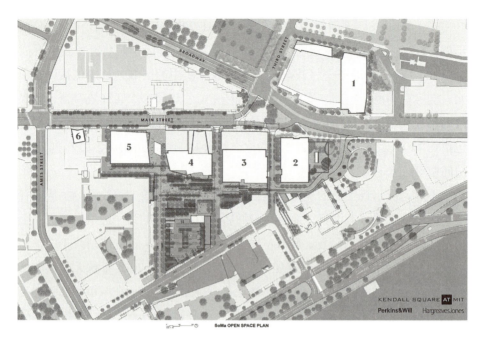

图 2-2　肯德尔广场改造项目的 6 栋新建或扩建建筑效果图

🔍 资料来源　麻省理工学院投资管理公司。

　　其中几栋大厦的一层将设有各种餐厅和零售商店，包括一个人气很旺的药房❶。该开发项目还创造了近 2 英亩的开放空间，包括建筑物后部和建筑物之间的人行道与公共花园，其中大部分面积曾经被大学停车场占用。正如笔者在第 1 章中提到的，其目的是将以前一个随机的、无趣的、不吸引人的标志性大学的东入口——学院位于马萨诸塞大道 77 号的主入口步行约半英里的范围改造成麻省理工学院所谓的"新正门"。

　　麻省理工学院前执行副校长兼财务主管伊斯雷尔·鲁伊斯（Isreal Ruiz）在一次有关该计划的公开听证会上调侃道："当有人从 T 站出来时，他们不会再询问麻省理工学院怎么走。"

　　其中第一处建筑是新的研究生宿舍，于 2020 年年底在新冠疫情期间开

---

❶　1986—1987 年我在麻省理工学院工作的时候，主街 238 号曾有一家药店。我不能确定它是什么时候开业的，但它在 2005 年歇业了。消息人士称，麻省理工学院将该空间租给了富达，后者可以负担得起更高的租金。——原书注

放。紧接在它后面的是肯德尔广场改造项目的核心建筑——位于主街 314 号（万豪酒店对面）的一栋 17 层高立方体状的办公大厦（5 号楼）。这是麻省理工学院极客们的一个特殊地址，3.14 是圆周率的前三位数字。它被称为 π 塔，预计 2021 年年中部分开放，不过麻省理工学院并不需要为人们的到来而建造它。麻省理工学院博物馆的总部将从中央广场附近一片相对闭塞的地方搬迁过来，它将占据大厦第二层和第三层以及第一层的大部分空间。它的一侧是咖啡馆和麻省理工学院出版社书店，另一侧是一家餐厅。剩下的 14 层已经出租了。早在地面建设开始之前，波音公司就成了第一个大租户，宣布将租用 4 层楼作为其子公司 Aurora Flight Sciences 的研发中心。高端航空技术公司 Aurora Flight Sciences 原下属于麻省理工学院，专注开发无人机和自主飞行系统，在 2017 年被波音公司收购。第一资本公司（Capital One）随后租了 3 层楼，苹果租了 1 层楼——后来又增加了 3 层楼。随后，IBM 为麻省理工学院的 IBM 沃森人工智能实验室租用了空间。这是一项为期 10 年、耗资 2.5 亿美元的投入的一部分，"蓝色巨人"将资助解决人工智能相关各种问题的研究。其他几家公司也于 2020 年在 π 塔签署了租约。尽管新冠疫情使得施工推迟了几个月，但该建筑在 2021 年 6 月左右揭幕仪式前全部被预订。

作为肯德尔广场改造项目的一部分，位于主街 292 号的一座现有的历史建筑（与研究生宿舍大厦在同一个街区，但未在图 2-2 中标出）已经被翻新，作为麻省理工学院和肯德尔广场之间的门户❶。大厦的一楼将作为新的麻省理工学院接待中心，预计每年接待超过 5 万名游客。二楼则是学院的招生办公室。二楼以上的 5 层楼将作为麻省理工学院创新总部，为学生、教师、校友和更广泛的社区提供联合办公和创客空间，还将容纳各种为创新和创业提供支持的校园项目。"这是一种新空间，将成为我们创新社区的核心。欢迎利益相关者加入麻省理工学院，因为它会将想法转化为影响力。"菲奥

---

❶ 麻省理工学院 E38 楼是麻省理工学院出版社大楼，它的一楼被用作麻省理工学院出版社书店。这里也被称为萨福克大厦，因为萨福克雕刻和电打字公司从 1920 年左右就开始进驻这里。隔壁是 E37 楼，包括研究生宿舍大楼。它的正面位于主街 264 号，与另一座历史建筑 J. L. 哈米特大厦（J. L. Hammett building）连在一起。哈米特是美国第一个生产学校用品的制造商。——原书注

娜·默里（Fiona Murray）说道。❶

标志性的钟楼（3号楼）正在进行翻新和扩建，主要用作实验室空间：LabCentral 和拜耳（Bayer）将是这里的主要租户。它将于 2022 年年中开放，与 1 号楼的公寓的进度大致同步。另外两栋建筑，一栋是实验室综合大厦（2号楼），另一栋是小型零售大厦（6号楼），预计 2023 年才能完工。

这只是肯德尔广场改造项目的一个缩影。与此同时，波士顿地产公司（Boston Properties）正在主街对面建造一座 18 层的玻璃大厦，与麻省理工学院的核心开发项目隔空相望。从某个角度看过去它如同一艘矮墩墩的远洋游轮。谷歌已经签下合同，成为这里的主要租户。沿着这条路走下去，是第 3座新贵大厦——这是互联网巨头阿卡迈技术公司的大厦。这家公司诞生并成长在肯德尔广场。该大厦于 2019 年 11 月投入使用，有 19 层楼高，设计风格很科幻，角度奇怪。在离那几个街区不远的地方，麻省理工学院计划把那里定为新成立的斯蒂芬·施瓦茨曼计算学院的地址。该学院在 2018 年秋季宣布成立时几乎立即被称为人工智能学院。该建筑是麻省理工学院 10 亿美元投入的一部分，用于解决人工智能和计算的未来，预计 2023 年完工 ❷。

以上项目总共增加了 1700 个新住宅单元、数万平方英尺的新办公空间、数十个新的研究设施和零售商店，以及几英亩的公园和人行道等公共空间。让长期居住在肯德尔广场的人更喜闻乐见的是，2019 年 11 月，广场上的第一家超市开业了。在这之前，肯德尔广场的人才可能有幸拥有极高的智力，并有机会研究一些全世界最棘手的问题，却找不到一个地方买牛奶 ❸。

* * *

我所描述的所有新项目，除了人工智能学院大厦，都被纳入了沃尔普中心 CityScope 模型。该模型由媒体实验室的教授肯特·拉森（Kent Larson）运

❶ 大楼内的项目和组织包括麻省理工学院创新计划、戴施潘德科技创意中心、列格坦发展与创业中心、创业指导服务、创新团队计划和麻省理工学院沙盒，后者为学生的创业想法提供种子资金。——原书注

❷ 我们将在第 26 章中继续讨论。——原书注

❸ 肯德尔广场改造项目的详细信息和其他计划来自对史蒂夫·马什和伊斯雷尔·鲁伊斯的采访，以及与马什与麻省理工学院投资管理公司的电子邮件通信。我还参加了 2018 年 10 月 9 日的圆顶内会议。——原书注

营。他的专业是城市规划技术研究。虽然拉森没有参与肯德尔广场正在进行中的任何项目，但该模型采用了各种规划、分析和预测技术，可以用于研究和评估这种密度的大幅增加对已经超密集的广场可能产生的影响。拉森和引言中提到的麻省理工学院讲师约斯特·邦森都在不同的时间带我四处参观过（见图 2-3）。

图 2-3　从北面看 CityScope 沃尔普中心模型

注：沃尔普中心是中间的开放区域。城市科学研究人员路易斯·阿隆索（Luis Alonso）（前）和阿诺·格里尼亚（Arnaud Grignard）正在使用光学标记的乐高积木操纵土地使用、密度和流动性系统。一个不断更新的数字会显示模型各种性能指标。

资料来源　肯特·拉森。

"这是一个编辑城市的工具，"邦森解释道，"这里的重点是看看事情是怎样的，以及它们能变成什么样。"

在模型中，每块乐高积木代表一片 22 米 ×22 米面积的区域，有一层楼高。桌子下方的摄像头会读取每块积木下方的条形码。这样当积木移动时，显示在桌子上方屏幕上的计算机辅助设计（CAD）文件就会更新。

这种设置使得学生和研究人员一眼就能看到目前的情况，并评估新的配置——包括肯德尔广场改造项目的实际计划。某一区域的住宅不够怎么办？只要把它换成一些办公空间就行了。CityScope 的另一个特点是，研究人员可以通过头顶投影仪发射的一系列彩色编码灯，来模拟这些移动对能源使用、交通、人口密度、投资资本流动等的影响。例如，你可以问关于各种交通方式的问题，比如：随着密度的增加，停车位会发生什么变化？选择开车与选择乘坐公共交通工具、骑自行车或使用拼车的人数会发生什么变化？通勤时间或公共交通容量的变化最终会导致什么样的结果？这一切对社区及以外地区有什么影响？拉森将模拟功能称为"社区健康状况的指纹"。他指出，研究人员还模拟出了其他更雄心勃勃的设计。结果显示，肯德尔广场可以多么接近"市民动态平衡"——住房能够更好地匹配当地工作，从而最大限度地减少通勤，同时零售区能够提供城市社区的所有基本设施。他表示："这将创造一个充满活力的全天候创新社区，而不仅仅是一个创新区。"

学生们利用该模型，探索了与肯德尔广场最新发展计划相关的不同场景。一名学生拿到了警方的事故报告，发现较大的十字路口人流量较高，这里实际上会比人流量较低的地方发生更多的事件，比如抢劫。另一项正在进行的研究对肯德尔广场居民的推文进行了跟踪。拉森解释说："大约10%的推文中嵌入了全球定位系统坐标，这样你就可以定位这条推文。"他用自己的笔记本电脑给我看了一些结果。"这就是活跃的第三街，"他说，"媒体实验室是亮的，计算机科学与人工智能实验室是亮的，剑桥创新中心是发光的。但政府的沃尔普交通中心是暗的，表示这里很少有人使用推特。"推文追踪为研究人员提供了一个粗略的代理来跟踪人类活动的流动，使他们能够通过比较白天和夜晚的模式，看到哪些区域是最繁忙的，并提出需要改进的问题。

* * *

我被这个模型迷住了。此时的你如同歌利亚一样俯视着小人国的城市，你会更加生动地感受到生态系统的密度。不仅仅是媒体实验室的模型，位于百老汇街1号的麻省理工学院投资管理公司九层办公室里还有一个更完整的建筑模型，也描绘了人们为让肯德尔广场成为一个更有吸引力和活力的地方所做出的持续不断的努力。2004年苏珊·霍克菲尔德刚刚上任，成为麻省理工学院校长时，她说："虽然我不认为走进肯德尔广场有危险，但会让人不舒服。"她回忆说："我丈夫需要理发。他在一个周六出去转了一圈，回来说根本找不到能理发或者做其他事情的地方。"

她决心改变这种状况。霍克菲尔德解释说："你通过居住在那里的人来保护一个社区。有一个理发店、有一个药店、有一个小杂货店的想法……统统和生活质量密切相关。"

麻省理工学院投资管理公司的总经理史蒂夫·马什（Steve Marsh）将其目标描述为"试图激活街道"。该公司的建筑模型比媒体实验室的乐高积木更生动地描绘了这方面的努力。从模型上可以看到，在通向沃尔普中心的布罗德运河大道（Broad Canal Way）的两侧，有一个步行区，沿街有许多餐厅和商店。（这条小路目前允许车辆通行，当走到位于第三街的沃尔普中心时就要停下来。[1]）当马什谈到最终要在肯德尔广场创建一个广场时，他想到的就是在布罗德运河大道与新沃尔普中心交汇处形成的广场。

麻省理工学院前执行副校长伊斯雷尔·鲁伊斯说："所有这一切的最终目标是'为最惊人的发现创造正确的框架'。我想说，我们现在正在把一个行业与另一个行业连接起来，把一个人和另一个人连接起来。他们能在一家咖啡店里碰到。他们能在一家花店里碰到。他们能在一个公园、一个公开论坛上碰到。我们现在正试着思考我们的空间。我指的是学术空间、实验室，以及现在麻省理工学院拥有的商业空间。我们用过'人与人的碰撞'这个术语来描述它。我们如何增加人与人的碰撞呢？我们如何增加对话？因为我们知道，对话会带来新的发现和新的范式转变。"

* * *

不过，我们通过 CityScope 和麻省理工学院投资管理公司的模型，很容易看到通往更有活力的肯德尔广场的道路上可能存在的问题、挑战和压力。就拿采光这样简单的东西来说，当拉森的学生做了采光和遮阳分析后，他们发现主街上的两座巨大的新塔楼几乎完全挡住了毗邻万豪酒店的车库屋顶上漂亮的公共花园的光照。同样，在万豪酒店主街/麻省理工学院一侧的萨夫迪公共广场也将失去午后的阳光，并且身处某种风洞之中。该广场是肯德尔广场的标志性组成部分，同时也是一个可以约会和交谈的场所。人们偶尔会

---

[1] 2018 年 10 月 9 日圆顶内会议上的发言。——原书注

在广场上的长凳上举办户外音乐会。人们在"企业家星光大道"上可以看到刻有著名企业家名字的地砖。这是为了向他们战胜失败的努力致敬。这里还有一个通往 MBTA 地铁站的入口。不知道见不到阳光和处于风口会不会让这里的人气降低。我们拭目以待。

我看着这些模型，也很难不想到肯德尔广场几乎没有灵魂的本质。"肯德尔广场真的是一个可怕的地方，"著名建筑师查尔斯·科雷亚（Charles Correa）说，"这里处处是巨大的怪物。它们每一个都是独立的，有自己的内部逻辑，毫不在意街道或周围的其他人。这是一个研究我们在过去 50 年或 70 年所做事情的错误的案例。"

科雷亚试图用他的麦戈文脑科学研究所为这里增添一些活力。这栋大厦的平面设计十分与众不同，采用了大量的玻璃和设置了一个极其宽阔的中庭。街对面就是弗兰克·盖里（Frank Gehry）设计的颜色鲜艳的史塔特科技中心，两栋建筑遥相呼应。

尽管建筑设计师们不乏创意，但是这些建筑并没有改变肯德尔广场地区的整体审美。此外，也有很多人对正在规划中的新建筑持批评态度。肯德尔广场改造项目"充斥着糟糕的规划、糟糕的设计和虚幻的利益"，"一栋令人反感的建筑，对未来几代人来说是不实用的"，长期担任麻省理工学院规划负责人的西姆哈说。我和这位现已退休的煽动者在第三街一家名为 Tatte 的高端面包店和咖啡馆坐了下来。他几乎是一幢又一幢楼挨个儿写批评文章的。他抱怨麻省理工学院博物馆所在的 π 塔、波音公司、第一资本公司和苹果公司"将形成一个丑陋不堪的峡谷"。他说："总的来说，该计划将建造的这些辣眼睛的建筑与人类格格不入，与一所伟大的大学应该追求的环境和能源原则背道而驰。"[1]

辛哈是一个异类，他也许是目前肯德尔广场改造项目最激烈的批评者。尽管历史上的大部分不毛之地已经被征服，但是广场上挥之不去的贫瘠是那些在那里工作，尤其是生活的人，翻白眼和叹息的地方。这里的空洞乏味是如此真实，几乎是他们共同的"荣誉勋章"。近年来，一家家餐厅和酒吧的

---

[1] Simha 的邮件，2021 年 7 月 20 日。——原书注

涌入，以及少量的新公寓楼的建设，起到了很大的改善作用，但对整体形势仍没有多大影响（见图2-4）。

图2-4　肯德尔广场唯一一家酒类经销商——剑桥烈酒摆在门外人行道上的招牌

🔍 资料来源　Charles Marquardt。

▶ | 专栏1 | **查尔斯的招牌**

多年来，肯德尔广场周围一直流传着"既要工作，也要生活，还要娱乐"的口号。长期以来，这里一直有少量的产权公寓和公寓，新冠疫情前，餐厅、面包店和咖啡店的数量有所增长，随之而来产权公寓和公寓的数量也在增长。但肯德尔广场基本上仍只能看作一个工作场所。这里的人们把大量的时间都花在工作上，只有一点点的时间在享受生活。

2013年9月16日，查尔斯·马夸特（Charles Marquardt）在布罗德运河路上开了剑桥烈酒，主营销售葡萄酒、啤酒和烈酒。这对肯德尔广场的居民来说可是个大新闻。虽然只是一家小商店，但是这家商店填补了附近的商业空白。查尔斯很快就在商店外面放了一块折叠小黑板，回应了他的邻居们关于还需要什么的抱怨。

麻省理工学院发起的肯德尔广场改造项目中就包含开设药房和杂货店。而作为 1 号楼开发项目的一部分，罗氏兄弟超市于 2019 年年底开业。主街 238 号也会有一家药房。

但是，当肯德尔广场试图用推土机、起重机、景观和林璎的设计进入一个更有人情味、更喧闹的技术未来时，还有一个更深层、更严重的担忧笼罩着它——创新引擎能否保持同样惊人的速度运行？

仔细观察肯德尔广场的 CityScope 模型，或者回溯我从第一章开始的步行导览，一个令人不安的事实会横在面前。除了一些著名的例外，比如渤健、艾拉伦制药、莫德纳和蓝鸟生物等生物技术公司，以及阿卡迈科技等少数科技公司，在肯德尔广场占据重要空间的公司都不是本土公司，而是像谷歌、微软、Facebook、百时美施贵宝和武田制药这样的巨头，或者像 IBM Resilient 和赛诺菲健赞那样，都是后来被巨头收购的本土独立公司。

这些巨头的涌入，包括科技方面的公司，如苹果、Facebook、亚马逊和戴尔 EMC，以及生命科学方面的世界上几乎所有大型制药公司，虽然为波士顿和马萨诸塞州创造了就业机会以及增加了税收，但与此同时，也推高了租金，消耗了人才，并让初创公司和非技术人员面临更多困难。一个更隐秘的担忧是，所有这些巨头到底是在让肯德尔广场的精神继续发扬光大，还是在慢慢榨干这个地方永远热爱创意和创新的生命力？

2015 年，胡安·恩里克兹在《连线》杂志上发表了一篇关于瓦萨街和主街十字路口的文章，其中给出了一组数据："仅在过去 10 年里，每 100 名麻省理工学院校友中就有 18 人创办公司，其中 8% 的公司位于麻省理工学院附近。马萨诸塞州现在拥有 6900 家由麻省理工校友创办的初创公司。这两部分数字加在一起，占马萨诸塞州全境总量的 26%。"现在一个很大的担忧是，这些初创公司是否会继续来到肯德尔广场。或者这个问题真的重要吗？

这对 C.A. 韦伯来说很重要。她说，对租金上涨会导致初创公司离开的担忧至少可以追溯到 2012 年。"很明显，由于租金上涨，很多初创公司不得不离开，除了那些非常非常富有的人。他们的风险投资会说，'当然，你可以在管理费用上花那么多钱，因为你需要离董事会成员或顾问不远。'"她说，飞涨的房价也影响了许多中型企业，导致可供它们选择的房地产组合不太理想，"人们认识到兼顾各个阶段的公司的重要性，这样该地区就不会成为一个仅仅容纳大型制药企业的园区"。

由于多方的对话，包括麻省理工学院、市政府、肯德尔广场协会和市民团体（如剑桥居民联盟和东剑桥规划小组），所有这些问题都在当前的计划中至少在某种程度上得到了解决。例如，剑桥市现在要求在肯德尔广场留出一定比例的新空间，以供社区项目和企业家使用。不过，她说："我认为时间最终会证明，我们是否真的目光短浅，没有更有意识地在肯德尔广场为初创公司和处于规模化期间的初创公司保留一席之地。"

✳　✳　✳

如何才能确保初创公司和中型公司的空间并不是肯德尔广场面临的唯一问题。2019年年初，韦伯的协会启动了一项历时多年战略计划，重点发展三大支柱，即：提升多样性与包容性；空间营造，包括发展更多的零售点、公共公园和其他互动和宜居空间；交通改革——因为往返肯德尔广场的交通仍然是个大问题。肯德尔广场协会在交通宣传方面有一篇文章经常被引用，它的标题是"你不可能在堵车的时候找到治愈癌症的方法"。

当然，这些担忧不太可能很快得到解决：许多问题我们将在之后的章节中进行更详细的讨论。但是，如果说肯德尔广场漫长而又动荡的历史给我们上了什么重要的一课的话，那就是肯德尔广场不断地，而且通常是成功地重塑了自己。事实上，很多进步都是偶然发生的。这就是创新的运作方式。我在参观麻省理工学院媒体实验室时，在约斯特·邦森杂乱的办公室里想到了这一点。

"肯德尔广场是一个预言百试不灵的区域，已经臭名昭著了。"邦森宣称，"肯德尔广场所有的一切，所有的发展，都没有实现。基本上，他们每一步都押错了宝。然而，这个地方就如同一只浴火重生的凤凰。"他补充道，"尽管犯了各种可能犯下的错误，但这个地方成功了。"

这一切都要追溯到18世纪90年代，远在麻省理工学院来到剑桥市之前。

第 3 章

肯德尔广场的第一个
经济愿景是破产

后来成为肯德尔广场的那块土地从一开始就有两个基本优势：一个优势是波士顿的移民和革命精神，这种精神激发了创新思想；另一个优势一目了然，就是地理因素。现在肯德尔广场所在的位置（在水上）不仅土地价格低廉，而且地理位置得天独厚——靠近波士顿的商业中心和劳动力中心，两地仅隔着一条查尔斯河，同时地处波士顿和哈佛学院这一教育圣地之间，使它可以成为工业发展和繁荣的几近理想的场所。

肯德尔广场有一天会成为一个十字路口。

然而，这一设想用了很长一段时间才得以部分实现——等待了150多年。起初，查尔斯河对岸的波士顿发起的所有行动都在剑桥市的早期殖民村庄里。这个村庄建于1630年，位于波士顿港上游的一处低矮的鼓丘，敌人的军舰很难到达，也很容易抵御陆地攻击。1636年，哈佛学院在那里建立。当时，哈佛广场和波士顿之间的海岸线（包括今天肯德尔广场的位置）都是未经开发的沼泽和泥滩，人们在那里捕捉蛤蜊和牡蛎，或收获盐土沼泽地干草喂养牲畜。事实上，在大部分空地还未被填满之前，我们现在所说的查尔斯河还是一片广阔的水道的一部分，被称为后湾或牡蛎岸湾，因为有牡蛎养殖场沿着河口剑桥市一侧的海岸排列。

沼泽里有一些小小的鼓丘和几片树林。退潮时，牡蛎资源丰富的泥泞平原就会暴露出来；涨潮时，这些鼓丘会变成一连串的小岛，与大陆隔绝。尽管采捕贝类的人开辟了几条马车小径，但在1783年美国独立、第二次世界大战结束之前，现在哈佛广场以东的整个剑桥地区几乎无人居住。"到了第二次世界大战结束后，整个剑桥港和东剑桥只有哈佛园以东的三个农场。"剑桥历史委员会执行主任查尔斯·沙利文（Charles Sullivan，他是一位对剑桥市的历史充满热情的学者和讲述者）回忆道，"肯德尔广场那时候根本还不能称之为什么地方。"

但精明的商人和土地投机者看到了这片沼泽地的潜力。早期的定居点位于一个名为"格雷夫斯颈"的大鼓丘上，以 1629 年搬到这里的第一位定居者托马斯·格雷夫斯的名字命名。这片与世隔绝的陆地后来成为东剑桥村的中心。

多年来，随着人口增长和土地被填满，肯德尔广场开始侵占东剑桥——尽管严格来说，肯德尔广场并不是东剑桥的一部分，但许多居民认为它是。"格雷夫斯颈"是从今天第二街的位置开始（离剑桥购物中心几个街区远的地方），一直到第六街这片区域。一条被称为米勒河的水道（因为几乎完全被填满了）打开了一个宽阔的潮汐湾，将它与东部的查尔斯敦分开。鼓丘向南和向西延伸，一直到今天的查尔斯街。肯德尔广场地区在现代查尔斯河畔附近的每一处地方（包括现在的麻省理工学院），几乎完全由被称为大沼泽的无人居住的湿地组成。

*　*　*

在美国独立战争时期的早期，波士顿本身几乎可以说是一个岛屿、一个形状奇怪的半岛，通过一块被称为波士顿颈（Boston Neck）的极薄的土地伸入波士顿湾，并在罗克斯伯里（向南约 5 英里，稍偏西一点）附近与大陆相连。半岛上有两处凸出（西面的一处指向格雷夫斯颈，东边的一处指向查尔斯敦）。从地理形状上看，它如同一个动物的头，可能是牛头和兔头的混合体。

多年来，人们如果需要往返于波士顿市和剑桥市之间，唯一不需要坐船的方式就是通过波士顿颈。查尔斯·沙利文说："任何来自北部或西北部的人去波士顿，带着他们的农产品或赶着他们的羊群等，都必须绕远路——穿过哈佛广场，渡过体育馆旁边的河，经过布鲁克林村、达德利广场，最后从华盛顿街进入波士顿。"以剑桥市中心为起点的话，这段路大约有 8 英里。这些人的另一种选择是在查尔斯敦和波士顿之间乘坐轮渡，然后从与哈佛广场相连的北部道路走。与波士顿颈那条路相比，查尔斯敦的轮渡航线缩短了一半的距离，但并不是对所有人都那么方便。

显而易见的解决方案是在波士顿市和剑桥市之间修建一座桥，将道路直接连接起来——就在后来成为肯德尔广场的大沼泽土地上。

横跨查尔斯河的第一座大桥，连接了波士顿与更远的查尔斯敦，这座桥于 1786 年完工，取代了渡轮。但这仍然是通往哈佛的一条迂回之路。在 18

世纪 90 年代早期的某个时候，一群投资人（可以把他们看作波士顿早期的天使财团之一）成立了一家公司，目标是建造一座直接连接波士顿市和剑桥市的营利性收费桥。他们中的一位是弗朗西斯·达纳（Francis Dana）。他于 1791 年至 1806 年担任马萨诸塞州最高法院首席大法官，同时也是第一任美国驻俄罗斯大使，以及《邦联和永久联合条例》的签署人。达纳住在哈佛广场的东边，他的家族土地包括现在的剑桥中部和下剑桥港的大部分土地，位于肯德尔广场和哈佛广场之间。

建造收费桥的计划引起了一些警觉。马萨诸塞州土生土长的美国开国元勋约翰·亚当斯（John Adams）此时已经是美国副总统，并且不出几年即将成为美国的第二任总统。他公开对围绕土地投机的狂热感到担忧，并预测"日日皆有可能破产"。波士顿的一家报纸——《哥伦比亚哨兵报》（后来与几家本地报纸合并为《波士顿先驱报》）警告说，这座设想中的大桥将使波士顿变得太容易上去，从而腐蚀哈佛学生，从而"此或可蚀其心志，永伤其体魄与名誉，致其终身无成，沦于庸碌之境"。

然而，该计划还是继续推进了下去，所谓的西波士顿桥于 1793 年 11 月开通。投资人向公众发行股票，并在 3 小时内出售了 200 股的配股。它是沙利文所说的"期望路线"，为波士顿市和剑桥市之间提供了第一个便捷的直达通道，通过肯德尔广场（即今天的朗费罗大桥）连接它们，将波士顿和哈佛广场之间的距离缩短到只有 3 英里。

"这一切都始于西波士顿大桥，"马萨诸塞州历史学会的加文·克里皮斯（Gavin Kleespies）说，"一切都聚集在肯德尔广场。这里是许多事物汇聚的中心地带。"

最初的大桥由两个主要部分组成：第一部分是一座 3483 英尺长的木桥，以连接波士顿市和剑桥市一侧的第一块旱地；另一部分是一道 3344 英尺长的堤道，它横跨了大沼泽地的更多部分，一直到佩勒姆岛（Pelham's Island）。佩勒姆岛是一个鼓丘，大致位于今天的拉法耶特广场附近的中央广场。这座大桥的落成首先刺激了佩勒姆岛周边的住宅和商业发展。沼泽被抽干，商业建筑拔地而起，住宅用地也开始加入规划。

接着在 1805 年，两条收费高速公路被批准：一条是剑桥至康科德的收费高速公路，这条公路沿着现在的百老汇街直接通往康科德；另一条是米德尔塞克斯收费高速公路，这条公路就是现在的汉普郡街，连接着梅里马克河沿岸的磨坊小镇，向北到达新罕布什尔州。如今这两条收费高速公路都通往肯德尔广场的中心，在今天的百老汇街和汉普郡街的交叉口附近。大约在同一时间，主要是在 1805 年和 1806 年，人们开始挖掘运河网络。水源大部分来自查尔斯河，但有一条河道直接从东剑桥穿过，它是前往米勒河和从北面流过来的历史相对较短的米德尔塞克斯运河的通道❶。对于肯德尔广场来说，这些水道中最重要的是布罗德运河。这条运河大约有 100 英尺宽，从西波士顿桥的下游一直延伸到波特兰街和伯克夏街（就在今天肯德尔广场 1 号往前一点的位置）之间，长度约 1 英里。它被保留了下来，但是现在的长度只有原来长度的四分之一，为那些希望探索查尔斯河的人提供皮划艇、桨板和独木舟租赁。

新的交通网络帮助这片地区向航运枢纽转型。沙利文说："肯德尔广场的第一个经济愿景是，所有来自新罕布什尔州的农产品、木材和建筑石材都能从梅里马克河经米德尔塞克斯运河进入查尔斯河。一群投资人设想，肯德尔广场附近的海岸线可以成为一个转运点。"

为了帮助实现这一雄心，布罗德运河的倡导者在 1805 年说服美国国会指定剑桥镇为交货港，这个地方因此得名剑桥港（Cambridgeport）。如今的剑桥港是麻省理工学院西面的一个社区。但在当时，剑桥港的范围囊括了现在肯德尔广场和其他地区的大部分。肯德尔广场地区是 19 世纪早期组成剑桥镇的四个村庄之一。作为货物进入新港口的关键中间商或集散地，布罗德运河周围的部分似乎蓄势待发。整个地区被称为下港（Lower Port），因为相比其他码头，它位于查尔斯河的最下游。后来成为肯德尔广场的地区彼时被称为码头广场（Dock Square）。

* * *

然而，肯德尔广场的第一个宏大的经济愿景几乎从一开始就因为国际冲突和竞争而偏离了轨道。

1803 年拿破仑战争开始，直到 1815 年拿破仑滑铁卢战役结束，英法两

---

❶ 米德尔塞克斯运河于 1803 年全面开通，引发了土地投机，在一定程度上促成了运河的发展。——原书注

国一直扣押着美国商船。最令新生的美国愤怒的是，英国又开始了强制征兵（impressment）——他们扣押美国水兵，强迫后者加入皇家海军。为了避免军事冲突，愤怒的美国颁布了《1807 年禁运法案》来作为回应，托马斯·杰斐逊于当年 12 月签署了该法案。该法案在法律上开始生效，以禁止美国船只前往外国港口，希望由此给各方带来的困难能说服法国和英国允许美国作为中立国而恢复贸易。该法案最终酿成一场灾难，迫使新英格兰和大西洋沿岸的船只能闲置在港口。禁运直到 1809 年 3 月才解除。接着，1812 年战争 ❶ 爆发，英国封锁了美国港口，让经济困难雪上加霜。

最终，在码头广场和剑桥港周围建立一个大型转运中心的希望破灭了。高速公路和西波士顿大桥的建成让一些商业贸易得以在下港进行，但成效远低于投资人和规划者的预期。"他们于 1806 年在百老汇街靠近法院街（现称为第三街，几乎就是今天剑桥创新中心、万豪酒店和沃尔普交通中心的位置）的拐角处建造的 6 座砖砌仓库在沼泽中孤零零地矗立了几十年。"历史学家苏珊·梅科克（Susan Maycock）写道。新建的铁路最初绕过了剑桥市，1826 年，波士顿开设了昆西市场，这个大型的室内市场吸引了来自各地的供应商和购物者。20 多年后的 1847 年，《剑桥城市指南》的出版商仍然为这些事件的发展感到懊悔。"昆西市场之兴隆与铁路之扩张，双重重压之下，昔日剑桥港与乡村邑镇间之广袤商贸，乃至远及佛蒙特、新罕布什尔之界者，几近乎绝。"指南哀叹道。

正如查尔斯·沙利文所说："肯德尔广场大概直到 19 世纪 50 年代才成为前往波士顿的必经之地。"然后一切都开始变得一发不可收拾。

•

---

❶ 1812 年战争，又称美国第二次独立战争、美英战争，是美国方同盟与英国方同盟之间发生于 1812—1815 年的战争。名义上是美国正式向英国宣战，但是英国军队的 50% 兵员是加拿大的民兵。同时，美洲印第安部落由于种种原因也卷入了战争。——译者注

第 4 章

查尔斯·达文波特
与肯德尔广场的转变

1812 年，在马萨诸塞州牛顿市一个叫作上瀑布的小村庄里，一个男孩呱呱落地了，他永远地改变了肯德尔广场的故事。他的名字叫查尔斯·达文波特（Charles Davenport）。1828 年，他 16 岁，在剑桥港的马车制造商乔治·W. 兰德尔手下当木工学徒。

达文波特的才华和强烈的职业道德吸引了当地一位著名商人埃比尼泽·金博尔上尉的注意，后者是附近珍珠街旅馆的老板。金博尔上尉还经营着一家出租马车的马场，为剑桥市和波士顿市之间的往返交通提供长途马车服务。起初，他的马车每天跑两班，但后来金博尔打破传统观念，每小时跑一班，这一做法极大地推动了他的生意。

金博尔的商业眼光看到了达文波特的技能和他现有的公共马车业务之间的潜在协同作用。1832 年，在这个年轻人完成学徒生涯后不久，两人就建立了马车制造的合作伙伴关系。你在中大陆铁路博物馆（Mid-Continent Railway Museum）的在线历史记录上可以读到，"金博尔提供资本，达文波特提供马车制造的'智慧'"。他们的第一步就是收购达文波特的旧老板——兰德尔手下的资产，这给他们带来了核心员工——"2 个临时工和 4 个学徒"，大家"共同完成他们接到的大量订单"。这些订单很快就包括了金博尔上尉的公共马车线路上的所有用车。

这家公司最初位于中央广场核心位置的马萨诸塞大道，后来生意兴隆。根据铁路博物馆的历史记载，它很快将"马萨诸塞大道 579-587 号马车商店附近铁匠、画家、马具制造商和修理工的铺子"一一盘了下来。在头两年里，金博尔和达文波特开始在新英格兰建造第一辆公共马车（omnibus）。公共马车通常能够在短途行程中运送更多的乘客。有些公共马车有上下两层，可以说是今天双层巴士的前身。

1834 年，马车制造业务也实现了飞跃，他们开始制造火车车厢。他们的公司接下波士顿 / 伍斯特铁路的第一份订单。"达文波特设计了一种车厢，车厢中间有一条过道可以让乘客从车厢头走到车厢尾，并且允许所有乘客都面向同一方向。这打开了美国式铁路客运车厢新的一页。"一份由当地一家银行委托撰写的关于该市早期商业领袖的简介中写道。剑桥历史学会补充道："在车厢中央设置通道的物理设计提高了效率，因而具有革命性，同时，它也对乘车产生了重大的社会影响。人们不再需要为乘坐火车而支付整个车厢的费用，甚至购买为数不多的贵宾座席。车厢里有了一排排相同的座位之后，任何买得起票的人都可以乘坐火车了。人们在火车上平等地坐在一起。"

在第一版设计中，达文波特在火车车厢中部设置一个单独的入口，入口两侧有一种贯穿整节车厢前后的脚踏板。几年之内，他改良了设计，在火车车厢的两头都增加了车门，方便人们上车和分流。大约在 1837 年，金博尔和达文波特的火车车厢上增加了厕所和单独的女士洗手间。这些车厢的特色是设置了可翻转的座椅，这样列车就不需要在到达终点站后再掉头，从而让乘客可以面朝前方。"达文波特拉杆"减轻了启动火车时的震动，这位年轻的发明家在 1835 年获得了这项专利。

由于针对车厢的改良，企业取得了巨大的成功。1837 年，就在打入火车车厢业务的几年后，该业务扩展到制造 60 座的 8 轮车厢，接着他们又推出了可容纳 76 名乘客的 16 轮车车厢。

金博尔于 1839 年去世，时年四十六七岁，死亡的原因尚不清楚。他有四个儿子和两个女儿，达文波特几乎立即与金博尔的女婿阿尔伯特·布里奇斯（Albert Bridges）建立了新的合作关系。这家刚刚起步的公司被称为达文波特 & 布里奇斯公司，从公司名就可以看出达文波特是主要合伙人 [1]。

据铁路博物馆介绍，尽管金博尔去世了，但该公司的业务继续蓬勃发展，"很可能会成为那个时代最杰出的火车车厢制造商"。新的合作关系很快就超出了金博尔 & 达文波特公司原来的规模。他们将新总部地址选在了主街700 号。这是一栋三层砖结构建筑，现在仍然矗立在奥斯本街和主街路口，

---

[1]　达文波特的兄弟阿尔文与阿尔伯特·布里奇斯的双胞胎兄弟阿尔弗雷德合作，在马萨诸塞州的菲奇堡（剑桥西北 45 英里处的一个工业小镇）经营另一家公司。这家公司在 1849 年 12 月被大火烧毁了。（许多年后，在《哈利·波特》系列图书中，菲奇堡成为菲奇堡芬奇职业魁地奇球队虚构的主场。）——原书注

被认为是肯德尔广场的一部分。

主街 700 号大厦的重要性怎么说都不为过，这就是为什么我用了一整章的篇幅来讲述它在达文波特时代之后的丰富历史。它的历程比其他商业建筑更能反映出肯德尔广场的精髓或精神。正如剑桥历史委员会所描述的那样，主街 700 号是"剑桥历史最悠久的工业建筑，整个建筑群彰显了剑桥市工业经济——从重型制造业到摄影成像技术，再到生物技术的演变"。

1842 年，当达文波特 & 布里奇斯公司刚刚搬进来的时候，主街 700 号（连同在这处地产东侧的 6 个木制平层厂房）成为建造一些全美国最豪华、最昂贵的火车车厢的工厂。"车厢乃一处处悦人心目之室——墙壁涂以亮漆，地板覆以席，车窗固而不摇，窗帘密以蔽炎阳。座设豪华沙发……车厢又悬巨弹簧于其上，以消车行之大部分震动，尤能去铁路所恶之摇摆运动，使乘客安坐。"1842 年的《美国铁路杂志》（*American Railroad Journal*）写道。或者正如 1845 年 8 月 28 日的《科学美国人》创刊号所报道的那样："达文波特与布里奇斯二人……近期对车厢、弹簧及连接之构造，多所精进，妙手偶得。诸般改良，皆旨在减免大气之阻力，保安全之虞，兼及便捷之利，并欲使乘客于火车疾驰时速或达三十、四十英里之时，亦能悠然自得，舒适无虞。"

在大约 5 年内，达文波特 & 布里奇斯公司制订了进一步扩张的计划，占据了波特兰街和奥斯本街之间的整个街区——如今这块地方被称为奥斯本三角（Osborn Triangle）。他们在两翼增加了两个长条形的两层车间，以及 8 座较小的建筑。一侧用作铸造厂和铁匠铺，配有 16 个锻造车间。它的对手变成了一个机械厂。这家工厂总共雇用了一百多名工人，是当时剑桥市最大的工厂。一张 1854 年达文波特车厢制造厂的图纸显示，这处大型的综合设施向南一直延伸到查尔斯河，工厂和水路之间甚至连一条路都没有（见图 4-1）。

尽管生意蒸蒸日上，工厂的业务看似平稳发展，出不了问题，但达文波特 & 布里奇斯公司还是遇到了意想不到的困难。该公司有相当一部分的订单接受用铁路债券的形式来付款。当一些重要客户遇到财务困难时，他们不仅取消了现有订单，而且他们的债券也变得一文不值。1849 年 10 月，面对不断增加的债务，达文波特 & 布里奇斯公司被迫暂停业务。两人的合伙关系于次年 5 月终结。

C.Davenport & Cᵒˢ Car Works, Cambridgeport.

图 4-1 1854 年的达文波特车厢制造厂，车厢厂到查尔斯河之间还是一片荒芜

达文波特本人受到了沉重打击。一份报告指出："达文波特先生是铁路债券的大量持有者。当 1849 年债券大幅贬值时，他损失了 30 多万美元。"以今天的美元计算，这相当于损失了大约 1000 万美元。

但他很快就重整旗鼓了。1850 年，达文波特重组了公司——地址仍然在主街 700 号。"几个月后，工厂重新开业，很快就满负荷运转了，这次的公司被命名为 C. 达文波特公司。到 1851 年年底，这家公司的营业额已经超过了 50 万美元。几年之内，达文波特先生又积累了一笔可观的财富，他的债权人没有因为公司的停业而损失一分钱。"❶

1855 年，刚满 43 岁的达文波特"令人费解"地卖掉了他的工厂，带着可观的财富退休了。他在喷泉山住了一段时间，这是他在沃特敦附近建造的一座乡村庄园，并且开始周游世界。达文波特在肯德尔广场的故事远没有结

---

❶ 达文波特的前合伙人阿尔伯特·布里奇斯显然没有参与这项新业务，而是和他的双胞胎兄弟阿尔弗雷德一起成功地建立了一家铁路供应企业。对工厂的描述见 MacDonald 的 *Center Aisle Train Car*。——原书注

束。后来的故事证明，他的旅行给他带来了一个灵感。

＊　＊　＊

回顾历史，爱德华·金博尔和查尔斯·达文波特的火车车厢制造业务的成功，以及1842年搬到主街700号后的成功，给肯德尔广场扩张为强大的制造业中心带来了先机。在此之前，大部分的业务都聚集在剑桥港的中央广场和拉斐特广场周围。那里是长堤的终点，许多农民和其他从内陆来波士顿做生意的人都会去那边的小酒馆和小旅馆。金博尔那时经营着珍珠街酒店，并在剑桥市和波士顿市之间运营着他的"每小时一班"的公共马车——线路是沿着主街穿过新的西波士顿桥的。

达文波特位于主街700号的火车车厢制造厂是今天肯德尔广场地区涌现出的众多制造业厂家中的头一家。早期发展起来的大部分厂家都集中在主街北部不临水的一侧——"来自五湖四海的人们经营起仓库、工人住宅、沙龙和车轮制造"。在码头广场的中心和下港，百老汇街和主街之间的三角形地带，一端是波特兰街，另一端是查尔斯河，在达文波特搬到主街之前不久就被完全填满了：包括今天万豪酒店和剑桥创新中心的所在地。不过，那里拥有的不只是企业。当时，这个三角形地带上也有住宅区。1836年，这里甚至建起了配套的小学，位置大约在谷歌的大办公楼所在的剑桥中心3号楼。与此同时，达文波特的工厂在他1855年退休后改旗易帜，变成了阿伦和恩迪科特铸铁厂。

随后两大事件加速了增长：第一个事件是南北战争，这场战争增加了对该地区工厂产品的需求；第二个事件是1868年肯德尔广场开通了铁路服务，铁路将城市中规模较小但不断发展的工业公司与从西部和北部到波士顿地区的铁路连接起来❶。这是波士顿至奥尔巴尼铁路8.5英里长的大章克申（Grand

---

❶ 达文波特于1848年与另外两人一起创建了联合铁路公司（Union Railroad）。旨在在萨默维尔和布鲁克莱恩之间架起一条铁路线，穿过东剑桥和剑桥港的沼泽和泥滩。这些铁路将穿过查尔斯河上的农舍农场桥（即如今的波士顿大学桥），并与波士顿和伍斯特铁路相连，通过大章克申铁路，为从西部郊区到查尔斯敦到东波士顿的深水码头提供了一条至关重要的连接。波士顿和伍斯特铁路公司同意帮助修建这条铁路。铁路于1855年开通服务，但不久之后一场风暴摧毁了一座桥梁，波士顿和伍斯特铁路公司拒绝帮助重建。诉讼随之而来，直到1869年波士顿和奥尔巴尼铁路公司接管了运营（达文波特显然已经将他在联合铁路公司的股份出售或放弃给了大章克申铁路），这条线路才得以重建。它目前仍然是波士顿南北铁路之间唯一的线路。——原书注

Junction）支线。这段铁路线至今仍在运行：以今天洛根机场附近的东波士顿为起点，穿过肯德尔广场中心，与德雷珀实验室并行，下穿经过麦戈文脑科学研究所，然后几乎与麻省理工学院校园平行，最后穿过剑桥港的查尔斯河。

随着铁路的开通，这一生态系统的下一个时代开始登上舞台。越来越多的制造商来到这个地区，有些是新成立的，有些则将业务从波士顿转移到肯德尔广场以及剑桥港和东剑桥附近更便宜的土地上。"剑桥的沼泽地为他们提供了场地。"沙利文指出。

这些企业中，有许多是在百老汇街和布罗德运河沿线开设的低技术制造企业，它们通过船运获得更便宜的煤炭，以此来为工厂提供动力。活跃的下港终于开始实现西波士顿大桥和运河建造者的最初愿景和雄心——创建一个储存和运输大宗物资的中心。能够处理诸如石头、煤炭和木材等产品的码头排列在长堤和布罗德运河及其姊妹水道两岸。"到 19 世纪中叶，从缅因州和（加拿大东部的）海洋省份开始有大量的沿海运输以及木材送达这里，"沙利文回忆道，"煤炭被装上双桅帆船，最早一批从新斯科舍运送过来，然后从弗吉尼亚被运送过来——这类活动正在运河上兴起。这是在禁运措施导致1812 年战争之前设想的场景。"

今天的科学博物馆的所在地就是 1910 年时的查尔斯河大坝和它的水闸系统。在大坝投入使用之前，查尔斯河还是一条受潮汐影响的河流。因此，在这段时间里，除了主河道，这条河基本上在退潮时就干涸了：运河上的船只和沿海的纵帆船只能停靠在泥泞的河底，等待河水再次上涨。

在运河周围成长起来的公司反映了处于蓬勃发展之中的美国的需求。正如剑桥在 1896 年为庆祝建城 50 周年而做的书中所夸口的那样："水路近若咫尺，故吾等得以水运之便，获煤炭、原料及四海工业之产物，且费省而效速。"这些都为剑桥制造业后来的蓬勃发展带来了机遇。

在 19 世纪初期，少量的制造业主要集中在肥皂、皮革和绳索方面。19 世纪中叶，以玻璃厂和砖厂为首的新产业兴起，同查尔斯·达文波特的火车车厢和马车制造业务一同带动了城市人口的增长，剑桥市的人口从 1800 年的 2453 人增长到 12340 人，增长了 4 倍多。到了 1890 年，官方人口膨胀到70026 人。主导工业格局的是铸造厂、橡胶厂、家具制造厂和服装公司，以及肥皂制造商、砖瓦企业和糖果制造商。占据重要地位的出版业也开始蓬勃发展起来——包括装订、书籍印刷及出版。河滨出版社是这一行业的先锋，它由长期活跃在剑桥市、未来的市长亨利·霍顿（Henry Houghton）于1852年创立。他把出版社作为他新成立的H. O. 霍顿公司的一个部门。1872年，霍顿找来了一个合伙人——乔治·米弗林（George Mifflin），并把公司重新命名为霍顿米弗林公司。河滨出版社位于剑桥港的查尔斯河畔，到1886年，雇用的员工数量已经超过了600人。

剑桥市除了是制造业重镇，还因创新和创业而名声大噪——这要归功于一些当地公司和在这里生活或工作的各类群体。H.O. 霍顿等少数公司甚至成为家喻户晓的品牌或世界领先产品的制造商。几乎所有的企业都开设在了后来的肯德尔广场或邻近的剑桥港。大家之所以选择这里，通常是因为这里有学徒、土地廉价和地理位置靠近波士顿。

例如，现代缝纫机是由一个名叫伊莱亚斯·豪（Elias Howe）的人发明的。他在主街旁的一个二楼车间里工作。豪是马萨诸塞州人，1837年左右，十几岁的他来到剑桥当学徒。在一位制造和修理精密仪器的机械师傅的店里工作时，他突然萌发了制造缝纫机的想法。豪在1846年9月获得这项专利时，只有27岁。在与艾萨克·辛格和沃尔特·亨特的专利战中获胜后，豪最终从售出的每台缝纫机中获得专利使用费——这使他成为一个富豪。

另一项重要的创新产品是编织液压胶管。"纯橡胶软管没有任何强度，但如果你用橡胶包住编织管（用棉花或其他织物编织的管子），它就能像钢筋混凝土一样，只有弹性。"查尔斯·沙利文解释道。编织液压胶管是内战退休上校西奥多·道奇（Theodore Dodge）的发明，属于一家于1880年在码头广场和肯德尔广场成立的公司，名为波士顿编织软管和橡胶公司（Boston Woven Hose and Rubber）。生产这种胶管，需要发明一种复杂的织布机来编织这种材料——将其与橡胶结合起来，制成更结实的软管。最初的织布机需要用大约8万个零件，这对生产来说过于复杂，但道奇雇用了一位机械师重新设计并简化了机器。他们从波特兰街上的柯蒂斯·戴维斯肥皂厂租来了两间创业孵化器风格的铺面，开了家店。

织布机和它所生产的编织液压胶管是一项突破，可能比之前的任何东西都更能让肯德尔广场跻身创新地区之列，甚至比查尔斯·达文波特的火车车厢更重要。马萨诸塞州历史学会的加文·克利皮斯表示，所有现代消防软管和花园软管基本上都来自这项发明，"波士顿编织软管和橡胶公司彻底改变了消防的方式。没有波士顿编织软管和橡胶公司，就没有现代消防"。

这家公司很快发展壮大，原本租下的铺面已经无法满足需求了，1887年，波士顿编织软管和橡胶公司在波特兰街和汉普郡街的拐角，靠近布罗德运河的终点的地方，建起了自己的三层砖砌大厦。1893年，公司业务扩展到自行车轮胎。最初，这些产品分为两大块——内胎和胎体。几年后，波士顿编织软管和橡胶公司推出了 Vim，这是首个带有防滑胎面的单胎轮胎。这些创新带动了 19 世纪 90 年代的自行车热潮——快乐随性的 90 年代。到 1896年，该公司雇用了 975 名工人，其工厂占地面积近 25 万平方英尺。

波士顿编织软管和橡胶公司在 1930 年左右的鼎盛时期，拥有大约 1200名员工、19 栋厂房，总占地面积约 15 英亩（该公司还在波特兰街对面买了一块地，用作停车场。据报道，该地的一角多年来一直被用作波士顿地区的主要斗鸡场）。生产范围扩展到"橡胶软管、橡胶圈、橡胶织物、橡胶垫、黄铜配件、垫圈，以及各种油管。到 1928 年，该公司生产的橡胶制品占美国橡胶制品总产量的 9%"。一栋大厦的楼顶上会响起宣布换班的哨子，一直到 20 世纪 50 年代，每天晚上 9 点 30 分还会发出对 16 岁以下居民宵禁的信号。❶

但最终，该公司无法跟上更现代的竞争对手的步伐。由于亏损，它在 1956 年左右被美国 Biltrite 橡胶公司收购，直到今天仍然是后者旗下的公司。美国 Biltrite 橡胶公司总部位于马萨诸塞州的韦尔斯利山。剑桥工厂的两栋建筑在 1969 年被推倒，其他的建筑则作为肯德尔广场的主要重建项目的一部分进行了重建（见第 8 章）。如今，9 栋楼组成的园区已是一处多功能商业综合体，名为肯德尔广场 1 号。这里除了办公室和实验室之外，还有 1 家啤酒酒吧、几家餐厅、1 间台球厅、1 间牙医诊所和 1 家电影院。2016 年，房地产投资信托公司 Alexandria Real Estate Equities 以 7.25 亿美元的价格收购了这处占地 8 英亩的综合体。该公司在主楼的一部分开设了其生物技术初创

---

❶ 波士顿编织软管公司是发出宵禁信号的三家公司之一。——原书注

公司孵化器 Alexandria LaunchLabs。 ❶

* * *

19 世纪下半叶，在肯德尔广场周围的街道上、办公室和工厂里，人们还可以看到其他一些有趣的人物和公司 ❷。有些人在他们的时代扬了名；有些人甚至发了财；有一个人注定要加入达文波特、豪和道奇等杰出商人和创新者的行列。在某种程度上，他比他们中任何一个的名气都更加响亮，直到今日仍然享誉世界。和许多同时代的弄潮儿一样，他出身贫寒——在农场长大，高中没读完就来到波士顿地区当机械师学徒。他极富创业精神，与人合伙在码头广场的中心地段创办了一家公司。

在此过程中，他成为教堂的执事，也是禁酒的强烈倡导者。他在政治舞台上越来越活跃，曾担任剑桥市议员，并成为禁酒党的早期成员。在该党的赞助下，他竞选过国会议员和马萨诸塞州州长，但均以失败告终。但最终人们会记住他的名字。

他的名字叫爱德华·肯德尔（Edward Kendall）。如果他看到现在肯德尔广场处处都是酒吧（更不用说酒类专卖店了），他可能会感到吃惊不已。

---

❶ 肯德尔广场 1 号是一个误称，毫无疑问会让很多人感到困惑，因为它距离肯德尔广场有半英里多，而真正的肯德尔广场是百老汇街、主街和第三街的交汇处。——原书注

❷ 罗杰斯街 101 号的前布莱克和诺尔斯铸造厂就是一个例子。最早的铸造厂建于 1883 年。布莱克和诺尔斯及其后继者——沃辛顿泵厂，最终占据了本特路和现在的林斯基路之间的三个街区，横跨宾尼街。这些公司为各种工业用途制造蒸汽动力泵。据报道，第一次世界大战中的每艘军舰都使用了 1000 多台沃辛顿泵。多年来，罗杰斯 101 号的四楼一直是 Xeconomy 的总部。该建筑已被重新命名为铸造厂，并在 2020 年进行了翻新，变成可容纳多种项目的空间。这些项目包括艺术、舞蹈、劳动力教育以及创业。——原书注

第 5 章

肯德尔初露锋芒

　　距离波士顿和剑桥之间的新地铁线向大众开放只有几天时间了。约150名政要和其他贵宾被邀请参加晚间试运行。这群人在中央广场集合，下午6点35分，挂着三节车厢的列车缓缓驶出车站，穿过西波士顿桥前往公园街。在波士顿，他们会参加一个庆祝宴会，然后乘车返回。那时候，从中央车站到公园车站只有一站，站点就在查尔斯河在剑桥市的一边。当列车进站时，列车员（显然每辆列车上都有一名警察）报出了站名："肯德尔广场！"

　　正如《剑桥纪事报》报道的那样："及至肯德尔站，众人齐发三声欢呼，以纪念此站之赞助者——爱德华·肯德尔执事。彼亦赴宴[1]。"

　　这一天是1912年3月20日，星期三。整个晚上，政要们分别参观了这条地铁线上的4个站点：哈佛站、中央站、肯德尔站、公园站[2]。3月23日，星期六，地铁正式开通运营。为了见证这一历史性的时刻，几百人天还没亮就起床，来到哈佛站等着购买地铁票，以乘坐第一班于5点34分发车的开往波士顿的地铁。"众人购票之热情，何其高涨？几欲酿成践踏之祸。"《剑桥纪事报》报道，"欢呼之声，响彻云霄，三百零六客，争先恐后，欲抢在头一个登车。"从哈佛广场到公园站的三站路程只用了不到8分钟。在高峰时间，地铁每两分钟有一趟。如果今天还是能够接近这种速度和效率，那么将大大解决肯德尔广场协会的主要优先事项——克服该地区公共交通的困难和不可靠。

　　当时，人们肯定是很欢迎地铁的。《剑桥纪事报》得意地说："快速交通

---

　　[1]　据我所知，肯德尔并没有为车站提供过经济上的贡献——所以这里的"赞助者"一词似乎指的是他的冠名。——原书注

　　[2]　1932年，波士顿的肯德尔站和公园站之间增设了查尔斯站（如今叫作查尔斯／麻省总医院站）。——原书注

已成既定之实。"早在 1887 年，这里就有了开通一条新的通勤线路的规划，但出于各种原因，这一规划被搁置了四分之一个世纪之久。但这一天终于到来了。"剑桥与波士顿，今已紧密相连，不可分割。"该报对此赞不绝口，"哈佛站、中央站、肯德尔站和公园站，一、二、三、四站，往返线路单程只用 8 分钟。人们再无候车之苦，亦无上班迟误之辞，下班更无晚归之藉口，至少较汽车服务而言，实为便利之极。新地铁之设，犹若'万应灵丹'。"

在老西波士顿桥的剑桥端附近的一小片沼泽地是如何变成肯德尔广场的？这个故事始于肯德尔。他于 1821 年 12 月 3 日出生在马萨诸塞州霍尔顿附近的一个农场（波士顿以西约 45 英里）。他出自一个清教徒家庭，其历史可以追溯到马萨诸塞湾殖民地建立时期。高中辍学后，他尝试经营自己的木材生意，但没有成功。1847 年，他搬到波士顿，在他的兄弟詹姆斯手下当机械师学徒。不到一年的时间，他就被提拔为锅炉制造部门的领班。再不久之后，詹姆斯就受淘金热的诱惑，卖掉了自己的生意，搬到了加利福尼亚州，肯德尔留了下来。买下詹姆斯的公司的是钢铁制造商艾伦恩迪科特公司（Allen & Endicott），仅仅几年之后，在查尔斯·达文波特决意退休时，他们又收购了剑桥市的主街 700 号工厂❶。

爱德华·肯德尔在艾伦恩迪科特公司做了十多年的领班，然后离开，与一个名叫小约翰·戴维斯（John Davis, Jr.）的人合作，开始了自己的锅炉制造业务。1861 年，两人在地价低廉的码头广场开了一家店，实际上这家店最初只有一个棚顶，四面漏风。"然而，这个相当简陋的棚子也能物尽其用，他们的营收很快就能供起他们建起屋墙。"一篇报道写道。1865 年，戴维斯退休后，肯德尔与新合伙人乔治·罗伯茨成立了肯德尔罗伯茨公司（Kendall & Roberts），就是后来的查尔斯河铁厂（Charles River Iron Works）。这家工厂很快便成为马萨诸塞州最大的压力锅炉制造商。具体位置详见图 5-1 和图 5-2。

肯德尔戴维斯公司（Kendall & Davis）在主街的南侧建立了他们的业务，

---

❶ 第 4 章提到了这笔生意。——原书注

范围覆盖百老汇街和主街的交叉路口，也就是现在的麻省理工学院校园。公司的位置大约位于如今的东门公寓（Eastgate Apartments）。东门公寓是麻省理工学院的家属楼。（东门将被拆除，取而代之的会是肯德尔广场改造项目下的一栋新建筑。）不过，在当时，公司的背后只有查尔斯河，码头广场仍然是一排码头。

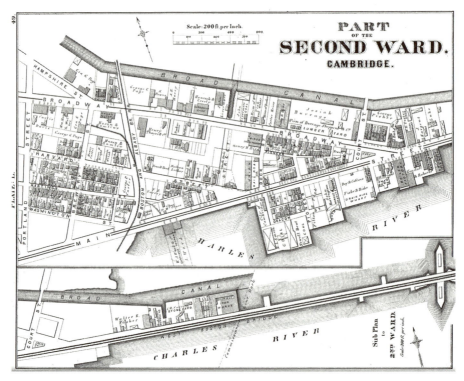

图 5-1　肯德尔广场 / 码头广场 1873 年的地图，肯德尔罗伯茨锅炉制造厂在最右边，
　　　　几乎位于西波士顿大桥的起点

注：船坞街在地图的中间位置，一头是百老汇街，另一头是主街，连接着今天里戈海鲜（Legal Sea Foods）的所在地。在它右侧的阴影区域（大约是今天谷歌的位置）是一所学校和花园。法院街被改名为第三街。

资料来源　剑桥历史委员会。

图 5-2　1898 年退潮时 Kendall & Sons/ 查尔斯河铁厂的旧照

资料来源　剑桥历史委员会。

　　爱德华·肯德尔不仅是一位成功的商人，还是一位公民和社会领袖。他娶了一个执事的女儿。他自己也当了 30 多年的执事，大部分时间都在剑桥港杂志街的朝圣者教堂工作。肯德尔和他的教区是解放奴隶的热情支持者（解放奴隶后来导致了美国的内战）。他也是一名禁酒倡导者，并可能在1869 年禁酒令成立之初就加入了禁酒党。

　　肯德尔很快也登上了政治舞台。1871 年，他被选为剑桥市参议员委员会委员，任期一届。后来在 1875 年至 1876 年，他又担任州代表。大约 10 年后的 1886 年，他代表禁酒党竞选国会议员，但没有成功。1893 年，他在禁酒党的支持下再次竞选马萨诸塞州州长。他在那次竞选中也失败了。

　　大约在 19 世纪 80 年代中期的某个时候，他买下了罗伯茨的公司股份，并将日常业务交给了他的两个儿子乔治和詹姆斯（是不是有点儿讽刺意味？这也是他两个前合伙人的名字）。1905 年，两个儿子把公司卖给了一家公司，于是业务被搬到了马萨诸塞州的南弗雷明汉。

　　肯德尔是 19 世纪剑桥市的工业先驱、政治家和社会领袖。在剑桥东部地区，他是一个响当当的大人物。根据他的传记小品，在 1896 年举行的"剑桥城 50 年"庆祝活动上，"肯德尔（公司）花车是游行的主要看点。六匹马拉着两辆载着两个大锅炉的马车。这确实是一次不同寻常的表演，很多观众前来围观"。

　　因此，人们逐渐开始把这个地区称为肯德尔广场就是很自然的事情了。根据 1920 年左右出版的肯德尔的简短传记，这个地名"可以追溯至 1856 年"。这里的时间可能出现了印刷错误，因为在 1856 年的 5 年之后，肯德尔才开始在剑桥创业。有可能是他们把最后两个数字颠倒过来了，即 1865 年。

　　但不论何时人们开始用"肯德尔广场"这个名称来代替"码头广场"，这个新地名在 1912 年 3 月地铁向公众开放的那一天，就在标志上正式体现出抑或在人们的脑海中形成了。从那以后，此地一直被称作"肯德尔广场"，尽管地铁的站名在 1982 年曾被改为剑桥中心 / 麻省理工学院。后来，官方屈服于公众的反对，于 1985 年将站名恢复为肯德尔 / 麻省理工学院。

　　1912 年，铁路的开通是肯德尔广场历史上的一个开创性事件，为此地的发展带来了至关重要的现代连接。"肯德尔广场站将提振社区之发展。"《剑桥纪事报》在 1907 年报道车站创建的因素时进行了预测。

　　1915 年 1 月，当火车驶入新命名的肯德尔广场车站时，贵宾们向肯德尔欢呼。差不多 3 年后，肯德尔去世了。这位 90 多岁的老人不仅出席了以他的名字命名的车站的盛大开幕仪式，还亲眼看到了肯德尔广场发展的下一个重要里程碑。这将使世界各地的人们在他去世后很长时间内都将他的名字与发明和创新联系在一起。

第 6 章

达文波特未实现的梦想
为"新麻省理工学院"
打开了大门

1912 年 3 月 23 日，就在连接波士顿和剑桥的新地铁向公众开放的那一天，发生了另一件事，它比新兴的、最先进的交通系统更深刻地改变了肯德尔广场。就在这一天，肯德尔广场附近的一大片土地被正式转让给了麻省理工学院，为学校从后湾（Back Bay）搬迁到查尔斯河对岸铺平了道路。

如今，麻省理工学院已成为肯德尔广场的重要组成部分（它与肯德尔广场的定义交织在一起），以至于人们可能会惊讶地发现，麻省理工学院的到来并非板上钉钉。事实上，如果查尔斯·达文波特实现了他对查尔斯河畔沼泽地的愿景，现在这所伟大的大学就不太可能来到剑桥。

虽然达文波特在 1855 年卖掉了他的火车车厢制造业务，但他仍然密切关注着码头广场周围发生的事情。他最初的公司地址是他在沃特敦的乡村庄园，庄园的西面毗邻剑桥——在主街 700 号和码头广场的对面。在那里，在一座面向剑桥的山坡上，就在今天奥克利乡村俱乐部的下方，他建造了一栋两层的意大利式豪宅，配有圆顶和门廊，还有一栋独立的避暑别墅和谷仓。花园中装饰有一座喷泉（显然是由雕像守护着），因此庄园得名喷泉山。

达文波特最热衷的是旅行。他游历了整个美国，去了几次欧洲，还至少去了一次古巴。在 19 世纪 50 年代游历哈瓦那期间，达文波特得到了灵感——将查尔斯河两岸开发成一个巨大的公园和观光水体，包括一个气宇不凡的住宅区（占据了麻省理工学院现在所在的大部分地区）。他对标的是波士顿的后湾。在古巴首都，这位马车匠人"看到了在海湾的堤岸旁，人们坐在棕榈树下，享受微风"。这让他想起了查尔斯河，以及沿河两岸的盐沼和泥滩——从主街 700 号楼的后面就能看到其中的大部分。他设想"沿着每处河岸都有一条大道，长 5 英里，宽 200 英尺"。

达文波特已经拥有查尔斯河剑桥一侧的部分沼泽地。回到波士顿后，他开始收购更多的土地。他最终在 Cottage Farm 和西波士顿桥（分别是现在的波士顿大学桥和朗费罗桥）之间的河岸上积累了四分之三的土地。这段约

2.5 英里长的土地位于查尔斯河的剑桥一侧。从本质上讲，这段河岸既是他自己以前的马车工厂的后院，也是爱德华·肯德尔的锅炉制造厂的后院。

查尔斯河通往现在的肯德尔广场及其周围的部分一直都无人问津。在 19世纪，查尔斯河上游建起了水坝，用于建造磨坊，边界的沼泽地被填满，用于开发商业和住宅。每当退潮时，查尔斯河下游，包括肯德尔广场附近的地区，便都成了污水处理厂。到 19 世纪中期，当地已经提出了几项计划，要填满泥滩和沼泽，把查尔斯河变成世界级的公共空间和公园系统，但到达文波特开始活跃起来时，这些计划还未被提上日程——他打算改变这种情况。

1880 年，达文波特和一些同事成立了查尔斯河河堤公司（Charles River Embankment Company），以实现他在河两岸创造哈瓦那式滨海大道的梦想。在剑桥，他的计划包括建造防波堤或堤岸，以保护宽阔的海滨大道，以及在内陆建造一排豪宅。这一切的设想都集中在码头广场的上游，几乎就是麻省理工学院现在所在的地方（见图 6-1）。

这些设想差一点就成真了——如果它真的实现了，剑桥几乎肯定不会有麻省理工学院。1882 年，剑桥市和波士顿市同意在河流最宽的地方建造一座新桥——哈佛桥。后来的马萨诸塞大道也经过这里。查尔斯河河堤公司通过谈判达成了一项协议，放弃了剑桥需要建造通往大桥的道路的土地和一处200 英尺宽的海滨大道的土地，以换取在建设期间延迟对其剩余土地的任何增加税收，并获得了开发许可。查尔斯·沙利文说，这种安排给了河堤公司"建造防波堤、现在的纪念大道，以及在现在麻省理工学院所在的土地上进行建设的权利"。

防波堤于 1883 年开始建造，哈佛桥于 1892 年完工。河堤公司聘请建筑师弗雷德里克·维克斯实现他设想的沿滨海大道高档住宅区设计方案。这条滨海大道一直延伸到达文波特自己在 19 世纪 50 年代帮助建造的铁路路堤。开发商必须遵守一定的限制：与滨海大道的距离不得少于 20 英尺；禁止建造工业或商业建筑；建筑材料只能使用砖、铁或石头；最低高度为 3 层，最高高度为 8 层。

这一切似乎都很有说服力，但事情开始失控。剑桥市内超过 80% 的铁路都铺设在高路堤上，以保护铁轨不受下面沼泽地的影响。河堤上几乎没有涵洞，很大程度上阻断了从河堤一侧流向另一侧的水流。这有助于让河堤以

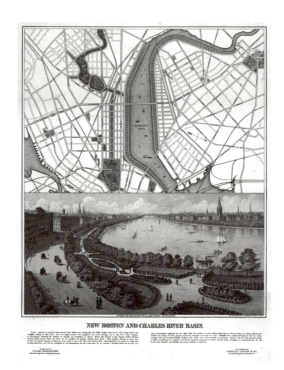

图 6-1　1875 年由查尔斯·达文波特委托绘制的图纸，用于宣传他对剑桥滨海大道的
　　　　愿景

注：左下角是波士顿公园（Boston Common）。河对岸，达文波特和他的同事拥有西波士
顿桥上游的大部分土地。正数第二座桥是尚在筹建中的哈佛桥，桥上的道路为将于 1892
年建造的马萨诸塞大道。他设计了一个绿树成荫的滨海大道，以及住宅区街道，也就是
今天麻省理工学院所在的地方。

北的沼泽变干燥，使它们更适合开发。但是铁路线沿河一侧仍然是湿地，沼
泽散发着恶臭。到了 19 世纪 80 年代末，年事已高的达文波特基本上已经退
出了商业生活。他帮助成立的河堤公司继续经营，但发现很难卖掉那边的任
何住宅地块。铁轨本身的存在也让很多买家望而却步。

　　1893 年，毁灭性的恐慌接踵而至，这次大萧条一直持续到 1897 年，迫
使河堤公司破产。那个时候，1000 英尺长的防波堤已经建成，基本上所有
的沼泽和潮滩上都在盖房子——第一次形成了从哈佛广场一直到东剑桥的
坚实土地。但是几乎没有什么进展。在这一时期，只有纪念大道 305 号的
Riverbank Court 酒店（现为麻省理工学院的学生公寓 Fariborz Maseeh Hall）、

城市军械库和少数其他建筑完工了❶。达文波特的团队设想的用于住宅开发的地段在接下来的 20 年里一直未售出,尽管广阔的河流和城市景观在今天是如此吸引人,并且受到追捧。

* * *

达文波特计划的失败为麻省理工学院的到来打开了大门。在 1916 年,一系列意想不到的事件使得这所已经远近闻名的学校得以落户剑桥市。事实上,就在几年前,麻省理工学院本身作为一个独立实体存在的可能性还是很大的:按照计划,麻省理工学院将与哈佛大学合并,在查尔斯河对岸的布莱顿建立一个新的科学与工程校区,也就是今天哈佛商学院的所在地。包括钢铁大亨安德鲁·卡耐基在内的重量级人物都与合并的实现密不可分。

麻省理工学院在 1861 年被特许为一所赠地学校。在授权两天后,南卡罗来纳州民兵袭击了萨姆特堡的美军,引发了内战。战争期间学校一直在进行组织和准备工作。1865 年,临时校区迎来了第一批学生,第二年学校在波士顿的后湾建立了一个更永久的校址。到 19 世纪末,当时叫作波士顿理工学院的学校已经证明了自己作为一流工程和应用型理学院的价值,可以说已经成为全美最顶尖的院校。它的受欢迎程度超出了它在市区狭小区域的限制。到了 20 世纪初,官方开始寻找新址。

哈佛大学校长查尔斯·艾略特(Charles Eliot)希望这个新址就是哈佛。艾略特是麻省理工学院首批化学教授之一,1869 年当选为哈佛大学校长。他曾连续向波士顿理工学院的四任校长提议麻省理工学院和哈佛大学合作。19 世纪 90 年代,第四任校长亨利·普里切特(Henry Pritchett)接纳了他的提议。麻省理工学院需要资金和场地来维持其增长。与此同时,哈佛大学工程和应用科学项目所属的劳伦斯理学院,在该学院文科的声誉之下黯然失色,难以吸引到足够多的学生来证明它的存在。所以两校的合并对哈佛大学来说也是有意义的。

---

❶ 麻省理工学院于 1937 年买下了这家酒店,对其进行了翻新,并于 1938 年开放。最初名为研究生之家(Graduate House),但很快更名为 Ashdown House。Ashdown House 于 2008 年搬到了奥尔巴尼街。2011 年,这家酒店又进行了翻新,麻省理工学院校友 Fariborz Maseeh 为修复工程提供了支持。这里后来又更名为 Maseeh Hall。——原书注

1904 年 1 月,《波士顿每日广告报》(*Boston Daily Advertiser*) 宣布麻省理工学院和哈佛大学已同意合并。这一出人意料的消息在麻省理工学院引起了轩然大波。虽然协议规定学院将保留其名称、章程、组织和使命,但现实是麻省理工学院将失去其珍视的独立性,成为哈佛大学的工程学院。这让麻省理工学院的教职工和许多校友感到不满。一篇文章总结了大家的担忧:"在经历了近四十年的奋斗之后,学院现在是否应该放弃来之不易的独立性,牺牲其基本原则,放弃一个好不容易才赢得的领导层,以便为了金钱上的利益而部分或完全接受哈佛的统治?"

麻省理工学院全体教职人员以 56 比 7 的投票结果给出了压倒性的否定答案。一项针对该校毕业生的调查显示,有 2035 人反对,而只有 834 人赞成。尽管如此,1905 年 6 月,学校董事会——技术公司(Technology Corporation)还是以 23 票对 15 票的结果给合并开了绿灯。

这样一来,这个联盟似乎就名正言顺了。在对这一决定的预期中,包括安德鲁·卡内基和股票经纪人亨利·希金森(Henry Higginson)在内的一群富有的哈佛大学捐赠者已经汇集了他们的资源,购买了布莱顿军人球场以东的河滨地产。

但是,这里有一个大问题。根据协议条款,麻省理工学院将营造、布列并整备屋宇,其容量至少须与今存之建筑等量"。为了履行这一义务,学校打算出售全部或部分位于后湾的现有土地。但在 1905 年 9 月,就在技术公司批准该计划的几个月后,马萨诸塞州最高法院裁定,由于麻省理工学院是用联邦土地拨款购买土地的,因此无权出售这些土地。与哈佛大学的联合宣告失败。普里切特于 1907 年辞去麻省理工学院校长之职,他"在 1904 年试图撮合麻省理工学院和哈佛大学的合并,但没有成功,1905 年被法院裁定失败。这可能是他做得最出名的事情"。

麻省理工学院随后继续寻找新校区。剑桥显然已经考虑过查尔斯·达文波特早些时候试图开发并否掉的剑桥滨海大道。但在 1909 年上任的新校长——苏格兰出生、新西兰长大的数学家兼律师理查德·麦克劳林(Richard Maclaurin)上台后,这个问题又被重新提上了议事日程。麦克劳林"清楚地看到,他的第一个也是最紧迫的任务是给麻省理工学院迁址,并募集资金建设'新理工'(New Technology)学院"。"新理工"学院是他对设想中的新校园的称呼（现有的那个被简称为"理工"学院）。

麦克劳林在计划正式落地之前就盯上了剑桥滨海大道。1909 年 4 月，在他上任前几个月访问波士顿时，这位苏格兰人在比肯街查尔斯·斯通的家中用餐。斯通是当时成立 20 年的斯通与韦伯斯特工程公司的创始人之一（斯通和联合创始人埃德温·韦伯斯特都毕业于麻省理工学院）。他们从查尔斯家的窗户望向滨海大道的地产。这位即将上任的校长被迷住了。根据麻省理工学院的一份历史记录，"麦克劳林认为这块地在规模、便捷性和优质环境方面都是理想选择。一座雄伟而高贵的大厦可以在这里建立起来。这里可作为麻省理工学院合适的新址"。斯通讲述了这块地方当初是如何被考虑，而后又被拒绝的。他解释说，剑桥市可能会反对在其地域内再建一所免税大学，哈佛大学可能也会反对，而且几个潜在的捐赠者（他肯定是想到了希金森、卡内基以及他们的合伙人）在合并失败后，不太可能慷慨解囊，支持学校搬迁到这里。

麦克劳林没有被劝阻。他正式开始寻找新的扩张地点。选址委员会的报告于同年 10 月提交给了麦克劳林。该团队提出了新址需要满足的 4 个主要标准：

1. 对学生、教师和公众来说够便捷。

2. 价格可承受。

3. 空间大，可建造"不愧为麻省理工学院重要性"的建筑物。

4. 一个"不受其他机构影响"的校址。

报告指出，选址委员会已经考虑了至少 24 个地点，包括在查尔斯河中间为校园建造一个岛屿，通过哈佛桥连接两岸（这一想法很快被认为是不切实际的）。所有备选中最好的是波士顿的芬威 / 朗伍德地区，靠近现在的哈佛医学院和西蒙斯学院。海滨大道地块在研究中被称为河岸（Riverbank），排在第二位，但存在一长串潜在的问题。报告指出，这块土地相对昂贵，而且有很多业主（总共是 35 个）需要和他们一一谈判。此外，人们对"逐渐渗入土地的制造业区"表示出担忧，因为它离哈佛大学很近，而且哈佛大学可能会反对搬迁。最后，人们还担心失去学校的免税地位。

此外，当麦克劳林以"苏格兰人对苏格兰人"的身份试探安德鲁·卡内基是否愿意为新校址捐款时，卡内基在当年 12 月断然拒绝了他，并再次推动与哈佛大学的合并：

亲爱的麦克劳林先生：

你不必不好意思❶，我已经捐了 380 万美元，用于扩大匹兹堡的学校的规模❷。当然，把它发展到现在的规模，还需要投入更多的钱。你让我帮助波士顿，可是波士顿已经收到了我捐给富兰克林研究所的 40 万美元！我喜欢这个笑话！此外，我甚至不会把匹兹堡的学校排在麻省理工学院之后。这是一场势均力敌的比赛，我们很快就会知道谁是赢家。

哈蒂，为你的成功喝彩。

永远属于你的，

安德鲁·卡内基

另：如果我没有弄错的话，我是我的朋友李·希金森和我们中的一些人购买的土地的部分所有者。我们这样做本应促成两校的合并。

麦克劳林的确从 T. 科尔曼·杜邦（T. Coleman du Pont）那里得到了 50 万美元的承诺。杜邦毕业于麻省理工学院，后来成为美国参议员，当时是其家族同名化学企业的总裁。但那是用于另一处校址，即奥尔斯顿的一个高尔夫球场。因此，也许是为了挑起事端，麦克劳林随口对一位报纸记者说："科技公司可能不得不撤掉赌注，搬到生活成本在其能力范围内的地方去。"

马萨诸塞州的几个城市很快表示了兴趣。例如，来自马萨诸塞州斯普林菲尔德的一群麻省理工学院校友主动给出该城市的土地。其他州的城市也参与了讨论。《芝加哥晚报》（Chicago Evening Post）大放厥词："我们用零钱就能养活一个'波士顿理工学院'，而且我们不需要像我们知道的一些城市那样，寻遍所有的腹地才能凑齐子儿。"

这场竞争促使剑桥市的官员采取了行动。正如麦克劳林的传记作者所写的那样，"对于被评为该州唯一一个麻省理工学院永远、永远不会考虑的

---

❶ blate，苏格兰语，意为腼腆或害羞。——原书注

❷ 卡内基于 1900 年创立了卡内基技术学校。1912 年，它发展为卡内基理工学院。1967 年，卡内基理工学院与梅隆工业研究学院合并，成为卡内基梅隆大学。——原书注

城市感到不安",剑桥市无视了对麻省理工学院保留免税地位的任何反对意见。到 1911 年年初的某个时候,一些知名官员、居民和商业团体纷纷来信,支持麻省理工学院搬到这座城市。剑桥市议会通过了一项正式决议,支持搬迁,并由市长亲自批准并转交给麦克劳林。"这次公开外交事件……将'禁止通行'的标志移除,以一种新的方式推进了剑桥的土地。"传记总结道。同年 3 月,哈佛大学也采取了同样的做法。他们通知麦克劳林,现在两所大学都在剑桥也不存在问题了。

所有这些都帮助河岸 / 滨海大道的地产登上了榜单的榜首,并且原先紧巴的财务也有所好转。杜邦改变了他的承诺,将其扩大到剑桥的地产,同时马萨诸塞州立法机构通过了一项法案,授权在 10 年内每年向麻省理工学院拨款 10 万美元,只要学校能自筹到同等的金额。到 1911 年秋天,与河岸地区所有 35 个业主的谈判已经完成,他们购买了 46 英亩的土地——西至马萨诸塞大道、东至埃姆斯街、北至瓦萨街,以及内陆和滨海大道。当时,设想中的校园并没有向东延伸,经过埃姆斯街,一直到主街和朗费罗桥(也就是今天的麻省理工学院媒体实验室和斯隆管理学院等建筑所在的地方)。同样,马萨诸塞大道西南的那块地,现在是克雷斯基礼堂(Kresge Auditorium)、许多学生宿舍(包括改建的 Riverbank Court Hotel)和体育中心的所在地,也不在最初的购买范围之内。这块 46 英亩的土地标价为 77.5 万美元。

1912 年年初,麦克劳林在纽约贝尔蒙特酒店会见了伊士曼柯达公司的创始人乔治·伊士曼(George Eastman)。乔治·伊士曼既不是麻省理工学院的校友,也不是马萨诸塞州的居民,这次会面揭开了另一个关键的谜团。据报道,他们进行了热烈而认真的交谈,麻省理工学院校长详细介绍了"新技术"的计划。正如麦克劳林的妻子爱丽丝后来描述的那样:"伊士曼先生彻底被说动了,我丈夫感到很不可思议。当伊士曼先生正要离开时,他突然问'建造这些新大厦要花多少钱?'。我丈夫回答说,大概要 250 万美元。伊士曼先生说'我会给你寄一张汇票'。"伊士曼的一个要求是保持匿名——所以在他的身份于 1920 年公之于世之前,他只被称为史密斯先生。

史密斯先生的礼物一经宣布,成百上千封贺信纷至沓来。其中一封来自股票经纪人、波士顿交响乐团(Boston Symphony Orchestra)的创始人亨利·希金森(Henry Higginson)。他自己基于哈佛大学与麻省理工学院合并的预期达成的土地交易失败了。他在信中写道："给予者比接受者收获更多，并且给予者会激励其他人也这样做，所以我们哈佛人对你们的成功万分感激。"

1912 年 3 月 23 日，也就是地铁线正式开通的同一天，该地产最终被移交给了麻省理工学院。4 年后，第一波建设和各种各样的其他因素才使麻省理工学院得以搬迁。但未来的一切如同排列整齐的鸭子船一样已经各就各位——一个新时代正从地平线上冉冉升起。

* * *

最后，重要人物们并不是乘着一艘鸭子船渡过查尔斯河参加新麻省理工校园的落成典礼的。他们乘坐的是一艘被特别设计的驳船，被命名为"Bucentaur"，以威尼斯国家仪式用船的名字命名。

1916 年 6 月，盛大的仪式加入了麻省理工学院的毕业典礼活动中。在为期 4 年的施工过程中，人们在几年前从查尔斯河河床泵出的泥浆中嵌入了两万根桩子，以支撑新建筑。在这个时候，爱德华·肯德尔去世了，享年 93 岁，他被《剑桥纪事报》誉为这座城市的"伟大老人"。之后第一次世界大战爆发，但这些都不是首要考虑的事情，这一庆典是史无前例的。

麻省理工学院占领了波士顿，成千上万的校友和嘉宾来到这座城市，"与他们所熟悉的理工学院分享激动人心的告别，并参与将学院的守护神送到查尔斯河北岸的新科学神庙之中"。

官方的庆祝活动从星期一（6 月 12 日）一直持续到星期三（6 月 14 日）。主场设在波士顿的科普利广场酒店（Copley Plaza Hotel），靠近原来的校区。大约 500 人乘坐"邦克山号"从纽约出发：校报《科技报》的一名记者通过船上的马可尼无线设备向大家汇报最新的航程。周一上午，当邦克山号驶入波士顿港时，伴着校友和本科生的欢呼声，查尔斯·斯通和 T. 科尔曼·杜邦等人的游艇护送她开到码头。联邦码头（Commonwealth Pier）沿线响起了 21 响礼炮。在乘客们上岸后，大多数人跟着学校乐队来到科普利广场酒店。

当天下午早些时候，集会在新麻省理工学院再次举行，参加为纪念 1897 年在办公室去世的前总统弗朗西斯·A. 沃克（Francis A. Walker）而建立的沃克纪念馆（Walker Memorial）奠基仪式。落成典礼结束后，新校园开放参观。数千人开始在大厅里散步、喝茶，与老同学和教授交流，并观看一个名为"科技 50 年"的大型展览。这个展览展示了麻省理工学院自 1865 年成立以来对应用科学和技术教育的贡献。

校园之外,查尔斯河上正在举行水上活动。尽管断断续续下着阵雨,但丝毫不妨碍成千上万的人聚集在河的两岸,以及校园两侧的两座桥上——东边的朗费罗桥和通往剑桥港的哈佛桥。一支由动力船、帆船、独木舟和赛艇组成的舰队在查尔斯河上巡游。一个 81 英尺长的固特异气球整个下午都飘在天幕上,莱特兄弟的双翼飞机两次在海滨大道上起飞和降落。官方审查小组的负责人是一位名叫富兰克林·罗斯福的海军助理部长。当时他只有 34 岁,距离登上总统之位还有 17 年。

第二天,星期二,是 1916 届 360 名学生的毕业日。对于聚集在一起的校友来说,这一天里有更多的庆祝活动和乘船到楠塔斯特岛的实地考察,每个班级和俱乐部都沿着海滩游行,然后回到波士顿观看一场非凡的表演。

盛大的典礼从位于博伊尔斯顿街的旧麻省理工学院罗杰斯大厦开始。大约 80 名麻省理工学院的教职工和公司成员穿着黑色长袍,手持麻省理工学院的章程。本科生们则身穿威尼斯服饰,手持长戟,为前者护航。他们游行到联盟划船俱乐部(Union Boat Club)门口,这里几乎正对着麻省理工学院。

布森塔尔号(Bucentaur)在那里等待着。这艘驳船的船长是麻省理工学院校友兼赞助人亨利·莫尔斯(Henry Morss),他曾在麻省理工学院董事会任职。莫尔斯还是一名出色的水手:他赢得了 1907 年百慕大帆船赛的冠军。他打扮成克里斯托弗·哥伦布的样子,驾驶着布森塔尔号,麻省理工学院的枢机红与灰色相间的旗帜在船尾飘扬。

驳船伴着格里格的《陆地发现》的乐声横渡查尔斯河。成千上万的观众聚集在哈佛桥和滨海大道上观看这一盛况,另外还有一万名校友和来宾聚集在被称为"大庭院"的开放区域两侧长长的看台上。两边看台中间的"宝座"等待着波士顿和剑桥的市长,而柱廊顶部的一个更大的宝座是为马萨诸塞州州长塞缪尔·麦考尔保留的。他骑着马,在骑兵方阵的陪同下进入。"在大庭院东边开阔的地方,500 名合唱歌手已经各就各位,一百人的管弦乐队正在调音。原始人、中世纪的学生、仙女和火舞者……都准备好了。"一篇报道对此描写道。

布森塔尔号开过来时,一阵欢呼声响起。看台上的探照灯将整个场地照亮；烟花燃起以示欢迎。州长的骑兵队上前来迎接他们。在欢呼声和音乐声中，他们护送着麻省理工学院的宪章和印章返回大庭院，回到他们在"新理工"的新安息地。

* * *

庆典活动在庆典结束后的第二天还在继续进行，当天新校区的建筑正式落成。麦克劳林在结束他的致辞时，谈到了美国人民取得实际进步的天资，并宣称："因此……我们将这些建筑献给与产业相关的伟大科学事业。"

他的话道出了创建麻省理工学院的使命，并预示了学校在未来几十年里将在肯德尔广场的演变和发展中发挥的重要作用。西波士顿大桥和通往广场的高速公路形成了一个连接框架——到19世纪初，这使得波士顿和哈佛附近的廉价土地变得触手可及。在随后的几十年里修建的运河和铁路也增加并加强了连接组织。随着该地区首先对制造商变得有吸引力，之后对那些希望靠近制造商、在某些情况下可以使用他们的空间或设备的企业家和创新者也变得有吸引力。现在，在20世纪的头20年里，现代快速交通已经迅速进驻肯德尔广场，紧随其后的是可以说是全美第一的工程和应用理学院。

让人们从四面八方来肯德尔广场参观和学习的其他一些重要因素仍然缺乏——其中包括针对有抱负的企业家和经理的正规培训、规模更大的经验丰富的高管库，以及专业投资的资本。然而，所有这些在某种程度上都可以在波士顿地区找到——哈佛大学和麻省理工学院都在几年前开设了商业管理课程。因此，未来生态系统的要素正在嵌入它的结构中❶。但除此之外，这里还缺乏一个更重要的因素，即麻省理工学院本身与周围生态系统之间的联系。

新麻省理工学院的前门首先和查尔斯相关。麦克劳林曾向他的教职工和资助者许诺：在河边建造一座"伟大的白色之城"。这所学校最终选择了一位颇有成就的校友威尔斯·博斯沃思作为它的建筑师。博斯沃思提议建造一个走廊相连的宏伟建筑，而不是像许多校园一样，由风格各异的独立建筑组

---

❶ 哈佛商学院于1908年诞生于人文系，但两年后发展成一个独立的实体。麻省理工学院斯隆管理学院的前身成立于1914年，但直到1925年才开始授予硕士学位。——原书注

成。在这栋建筑的中心位置有一个巨大的圆顶，其灵感来自托马斯·杰斐逊为弗吉尼亚大学而设计的圆形大厅（大厅本身是仿照罗马万神殿设计的）。博斯沃斯设计的建筑交织线是一个中心走廊，它后来成为著名的无尽长廊，与大穹顶两侧相接，单侧走廊长约 300 英尺。大穹顶由柱廊守卫，俯瞰着大庭院。一系列从未完全建成的向下的台阶和露台通向河流。这是麻省理工学院向世界展示的面孔。

大庭院曾经是校园的正式主入口，但今天几乎没有人会从这里进校，因为它几乎不与任何东西相连。在它的正前方，纪念大道是通行汽车的。第二个主入口——自 1938 年学院建设完工以来的主要入口连接到马萨诸塞大道上的台阶和柱子。

这将是漫长的等待——超过 100 年，麻省理工学院的新正门被设计成暖色的多孔结构，与肯德尔广场相连（见第 1 章）。的确，麻省理工学院在早期可能与波士顿和世界其他地方的联系比与自己的后院联系得更多。在考虑搬到剑桥市的时候，学校的选址委员会甚至对附近的社区有过怀疑，担心"逐渐渗入土地的制造业区"可能会限制麻省理工学院的风格。

在某种程度上，这并不重要——肯德尔广场在没有麻省理工学院的情况下也在蓬勃发展。

第 7 章

工业烟雾笼罩的天幕

到 20 世纪 20 年代，肯德尔广场正处于一场引人注目的变革之中。正如历史学家苏珊·梅科克（Susan Maycock）所描述的，在地铁通车和麻省理工学院获得土地之前，"许多木棚、仓库、木屋和大片的开放土地"定义了这一地区。如今这些地区大部分已经被一家强大的制造企业所取代。1927 年 1 月的《波士顿环球日报》写道："今天，从波士顿一侧的滨海大道或从通往剑桥的桥梁上看到的，是工业烟雾笼罩下的工厂和仓库森林。"

在 1930 年出版的《马萨诸塞州工业史》第一卷中，奥拉·L. 斯通描述了波士顿这座城市是如何被重塑的。几个世纪以来，这座城市一直被誉为美国教育的灯塔，从这里走出了众多作家、诗人、立法者和思想家，诸如亨利·沃兹沃斯·朗费罗（Henry Wadsworth Longfellow）和奥利弗·温德尔·霍姆斯（Oliver Wendell Holmes）。"而今天，使这座城市闻名于世的是它的工厂，而不是它的教育机构。"斯通宣称，"在过去的 15 年里，新英格兰地区没有其他任何一个城市能像剑桥市那样在工业上发展得这么快。"[1]

斯通和《波士顿环球日报》早先刊出的文章列出的事实令人瞩目："制成品"（可能指的是制成品的价值）在 10 年增长了 300%。到 1930 年，超过 375 家工厂雇用了近 2.5 万人，每年生产的产品价值超过 1.75 亿美元。斯通写道，这座城市"经历了一场蜕变，让它摇身一变成为一个像俄亥俄州的阿克伦或密歇根州的底特律一样繁荣的工业城市"。

肯德尔广场是所有这些活动的中心。"在广场 2 平方英里的区域内，制造业正经历最大的发展。这里坐落着 200 多家工厂，投资资本超过 1 亿美元。"斯通报道，"在这里，实施调查的人会发现全世界最大的肥皂制造商，全世界最大的橡胶制衣厂商，全世界最大的机械橡胶制品制造商，全世界最

---

[1] 斯通的书出版于 1930 年，书中对剑桥发展的描述与《波士顿环球日报》1927 年 1 月刊登的一篇文章极其相似。——原书注

大的印制中小学和高校教科书的专业印刷厂，全世界最大的书写墨水、黏合剂、复写纸和打字机色带生产商，全世界最大的糖果生产工厂，全世界最大的光学产品和光学机械制造商的分厂，全世界最大的道路施工机械生产商，美国历史最悠久、规模最大的学校补给站，全美唯一的工业研究实验室。"

在斯通的名单中，肯德尔广场不仅在新英格兰、马萨诸塞州或波士顿地区的其他领域处于领先地位，同时也是标准石油公司等全美知名公司的分工厂或业务所在地。"1910 年至 1920 年，有 80 栋建筑……从那片区域上拔地而起"，他写道，当时的建筑热潮推动了这种增长。总之，仅在肯德尔广场，斯通就统计到了 100 多家独立的公司，雇员超过 1 万人。这标志着企业数量比 10 年前增加了近 500%。与此同时，由于就业机会的激增，该市人口在 1930 年的人口普查中达到 113643 人，比 1890 年增长了 60% 以上，并且实际上超过了 2010 年人口普查的 105162 人。

为什么会出现如此大繁荣的景象？一个主要的促成因素是公司及其员工可以便捷地到达肯德尔广场了。虽然运河已经不再是一个重要的因素（尽管直到 1982 年，当地的电力公司还在接收沿着布罗德运河航行的驳船运送的燃料），但服务于该地区的铁路为制造商带来了极大的便利❶。"不堵车的高速公路"也起到了同样的作用，这使得肯德尔广场及其周边地区占据卡车运输的有利位置，与进出波士顿批发市场拥堵且狭窄的街道形成了鲜明对比。此外，1912 年在东剑桥的肯德尔广场和附近的莱希米尔广场开通的地铁系统，使居住在城市以外的工人能够方便地以负担得起的价格来这里上班。斯通写道："这些优势……这在很大程度上解释了过去 15、20 年来工业的惊人发展。"

历史学家查尔斯·沙利文指出，20 世纪初肯德尔广场的工业发展是史无前例的，"麻省理工学院可能只是一个相当小的因素"。相反，大部分的发展是由那些搬到剑桥市的公司，或者是在 19 世纪在那里创业并继续发展的公司推动的。例如，波士顿编织液压胶管公司在这个时候刚刚走上巅峰。1928 年，该公司生产的橡胶制品占全美总量的 9%，并在 1930 年前后达到当地就

---

❶ 根据查尔斯·沙利文于 2019 年 10 月 15 日发送的一封电子邮件，布罗德运河在 1982 年之前一直用于燃料运输。——原书注

业的最高水平。

虽然肥皂行业逐渐式微。剑桥作为新英格兰地区领先的肥皂制造商已经超过了 125 年，但当英国的利华兄弟（Lever Brothers，该公司旗下拥有力士和 Lifebuoy 等知名香皂品牌）在 1898 年收购了当地的柯蒂斯·戴维斯公司（Curtis Davis Company），并将剑桥市作为其美国总部后，后者的业务得到了大幅提升。到 1930 年，它在当地的雇员数量从 1898 年的 80 人增加到 1000 多人。它的主要工厂（包括一个时下最先进的实验室）在百老汇街旁边占有大片土地，厂区之中矗立着两根巨大的烟囱。它就是今天德雷柏实验室（Draper Laboratory）的所在地（见图 7-1）。

图 7-1 1930 年利华兄弟在肯德尔广场的工厂鸟瞰图

注：德雷柏实验室如今占据了基地的大部分。大烟囱前方的路是哈佛街，今天波特兰街以东的部分已经不复存在了。大章克申铁路直达东边的工厂。该工厂位于百老汇街主街的主入口隐藏在视线之外，但汉普郡街在左上方可见。再往前就是波士顿编织液压胶管公司的工厂，位于现在的肯德尔广场 1 号。

利华兄弟在肯德尔广场呼风唤雨了近 30 年，最终在 1959 年关闭了它的大型工厂，因为它的技术已经过时了[1]。它于 1938 年在纪念大道 50 号建造了令人印象深刻的装饰艺术风格的行政大厦。这里最终成为麻省理工学院经济系和斯隆管理学院的所在地，顶层则是麻省理工学院教师俱乐部。[2]

在这一时期，另一个重要的创新产业是糖果制造业。这一产业给剑桥市的税收带来了甜头。据官方统计，1910 年剑桥共有 16 家糖果制造商。10 年后，糖果制造商的数量几乎翻了一番，达到 30 家。到 1930 年，这一数字超过了 40。1946 年，该产业的发展达到了顶峰，当时当地的目录列出了 66 家糖果制造商。其中知名糖果产品包括 Necco Wafers、Junior Mints、Sugar Daddies、Charleston Chews 和 Squirrel Nut Zipper（松鼠品牌公司生产的一种太妃糖，该公司也以坚果而闻名）。这些产品都是在这座城市的不同时期推出的。Fig Newton 的起源也可以追溯到剑桥市。1891 年，富兰克林街的肯尼迪饼干公司第一次烘焙出无花果酱饼干。这条街距离查尔斯·达文波特在马萨诸塞大道的第一个工作室只有几个街区。[3]

大多数糖果制造厂都分布在肯德尔广场周边的剑桥港，但也延伸到了肯德尔广场。有一段时间，主街被称为糖果街，街边有深受欢迎的查尔斯顿口香糖的制造商——福克斯十字公司（Fox Cross Company）。公司地址位于广场核心的主街 292 号。这栋建筑后来变成了麻省理工学院出版社书店以及麻省理工学院的办公室，直到肯德尔广场改造项目下的翻新迫使所有人离开。可以说，最著名的糖果生产公司——新英格兰糖果公司（Necco）对肯德尔广场产生了持久的影响。该公司是著名的 Necco Wafers 的创造者，于 1927 年搬到剑桥，在马萨诸塞大道 250 号开设了一家最先进的工厂。这里通常被认

---

[1] 1949 年，利华兄弟将其美国总部迁至纽约的公园大道（Park Avenue），但这里的工厂又开了 10 年。——原书注

[2] 麻省理工学院的校友 Donald Des Granges 设计了这座建筑，帝国大厦的设计师 Shreve、Lamb 和 Harmon 担任顾问建筑师。2016 年，纪念大道 50 号更名为张忠谋与张淑芬大楼（Morris and Sophie Chang Building），以纪念张氏夫妇。张忠谋是麻省理工学院校友，在创建台积电之前，曾领导德州仪器全球半导体业务。——原书注

[3] 肯尼迪饼干公司用"牛顿市"命名其无花果酱饼干。它以马萨诸塞州的其他城镇命其他饼干。后来，该公司与纽约饼干公司合并，创建了 Nabisco。——原书注

为是中央广场商业区的一部分。当时，这里是世界上最大的完全致力于糖果制造的工厂，而且这里在 2003 年以前，一直是新英格兰糖果公司的所在地。

新英格兰糖果公司不惜重金建造了这栋大厦，这为 2004 年的新租户带来了好处，后来也为大厦的所有者诺华带来了好处。这家制药巨头将工厂改造为其全球研究总部——诺华生物医学研究所（NIBR）。该结构并非采用钢框架，而是由混凝土制成，因此可以抗震。地板厚度在 9—14 英寸，足够坚固，可以支撑现代药物研究的设备：储存罐、筛选设备和机器人工具。诺华从新英格兰糖果公司的老工厂基地，很快扩展到马萨诸塞大道两侧的大部分区域，一直到肯德尔广场。在这个过程中，该公司也成为剑桥最大的雇主之一（关于这一关键举措的更多信息见第 16 章）。❶

到 2020 年，在剑桥市所有的糖果制造商中，只有位于主街 810 号的前詹姆斯·O. 韦尔奇公司仍在大量生产糖果。该工厂目前归 Tootsie Roll Industries❷ 所有，但它仍然为全球供应 Junior Mints，估计每天的销售数量超过 1500 万。Tootsie Roll 还购买了 Charleston Chew 的配方，并且厂里还生产 Charleston Chew 以及 Sugar babies。

就其产品价值而言，在奥拉·斯通的调查中，排名第一的是印刷和出版业。剑桥市在出版方面有着丰富而传奇的历史。1639 年，斯蒂芬·戴耶（Stephen Daye）在这座城市建立了美国第一家印刷厂。据斯通报道，该公司的继任者——大学出版社（University Press）至今仍然还在，现有 225 名员工。但这只是剑桥令人印象深刻的出版业的一部分。

霍顿·米弗林（Houghton Mifflin）和他的河滨出版社（Riverside Press）仍然是剑桥出版界的领军者。曾在 1872 年至 1873 年担任纽约市市长的亨利·霍顿在 1895 年去世后，将公司交给了合伙人乔治·米弗林。河滨出版社将钢制印刷机的数量从 1889 年的 33 台增加到 1905 年的 60 台，并新建了两

---

❶ 诺华在翻修 Necco 工厂上花费了 1.75 亿美元，其中大部分用于清除地板上的黏性残留物和墙壁内的糖孢子。——原书注

❷ Tootsie Roll Industries 是一家美国糖果制造商，其最著名的产品是 Tootsie Rolls 和 Tootsie Pops。目前，公司在加拿大、墨西哥和其他超过 75 个国家和地区销售其品牌产品。——译者注

栋新大厦以扩大产能，从而推动公司的增长。1921 年米弗林去世时，公司遇到了一些麻烦，同年又发生了工人罢工。但出版社在第二次世界大战期间再次迎来扩张，并在剑桥一直留到 1971 年。激烈的竞争和先进的技术最终导致河滨出版社无法生存。❶

国际企业利特尔布朗公司（Little, Brown and Company）始于 1794 年波士顿的一家书店❷。到 20 世纪初，该公司已发展成为一家大型出版商，总部仍设在波士顿比肯街卡伯特家族的一处旧居内。但它的仓库和装订车间位于剑桥港的河滨出版社附近，彼此相邻。从那时起，该公司每天出版约 8000 本书，包括一系列获得普利策奖的小说和 20 世纪 20 年代的戏剧。

斯通简要介绍了肯德尔广场内的默里印刷公司（Murray Printing Company）。这家公司在沃兹沃斯街建了一栋四层楼的大厦，离地铁站很近。20 世纪 30 年代，它出版了各类出版物，包括为公司出版的内刊、行业期刊、教科书和为其他出版商出版的书籍，雇员人数超过了一百人。

肯德尔广场上最大的出版社，也是它建筑和历史王冠上的宝石——教科书出版商金恩公司（Ginn & Co.）旗下的雅典娜出版社。这家出版社位于第一街 215 号，隔壁是第一街 245 号卡特墨水公司。这家公司曾经是世界上最大的墨水制造商，与默里印刷公司隔着布罗德运河。这座总高五层的大厦于 1895 年完工，占据了整个街区。大厦的正面会让人想起古希腊神庙，顶部则矗立着雅典娜的雕像。金恩公司的高管们为新出版社的选址进行了广泛的搜寻。他们认为其他所有地址都比不上肯德尔广场。出版社就坐落在查尔斯河边，浑浊的河水一览无余，距离马萨诸塞州议会大厦不到 1 英里。亚瑟·吉尔曼（Arthur Gilman）在他的剑桥市历史中写道："在这里，他们以合理的价格获得了采光一流的地段。这在拥挤的城市中是很难获得的，但对最高质量的工作至关重要。""附近都是大型货运站，为各个方向的航运提供最佳优势。四通八达的地铁线把他们的员工从波士顿或郊区的几乎任何地方带到

---

❶ 河滨出版社在该市连续服务了 120 年后，于 1971 年关停。它的品牌名称和设备被卖给了 Rand McNally 公司，业务转移到了密歇根州。——原书注

❷ 1837 年，该公司被查尔斯·利特尔和詹姆斯·布朗收购，并于 1837 年正式更名为利特尔布朗公司。——原书注

门口。"

这栋建筑目前已被列入美国国家历史遗迹名录,如今在里面办公的主要是生物技术公司。同时,这里也是肯德尔广场长期以来唯一一家提供全方位服务的体育俱乐部——剑桥体育俱乐部的所在地。多年来,雅典娜大厦几经易主。据报道,20世纪80年代,摇滚乐队史密斯飞船(Aerosmith)的经理在那里设有办公室。20世纪90年代,这里有一个租户是麻省理工学院的感应科技公司(SensAble Technologies)。这家公司与触觉技术相关,将触觉引入了计算应用程序。感应科技公司的首席执行官比尔·奥莱特(Bill Aulet)后来成了麻省理工学院马丁创业中心(Martin Trust Center for MIT Entrepreneurship)的董事总经理。感应科技公司大多数开创性技术的创始人和发明者都来自麻省理工学院毕业的一名年轻研究生,名叫托马斯·马西(Thomas Massie)。2012年,来自肯塔基州的马西当选为代表蓝草州(肯塔基州别称)第四选区的共和党国会议员。马西在国会的办公室是314室,听起来是 π 的数字。❶

＊　＊　＊

在第一次世界大战中期,当肯德尔广场刚刚进入奥拉·斯通所描述的成长期,并且麻省理工学院正迁往剑桥时,一群当地工业家成立了制造商国家银行(Manufacturer's National Bank)。这家银行建立之初有一幢两层楼的建筑,现在位于主街和沃兹沃斯街的拐角处。停战后,也就是在繁荣时期,他们大幅扩建了这栋建筑。后来的大厦大约有一个街区宽、五层楼高,被称为肯德尔广场大厦,正式地址是主街238号。银行在楼顶上竖起了一座135英尺高的钟楼。"这是为了向波士顿宣传肯德尔广场。"历史学家查尔斯·沙利文指出,"它是剑桥市那一带地平线上最高的东西——你可以从比肯山看到这个钟。"钟楼作为肯德尔广场改造项目的一部分被保留下来,成为肯德尔广场作为工业实力、增长和创新场所的标志。

在19世纪下半叶、20世纪初期,这种增长主要是由主导肯德尔广场

---

❶ 我是 SensAble Technologies 的一个投资人,这家公司最终关门大吉,没有任何投资回报。我的公司 Xeconomy 的总部大约有3年时间一直在地下室里,直到2016年年底才搬出来。——原书注

和东剑桥的传统制造业推动的。但天翻地覆的变革正在发生。"产业总是会
走向成熟，并向美国其他地区转移，烟囱工业 ❶ 也是如此。"沙利文解释说，
"在 20 世纪 20 年代，这些产业正在被淘汰，取而代之的是更清洁的产业，
比如印刷和装订、家具制造、仓储。"这类公司在剑桥已经存在很长一段时
间了，但它们还在成长。它们可以利用肯德尔广场作为配送中心的地理位置
优势，而它们所需的空间又比工厂少得多，因为房地产价格的上涨使得在城
里经营大型工厂的成本急剧上升。许多公司还需要更多专业类型的工人，而
不仅仅是劳动者。"地铁带来了技术工人，而不是烟囱工业、铸造厂等。"沙
利文表示。

然而，对肯德尔广场未来的发展更为重要的是，围绕科学和技术而成
立的公司的到来，尤其是无线电和电子领域的蓬勃发展。与制造业的繁荣不
同，麻省理工学院更愿意影响这些行业，甚至直接参与其中。

其中最早的一家公司是梅尔维尔·伊斯特姆（Melville Eastham）和他的
合伙人 J. 埃默里·克拉普（J. Emory Clapp）在波士顿创办的一家制造 X 射线
设备的公司——克拉普-伊斯特姆公司。大约在 1910 年，这家公司搬到了主
街 139 号。这里现如今已成为一个历史地标（在近代，这是当地著名的美国
红十字会建筑）。公司迅速扩展到制造火花线圈、可变电容器和晶体探测器，
以供应无线电市场。克努特·约翰逊（Knut Johnson）是克拉普-伊斯特姆公
司的早期员工之一。1913 年该公司在《波士顿邮报》上刊登了招聘机械师的
广告，他为了应聘而乘坐地铁前往肯德尔广场。当他看到几百人排着长队等
着递上简历时，他几乎放弃了。但他经过一番努力，在面试之后收到了录用
信，起薪是每小时 35 美分或 40 美分（他不记得确切是多少了）。

1915 年，伊斯特姆募集了 9000 美元，成立了一家新公司——通用广播
公司（General Radio）。该公司只有两名雇员，另一名叫约翰逊。他在一栋
熨斗大厦的三楼找到了一个地方，就在马萨诸塞大道和温莎街交汇处的新英
格兰糖果公司工厂对面。通用广播公司最终接管了整栋大厦，并扩展到邻近
的空间。这处建筑群后来成为麻省理工学院博物馆的所在地。到 1944 年，该

---

❶ 烟囱工业是指证券投资领域的汽车、化工、钢铁、造纸、橡胶等行业板块。这
些行业都以高耸的烟囱为标记。——译者注

公司拥有 440 名员工，当年的销售额为 530 万美元。麻省理工学院获得了该公司的股权，伊斯特姆本人在 1964 年去世前成了学院和全美国都响当当的人物。他的传奇公司搬到了郊区，后来更名为 GenRad。在 2000 年销售额达到 3.44 亿美元的峰值后，它一落千丈，并于第二年被泰瑞达（teradyne）收购。

通用广播公司成立两年后，也就是 1917 年，领先的工业研究实验室和理特管理咨询公司（Arthur D. Little，简称 ADL）从波士顿基地搬到了查尔斯河路（这条路在 1923 年更名为纪念大道）30 号新建的总部大厦。这座"宏伟的三层和地下建筑"俯瞰着查尔斯河，毗邻麻省理工学院最近开放的校园，后来被列入美国国家历史遗迹名录，现在是麻省理工学院斯隆管理学院的一部分。理特管理咨询公司在 1953 年之前都在这里，后来它搬到了剑桥西北的一个 40 英亩的工业园区，靠近未来的灰西鲱地铁站。

1926 年，另一家高度创新、前沿的企业将总部从波士顿搬到了纪念大道 38 号，毗邻理特管理咨询公司。这就是沃伦兄弟公司（Warren Brothers）——一家由七兄弟于 1900 年创立的公司。其中的弗雷德里克发明了沥青路面。这是一种沥青和砾石混合物，被称为骨料，可以显著提高路面的耐久性和稳定性。该公司随后设计并建造了铺设路面的设备。此时汽车行业刚刚起飞，恰逢一个绝佳时机。同年，沃伦兄弟公司在肯德尔广场的波特街建立了工厂。公司的业务取得了巨大的成功。在继续对路面铺设进行创新之后，到 1930 年，该公司雇用了数千名工人，在全球铺设了超过 1.35 亿平方码[1]的铺装路面。沃伦兄弟中的一个（斯通没有说是谁，但可能是弗雷德里克）后来成为麻省理工学院的有机化学教授。在经历了一些起起伏伏之后，该公司于 1966 年被亚什兰石油和炼油公司（Ashland Oil & Refining Company）收购。

"沃伦兄弟公司……是马萨诸塞州最聪明的头脑、资本和发明天才所能创造的最显著的例子之一。"奥拉·斯通写道，"因此，我们可以打个比方，在成千上万的例子中，所有的道路都通向肯德尔广场，因为它们直接与那里的铺路厂相连。"

虽然在第二次世界大战前的几年里，麻省理工学院对肯德尔广场的影响

---

[1]　1 码 =0.9144 米。——译者注

很小，但它在未来的重要作用已经有了早期的预兆：1922 年，麻省理工学院搬到剑桥后，与该学院有着密切联系的第一家独立初创公司取得了成功。32 岁的范内瓦·布什（Vannevar Bush）教授和他在塔夫茨大学的室友劳伦斯·马歇尔（Laurence Marshall）以及物理学家查尔斯·史密斯一起成立了美国电器公司。这家初创公司最初是围绕制冷技术建立的，但很快就改变了方向——用现代术语来说就是转换了赛道，开始专注于电子产品。该公司推出的第一款重磅产品是氩气整流器。这种整流器使收音机可以用大多数家庭和办公室中的交流电供电，从而消除了其对昂贵电池的需求。他们把在发明中处于核心地位的电子管称作"雷神"（raytheon），这个词在希腊语中是"生命之神"的意思。1925 年，为体现出电子管的重要性，公司改名为雷神制造公司，最终改名为雷神公司。这家成长中的初创公司最初位于沃兹沃斯街，1928 年从肯德尔广场搬到郊区，发展成为一家价值数十亿美元的企业，同时也是世界上最大的国防承包商之一。❶

还有一家不同类型的初创公司在肯德尔广场待的时间要长得多，在奥拉·斯通调查之后才搬离。1932 年，麻省理工学院的一位副研究员在攻读博士学位期间，教航空工程学课程。他说服学院成立了一个专门研究飞机仪器仪表的实验室。据报道，查尔斯·斯塔克·德雷珀自己也曾接受过飞行员训练，曾表演过惊险的特技，来测试飞机的性能。他创立的麻省理工学院仪器实验室设在奥斯本街 45 号，与主街 700 号相邻，10 年后他未来的朋友埃德温·兰德（Edwin Land）将在那里创建他的私人实验室。仪器实验室最终演变为德雷珀实验室。该实验室于 1973 年从麻省理工学院分离出来，成为一个独立的非营利性研究和开发机构。它现在仍然是肯德尔广场的主角之一。

* * *

尽管在蓬勃发展的 20 世纪 20 年代，剑桥市拥有强大的工业实力，获得了巨大的商业成功，但它还是没法在大萧条的黑暗岁月独善其身——肯德尔广场不可挽回地改变了。"在 20 世纪 30 年代，一切都变得一团糟，然后

---

❶ 雷神公司 2018 年的收入超过 250 亿美元。2019 年，它和联合技术公司（United Technologies）宣布了一项全股票"对等合并"，这将使雷神公司的股东获得合并后公司43% 的股份。——原书注

就像其他新英格兰城市一样，工业基础开始崩塌。"沙利文说。大萧条加速了变化，迫使一些公司（其中许多是老公司和效率低下的公司）完全退出业务，或迫使它们寻找更负担得起的地点。

就在美国生产力和经济表现终于开始恢复到大萧条前的水平时，接下来发生的事情将产生更大、更持久的影响，不仅对肯德尔广场如此，而且对整个世界也是如此。当然，造成严重破坏的事件是第二次世界大战。肯德尔广场将被推入美国全面战争。在这个过程中，肯德尔广场从 20 世纪 20 年代的工业中心彻底转变为几乎可以说是举世无双的研究和创新中心。

第 8 章

辐射实验室：
肯德尔广场的引爆点

1942 年年初，也就是前一年 12 月日本偷袭珍珠港后不久，杰罗姆·B. 威斯纳（Jerome B. Wiesner）在美国国会图书馆的宣传部门工作，为后来的美国之音（Voice of America）制造无线电发射机。威斯纳从母校密歇根大学的一位老教授那里收到一条消息，敦促他离开华盛顿，加入这位教授在麻省理工学院的团队，进行战争研究。

"做什么样的研究？"威斯纳回信了。

"我们正在做重要的战争研究。"他的恩师、荷兰出生的理论物理学家乔治·乌伦贝克（George Uhlenbeck）简短地回答道。

这就是杰罗姆·B. 威斯纳听到的全部。26 岁那年，他收拾行装去往剑桥市。除了为洛斯阿拉莫斯（Los Alamos）和约翰·F. 肯尼迪（John F. Kennedy）担任科学顾问等短期工作外，他从未离开过这里。他最终成为麻省理工学院的校长，后来与尼古拉斯·内格罗蓬特（Nicholas Negroponte）共同创建了麻省理工学院媒体实验室——而后贝聿铭设计的实验室大厦就是以他的名字命名的。

将威斯纳带到麻省理工学院的召唤对肯德尔广场的未来风格和文化产生了难以量化的变革性影响，极大地加速了从制造业向科学研究和科技公司的转变。威斯纳实际上是第二波，或者说第三波给辐射实验室（Radiation Laboratory）镀金的新兵。

这项史无前例的事业始于 1940 年 11 月，比珍珠港事件早了一年多，当时英国遭到了无情的轰炸，美国的参战已成定局。最初的发起人是一小群科学家，到 1945 年第二次世界大战结束时，工作人员的人数已经增长到 3897 名，其中 30%、近 1200 人是科学家或工程师。辐射实验室的规模可能超过了任何其他战时努力，包括曼哈顿计划。它的影响将变得更加普遍。

辐射实验室从麻省理工学院主楼的一间两室套房起步，然后扩大至 15 英亩，逐渐占据了整个麻省理工学院的西北角，也就是今天的史塔特科技中

心和科赫综合癌症研究中心所在的地方，以及大约 70 年后被誉为世界上最
具创新性的十字路口。但在当时，它可能更有创新性，也更聪明。至少有 10
位未来的诺贝尔奖得主、9 位大学校长（其中两位是麻省理工学院的校长）、
前 10 位总统科学顾问中的 4 位，以及最初 6 名空军首席科学家中的 4 位都
是实验室的校友，还有许多其他工业界、政府和学术界的关键人物，他们共
同帮助塑造了战后的科技时代。更重要的是，辐射实验室对战争结果的影响
是巨大的——可以说，比原子弹的影响还要大得多。

辐射实验室被授权围绕一项英国绝密的发明——空腔磁控管来开发雷达
系统。1940 年 9 月，德国纳粹对英国发动不列颠之战，英国与美国共享了这
一发明。它看起来如同一个冰球，但能够在 10 厘米波长上大量传输高频信
号。据估计，它比当时已知的任何微波发射器都要强大 1000—3000 倍。这
一突破为满足一系列战时需求提供了可能。

首先是反击德国的夜间空袭。英国人依靠本土链（Chain Home）雷达站
系统来报警德军的袭击，该雷达的波长要长得多，为 10—13 米。这种雷达
站在白天工作得很好，因为飞行员可以用肉眼纠正这样长的波长固有的几英
里范围误差，但它们对夜间的袭击无效。磁控管的微波发射理论上可以更精
确地确定飞机的位置，而且该设备足够小，可以安装在飞机上，使飞行员即
使在浓云密布或伸手不见五指的夜晚也能找到他们猎取的目标。

这仅仅是个开始。磁控管还有望精确引导轰炸机穿过云层，或帮助反潜
机在浩瀚的海洋中发现 U 型潜艇。然而，该设备仍然很原始，需要进行大
量改进才能被大规模生产。已经饱受战争之苦的英国工业根本不具备完成以
上工作的能力。因此，温斯顿·丘吉尔（Winston Churchill）做出了一个大胆
的决定，与美国共享这一发明，希望说服仍未做出承诺的美国接手英国的烂
摊子。

丘吉尔赌赢了。在美国方面，辐射实验室背后的关键人物之一不是别
人，正是麻省理工学院前教授、雷神公司的联合创始人范内瓦·布什。在
1932 年成为麻省理工学院首任工程系主任后，布什于 1938 年年底离开麻
省理工学院，担任华盛顿卡内基研究所的所长，该研究所是位于美国首都的
一家受人尊敬的私人研究机构。从那时起，布什就精明地爬上了权力和影响
力的最高梯队。"如果在 1940 年夏天我们失去了这些人，那这将成为美国最

大的灾难。总统排第一位，布什博士排第二位或第三位。"阿尔弗雷德·卢米斯（Alfred Loomis）断言。他是一位富有的投资银行家，也是一位造诣非凡的业余科学家，注定要在辐射实验室的故事中扮演核心角色。

在第一次世界大战期间，年轻的布什曾从事潜艇探测工作，并对军方和民间科学家之间缺乏合作的状况感到震惊。他意识到新的欧洲战事很快就会把美国牵扯进来，于是他构想成立一个全美委员会，来弥合这一差距。1940年6月12日，他抵达白宫，会见富兰克林·罗斯福，当时他只带了一张纸，用纸上四段紧凑的文字阐述了他的想法。不到十分钟他就说服了总统。"没问题。写上'OK FDR'（同意，富兰克林·罗斯福）。"罗斯福告诉布什。于是，美国国防研究委员会（NDRC）应运而生。

布什和他的美国国防研究委员会同僚，包括麻省理工学院院长卡尔·康普顿（Karl Compton），迅速列出了一份技术项目清单。如果战争爆发，这个新兴的民间团体就应该接手这些项目（要么是因为军方还没有开始着手这些项目，要么是因为一旦战争开始，辐射实验室就不得不放弃这些项目，从而集中攻克更紧急的优先事项）。制造微波雷达是它的首要任务，卢米斯还成立了一个专门的微波委员会，向康普顿报告。因此，当英国人带着他们的多腔磁控管微波发射机来美国时，这个任务就落在了布什和他的团队身上。他们立即实现了它的潜力。

从这一点开始，事态以今天无法想象的速度向前发展。他们决定在微波委员会下建立一个中央实验室，以开发采用磁控管的雷达系统。这个实验室由民间人士管理，不受军方监督。卢米斯想把实验室建在靠近权力殿堂的卡内基研究所。布什不同意。"我提出了异议，我们用了半个晚上大吵了一架，还喝掉了一瓶苏格兰威士忌。"他回忆道。最后，布什胜出，麻省理工学院获得了这份工作。学校已经在进行微波研究，在那里建立一个新的实验室会引起最少的关注。

招募工作开始了。总部设在4-133号，使用了麻省理工学院的建筑名称和房间号（办公室实际上有两个房间，但很快被改为一个两个房间相连的套间，包括两个实验室）。早些时候，该团队任命通用无线电的负责人梅尔维尔·伊斯特姆（Melville Eastham）为实验室的第一位业务经理。技术工作的主要重点是吸引已经熟悉高频研究的核物理学家。布什找来了加州大学伯克利分校的物理学家 E.O. 劳伦斯（E. O. Lawrence）来牵头招募工作，后者在前一年因发明回旋加速器而获得诺贝尔奖。他的第一个电话打给了他以前的学生李·A. 杜布里奇（Lee A. DuBridge），他当时是罗切斯特大学物理系的系主任。杜布里奇接受了负责人的工作，然后与劳伦斯合作，在全美国范围内寻找更多的新人。来自哥伦比亚的伊西多·拉比（Isidor Rabi）是第一批签约的大人物之一，他抓住了这个机会。他带来了两个最好的学生——杰罗德·扎卡赖斯（Jerrold Zacharias）和诺曼·拉姆齐（Norman Ramsey）。劳伦斯说动了他的两个门生，路易斯·阿尔瓦雷斯（Luis Alvarez）和埃德·麦克米兰（Ed McMillan）。来自哈佛的是 J. 柯里·斯特里特（J. Curry Street）和一位名叫爱德华·珀赛尔（Edward Purcell）的年轻教师。

第一波浪潮带来了 6 位未来的诺贝尔奖得主，而名单上最优秀和最聪明的人还在不断增加。到第二次世界大战结束时，这里的工作人员囊括了全美国大约五分之一的顶尖物理学家。阿尔瓦雷斯曾经解释过他们对磁控管的反应。"突然提高 3000 倍可能不会让物理学家感到惊讶，但在工程领域几乎闻所未闻。如果汽车也得到类似的改进，那么现代汽车的售价将是 1 美元左右，每加仑汽油可以行驶 1000 英里。相应地，我们对多腔磁控管惊叹不已。很明显，微波雷达横空出世了。"

阿尔瓦雷斯是对的。总而言之，辐射实验室设计了第二次世界大战中几乎一半的雷达。直到 1957 年，该实验室的机载拦截雷达一直是皇家空军的标准配备。它的远程导航系统成了全球坐标网，被称为 LORAN（远距离无线电导航系统）；多年后，GPS（全球定位系统）取代了它。一种自动火控雷达 SCR-584，被证明是在 1944 年夏天应对德国 V-1 飞弹袭击英国的关键。

它的一个最大的成功之处就是能在阴天进行轰炸。欧洲和日本经常被云层覆盖，天气恶劣，目视轰炸无法进行。辐射实验室发明了一种名为 H2X 的轰炸雷达系统，其波长仅为 3 厘米，比波长 10 厘米的系统更为精确。但它的精确度仍然不够。但这使盟军得以继续施压。H2X 于 1943 年 11 月首次亮相。第八陆军航空队的一份公报写道："这种设备的可用性改变了第八陆军航空队飞机的状态——从冬季里每月除了一两天以外的所有时间都被停飞，到能够在阴云密布的天气随意轰炸最遥远的敌人目标。"到 1944 年年底，部队三分之二的突袭都依赖于 H2X。

也许最大的胜利是对 U 型潜艇的打击，空对地飞机监视雷达系统使飞机能够追踪到浮出水面充电的德国潜艇，甚至在夜间也是如此。辐射实验室的雷达为 1943 年春天的突然转变奠定了基础：U 型潜艇在 3 月的前 20 天共摧毁 95 艘船，只损失 12 艘；到 5 月，38 艘 U 型潜艇被击沉，盟军在全球范围内只损失了 50 艘船。那年秋天，德国人的情况更糟。在 9 月和 10 月护航的近 2500 艘商船中，U 型潜艇只夺去了 9 艘。与此同时，25 艘 U 型潜艇被击沉——19.5 艘归功于空袭，另外的 0.5 艘归功于一艘护航舰艇的共同袭击。正如英国官方海军历史学家 S. W. 罗斯基尔上尉（S. W. Roskill）所写的那样："厘米波雷达比其他所有装置的成就都突出，因为它使我们能够在夜间以及能见度很低的情况下也能进行攻击。"

这个例子说明，雷达，尤其是微波雷达，是到目前为止战争中最重要的技术之一。当 1945 年 8 月初两枚原子弹被投在日本境内，第二次世界大战迅速结束时，辐射实验室的故事曾被推到了聚光灯下。比如，《时代》杂志一直在策划一篇关于雷达和该实验室的封面故事。但这篇文章被删减到 3 页，放在杂志中间部分，取而代之的是一篇关于原子弹的文章。辐射实验室被描述为"一支庞大的匿名科学家大军"。这些科学家里没有一个名字被提到。

但对于辐射实验室的老兵来说，他们的口头禅变成了："原子弹结束了战争，但雷达赢得了战争。"

* * *

这一切和肯德尔广场有什么关系？在麻省理工学院搬到剑桥后的大约 30 年里，它与广场的工业发展几乎牵扯不上什么关系。事实上，除了编织消防软管和沥青路面等少数创新外，几乎所有曾经获得了爆炸性增长的产品都来自工厂大量生产的几乎没有"高科技"成分的普通产品。

在第二次世界大战结束后，这种说法仍然成立。除了雷神公司，几乎没有一家知名公司可以自信地贴上"由麻省理工学院发起"的标签。也没有多少人会吹嘘他们的技术"是由麻省理工发明的"。更重要的是，当将这一场景与今天的肯德尔广场以及所有靠近这所大学的跨国制药和计算机公司进行比较时，很少有人会说"这是因为麻省理工学院"，除了亚瑟·D. 利特尔这一大特例。

但第二次世界大战为肯德尔广场的下一阶段发展奠定了基础。最重要的是，这一蜕变可以追溯到辐射实验室。

广义地说，5 年狂热的战时雷达工作把微波和相关领域的知识向前推进了约 25 年，如晶体理论、无线电信号传播、电路、发射机、接收机和天线。在第二次世界大战结束前近一年，辐射实验室展开了一项艰巨的任务，即为子孙后代获得和传播所有这些学习成果。路易斯·里德努尔（Louis Ridenour）是一位言辞犀利的物理学家，曾是该实验室指导委员会的成员、这项工作的牵头人。辐射实验室大约有 250 名员工，以及一大批速记员和校对员，总耗资 495024.07 美元。他的团队撰写了总共 28 卷（包括索引卷）的雷达技术丛书——"辐射实验室系列"。该套丛书于 1947 年出版，成为"至少是一代研究微波电子学的物理学家和工程师的职业圣经"。

▶ 专栏 2　**辐射实验室是如何改变麻省理工学院，并塑造肯德尔广场未来的？**

在第二次世界大战的所有事件中，辐射实验室的建立对战后麻省理工学院的发展影响是最大的：它所关注的领域和专业知识，它与政府和业界的联系，它的跨学科的组织方式。虽然这些在当时几乎没有立即扩展到肯德尔广场附近，但它对整个技术场景产生了重大影响，并奠定了一些关键的基础元素。几十年后，这些元素以仍然可见的方式改变了肯德尔广场的生态系统。

辐射实验室的成就和影响包括：

- 为麻省理工学院带来了许多美国最优秀、最聪明的物理学家和工程师。许多人从未离开过这所学校或该地区。
- 帮助培养了一批科学家和工程师，他们理解科学原理，知道如何在科学的基础上制造现实世界的产品。
- 为协作性、跨学科团队设定了标准。这直接促成了麻省理工学院引以为豪的电子科研实验室（Research Laboratory of Electronics, RLE）的形成，并影响了麻省理工学院许多其他实验室和中心的形态。

- 与军事和国防工业建立了深厚的联系。麻省理工学院很快成为全美领先的非工业国防承包商。
- 5年的战时工作使微波电子学取得了正常发展大约25年才能获得的成果。这些知识在推进数字计算和电子技术方面发挥了重要作用。围绕着这些知识，肯德尔广场获得了未来的发展。
- 培养了一系列在业界、学术界和政府中活跃的领导者，他们巩固了麻省理工学院的地位和联系。

对于麻省理工学院来说，辐射实验室也是具有变革性的。在辐射实验室关闭后不久，学校成立了一个基础研究部（Basic Research Division），继续其在基础领域的工作，如探索各种微波频率下物质的电磁特性。1946年7月，这个部门变成电子科研实验室，很快就囊括了学校的核科学项目。电子科研实验室直接套用了辐射实验室的模式，甚至搬进了20号楼，这是瓦萨尔街和主街交叉路口附近辐射实验室的主要建筑之一。电子科研实验室的第一任主管是辐射实验室的老兵朱利叶斯·斯特拉顿（Julius Stratton）。他曾在第二次世界大战期间参与LORAN项目，也曾在五角大厦任职。电子科研实验室是在大量多余的辐射实验室设备和联合服务电子项目（Joint Services Electronics Program）每年60万美元的资助下起步的。该实验室与26名辐射实验室的工作人员签了约。许多人利用了一项特殊规定，即允许他们在读研期间担任研究助理。"电子科研实验室的成立使麻省理工学院一夜之间跃升到电子学和微波物理学的前沿。该实验室很快在雷达、安全通信、电子计算辅助和原子钟等领域产生了一系列重要创新。"笔者在记录辐射实验室故事的《改变世界的发明》（the Invention That Changed the World）中写道，"仅在20世纪60年代初，它就培养出了大约300名博士和600名硕士，并帮助该研究所在几十年里保持了全美领先的非工业国防承包商的地位。"

更重要的是，电子科研实验室的跨学科模式为麻省理工学院在战后时代如何处理各种其他领域的研究奠定了基调。这种方法一直延续至今。电子科研实验室目前的网站将其描述为"麻省理工学院第一个伟大的现代跨部门研究中心"。20 世纪 60 年代，《纽约客》发表了一系列关于剑桥市的文章。其中一篇文章是关于麻省理工学院国际研究中心（MIT Center for International Studies）的，该中心当时由经济学家马克斯·密立根（Max Millikan）管理，他是诺贝尔物理学奖得主、加州理工学院前校长罗伯特·密立根（Robert Millikan）的儿子。密立根说："这种跨学科的方法源于这里的电子科研实验室，其前身是我们的辐射实验室。它从第二次世界大战期间的雷达开始，后转向通信。""我们的通信科学中心就是由此诞生的，后发展出其他中心。这些中心关注的是问题而不是学科，比如材料科学与工程中心、空间研究中心、地球科学中心、生命科学中心都横跨几门学科，都试图重新定义学习的边界。"

辐射实验室的资深人员一直试图寻找新项目。威斯纳回忆道："当时有大量被压抑的想法。"灵感来自科学和商业两个方面。在第二次世界大战后期，爱德华·珀塞尔正在研究一种先进的轰炸雷达系统存在一个问题，即水蒸气会吸收雷达信号。为解决这一问题，他在 1945 年 12 月回到哈佛大学，开展了直接促使他发现核磁共振的实验。由于这一发现，他将分享 1952 年的诺贝尔物理学奖。

与辐射实验室密切合作的雷神公司，在第二次世界大战期间是磁控管的主要制造商。据报道，1945 年年底，当雷神公司的明星科学家、从语法学校肄业的珀西·斯宾塞（Percy Spencer），站在一个正在进行测试的磁控管附近时，他发现自己口袋里的一块糖果融化了。出于好奇，他又拿了一袋爆米花，看着它们在靠近设备时爆开。于是，便有了世界上第一台微波炉——Radarange（雷达炉），它最初被用于工业厨房。磁控管仍然是构成这些电器的核心。

与此同时，英国工程师丹尼斯·罗宾逊（Denis Robinson）作为英国航空委员会的联络人，被派往辐射实验室，与麻省理工学院教授、辐射实验室校友约翰·特朗普（John Trump）合作推出了可能是该实验室首个商业衍生产品。第二次世界大战结束后，在辐射实验室正式关闭之前，他们在 24 号楼找到了空余的空间，开始制造用于商业销售的范德格拉夫起电机。为了制造这种机器，这对搭档在很大程度上借鉴了他们从雷达工作中学到的东西——利用磁控管为粒子加速所需的发电机提供高能量。他们很快就找到了麻省理工学院副教授、该设备的同名发明者罗伯特·J.范德格拉夫（Robert J. Van de Graaff），在西剑桥的奥本山街租下了一家店面，将运营部分迁出，并围绕该项业务成立了一家公司——高压工程公司（High Voltage Engineering Corporation）。罗宾逊被任命为这家公司的总裁。这家初创公司在1946年成立后，还成为乔治·多里奥特（Georges Doriot）领导的先锋风险投资公司美国研究与开发公司（ARD）的最先投资的3家公司之一。包括麻省理工学院校长卡尔·康普顿在内的联合创始人总共向高压工程公司投资了20万美元，以使其运转起来。

＊　＊　＊

仅仅几年后，麻省理工学院在建立新的跨学科方法时又发生了另一串关键的事件，它们将加速创新的步伐。导火索是1949年8月29日苏联第一颗原子弹的爆炸。这一事件引发了一系列了解苏联的军事力量和抵御原子弹攻击的活动。一项以创建基于雷达的现代防空预警系统为中心的重大任务，很快落在了麻省理工学院及其辐射实验室的资深人员身上。乔治·瓦利（George Valley）曾负责辐射实验室的H2X型微波轰炸雷达，被任命为空军委员会的负责人。该委员会还包括两位辐射实验室的老兵，以及查尔斯·斯塔克·德雷珀（Charles Stark Draper），后者曾在枪械阵地和火控系统方面做过重要的战争工作。瓦利的委员会得出结论，人类将无法对来自网络的雷达信号进行实时处理。这激发了他们的灵感——想到去开发利用一台刚刚上线的仍在实验阶段的数字计算机。当瓦利正在思考如何走出这个困境时，他在麻省理工学院的走廊上遇到杰罗姆·威斯纳（Jerome Wiesner），于是便向威斯纳解释了他们的想法。

这是一个早期的例子，也就是21世纪的肯德尔广场的开发商们想设计的"人与人的碰撞"。威斯纳当时是电子科研实验室的副主任，刚刚完成了对麻省理工学院唯一一台数字计算机的评估。这台数字计算机被放在巴塔大厦（Barta Building）里。巴塔大厦是一座红砖建筑，顶部有一座尖塔和一座大烟囱。从麻省理工学院校园沿着马萨诸塞大道向中央广场走几个街区便可到达，就在新英格兰糖果公司的工厂的斜对面。这一切背后的人是来自内布拉斯加州的一个名叫杰伊·福雷斯特（Jay Forrester）的工程师。他把这台机器叫作旋风（Whirlwind）。

086

他们花了近两年的时间来充实内容，并获得了所有的批准，但他们提出的概念取决于麻省理工学院是否能创建一个全新的中心以致力于开发防空网络——使用旋风计算机作为控制系统的原型大脑。路易斯·里德诺尔（Louis Ridenour）很快就被任命为美国空军的第一位首席科学家。他热情地提倡建立该中心，认为它对巩固麻省理工学院在现代电子学领域的领导地位至关重要。像电子科研实验室一样，新的实验室照搬了辐射实验室的模式。最初的工作是在校园里进行的，大部分在旧的辐射实验室大厦里——机密项目在 22 号楼，非机密工作在隔壁的 20 号楼。到 1952 年春天，他们在列克星敦建了一个固定的办公地点，那里距离麻省理工学院大约 14 英里的车程。当时已经有 550 名工作人员参与实验室的运转。它也有了一个永久的名字——林肯实验室。

林肯实验室牵头的防空网络（IBM 是计算机系统的另一个主要承包商）被称为半自动地面防空系统（简称 SAGE）。它背后的努力推动了一系列计算技术的发展（包括图形界面）：飞行员可以跟踪行动；调制器-解调器（调制解调器）可以将数字雷达数据转换为模拟数据，通过电话线传输，再将其转换回数字数据进行处理；值得一提的是电脑内存。弗雷斯特发明的磁芯存储器一直是数字计算机的支柱，直到 20 世纪 70 年代集成电路的兴起。

旋风计算机和半自动地面防空系统反过来极大地推动了数字计算革命，并且使麻省理工学院和大波士顿地区成为其中的关键部分。除了 IBM，还有许多其他的大公司，比如通用、AT&T、Burroughs、Hughes、仙童相机等，都签约成为半自动地面防空系统的承包商和分包商。其他公司则开始或转向支持活动的热情。IBM 在制造核心内存方面处于领先地位。成百上千的人被培训为程序员，进入这个新兴的行业。

推动这一运动的也并非都是老牌公司。在这股创业浪潮中，新公司也纷纷成立。在旋风计算机试图向空军展示其价值的早些时候，福雷斯特在巴塔大厦的团队设计了一台机型较小的测试计算机，作为概念验证。这项工作由麻省理工学院的研究生肯·奥尔森（Ken Olsen）主持，他曾在第二次世界大战期间担任海军二等士官和无线电技术员。奥尔森在林肯实验室成立之初就加入了。但大约 5 年后，也就是 1957 年 8 月，他和同事哈兰·安德森离开实验室，成立了自己的公司——美国数字设备公司（DEC）。他们的第一个产品是小型的晶体管实验室模块（让人想起为旋风计算机开发的测试设备），用于帮助技术团队评估核心存储器和其他计算机元件。两年后，该公司生产出了第一台完整的计算机——PDP-1（可编程数据处理器）。工业界和新闻界开始称这种机器为"微型计算机"（minicomputers）。借着 PDP-1 的东风，美国数字设备公司迅速成为美国发展最快的公司之一。在 1990 年的巅峰时期，该公司的营收达到了 130 亿美元，在全球拥有 124000 名员工，成为仅次于 IBM 的世界第二大计算机制造商。

美国数字设备公司成立的时候，乔治·多里奥特（Georges Doriot）和美国研究与开发公司用 7 万美元换取了该公司 70% 的股份。几年前，高压工程公司一直是美国研究与开发公司的宠儿，美国数字设备公司很快就脱颖而出。1966 年，也就是公司成立 9 年后，该公司以每股 22 美元的价格上市。到 1967 年秋天，该公司的股价已超过 100 美元。与此同时，美国研究与开发公司所持的股份价值近 2 亿美元，是其初始投资的 2500 多倍。斯宾塞·E. 安特在他关于多里奥特和早期风险投资行业的著作《创意资本》中写道："美国数字设备公司是风险投资行业的第一个全垒打，它一手证明了风险投资可以通过支持热门新业务的领导者来创造巨额财富。"

＊　＊　＊

然而，这种技术创新和创业活动的爆发并没有立即在肯德尔广场产生重大影响。尽管他们的起源都可以追溯到麻省理工学院，但无论是高压工程公司还是美国数字设备公司都没有留在肯德尔广场。丹尼斯·罗宾逊的公司已经搬到了马萨诸塞州的伯灵顿。肯·奥尔森的公司总是在剑桥城外。许多其他公司也纷纷效仿，知名高科技公司和新兴高科技公司都被吸引到了波士顿西郊的 128 号公路走廊。

在制造业衰退和新兴高科技产业未能扎根的双重打击下，肯德尔广场似乎几乎被遗忘了——与20世纪20年代和30年代初的全盛时期不可同日而语。"第二次世界大战后，剑桥的工业发展结束了。一些工业建筑被改造成办公室和实验室，许多公司被关闭或搬到了其他地区。"历史学家苏珊·梅科克写道。

四五十年后，来自世界各地的大型公司、投资人、企业家甚至政府机构，都将开辟通往肯德尔广场的道路——与之前的繁荣不同，麻省理工学院将成为复兴的前沿和中心。但现在，几乎所有人都只想离开这里。

👁 聚焦 | F&T 餐厅——场所营造的最佳地点

对于任何充满活力的创新生态系统，最值得一提的是，形形色色的人都可以在这里聚集、闲逛、集思广益，并体验偶遇，从而相互激发思维。在许多肯德尔广场的老一辈眼中，F&T 餐厅就是这样一个理想的地方。

这家以艾萨克·福克斯和罗伯特·蒂什曼命名的传奇餐厅从 1924 年一直营业到 1986 年，地址在肯德尔广场中心的主街上（图 8-1）。后被迫关闭，是为了给 MBTA 地铁站的扩建让路。据报道，解释青蛙如何看东西、探测宇宙背景辐射和验证爱因斯坦对引力波的预测方面取得的重大进展，都发生在这里的餐桌上——其中后两项成果更是一举夺得了诺贝尔奖。F&T 餐厅的顾客里不仅包括世界著名的科学家，还包括政治家、饥肠辘辘的学生和当地工人。福克斯的儿子马文回忆说："诺贝尔奖得主来到餐厅会和从街道或工厂来的人聊天。"父亲退休后，他和蒂什曼的儿子梅纳德一起经营这家餐厅："我们曾经告诉人们，这里没有宗教和政治。"

在某种程度上，肯德尔广场的领导者自从 F&T 餐厅关门以来，就一直渴望能再有一个这样的地方。2010 年 1 月，剑桥创新中心首席执行官蒂姆·罗（Tim Rowe）召集了大约 30 位企业家、投资人等，探讨建立一个新的咖啡馆餐厅，以填补 F&T 留下的空白。帮助罗开发这个项目的嘉莉·斯托德（Carrie Stalder）回忆说，当时，人们谈论的焦点是打造一个人们可以见面和互动的'第三空间'（除了家和办公室）。"咖啡馆餐厅概念的目标之一是成为肯德尔广场的"第三空间"，让 F&T 的精神回归。"她说。虽然这一想法得到了热情的支持，但在经济上并没有走通——尽管这一努力催生了剑桥创新中心的创业咖啡馆（Venture Café），我们将在第 15 章中提到。它是剑桥创新中心和斯托德共同创立的。

福克斯和蒂什曼都是移民。1919 年，他们在波士顿西区开了第一家餐厅。他们曾去过罗克斯伯里，最后在 1924 年搬到主街 304 号。后来，他们在隔壁的主街 310 号又开了一家餐厅。合伙人娶了两姐妹为妻，所以他们的孩子是表兄妹。他们退休后，马文·福克斯和梅纳德·蒂什曼接手并经营 F&T 餐厅，直到它关店。

F&T 最初是一家餐厅和熟食店。一周七天都营业。在大萧条时期，餐厅老板就在篮子里放上面包、奶酪和腊肠——谁想吃什么就对付两口，以后再付钱，或者干脆不付钱。"我父亲说我们从不拒绝任何人。"马文回忆道[1]。F&T 还发售每周餐券，这样顾客就不需要每次来都带上现金了（见图 8-1）。

图 8-1 　1986 年左右，隔壁有食客的 F&T 餐厅

📱 资料来源 　剑桥历史委员会。

起初，经常光顾 F&T 的主要是当地工人和一些当地居民。随着时间的推移，它也成为麻省理工学院师生的目的地。后来成为健酶公司联合创始人的查理·库尼（Charlie Cooney）教授就是在 20 世纪 60 年代末的学生时代发现了 F&T。他笑着说："曾经有一段时间，除了麻省理工学院的食堂，那是

---

[1] 　2017 年 7 月 26 日，福克斯对卡伦·温特劳布采访的文字记录提供给了笔者。马文的所有引用和许多详细信息都来自这次采访。——原书注

我们唯一可以去的地方。""他们有最好的猪肉和豆子。他们的开放时间对学生的生活很友好，他们的定价也对学生很友好。"

莱纳·"莱"·魏斯（Rainer "Rai" Weiss）从 20 世纪 50 年代开始去那里。他会从麻省理工学院位于主街和瓦萨街交会路口的 20 号楼走几个街区。在那里，他曾在后来成为他导师杰罗尔德·撒迦利亚（Jerrold Zacharias）的实验室担任电子技术员。街对面有一家电镀公司，还有一家泡菜厂和糖果厂。利华兄弟生产肥皂的工厂就在几个街区之外，动物油脂被用来制造肥皂。他说，微风从那个方向吹来时，那气味"令人作呕"。

走进餐厅，右手边是吧台，左手边是大圆桌，正中间是几张较小的长方形桌子，后面有几个小隔间，喝酒的人可以坐在那里。人们可以点熏牛肉三明治和其他熟食，也可以点一顿正餐。"女服务员态度不是很好。"魏斯回忆道，"她们会把东西随意摊在桌子上，不过她们不会打扰你。"

魏斯和麻省理工学院的许多师生都喜欢那种能容纳五六个人的圆桌。他成为教授后经常带朋友和学生去那里。桌子上有纸餐垫，人们可以在背面写字或画画。"科学家喜欢把东西写下来。"他说，如果你把一个餐垫写满了，"你可以去吧台那边再多拿一些。在那里，很多想法就是这样产生的"。

麻省理工学院的认知科学家杰罗姆·莱特文（Jerome Lettvin）是 F&T 的常客之一，以青蛙眼睛的开创性实验而闻名。魏斯说，他的同事在 F&T 里萌生了一些很重要的想法。❶莱特文于 2011 年去世。他写过一首关于这家餐厅的诗，并在 2003 年的纪念活动上朗诵了这首诗。约翰·马瑟（John Mather）也在这家餐厅里发展了宇宙背景探测者（COBE）卫星的想法。他回忆道："1974 年，我去拜访莱纳·魏斯，就是为了和他讨论宇宙背景探测者的问题。""美国国家航空航天局刚刚宣布了可以向其发送研究计划，我知道莱纳一定会感兴趣的。"马瑟因此获得了 2006 年的诺贝尔物理学奖❷。魏斯本人在 F&T 的圆桌上提出了一些关于激光干涉引力波天文台（LIGO）天线的想法，后来 LIGO 首次探测到了引力波，这为他赢得了 2017 年诺贝尔物

❶ 莱特文是 1959 年那篇颇具影响力的论文《青蛙的眼睛把什么告诉了青蛙的大脑》（What the Frog's Eye Tells the Frog's Brain）的第一作者。——原书注

❷ 马瑟与乔治·斯穆特（George Smoot）共同获得这个奖项。——原书注

理学奖 **①**。"我想我最开始考虑这个问题的地方是 F&T。"他说。

光顾过这家餐厅的名人包括以蒂普·奥尼尔（Tip O'Neil）为代表的政治家和以卡罗琳·肯尼迪（Caroline Kennedy）为代表的外交官。马文·福克斯（Marvin Fox）说，他认识在这家餐厅开业期间在任的每一位麻省理工学院校长。另一位常客是生物学家、纽约人大卫·巴尔的摩（David Baltimore）："作为一个犹太男孩，熟食是我生活中重要的组成部分。因此，当我 1960 年来到麻省理工学院时，看到街角有一家熟食店，我喜出望外。"马文·福克斯（Marvin Fox）曾回忆道："巴尔的摩在 1975 年获得诺贝尔奖后不久就光顾了F&T，我说'恭喜你，巴尔的摩博士'，他说'马文，我的朋友们仍然叫我大卫'。"

在福克斯的记忆中，20 世纪 70 年代是艰难的。那是在美国国家航空航天局缩减了其电子中心的发展计划之后，在肯德尔广场在接下来的 10 年里恢复活力之前。20 世纪 80 年代，随着建筑业的复苏，这家餐厅被工人们重新发现，午餐的生意红火起来，经历了一段繁荣时期。"这就是我们的工作——供应啤酒和三明治。我们度过了最好的几年。"福克斯说。

F&T 在 1986 年的感恩节歇业。大约 15 年后，在莱纳的努力下，一个历史标记被放置在该遗址上。他们举行了一个小型仪式，两年后又举行了一个仪式，莱特文在那里朗诵了他的诗。但这并不是 F&T 的终结。在推进房地产开发事业的同时，前市议员大卫·克莱姆有了一个不同寻常的爱好：收集食客的纪念品。F&T 关门后，他把餐厅的所有摊位、门面和招牌，以及两百多份旧菜单、招牌、海报和其他用具都收了下来。他向麻省理工学院博物馆捐赠了两个展位，但其余的都保存了起来。2021 年，他的儿子切特也被它的故事所吸引，正在寻找一种以某种方式复活 F&T 的方法。这些努力正在取得进展，但由于新冠疫情危机而遇到了障碍。也许有一天 F&T 会回来。

---

① 魏斯和加州理工学院的两位科学家基普·索恩（Kip Thorne）和巴里·巴里什（Barry Barish）因《对 LIGO 探测器和引力波观测的决定性贡献》而获得 2017 年诺贝尔物理学奖。——原书注

第 9 章

从城市沼泽到城市更新

在第二次世界大战后的 10 年里，肯德尔广场一时间又变得门庭冷落。辐射实验室的紧张工作结束了。许多科学家离开了，熙熙攘攘的参观者也不见踪影。在很多方面，肯德尔广场已经变成了一个新的城市沼泽，与过去的盐草和泥滩相呼应，热闹的地方仅限于潮汐沼泽上隆起的鼓丘。现在的活动以麻省理工学院为中心，其余的大部分都是荒地，比如空置和无人维护的工厂、店面和其他机构——只有相对少量的几处还有生意。与其他工业城市向郊区、阳光地带和海外的迁移类似，企业纷纷逃离，以寻求 128 号公路沿线及更远地区更便宜的土地和劳动力。到了晚上，没有人愿意待在那里，因为也无事可做。

麻省理工学院名誉规划主任鲍勃·西姆哈回忆道："肯德尔广场是 19 世纪一个停滞不前的地区。"从 1960 年到 2000 年，他领导了学院的房地产部门约 40 年。"企业正在逐渐流失。人们失去了工作。剑桥市的营收正在下降。剩下的一些工厂，如硫化橡胶工厂，散发着臭味，污染了空气。"

在某种程度上，这种情况是由战后麻省理工学院爆发的创业活动引起的。杰里·威斯纳（Jerry Wiesner）发现辐射实验室的资深专家的那些被压抑的想法延伸到了学校里的其他人身上。他们在第二次世界大战期间除了在雷达领域工作之外，还在其他领域工作（或者只是因为冲突而在追求自己的梦想方面受到了阻碍）。一方面，空旷的工业建筑为校园附近的初创公司提供了低价的空间。另一方面，一旦刚刚起步的公司取得成功并成长起来，这里的条件就完全不够格了。"麻省理工学院孵化的电子公司将他们的孵化器放在剑桥市被大公司抛弃的旧工业空间和仓库，而大公司则去其他地方建立了最先进的制造工厂。"西姆哈回忆道，"当新兴电子公司达到制造阶段，他们需要现代空间，于是他们就在剑桥城外沿着新建的 128 号公路去建立或发展这些空间了。"

早在 1950 年，肯德尔广场地区亟须被振兴时，由于麻省理工学院在改善校园周围条件方面会获得益处，那么由它来发挥带头作用就顺理成章了。麻省理工学院之前已经开始收购其原始地块附近的土地，其中大部分位于马萨诸塞大道以南，即今天的学生中心、体育场馆、克雷斯基礼堂和宿舍。第二次世界大战后，联邦政府转让了它在战争期间获得的几栋建筑的所有权，美国大西洋里奇菲尔德公司捐赠了其在马萨诸塞大道旁的地产，纳贝斯克公司捐赠了奥尔巴尼街向中央广场方向的土地，所有这些土地都是为了满足学校未来的需要。麻省理工学院立即使用了其中的一部分土地，而将学校暂时不需要的其他土地租给了商业企业。

但麻省理工学院的官员们仍然担心，肯德尔广场"逐渐渗入的制造业区"并不能成为一所精英学校的最佳邻居。因此，他们也在寻找控制校园周边命运的方法。

重塑肯德尔广场的关键机会出现在 1957 年。当时，剑桥市重建局（CRA）利用 1954 年《联邦住房法案》提供的城市更新基金，在大章克申铁路以西收购了一块被遗弃的 4.5 英亩土地——罗杰斯街区（Rogers Block）。

一旦剑桥市重建局接管，现有的木质公寓和其他机构就会被拆除，地产会被投放市场。然而，这座城市最初无法吸引合适的开发商。据报道，只有一家床垫制造工厂提出了报价，但价格没有吸引力。大约两年后，这块地皮仍未被售出。10 年前，利华兄弟公司将其美国总部从剑桥搬到了纽约，该公司决定关闭毗邻这块地皮的大型旧肥皂工厂。这使得填补肯德尔广场附近一个巨大缺口的需求更加迫切。

与此同时，剑桥市陷入了严重的财政困境。据报道，该市甚至无法发行债券来开发这处地产。随后，剑桥市长埃德·克兰和麻省理工学院前校长詹姆斯·基利安（时任麻省理工学院投资管理公司董事长）在一个由大型开发商 CC&F 建造的工业园区的奠基仪式上进行了一次关键会谈。据西姆哈说，克兰找到基利安和 CC&F 的首席执行官，问他们能做些什么来解决剑桥的问题。

拥有巨大影响力的基利安强烈认为，麻省理工学院应该在帮助剑桥改善校园周围环境方面发挥重要作用，并且可以在为麻省理工学院的捐赠提供可接受的回报的同时做到这一点。他建议麻省理工学院收购罗杰斯街区，并由 CC&F 开发该地块。他们把这个想法告诉了麻省理工学院的管理层，包括新校长、辐射实验室的资深人士朱利叶斯·斯特拉顿。很快这个想法就得到了麻省理工学院投资管理公司的支持。

"吉姆看到的是开始改变这个正在迅速消亡的地区特征的机会。"西姆哈说,"他有勇气、想象力和领导力,让委员会相信这样做是明智的。"

1960年1月11日,基利安来到剑桥商会,宣布在罗杰斯街区和利华兄弟工厂的14英亩土地上建设一栋新商业办公大厦的计划,用于入驻技术和研发公司。基利安预计,该项目每年将带来超过80万美元的税收,而之前的使用者只给剑桥市带来了13.5万美元的税收。麻省理工学院教授爱德华多·卡塔拉诺(Eduardo Catalano)被任命为该项目的首席架构师。这个最先进的开发项目甚至有一个恰如其分的名称——科技广场。

* * *

科技广场后来被认为是肯德尔广场历史上的一个分水岭。"这实际上是点火器。"西姆哈断言,"这是一切开始的地方,它让你了解到整个事业有多漫长、多复杂、多困难。它酝酿了半个世纪之久。你今天所看到的一切都始于1959—1960年这段时间。"

对于麻省理工学院来说,这也是一个大手笔的新尝试。它使用捐赠基金来支持购买用于商业开发的地产,而不是用于未来的学术需求。"这是一次非常有意义的冒险,大学从前不会做这些事情。"西姆哈说。

我们的想法是分阶段开发这处地产。第一阶段主要集中在仍然被称为科技广场的地方——它的正面面向主街。第二阶段包括利华兄弟公司的旧址,将随着需求的增长而开发。卡塔拉诺为科技广场设计了一个宽面的三层矮楼,坐落在地块的前方,最靠近主街。在它后面是3栋9层高的建筑,它们围绕着一个开放的四方院组成U形。这些建筑挨着街道建设,U形两边的建筑隔着院子相对,最靠后的建筑直接面向主街。正如西姆哈曾经写道:"当时,这块场地被令人不快的工业活动所包围,这导致建筑设计与周围的邻居没有接触。"

园区的第一栋建筑,即科技广场545号于1962年年底完工。从主街看过去,它位于综合体的右侧,现在是莫德纳的所在地,富达的办公室在一楼。该综合体被设计为传统的办公区。其设计足够灵活,所以其中的建筑物也可以转换为室内实验室和研发活动的场所。现在该综合体与传统的办公空间共同提供这些功能。辛哈说："真正的问题是在一片旧工业建筑的海洋中建造第一栋建筑并让人入驻进来。""麻省理工学院不得不花很多钱让人们来这里，并在大厦里租赁空间。"

第二栋建筑是科技广场 575 号，从主街往左看，它于 1964 年开业（现在一层是 Area Four 餐厅）。第三栋和第四栋建筑分别于 1966 年和 1967 年建成。

MAC 项目是麻省理工学院的一个研究小组，被搬到了科技广场 545 号，注定要在肯德尔广场被炒得很热的人工智能巷时代发挥重要作用（见第 11章）。该项目将麻省理工学院围绕人工智能的各种努力（包括针对视觉、语言和机械操作的研究）与分时和高级计算的其他方面的工作结合起来。它的一条分支可以直接追溯到由"人工智能之父"马文·明斯基（Marvin Minsky）教授领导的"人工智能小组"。另一条分支则可以追溯到电子学研究实验室（RLE）。还有一条分支涉及位于 20 号楼（这是辐射实验室的旧宿舍之一）地下室的铁路模型技术俱乐部（TMRC）。铁路模型技术俱乐部在计算机编年史上声名赫赫。它的成员可以分为两大阵营，一大阵营是那些喜欢工作和玩模型火车的人。"另一大阵营"，一群麻省理工学院的研究生在一篇追溯历史的论文中写道，"有些人住在'the notch'里，后面的一个小房间里面存放着轨道和铁路的控制系统。这些学生对控制轨道的机器和系统比对实际的火车更感兴趣……铁路模型技术俱乐部里的这些学生是麻省理工学院的第一批黑客。"

据报道，MAC 项目代表两样东西（也有其他名称）——机器辅助认知（machine-aided cognition）和多路访问计算机（multiple-access computer）。MAC项目于 1963 年由罗伯特·法诺（Robert Fano）教授发起，获得了联邦高级研究计划局（ARPA）220 万美元的资助。该奖项是由前麻省理工学院教授 J. C. R. 利克莱德（J. C. R. Licklider）颁发的，他当时是高级研究计划局信息处理技术主任。利克莱德后来回到麻省理工学院，担任 MAC 项目的第二任主管。

MAC 项目团队在科技广场 545 号的顶部两层设立了办公室。大多数情况下，办公室和实验室都在八楼，计算设备占据了九楼的阁楼。多年来，许多未来的计算机和人工智能传奇人物都在那里工作——除了法诺、明斯基和利克莱德，还有汤姆·奈特（Tom Knight，操作系统）、丹尼尔·希利斯（并行计算）、约翰·麦卡锡（John McCarthy，LISP 编程语言的发明

者）、杰克·丹尼斯（Jack Dennis，计算机系统和语言）、理查德·斯托曼
（Richard Stallman，免费软件和革奴计划❶）和费尔南多·"科尔比"·科尔巴托
（Fernando "Corby" Corbato，分时系统）。明斯基、科尔巴托和麦卡锡后来都
获得了"计算机领域的诺贝尔奖"——图灵奖。

这种经营方式让其他人都乐于聚拢过来——帮助科技广场得以发展。
1964 年年初，IBM 在同一栋楼里租下了最初被称为 IBM 剑桥科学中心的地
方。该中心将一直保留到 1992 年（MAC 项目最终并入了今天的计算机科学
与人工智能实验室）。❷

剩余的空间最初被租用得寥寥无几，但这里的发展逐渐证明了它的价
值，从而吸引了一些主要的公司入驻，包括格鲁曼飞机工程公司，以及麻
省理工学院的其他研究机构。然而，宝丽来的入驻是一个最大的意外之得。
1966 年，这家即时摄影巨头将其全球总部搬到了离主街最近的三层楼建筑，
这里不久就被称为"碉堡"。宝丽来快速成为科技广场的主要租户，几乎就
像把胶片冲洗成照片一样在转瞬之间。❸

宝丽来体现了第二次世界大战后肯德尔广场作为科技公司大本营的未
来。早在宝丽来把总部搬到博克豪斯之前，这家公司就已经确立了自己的国
际地位。联合创始人兼首席执行官埃德温·兰德是美国历史上最著名的发明
家之一。

20 世纪 20 年代末，这位哈佛大学的肄业生发明了第一款低价的偏振滤
光片❹。1932 年，他与哈佛大学的一位导师、博士后乔治·惠尔赖特（George
Wheelwright）合作，成立了兰德-惠尔赖特实验室（Land-Wheelwright

---

❶ GNU 计划，又译为"革奴计划"，是由理查德·斯托曼在 1983 年 9 月 27 日公开
发起的自由软件集体协作计划。它的目标是创建一套完全自由的操作系统 GNU。——译
者注

❷ MAC 项目部分主要由 Chiou 等人负责；维基百科，"麻省理工学院计算机科学
与人工智能实验室"。最初的资金来自代表美国高级研究项目局（ARPA）的海军研究办
公室。——原书注

❸ 1999—2002 年，"碉堡"被拆除。后来这里又新建了 4 座新建筑。今天存在的 7
座建筑被重新编号为 100-700。——原书注

❹ 他退学了两次，第一次是在大一之后，第二次是在 1932 年（1929 年回到哈佛
后）。——原书注

Laboratories），将滤光片商业化。5 年后，公司更名为宝丽来。

最初，两人在哈佛广场奥本山街和邓斯特街交叉路口的一个车库里租了一间房，那里是如今时髦的城市购物中心 Garage 的一部分。后来，他们在马萨诸塞州威斯顿的一个牛奶场工作了一段时间后，搬到了波士顿，先是在达特茅斯街租了一间嘈杂、落满尘土的地下室，不久就在哥伦布大道 285 号、后湾火车站附近找到了更宽敞的公司地址。

偏光太阳镜和相机滤镜为他们带来了第一桶金。1947 年，兰德和宝丽来发明了即时胶片，彻底改变了家庭摄影。兰德相机可以在大约一分钟内生成拍立得照片，次年一经推出便大获成功。

在总部搬迁之前，兰德本人已经在肯德尔广场上经营了 20 多年。1942 年，第二次世界大战期间，他在不到两个街区远的地方——主街 700 号建立了自己的私人实验室。他这么做的部分原因是为了靠近麻省理工学院。在这个私人实验室里，他从事了各种各样的战时项目。这个被称为"鼹鼠洞"的实验室多年来一直是他的个人避难所。他在那里完成了大量重要发明。（更多关于兰德和"鼹鼠洞"的内容，见第 22 章。）

宝丽来 1960 年接管了位于主街 700 号的整个综合大厦，后来又将其全部买下。该公司最终也从"碉堡"扩展到了科技广场的每一栋建筑。即使在 1979 年再次将总部搬迁到纪念大道 784 号（这里可以俯瞰半英里之外的查尔斯河）之后，宝丽来公司仍在那里保留了一些业务（见图 9-1）。❶

宝丽来在鼎盛时期雇用了大约 2.1 万人，年营收一度达到 30 亿美元。但它无法适应不断变化的时代。数码技术的出现让一切每况愈下，但该公司仍死守着拍立得技术。兰德还在名为 Polavision 的 8 毫米即时电影系统上押下了灾难性的赌注。1981 年，他被迫辞去首席执行官一职，保留了董事会主席一职，但这并没有持续多久。克里斯托弗·博纳诺斯（Christopher Bonanos）在《拍立得：宝丽来的故事》中写道："兰德在保持了 40 年的不败战绩之后，突然屡屡犯错。1982 年，他不得不退休。"

几年后，兰德一直以来的崇拜者史蒂夫·乔布斯（Steve Jobs）称，迫使

---

❶ 该公司于 2002 年申请破产，它早已失去了作为肯德尔广场标志的地位。——原书注

这位宝丽来创始人离职是"我听过的最愚蠢的事情之一"。

图 9-1 科技广场最早的 4 栋建筑，最前面的是宝丽来的"碉堡"大楼，右边靠后的现代排屋是 1975 年完工的德雷珀实验室，它的对面是一个停车场

* * *

随着 MAC 项目、宝丽来、IBM 和其他租户的公司纷纷成立，科技广场很快成为除了麻省理工学院之外，当时最著名的科技"鼓丘"。其他一些高科技活动的岛屿可以在现代肯德尔广场的边界内或附近看到——大部分都是独立于麻省理工学院的。其中一个例子就是位于布罗德运河附近第一街的著名出版社——雅典娜出版社。1950 年，金恩公司（Ginn & Company）将业务出售给了总部位于芝加哥的 John F. Cuneo 出版社，但当时有 650 名员工的工厂仍在运营[1]。不过，第二次世界大战结束后，在麻省理工学院和朗费罗大桥之间的纪念大道上，人们可以找到最接近现代肯德尔广场的科技鼓丘。在那里，理特管理咨询公司、以沥青技术和筑路闻名的沃伦兄弟和利华兄弟的美国总部在很短的一段时间里，都是研究街（Research Row）上的邻居。1947年开始，一家即将成名的企业加入了它们的行列，这家企业就是国家研究公

---

[1] John F. Cuneo Press 至少在 20 世纪 70 年代初还在这栋楼里经营。——原书注

司（NRC）。该公司旨在开发可用于工业的新产品和技术。

国家研究公司幕后功臣是一位名叫理查德·斯泰森·莫尔斯（Richard Stetson Morse）的马萨诸塞州商人、科学家和发明家。他在麻省理工学院获得本科学位，后赴德国学习物理学。随着第二次世界大战打响，他回到美国为柯达公司工作，但在 5 年后离开了这家相机公司，于 1940 年成立了国家研究公司。第二次世界大战结束后，莫尔斯把他的公司搬到了纪念大道 70 号（现麻省理工学院大厦 E-51），和其他人一样，离桥最远。他已经到达了他职业生涯中的巅峰。

国家研究公司的第一个客户是田纳西州的橡树岭国家实验室，为曼哈顿计划制造真空泵。第二次世界大战结束后，莫尔斯开始将国家研究公司的真空技术应用于消费品。该技术最先应用于冻干咖啡，然后，在 1945 年左右，又应用于急冻鲜榨橙汁。第二年，他开始在全美范围内销售这一产品，并在市场上推出了第一款浓缩急冻鲜榨橙汁。这款产品被起名"美汁源"，以暗示这款橙汁的制作非常简单。尽管名字朗朗上口，但生意迟迟不见起色。莫尔斯从他的冻干咖啡的失败中吸取了教训，那就是他不应该忽视营销。1949 年，在搬到肯德尔广场两年后，他与宾·克罗斯比（Bing Crosby）达成了一项协议——向其支付了一笔数额不详的现金，外加 2 万股美汁源的股票，邀请他成为公司的推销员。有一段时间，电视上每天早上都会播出这位低吟歌手的流行广告。"这次合作取得了巨大的成功。1948 年，在宾加入之前，该公司橙汁的销售额不到 300 万美元。仅在三年内，这一数字就飙升到近 3000 万美元。"几十年后《时代》杂志上的一篇历史文章写道。

莫尔斯于 1959 年卖掉了他的公司，业务很快被搬出了剑桥市。这实际上相当于关上了研究街的大门。但他对肯德尔广场故事的贡献还没有结束。1961 年，莫尔斯回到麻省理工学院，在斯隆管理学院担任高级讲师。在那里，他开设了第一门创业课程"新企业"。这门课程从那时起，一直开设至今。据报道，这是麻省理工学院持续授课时间最长的课程。莫尔斯的儿子肯后来成为麻省理工学院创业中心（MIT Entrepreneurship Center）的创始董事总经理，并在那里任职多年。"在一个温暖人心的时刻，我了解到麻省理工学院创业中心就设立在我父亲以前的办公室里，持续了一年左右，那里可以俯瞰河流。我的办公桌就在他曾经待过的地方。"肯·莫尔斯（Ken Morse）说道。

　　到 20 世纪 60 年代初科技广场开始运营时，研究街上的公司已经所剩不多[1]。西姆哈说，每个人都清楚，肯德尔广场的由衰转盛将是一个漫长的过程。但是，大约在 1963 年年底的某个时候，他接到了一个电话，这通电话塑造了肯德尔广场未来几十年的特点。在这个过程中，它将创造一个城市神话。这通电话是波士顿重建局的罗伯特·罗兰（Robert Rowland）打来的。他和一些同事有了一个想法，他们需要麻省理工学院的帮助——不是以麻省理工学院帮助科技广场的方式，而是在这一成就的基础上继续发展。这一计划包括在麻省理工学院旁边的肯德尔广场建立一个大型高科技中心，这将直接带动数千个工作岗位，并成为数千个工作岗位的灯塔。他们想把美国国家航空航天局带到城里来。

---

　　[1]　1953 年，理特管理咨询公司搬到西剑桥。1949 年，利华兄弟公司将其美国总部迁至公园大道。沃伦兄弟公司在 20 世纪 50 年代初搬到这里，把它的大楼卖给了特殊化学品生产商卡博特公司。最终，所有这些大楼都被麻省理工学院收购了。卡博特公司现在的总部设在波士顿。董事会成员之一是胡安·恩里克兹，在《连线》杂志上发表了一篇文章《世界上最具创新性的交叉路口》。他是卡伯特家族的成员。——原书注

第 10 章

肯德尔，我们有麻烦了

当地人很爱不厌其烦地讲述肯德尔广场和美国国家航空航天局的故事，甚至在 50 多年后还是如此。人们指着百老汇街和宾尼街之间的万豪酒店对面的一座巨大的塔楼侃侃而谈。这个神话最常见的版本是这样的：美国国家航空航天局需要建一个总部，时任美国总统的约翰·F.肯尼迪是马萨诸塞州人，他把总部安排在了肯德尔广场。总部建成后，美国国家航空航天局搬了进来，但在肯尼迪遇刺后，新任美国总统林登·约翰逊（Lyndon Johnson）又将总部地址搬到了他的家乡得克萨斯州，直到今天。

这就构成了一个动听而简洁的故事——其中也包含了一些事实。但这个故事在一些重要方面歪曲了真实情况。美国国家航空航天局从来没有想过将总部放在肯德尔广场。相反，肯德尔广场被选为航天局的电子研究中心（ERC）的所在地。电子研究中心于 1964 年 9 月开业，不到 6 年就于 1970 年 6 月 30 日关闭。不过，它被砍掉是在尼克松政府时期，而不是在林登·约翰逊政府时期。可能很少有人意识到，该中心从未接近它应该达到的规模和范围。如果做到了，肯德尔广场的发展轨迹就可能会与今天截然不同。

太空竞赛在 20 世纪 60 年代初达到高潮。1957 年，苏联发射了人造地球卫星斯普特尼克 1 号（Sputnik1），其技术实力震惊了美国。第二年，美国国家航空航天局成立。1961 年 5 月，约翰·F.肯尼迪就任总统还不到四个月，就向国会宣布，美国应该在这一个 10 年之内完成"让人类登上月球并安全返回地球"的目标。这次任务引发了美国国家航空航天局的重组，他们将重点放在完成载人航天的目标上。为了配合重组，美国国家航空航天局局长詹姆斯·韦伯（James Webb）和其他重要官员认为，航天局需要大幅提高电子设备的水平。美国国家航空航天局的一篇历史论文指出："美国国家航空航天局对电子学的根本依赖及其对内部专业知识的需要，促使该机构创建了一

个全新的中心——电子研究中心。"❶

该论文继续写道："目前尚不清楚波士顿地区是如何被选上的，甚至不清楚美国国家航空航天局是否考虑过其他地点。"然而，麻省理工学院为加强与军方和政府其他分支的联系所做的长期工作很有成效。韦伯的 3 位高级顾问副行政长官罗伯特·希曼斯（Robert Seamans）、美国国家航空航天局先进研究与技术办公室主任雷蒙德·比斯普林霍夫（Raymond Bisplinghoff）、电子与控制主任阿尔伯特·凯利（Albert Kelley）均与麻省理工学院有直接联系。希曼斯在麻省理工学院获得了博士学位，并在学校里担任副教授（他后来担任空军部长，并回到麻省理工学院担任工程系主任）；比斯普林霍夫曾是一名教授；凯利是波士顿人，也在麻省理工学院获得了博士学位。韦伯本人曾是哈佛大学和麻省理工学院城市事务联合中心的访问人员。

但将研究中心设在麻省理工学院附近还有更客观的原因，那就是在第二次世界大战之后，麻省理工学院决定在电子和计算领域培养具备更深知识水准的专业人才。同一篇历史论文指出："无论政治情况如何，剑桥市都是设置电子研究设施的最佳合理地点。""该地区拥有丰富的电子资源和人才：麻省理工学院和哈佛大学，128 号公路沿线的产业，美国空军的剑桥研究实验室和汉斯科姆场的电子系统部，麻省理工学院林肯实验室，米特公司（Mitre Corporation）和麻省理工学院仪器实验室（德雷珀实验室，该实验室已经承担了阿波罗制导计算机的任务）。"

肯尼迪总统显然直接参与了这件事，他与韦伯一起将这个项目排除在美国国家航空航天局的预算之外。直到 1962 年 11 月，他的兄弟泰德·肯尼迪第一次当选参议员之后担心这一做法可能会引起问题。"总统后来才将电子研究中心项目纳入预算流程，但遭到国会反对。"美国国家航空航天局的另一篇论文指出，"除了共和党成员，来自中西部和其他地区的代表们感觉被美国国家航空航天局的慷慨欺骗了。他们一次次努力为电子研究中心争取资金"。

不过，最终，在波士顿地区设立电子研究中心的计划克服了这些反对意见。电子研究中心将成为一个世界级的设施。在最初的预算中，美国国家航

---

❶ 肯尼迪在 1962 年 9 月就此发表了著名的演讲，这一努力变成阿波罗计划。1969 年 7 月 20 日，尼尔·阿姆斯特朗和巴兹·奥尔德林在月球上行走。——原书注

空航天局要求国会拨款 300 万美元用于土地征用、200 万美元用于设计。这个设想中的中心最终将雇用 2100 名员工，其中包括 900 名科学家和工程师，700 名技术工人，500 名行政和支持职位。他们将在五个主要领域进行研究：电子元件、引导与控制、系统、仪器仪表和数据处理、电磁学。美国国家航空航天局预估需要 22 英亩土地。❶

作为这一过程的一部分，陆军工程兵团已经成立了一个工作组，为这个新兴的中心寻找合适的地点。到 1963 年，波士顿重建局的罗伯特·罗兰注意到了这一点。他回忆道："当时他们在新英格兰地区调研了 165 个可能的地点，从纽波特一直到缅因州。"这些要求已经被公开发布，所以罗兰和两名同事拿着这些要求，开始了自己的搜索。这是一个在私人时间完成的盗版项目，因为他们想要保持低调，以防他们的探索徒劳无功。罗兰和他的小团队拍摄了各种地点的照片，包括罗兰熟悉的肯德尔广场周围的一些交通模式，因为他在工作日会把车停在那里，然后乘地铁去波士顿。他们很快得出结论，肯德尔广场的工厂老化、经济落后，毗邻麻省理工学院，到波士顿只需 5 分钟的通勤时间，是理想的地点。科技广场的成功开发也在他们的思考中发挥了作用。但当罗兰打电话给鲍勃·西姆哈时，他提出的想法是，为了为美国国家航空航天局提供空间，振兴项目应该以不同于技术广场的方式进行。他的观点是，剑桥市应该创建一个更大的城市更新项目，并且应该完全由联邦政府提供资金。罗兰强调，麻省理工学院不需要购买任何土地，但学校的合作是必不可少的。他请西姆哈帮忙把这一切都整合起来。

西姆哈又找到了詹姆斯·基利安，后者要求与市里的各级官员会面，罗兰借此提出了他的想法。为联邦政府分配一大片土地将使这块土地从税收名单中消失。但在会议上，正如西姆哈所述，罗兰"强调该项目将成为东剑桥经济复兴的催化剂，并将创造就业机会和税收，以抵消美国国家航空航天局研究中心的应税财产损失"。他认为，如果美国国家航空航天局的中心在那里作为另一个锚点，开发其他土地来吸引纳税企业会容易得多。

根据美国《1949 年住房法案》，剑桥市可以主张被列为破败或经济萧条

---

❶ 与美国国家航空航天局和肯德尔广场城市更新项目相关的详细信息有多个来源。各个叙述里记录的项目占地面积略有不同。我引用了剑桥市重建局的数字。——原书注

的土地产权，并获得联邦政府的资助，至多可以覆盖三分之二的费用，包括重新安置和补偿因该项目而流离失所的人。这样一来，剑桥市仍需承担另外三分之一的预算。这一金额估计超过 500 万美元。考虑到剑桥的资金储备基本上仍入不敷出，官员们对此持怀疑态度。营业税计税基础的削弱将大部分税负转移到了房主身上，此举引起了强烈抗议。"情况相当严重，因为这里的经济环境发生了变化，所以穷人无法支付所征收的税款。"西姆哈说道，"一些在填补空间方面遇到困难的商业业主实际上拆除了他们建筑的上层，以降低其价值和税金。"

这就是麻省理工学院的支持至关重要的地方。《城市更新法》中有一项特殊规定，即允许麻省理工学院用积累的信用抵免大部分或全部的城市份额。更具体地说，麻省理工学院在城市更新项目 1 英里范围内的土地和建筑的价值可以记入城市，以满足其在项目净成本中的份额——只要学校承诺将这些土地用于教育、研究和服务。最终，麻省理工学院提交了满足这一要求的详细校园发展计划，该校被允许向剑桥市转移大约 650 万美元的联邦税收抵免。大多数人认为，这涵盖了剑桥市在该项目中所占份额的全部 641.65 万美元。正如西姆哈所述，麻省理工学院支持该计划，"理解在肯德尔广场拟议的活动将补充麻省理工学院已经在技术广场启动的工作，以帮助重新发展和振兴城市经济及其住宅和社区设施"。❶

1964 年，剑桥市启动了肯德尔广场城市更新项目。该项目将继续向前推进。这是事关肯德尔广场未来发展的重要一步——尽管再一次，事情并没有按规划中的那样发展。作为该计划的设计师之一，罗兰被要求帮助启动该计划。1965 年 4 月，他从波士顿的工作中请了 3 个月的假，为剑桥市工作。在前 3 个月结束时，事情步入正轨，所以他要求再延长 3 个月。他再也没有回到波士顿，从 1965 年到 1983 年一直担任剑桥市重建局局长。

罗兰的团队最终向联邦政府申请到了贷款和拨款，并在 1965 年年底获得批准。在肯德尔广场的中心地带，总共有 29 英亩土地被划归给美国国家航空航天局。这是一大片区域，东边是第三街，北边是宾尼街，南边是百老

---

❶ 这里的第 112 条税收抵免，指的是美国《1949 年住房法案》第 112 条。剑桥收到的税收抵免金额可能略有出入。——原书注

汇街主街，西边是铁路。布罗德运河从中穿过，它的大部分河段都必须填平。这一地块上有相当多上了年头的小商业企业，尽管居民很少。

该计划的一个关键部分涉及邻近地块的商业开发——百老汇街和主街之间 13 英亩的三角地带，以伽利略路为总部。它位于美国国家航空航天局划定的土地和麻省理工学院之间，即今天的万豪酒店和各种办公大厦，以及布罗德和怀特黑德研究所的所在地。当时，像美国国家航空航天局的地块一样，它包含了一些较老的企业，但也包括一些工薪阶层的家庭住宅。这些土地将继续留在税收名单上，并希望能弥补联邦政府在振兴过程中的损失。其愿景是提供一个融合了商业、零售和住宅空间的混合体，在麻省理工学院旁边创建一个动态的、几乎全天候的城市社区。

五十多年后，规划者、大学官员、剑桥市官员和居民仍在为实现肯德尔广场的梦想而奋斗。这证明了事情最终离目标有多远。

＊　＊　＊

起初一切都井然有序。1964 年 9 月 1 日，美国国家航空航天局开放了电子研究中心，在其永久驻地准备就绪之前，它被临时搬到了科技广场。第二年 8 月，剑桥市正式批准了一项计划，将这块 29 英亩的土地划归给美国国家航空航天局，并允许对旁边 13 英亩的三角地带进行商业开发。

在接下来的三年里，一半的分配财产——14.5 英亩土地在准备就绪时被移交给了美国国家航空航天局。历史学家苏珊·梅科克写道："在此期间，大约有 110 家企业陆续搬迁。现有建筑被夷为平地，布罗德运河部分河段被填土造陆。"剑桥再开发管理局报告称，搬迁的公司涉及雇用的工人人数为 2750 多名。这一数字远远超过了美国国家航空航天局中心将直接创造的 2100 个工作岗位。但可以推测，大多数旧工作岗位都会保留并转移至其他地方，美国国家航空航天局创造的职位将更现代、更持久、薪水更高——这还不包括电子研究中心将为社区提供的预期福利所创造的额外工作岗位。

美国国家航空航天局最初的设计是由曾设计过纽约现代艺术博物馆的著名建筑师爱德华·杜雷尔·斯通（Edward Durell Stone）负责的。该综合体的中心是 3 座 24 层的塔楼。这些城市庞然大物的外围将是庭院和低层外围建筑。主要入口处是一个大院子，院子中央设有一个圆形的喷泉（图 10-1）。罗兰总结道："这看起来就像是克里姆林宫。"一个审查委员会委员提出了反对意见，导致了包括降低拟议塔楼高度在内的重大修改。但部分设计保持不变，1965 年，小型建筑开始建造。美国国家航空航天局似乎在当年晚些时候就开始将业务从科技广场转移到这里来。

图 10-1 早期爱德华·杜雷尔·斯通为沃尔普中心设计的方案

随着该项目的启动或多或少与预期一致，美国国会在 1965 年、1966 年和 1967 年财政年度都给电子研究中心拨了款。然而，在接下来的三个财政年度里，美国国家航空航天局面临着日益增长的预算压力，没有额外的资金被批准用于建设。美国国家航空航天局即使在其他业务被迫收缩的情况下，也仍旧继续在增加人员。然后，1969 年 12 月 29 日，中止信号传来。前一年 1 月上任的理查德·尼克松总统在没有任何警告的情况下发布了一项行政命令，要求在 1970 年 6 月 30 日前将电子研究中心关闭。

当命令通过时，只有一座 12 层的塔楼和 5 座低层混凝土周边结构已经竣工。大部分土地都位于城中的平地上，周围是杂乱的停车场。电子研究中心仅聘用了 850 名工作人员，其中 100 人拥有博士学位。他们正在推进一系列的项目，希望将肯德尔广场改造成一个前沿的高科技中心。这些项目包括

一系列卫星计划，以及对核动力系统、混合计算机、全息显示、喷气式飞机和航天飞机的自动着陆系统的研究。❶

电子研究中心的关闭引发了关于其的谣言和猜测。在后来的几年里，不知何故，林登·约翰逊（Lyndon Johnson）叫停了该中心，并将业务搬到了他的家乡得克萨斯州。但当时，许多人认为尼克松下令关闭它是对肯尼迪家族和马萨诸塞州的政治打击，马萨诸塞州是 1972 年大选中唯一没有投票给他的州。"至少这是普遍的结论。"罗兰说道。❷

无论出于何种动机，尼克松的行政命令令剑桥市的官员们大为震惊。剑桥市重建局总结道："剑桥强烈抗议，认为这公然违反了合同义务，因此有必要对整个更新项目区域进行重新规划。❸"剑桥市，大概还有麻省理工学院和其他机构，一同向尼克松政府施压，要求政府不要完全放弃这个地方。尼克松的新任交通部部长是约翰·沃尔普（John Volpe），他刚刚结束了马萨诸塞州州长的第二任期。罗兰说，沃尔普不顾一些重要副手的建议，为他的部门接管该设施铺平了道路——这里被重新命名为约翰·A. 沃尔普国家运输系统中心。美国交通部于 1970 年 7 月 1 日将其接管。在此之前，美国国家航空航天局还有 611 名工作人员，其中 425 人转到交通部工作。

肯德尔 - 美国国家航空航天局城市更新时间表

> 1964 年 9 月，美国国家航空航天局在肯德尔广场开设了电子研究中心。该计划是在 1968 年建立一个能容纳 2100 人的综合设施。到了

---

❶ 1969 年 8 月，美国国家航空航天局发射了该中心的 L 波段中大西洋州卫星，用于导航、通信和空中交通管制，被称为 ATS-E（现在为 ATS-5）实验卫星。——原书注
❷ 美国国家航空航天局的历史报告没有得出结论。"电子研究中心仅仅是尼克松对肯尼迪家族实施报复的牺牲品吗？关闭该中心是美国国家航空航天局连续第三次削减预算的必要部分吗？这次削减还砍掉了旅行者号火星任务、NERVA II 核火箭和大部分阿波罗应用计划（阿波罗后续项目的开发成果）？"他问道。——原书注
❸ 剑桥市重建局：《肯德尔广场城市更新项目背景》。——原书注

1969 年年末，尼克松政府下令在次年 6 月关闭该中心。中心的员工人数最多的时候只有 850 人。这次关闭命令将肯德尔广场的城市更新和振兴计划推迟了十多年。与此同时，美国交通部接管了这处设施。直到前几年，政府才制订了再次振兴该地块的计划：工作于 2020 年开始，至少要 10 年才能完成。

以下是这个故事中关键事件的时间线：

1964 年年初，剑桥市承担肯德尔广场城市更新项目，将美国国家航空航天局带入城镇并振兴该地区。计划包括将肯德尔广场的 29 英亩土地划归给美国国家航空航天局。

1964 年 9 月 1 日，美国国家航空航天局在技术广场的临时地址上开放了它的电子研究中心。在接下来的三年里，当永久地址已经准备就绪时，14.5 英亩的土地将被移交给美国国家航空航天局。大约 110 家企业搬迁。

1965—1968 年，第一批 12 层高楼和周边设施拔地而起。美国国家航空航天局搬进了"永久"的家，旗下的 10 个实验室雇用了 850 名员工。

1969 年 12 月 29 日，理查德·尼克松总统下令在 1970 年 6 月 30 日前关闭该中心。市区重建计划被搁置。

1970 年 7 月，美国交通部接管沃尔普国家运输中心。

1971 年 11 月，联邦政府宣布 11 英亩土地为"剩余"土地，并放弃土地所有权，以便剑桥市进行商业开发。

1975 年，剑桥市从联邦住房和城市发展部获得 1500 万美元的拨款，用于完成城市更新项目。

1977 年，剑桥市最终同意了中心周围地区的混合用途开发，并批准了必要的分区。

1982 年，在美国国家航空航天局决定关闭项目超过 12 年之后，达成了开发剩余 11 英亩土地的协议。该地块现在包括渤健和阿卡迈科技的总部。

2017 年 1 月，联邦政府接受麻省理工学院 7.5 亿美元的出价，并开发沃尔普国家运输中心地块。

目前的院落将被夷为平地，政府工作将整合到一个占地约 4 英亩、高

> 212 英尺的新设施中。停车场的大部分将被转移到地下，并向公众开放。
>
> 2022 年新的沃尔普中心完成，接下来的开发就会开始将剩余的 10 英亩土地转换为混合用途区域，包括住宅单元、实验室和商业空间以及零售空间。计划建设约 1400 套公寓，其中包括 280 套永久性补贴保障性住房和 20 套专门面向中等营收家庭的公寓 *。
>
> * 该计划在 2021 年年初仍在不断推进。

但这只是美国国家航空航天局关闭电子研究中心对肯德尔广场振兴梦想造成的麻烦的冰山一角。与美国国家航空航天局不同的是，美国交通部并没有计划扩大联邦政府划归的额外面积。尤其值得关注的是，该地块西侧有 11 英亩空地。这块土地位于现在的 Loughrey Walkway 步行街以西。这条步行街将沃尔普中心地块与主要由渤健和阿卡迈科技所在的办公楼分隔开来。由于美国国家航空航天局的计划遭到缩减，剑桥市想要对这片土地进行商业开发。但在联邦政府放弃其对该地区的权利之前，剑桥市无法采取任何行动。

直到 1971 年 11 月，也就是行政命令关闭美国国家航空航天局电子研究中心的近两年后，山姆大叔（美国）才同意宣布这 11 英亩土地为"剩余"土地，并放弃其权利。即使在那时，事情也没有简单地进行下去。剑桥市重建局修订后的肯德尔广场发展计划在当地遭到强烈反对，并被市议会否决。这导致了一个特别工作组的成立，促成了烦冗的会议、研究和辩论拉锯战。1975 年，剑桥市迈出了一大步，从联邦住房和城市发展部获得了 1500 万美元的拨款，用于完成城市更新项目。1977 年，该市最终同意了该地区的综合开发计划，并批准了必要的分区。第二年，波士顿地产公司被选为 13 英亩三角地带（见图 10-2 地图上所示的 3 号地块和 4 号地块）的主要开发商。最后，1982 年，在美国国家航空航天局决定关闭项目超过 12 年之后，一项关于"剩余"联邦土地（2 号地块）的协议达成了。波士顿地产公司也被选为该地产的开发商。

肯德尔广场的复兴之路看似清晰，甚至振奋人心，却绕了一个巨大的弯路。虽然美国国家航空航天局电子研究中心在几十年后被描述为"肯德尔广场彻底重建的催化剂"，但其短期影响是，复兴计划在电子研究中心关闭留

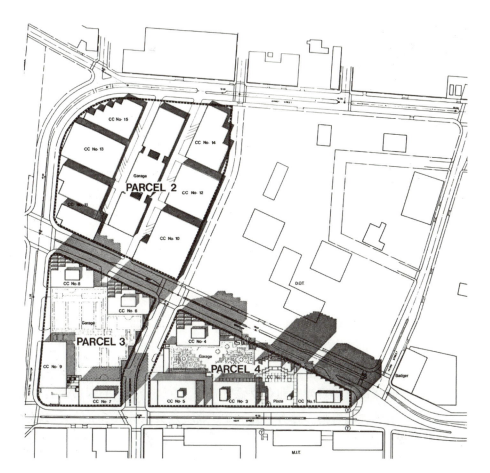

图 10-2 一张 1987 年的地图，上面显示了剑桥中心已完工和拟建的建筑

注：右上方没有标记的是沃尔普中心。2 号地块是剑桥市开垦的 11 英亩"剩余"土地。3号地块和 4 号地块占了额外的 13 英亩土地，这些土地一直被划定为商业开发用地。第一批建筑位于 4 号地块，分别于 1981 年和 1983 年建成。1986 年建成的万豪酒店就在 4 号地块的窄边附近。在这个地块中有萨夫迪构思的屋顶公园，由景观建筑公司彼得·沃克合伙人景观设计事务所（Peter Walker and Partners）设计。

下的混乱中停滞了十多年。城市沼泽将在下一代的大部分时间里继续存在。

* * *

在整个 20 世纪 70 年代，肯德尔广场几乎没有出现其他重大的建筑项目，因为城市更新计划等待入正轨。在沃尔普中心对面通向查尔斯河和波士顿的地方有一个例外——在第三街和百老汇街的交汇处。这是一个名为"剑

113

桥之门"（Cambridge Gateway）的综合办公大厦。它是在工程和开发公司贝吉（Badger Corporation）所有的土地上开发的。这家公司自 1936 年以来一直设在肯德尔广场，后来被美国国家航空航天局取代。该项目的代表作是一座巨大的钢筋混凝土塔楼，于 1970 年完工。它就像美国国家航空航天局兼沃尔普塔楼一样丑陋而没有灵魂。大厦的隔壁是一个低矮的弧形车库。若按原计划，在车库另一侧会修建一个双塔，但未付诸实现。尽管剑桥之门长期以来一直是当地的眼中钉，但在 20 世纪末，它成为开创性的剑桥创新中心的所在地，为初创公司提供了负担得起的现成空间，因此在肯德尔广场的故事中长期扮演着一个传奇的角色（见第 15 章）。

在剑桥之门建成后的十多年里，城市更新项目下建造的第一批商业建筑才终于亮相。总体规划包括三角地带（3 号地块和 4 号地块）和美国国家航空航天局剩余地块（2 号地块）。总体规划要求新建 19 栋建筑，总面积 250 万平方英尺，统称为剑桥中心。所有的建筑，不包括车库，都被要求使用红砖，以加强设计的凝聚力。剑桥中心作为一个整体容纳了一系列的用途——实验室、办公室、零售商店和住宅。在三角地带最宽的一边，3 号地块将在未来几年变成怀特黑德研究所和布罗德研究所。在 4 号地块的短边处是一家酒店，三角形的顶端是另一栋办公楼。2 号地块是美国国家航空航天局剩余的土地，将建起两层到五层的低层建筑，主要用于研发和轻工业制造。

起初，波士顿地产公司选择了纽约的戴维斯·布洛迪·邦德建筑事务所进行设计。但它很快被崭露头角的摩西·萨夫迪建筑事务所所取代。萨夫迪曾因为 1967 年为蒙特利尔世界博览会设计"人居 67"（Habitat 67）而享誉国际。栖息地源自他在麦吉尔大学的硕士论文。在蒙特利尔，他认识了波士顿地产公司的联合创始人莫特·祖克曼（Mort Zuckerman）：两人都是在蒙特利尔长大的。1978 年，萨夫迪搬到波士顿地区，担任哈佛大学设计学院的城市设计项目负责人时，祖克曼曾在剑桥中心项目上请他帮忙。❶

第一座完工的建筑是 1981 年建成的剑桥中心 5 号楼。这是一幢 13 层的办公大厦，位于 4 号地块上主街和阿姆街的交汇处。它提供底层零售服务，

---

❶ 计划要求在 3 号地块上建造一些住宅，但没有兑现，这里变成了万豪酒店。——原书注

很快就迎来了一家叫作 Legal Sea Foods 的餐厅。这是唯一一座由戴维斯·布洛迪·邦德建筑事务所设计的建筑，其他的都是由萨夫迪设计的。接下来，在 1983 年，另一栋办公楼拔地而起——12 层的剑桥中心 4 号楼，就在百老汇街拐角处的阿姆街。多年来，它的一层一直是量子书店，这是一家技术书店（那里现在是一家名为 Mead Hall 的酒吧和餐厅）。两栋大厦之间有一个停车场。

其余的建筑大部分将在这 10 年的晚些时候投入使用。1986 年，25 层楼高的万豪酒店在这个三角地块的窄边附近开业。这是这座城市最大的酒店。第二年，肯德尔广场地铁站进行了扩建和现代化改造，第三年，地铁站和万豪酒店之间的广场向公众开放。

萨夫迪描述了他搬到波士顿后不久看到的肯德尔广场。"这里有点像一个被轰炸过的地区。我的意思是那里很荒凉。街上空无一人。"他回忆道。祖克曼联系他的时候，这位房地产大亨在让总体规划获得批准方面遇到了麻烦。"他说'我无计可施了'。"萨夫迪回忆道。

萨夫迪做的第一件事就是重新思考这一切是如何交织在一起的。他说："最初的计划是在百老汇街上建一个停车场。""所以当你沿着百老汇街走的时候，你会看到一个该死的大车库。这样的街头环境是非常不友好的。所以我明白，解决这一点的关键在于做两件事：第一，建造一个有效的广场，使其真正成为生活的中心，并和麻省理工学院融为一体；第二，将车库内在化，这样它在街道上的占地就会最小化。"

这些洞见成了他计划的核心。他提出建设一个面向麻省理工学院的大广场，"这将是地铁的目的地"。萨夫迪的好友、德国艺术家卡尔·施拉明格（Karl Schlamminger）提出了波斯地毯图案的概念，这成为广场的特色。最重要的是，为了满足开放空间的要求，萨夫迪将停车场更多地移动到综合体的内部，并在该地块的建筑群之中构思了一个屋顶公园。"在四楼建公园是史无前例的"，萨夫迪说，肯德尔广场屋顶公园在 2020 年进行了扩建和重新设计，当时赢得了很多奖项，"但关键是这是一个先例，在四楼建一个屋顶公园。后来我又去了很多其他地方做这件事"。

科技广场的建设过去 20 多年后，原本希望为肯德尔广场带来的复兴努力终于得到了关注。这项努力在一些关键方面未能实现其雄心壮志：不仅美国国家航空航天局的计划未能实现，而且直到 2018 年，城市更新区内连一套住房都没有。尽管如此，多亏了市政府、大学和工业官员之间独特的协作行动，肯德尔广场的恶劣状况在很大程度上慢慢得到了改观。用西姆哈的话来说："重要的是它肯定实现了一个目标，那就是为剑桥市提供了经济基础，使它成为联邦数一数二富有的城市。"

　　尽管肯德尔广场完成了期待已久的翻新，但其他问题在很大程度上仍未得到解答。最基本的问题是：什么样的公司会入驻新大厦？如果美国国家航空航天局不打算引领未来，那替代它的是什么呢？随着市区重建大戏的上演，两项重大的科学技术进步如火如荼地向前推进，而麻省理工学院在这两方面都发挥了重要作用：一项围绕人工智能以及软件和计算领域的新前沿，另一项则围绕新兴的基因操作领域——生物技术。第一个大赌注（至少大部分炒作）押在了软件和人工智能上。

第 11 章

技术的涌现——从莲花软件开发公司到人工智能巷

这是一个漂亮的商业计划。这位年轻的创始人萌生了一个念头，他认为这是一款了不起的软件产品，并乐观地做出财务预测：第一年的销售额会达到 300 万美元。只有一个问题：与那些疯狂的企业家经常遇到的情况一样，这个计划与现实相去甚远。只有在这种特殊情况下，它才会向一个不寻常的方向移动。当数据出来时，第一年的实际营收总计 5300 万美元。米奇·卡普尔（Mitch Kapor）（见图 11-1）总结道："预测误差为 17 倍。"

图 11-1　1982 年的米奇·卡普尔

资料来源　米奇·卡普尔。

这就是 20 世纪 80 年代肯德尔广场最大的本地科技明星、这里有史以来最大的软件公司莲花软件公司（Lotus Development Corporation）背后的故事。这家公司的名字是卡普尔选的，他曾经是一名超验冥想教师，这个名字象征着东方的盘腿坐姿。第一年的业绩让他和莲花软件公司的联合创始人乔纳森·萨克斯（Jonathan Sachs）欢欣鼓舞。

那段时间，肯德尔广场涌现了一群雄心勃勃的信息技术明星公司。广场上有一条狭长地带聚集着众多"美丽新世界"式的人工智能初创公司，因此被称为"人工智能巷"：百老汇街和伽利略路的交会路口处，有一块广告牌在兜售这个绰号。不过，莲花软件公司是一大巨头，它通过集成了电子表格、图形和数据库的产品 Lotus 1-2-3 为办公效率设定了一个新标准。该公司在 1995 年时被以 35 亿美元的价格卖给了 IBM。万豪酒店广场上有镶有卡普尔名字的地砖，其作为 2011 年首次亮相的"企业家星光大道"的一部分。地砖上其他人的名字是：比尔·盖茨、比尔·休利特、大卫·帕卡德、鲍勃·斯旺森、史蒂夫·乔布斯和托马斯·爱迪生。卡普尔是他们当中唯一一个曾经住在肯德尔广场的人。

莲花软件公司其实诞生在中央广场。卡普尔在长岛长大，在耶鲁大学获得了一个不同寻常的控制论本科学位。这是一个交叉学科，涉及心理学、计算机科学和语言学。大学毕业后，对于兴趣广泛的卡普尔来说，通往创立莲花软件的道路并不是一条直线，他已经表现出对花衬衫的热情，并沉迷于各种各样的爱好。其中一个兴趣是他的大学女友。当她在当地一家公共电视台找到一份工作后，他跟着她来到了波士顿。他发现自己喜欢那里的生活，尤其是剑桥的生活："我当然受到了麻省理工学院周围发生的事情的影响。我读了很多书，弥补了我虚度的大学时光。那时我几乎什么都没学到，就在书店里闲逛，研读（马克思主义学者和哲学家）赫伯特·马尔库塞的著作。"

卡普尔做了几年的程序员，又当了 12 个月左右的冥想教师，获得了咨询心理学的硕士学位，然后在一家医院的精神科兼职。他很快就离开了医院，进入了技术咨询行业。他为 Apple Ⅱ 个人电脑编写了一款名为"微型巨魔"（Tiny Troll）的金融应用程序，并取得了一定的成功，随后他申请了斯隆管理学院的加速硕士课程——该课程将通常两年的课程压缩为一年的密集课程。

1979 年 6 月，在进入斯隆管理学院之前，卡普尔受聘为加利福尼亚州一家名为个人软件公司（PSI）的公司改编"微型巨魔"的版本。就像唱片公司或图书出版商一样，个人软件公司发布由不同程序员编写的软件，这些程序员相当于个体户，公司根据销售额向他们支付版税。个人软件公司刚刚发布了 VisiCalc——世界上第一款用于个人电脑的电子表格。VisiCalc 是由两位前麻省理工学院的极客丹·布李克林（Dan Bricklin）和鲍勃·法兰克斯顿

（Bob Frankston）创建的。

卡普尔曾计划在斯隆管理学院就读期间完成"微型巨魔"的改编，但事实证明，在要应付斯隆管理学院繁重的学业的情况下，这是不可能完成的。他在获得学位之前就辍学了，搬到了硅谷，但不到 6 个月后又回到波士顿，专注于完成这项工作。他给自己的公司起名为微型财务系统公司（Micro Finance Systems），并在中央广场的富兰克林街上租了一间地下室办公室，离 VisiCalc 团队不远。他对"微型巨魔"进行了实质性的改进，最终更名为 VisiPlot，作为 VisiCalc 的一种辅助工具，并在 1981 年年初开始对外销售。与此同时，卡普尔还创建了一个名为 Visi Trend 的相关统计程序。到那年秋天，卡普尔已经获得了超过 50 万美元的版税，个人软件公司又花了 90 万美元买下了他的程序。

获得了第一桶金之后，他不仅可以在剑桥港买房了，同时还能把资源投入他的生意中。卡普尔开始考虑他可以开发的新软件产品。1981 年 7 月，他聘请了一位才华横溢的程序员萨克斯，后者已经为小型计算机开发了两个电子表格程序。此后不久，微型财务系统公司重新注册为莲花软件开发公司（Lotus Development Corporation），萨克斯成为联合创始人。这对合作伙伴很快就把注意力集中在创建一个能将电子表格与图形功能和一些文字处理功能结合起来的程序上，使数据能够被轻松地处理和呈现。正如威廉·萨尔曼（William Sahlman）后来在哈佛商学院的一个案例研究中指出的那样，卡普尔认为这种个人生产力工具的市场"将一触即发"。[1]

事实证明，这个估计保守了。1981 年秋，当 IBM 宣布推出其首款个人电脑时，卡普尔就对其打入商业市场的潜力感到兴奋不已。他说："我看到了市场的走向，在 IBM 身上下了重注。"到 1982 年春天，莲花软件开发公司已经在新成立的罗森投资公司（Sevin Rosen Partners）的本·罗森（Ben Rosen）联合牵头的一轮融资中募集了 100 万美元。该公司后来还投资了第一台与 IBM 个人电脑兼容的携带型计算机——康柏电脑（Compaq

---

[1] 莲花软件公司的第一个产品是一个图形演示程序，名为"执行简报系统"（Executive Briefing System）。卡普尔早些时候为苹果公司开发了这个程序。萨克斯加入后，他重新把注意力集中在了电子表格上。——原书注

Computer）。另一个主要投资人是凯鹏华盈。莲花软件开发公司很快搬出了狭窄的地下室，从分析和咨询公司 Abt Associates 那里租下了位于西剑桥的更大的办公室，靠近 Fresh Pond 和灰西鲱地铁站。

莲花软件开发公司于 1983 年 1 月 26 日发布了 Lotus 1-2-3。但早在前一年 11 月，它就在 Comdex 上开始预售。短短几天内，这款定价 495 美元的软件，仅预订金额就已经超过了 100 万美元——这是能一炮而红的好兆头。Lotus 1-2-3 第一年的总销售额就达到了 5300 万美元，随后 1984 年的销售额又增长了两倍，达到 1.57 亿美元。这使莲花软件开发公司超过微软，成为世界领先的个人电脑软件制造商。

激增的需求带来了招聘热潮。在卡普尔担任首席执行官期间，莲花软件开发公司的员工从 1983 年年初的大约 20 人增加到年底的 250 人，一年后又增加到 750 人。为了加速公司增长，该公司又募集了 500 万美元左右的风险融资。它还申请了首次公开募股（IPO），并于 1983 年 10 月以每股 18 美元的价格成功上市，并另外获得了 4100 万美元的资金。

到了 1983 年春天，在 Abt Associates 的办公室越来越不够用了，莲花软件开发公司显然需要更多的空间——很多空间。"我们需要找到一个永久的地址。"卡普尔说。

于是，他们进驻了肯德尔广场。卡普尔记得，当时几乎所有波士顿地区的大型高科技公司都搬到了 128 号公路，或者沿着 495 号州际公路向西更远的地方——领头的是一些小型计算机公司，如 Digital、Data General、Wang 和 Prime Computer。普遍的看法是，这些地方不仅租金更便宜，可以提供更宽敞的办公室和舒适的场地，而且对家庭来说，学区更好，房价更便宜，居住也更舒适。

卡普尔并不买账："128 号公路和 495 号州际公路上的这些地方的问题是，那里什么都没有——只有购物中心、住宅小区和没有灵魂的办公楼。我想要一个不需要开车就能上班的地方——有良好的公共交通。这将使各种各样的人都能更方便地在那里工作。"

肯德尔广场几乎完全符合这一要求——不仅靠近波士顿及其北郊，还有两条地铁线——红线通往肯德尔广场中心，绿线通往东剑桥的莱希米尔站。但在肯德尔广场几乎找不到对外出租的空间。剑桥中心只有一栋大厦——剑桥中心 5 号大厦已经开放，而且全部都租出去了。除此之外，卡普尔说："几乎没有可租的空间。"只要沿着宾尼街往东北方向的莱希米尔方向走一点，局面就打开了。他选定了宾尼街和第一街交汇处的阿什顿阀门公司（Ashton Valve Company）大厦。1983 年秋天前后，莲花软件开发公司买下了这栋三层大厦，此时这里的地下室里还有胶水和各种垃圾。在莲花软件开发公司搬进来之前，作为全面翻新的一部分，杂乱的地下室被清理干净了。随着公司的不断发展，他们在这个空间里也设立了一排排小隔间：员工们把地下室的办公室称为"步枪靶场"。

对卡普尔来说，第一街 161 号的那栋建筑占据着一个近乎完美的位置，从莱希米尔站和肯德尔广场站到那里的距离几乎相等，而且离麻省理工学院很近（那里有有趣的研究、演讲和潜在的员工）。"我想这会发出一个信号。这将是一个我们可以让年轻单身人士工作的地方。我不知道我们正在开创先例，但我们确实做到了。"他说。

莲花软件开发公司还在社区和员工福利方面首开先河。1982 年年初，尽管卡普尔急需资金，但他坚持认为赚钱不是他的全部。他在 1 月份给本·罗森的求职信中强调了这一点，信中还附上了他的商业计划：

虽然我非常清楚利奥·迪罗谢（Leo Durocher）的管理理论（"好人没好报"），但我不愿意以一种过于激进的、只以利润为中心的方式先验地经营，我也不希望看到公司以这种方式运行。相反，我致力于尝试以我的其他价值观来经营一家盈利的企业，并尽可能地解决其中的矛盾，比如把善待他人作为目的本身，而不是将其仅仅作为提高生产率的一种手段。我认为这是更好的理念。

莲花软件开发公司奉行卡普尔所宣扬的理念。该公司被认为是 1986 年美国第一家支持一场造福艾滋病患者的步行活动的大公司。6 年后，它成为美国第一家为同性伴侣提供全额福利的大公司。"我最引以为傲的遗产是它对那里的人们产生的影响。它比产品更持久。"卡普尔说道。

作为一家大公司的首席执行官，卡普尔从来都感到不自在。"我非常擅长创业并将产品推向市场，但我的技能并不能帮助我管理一家大公司。"他

说。早些时候，他从麦肯锡公司（McKinsey & Company）挖来吉姆·曼兹
（Jim Manzi）担任管理顾问。1984 年秋天，曼兹被任命为总裁。一年后，当
卡普尔决定卸下莲花软件开发公司的日常运营工作时，曼兹接任首席执行
官。1995 年，他领导了 IBM 对莲花软件开发公司的收购。❶

莲花软件开发公司对肯德尔广场和东剑桥的景观也产生了重大影响。在
搬到第一街 161 号不到两年的时间里，该公司跨越兰德大道，在剑桥公园路
55 号、毗邻查尔斯河的地方新建了一栋办公楼。之后，该公司在罗杰斯街 1
号的新总部大厦破土动工——该大厦于 1988 年启用。

整个 20 世纪 80 年代，这片地区一直围绕着莲花软件开发公司发生着变
化。距离新莲花建筑群一个街区的 Cambridge Side 购物中心、摩西·萨夫迪
设计的 Esplanade 临河共管公寓、罗杰斯街 10 号的 River Court 共管公寓都
涨价了。❷

这一活动与肯德尔广场的发展相吻合——剑桥中心综合体在 20 世纪 80
年代后半期基本完工，更多的办公楼沿着通往查尔斯河的主街拔地而起。然
而，沿着第三街，情况却变得不太明朗。沃尔普中心如同一个高耸的庞然大
物若隐若现。在它和莲花软件开发公司之间，你很难找到很有人气的建筑。
"我们真的觉得自己与肯德尔广场截然不同。在我们和它之间什么都没有。"
卡普尔回忆道。

里德·斯特蒂文特补充道："除了很多停车场，很多空地。"他曾两次从
麻省理工学院辍学，是莲花软件开发公司的前员工。在过去 40 年的大部分
时间里，他都在肯德尔广场地区生活或工作。

莲花软件开发公司是肯德尔广场的企业标杆。20 世纪 80 年代，另一场科
技运动也占据了几乎同样多的头条新闻。这些公司中最著名的一家把总部设在
距离莲花软件开发公司不到两个街区的第一街，更靠近朗费罗大桥。它助力了
一个被称为"人工智能"的软件和计算新分支的形成。这家公司的名字恰如其

---

❶ 在辞去首席执行官一职后，卡普尔还担任了大约一年的董事长。1986 年，他彻
底卸任所有职务。——原书注

❷ 在这一时期，东剑桥运河公园周围也建起了各种各样的办公室和公寓。——原
书注

分，叫作"思维机器"（Thinking Machines）。

* * *

人工智能兴起的核心是科技广场 545 号的 MAC 项目。MAC 项目是马文·明斯基的人工智能小组和电子科研实验室的黑客以及麻省理工学院其他部门强强联合的成果，占据了最上面的两层——大部分计算机被放在九楼，办公室在八楼。但麻省理工学院在大厦里的影响力更大。明斯基团队的联合创始人是西摩尔·派普特（Seymour Papert），他是 Logo 编程语言的先驱。他的 Logo 实验室占据了三楼的一半。另外一半被称为 304 号套房，被中央情报局占用。

中央情报局办公室没有任何标记。大厅里没有标识，门上也没有。20世纪 80 年代初，丹尼尔·希利斯是与 Logo 实验室有联系的麻省理工学院研究生之一。希利斯长着一张娃娃脸，二十多岁就开始掉头发了。他有一股邪恶的幽默感——还有一种反独裁的倾向。他和其他实验室的伙伴喜欢拿情报机构开涮。例如，每隔一段时间，就会有访客问 304 号套房在哪里。

"哦，你要找谁？"希利斯会天真地问。

这个人可能会支支吾吾地说："哦，你知道，我只是在找 304 套房。"

正如希利斯回忆的那样："然后我会说，'蓝色的月亮在紫色的天空上跳跃'，或者其他一些废话。"接着，他会盯着来访者，好像在期待密码短语的下一半。"他们会说'呃……'。"他说。

希利斯喜欢给中央情报局捣乱。和其他几个麻省理工学院的学生一样，他也是个天才型开锁高手。他回忆道："那栋楼的锁是美迪高（Medeco）的，真的很难撬开。""但我们确实撬开了中央情报局的锁，只是为了进去看看。里面除了一个保险箱，什么都没有——桌子都是空的。"所以希利斯留下了一张纸条：

很高兴看到你把所有东西都放进了保险箱。

很难想象现在的大学生和中央情报局玩这样的游戏。但这就是当时麻省理工学院疯狂而混乱的黑客文化。撬开上锁的门并不被视为犯罪，这意味着迎接挑战。"他们想去哪里就去哪里，通过低矮的人造天花板形成的爬行空间进入办公室，移走天花板上的瓷砖，然后进入他们的目的地——突击队员的衬衫口袋里装着铅笔。"史蒂夫·列维（Steve Levy）在《黑客》一书中写道。

希利斯讲述了另外两个和那个时代相关的"斗争"故事。其中一个关于如何解决电梯持续存在的问题。他们在跑步前总是要去大厅。这意味着，如果你在九楼按下电梯，而此时电梯恰好在八楼，它会先下到一楼，然后再上来。"这真的很痛苦。"希利斯说。

他突然意识到，实验室有大量的算力可供使用——这些计算机都在阿帕网（ARPANET，即互联网的早期版本）上。"我想，让我们把电梯联网吧。"他回忆道。后来他确实这么做了："你只需在键盘上按一个键，它就会通过互联网向这台机器发送呼叫来呼叫电梯。它可能是第一个物联网设备。最难的部分是我必须在电梯控制器中放一个小继电器。我想，好吧，他们可能会注意到这一点，然后把它拿掉。"他的解决方案是使用施乐公司捐赠给实验室的一台图形打印机原型机。"我们可以打印看起来像官方标签的标签，当时没有人知道这种能力。"希利斯说，"所以我打印了这个标签，上面写着'警告！未经授权请勿移动该设备'。"只要这个标签在那儿，就没人敢动盒子。

希利斯的另一场斗争发生在与麻省理工学院之间。他的硕士论文集中在制造处理器同时工作而不是按顺序工作的计算机。他认为这种"并行计算"是破解人工智能的关键。要做人工智能并让其模拟人类思维，你需要快速处理大量数据。这需要处理大量数据的能力，远远超过当时通过传统技术可以获得的处理能力。

当希利斯围绕他的论文工作成立了一家公司时，麻省理工学院那边出问题了。"它变成了一个非常大的项目，资金来自美国国防高等研究计划署。这个项目太大了，不适合放在麻省理工人工智能实验室里。所以我筹建了思维机器公司。管理人员来找我说'你还是学生的时候不能这么做'。"

据希利斯说，其中一个问题是，麻省理工学院的官员认为他成立公司造成了利益冲突，"我说，嗯，那一定只能约束教职工——因为他们为你们工作。而我是顾客"。麻省理工学院还声称，学校拥有这项工作背后的知识产权。希利斯也不承认这一点。他说，他给了学校一些股份，但学校从未接受过，"我只是继续做下去。麻省理工学院最终决定，教师利益冲突的规则不适用于我"。

思维机器公司成立于 1983 年，当时希利斯 26 岁。它的并行计算机——连接机是一个引人注目的成就。希利斯成了美国最受欢迎的由发明家转型为企业家的年轻人物之一。该公司成立于沃尔瑟姆的罗伯特·崔特·潘恩庄园的一座历史悠久的豪宅中。然而，希利斯指出："尽管它很酷，但很快就装不下我们了。"后来他们自然是回到肯德尔广场："我们确实想回到麻省理工学院附近，因为思维机器公司里的人员主要是麻省理工学院的学生和教授。"希利斯与员工的合影（见图 11-2）。

图 11-2 1985 年，丹尼尔·希利斯（中）在员工 Tamiko Thiel 的欢送派对上与连接机的原型机合影

注：左起：Keira Bromberg、John Huffman、Thiel（跪姿）、希利斯、Carl Feynman、Arlene Chung。图片由 Tamiko Thiel 提供。

1984 年，思维机器公司搬进了第一街 245 号老卡特墨水公司大厦最上的两层。埃德温·兰德于四年前创建的罗兰学院（Rowland Institute）就坐落在街对面河边的一个小角落里。希利斯和兰德形成了一种发明家的亲缘关系。

希利斯回忆说："他当时正在研究颜色视觉等理论。每次完成一项实验，他都会给我打电话，我就会过去看看。"

思维机器公司几乎立即获得了信誉和热度。它不仅吸引了年轻的创始人，而且由马文·明斯基担任联合创始人兼董事、麻省理工学院前校长杰罗姆·威斯纳担任顾问。在此基础上，公司不断发展壮大，事情从那里开始不断发展，公司几乎在硅谷起飞之前就成了东海岸版的硅谷。该公司的首席执行官谢丽尔·汉德勒（Sheryl Handler）精力充沛，她是为数不多的女性科技公司掌门人之一（汉德勒此前曾帮助创办 Genetics Institute，这是波士顿首批生物技术公司之一）。他们创造了开放的空间，以激发互动和创造性思维，并安装了沙发，供人们小睡，甚至过夜。它也是首批在高端自助餐厅为员工提供免费午餐的公司之一。威斯纳和其他教职人员会从麻省理工学院过来，经常带着客人。希利斯回忆说："我认为我们提供的食物比教职工俱乐部的要好。"

资金也在流动。美国国防高等研究计划署一笔 450 万美元的长期拨款推动了该公司的成立。思维机器公司很快吸引了 1600 万美元的风险投资和天使投资：投资人包括哥伦比亚广播公司创始人威廉·佩利（William Paley）和哥伦比亚广播公司首席执行官弗雷德·斯坦顿（Fred Stanton）。该公司发展迅速，1989 年开始盈利，销售额达到 4500 万美元，利润达到 70 万美元。它与美国运通（American Express）和斯伦贝谢（Schlumberger）等大公司、洛斯阿拉莫斯国家实验室和桑迪亚国家实验室、美国陆军，以及许多大学都签订了合同。

第一台连接机价值 300 万美元，拥有 65536 个处理器，每秒可执行惊人的 90 亿次数学计算，开创了大规模并行超级计算机的先河，并与英特尔和克雷等公司展开竞争。这家公司很快就占据了卡特墨水公司大厦的大部分空间，并扩展到它后面的大厦，最终在 1991 年达到顶峰，拥有 425 名员工，营收达 9000 万美元。

一些科技界的大咖也开始与思维机器公司进行合作。早期员工包括：研究主管吉尔·梅西洛夫（Jill Mesirov），后来成为加州大学圣地亚哥分校医学院的教授和副校长；格雷格·帕帕佐普洛斯（Greg Papadopoulos），互联网技术服务公司 Sun Microsystems 未来的首席技术官，后来成为顶级风险投资人；

布鲁斯特·卡尔（Brewster Kahle），互联网档案馆（Internet Archive）未来的创始人。签约成为思维机器公司研究员的有斯蒂芬·沃尔夫勒姆、道格拉斯·雷纳特，以及一位名叫埃里克·兰德的年轻数学家。他最近转行进入生物学领域，不久将前往肯德尔广场另一端附近的怀特黑德研究所。在为展示连接机器的首次新闻发布会做准备时，希利斯正在护送一些科学记者，而工作人员则忙着为活动做准备。一位记者转向希利斯说："嘿，这很有趣。梯子上的画家看起来像理查德·费曼。"他指向获得了诺贝尔奖的物理学家。

希利斯扫了一眼。"哦，实际上，那就是理查德·费曼。"这位加州理工学院的科学家是思维机器公司的另一位顾问。希利斯说："他好像是在帮忙补漆。"

＊　＊　＊

思维机器公司成为人工智能巷的标志性公司之一。"人工智能巷"一词指的是一大批专注于发展人工智能、专家系统以及为这些系统赋能的超级计算机的初创公司。入驻著名的人工智能巷的公司包括 Symbolics、Palladian Software、Allied Expert Systems、Brattle Research、Lisp Machines、Bachman Information Systems 和 Gold Hill Computers。

人工智能巷的大多数公司都与麻省理工学院，更具体地说，与其人工智能实验室有着密切的联系。Gold Hill Computers 的联合创始人杰拉尔德·巴伯（Gerald Barber）曾说过："实际上，与人工智能实验室有关的每一位教职人员都至少是一家公司的股权所有者。"

"巷"一词指的是至少有 5 家新贵公司起步于肯德尔广场的主街或附近。计算机制造商 Symbolics、Palladian 和 Allied Expert Systems 都在剑桥中心的不同建筑里。思维机器公司和 Brattle Research 分别位于布罗德运河两岸，隔河相望。Gold Hill Computers 是一个例外，它位于科技广场西面，就是哈佛街上一个由亚美尼亚舞厅改造而成的舞厅里。剑桥市的许多其他公司（实际上不在肯德尔广场）也以不同的方式加入了人工智能的大潮，其中包括高科技公司与国防承包商博尔特·贝拉内克和纽曼公司（Bolt Beranek and Newman）、亚瑟·D. 利特尔，以及 Lisp 机器❶，这是人工智能实验室的另一

---

❶　Lisp 机器（Lisp machines）是被设计来高效运行以 Lisp 语言为主要软件开发语言的通用型计算机（通常通过硬件支持）。——译者注

个分支，在马萨诸塞大道上设有办公室，离哈佛广场更近。为了赶上这股潮流，IBM 于 1986 年在肯德尔广场建立了一个人工智能实验室。

但人工智能巷指的不只是这些公司和它们的物理地点。"这是一种亚文化，包含了无数种社会类型——半夜叫比萨的不修边幅、熬着夜的黑客；用车载电话打电话到日本的顾问，以及希望在未来分一杯羹的风险投资人。他们说的不是同一种语言，但他们因使用一种基本上未经尝试的技术的兴奋和风险而团结在一起。"《波士顿环球报》（Boston Globe）写道。

尽管有来自美国其他地区的竞争，比如最著名的硅谷和匹兹堡的卡内基梅隆大学周围地区，但蓬勃发展的人工智能产业的中心还是肯德尔广场。文章称，在起步阶段，该行业的营收几乎为零，1986 年达到 6.6 亿美元，预计到 1991 年将达到 50 亿美元。"你所看到的是一个比传统计算机行业更大的行业的诞生。在 128 号公路旁发生的事情，以及后来在硅谷发生的事情，也将在人工智能巷上发生。"一位知名咨询师预测道。

思维机器公司着眼于未来的发展，在 1985 年 5 月 24 日拥有了有史以来第三个 .com 域名——think.com。第二个域名——bbn.com，正好在一个月前颁发给了博尔特·贝拉内克和纽曼公司，他们在早期互联网领域做了开拓性的工作。

第一个域名 symbolics.com 是在 1985 年 3 月 15 日注册的。Symbolics 是另一家从麻省理工学院分拆出来的公司，和思维机器公司一样，都是人工智能巷的旗舰初创公司。虽然它不像希利斯的公司那么瞩目，但在一些关键指标上，它不仅可以与希利斯的公司一较高下，甚至超过了后者——员工人数不到 1000 人，年销售额却最高达到 8450 万美元，并且成功上市。也许"分拆"一词并不适合用来描述它与麻省理工学院人工智能实验室的关系：一些人认为"大规模出走"的说法更合适。人工智能实验室的 4 名全职人员和 1 名兼职人员离开了该实验室加入了 Symbolics。这还不包括该公司的长期领导者罗素·诺夫斯克（Russell Noftsker）。他之前曾是人工智能集团转型的人工智能实验室的行政人员，但在与人共同创立 Symbolics 时，他住在西海岸。

《黑客》中有一节深入探讨了人工智能实验室和新创建的计算机科学实验室（取代了 MAC 项目小组）之间的分歧，围绕创办一家公司去制造能够运行人工智能语言 Lisp 的计算机。在此，我不一一列举。但最终，诺夫斯克和他的核心团队无法与实验室的另一位关键成员理查德·格林布拉特（Richard Greenblatt）在公司结构、股权以及是否寻求外部资本等问题上达成一致。因此，诺夫斯克和那些支持他的人同意给格林布拉特一年时间，让他按照自己的方式发展，然后再成立自己的公司。❶

格林布拉特是一名传奇程序员。除此之外，他还创造了第一个锦标赛级别的计算机象棋程序 Mac Hack。1977 年，世界棋王鲍比·菲舍尔（Bobby Fischer）来到剑桥市与这一象棋程序对战，3 场比赛取得全胜。格林布拉特在 1979 年推出了 Lisp 机器。1980 年 4 月，就在他们的临时协议失效之后，诺夫斯克说，他所在的竞争对手集团合并了 Symbolics。该公司总共有 21 名联合创始人，其中 16 人拥有麻省理工学院的学位或与麻省理工学院有直接联系。

借助于从朋友和家人那里募集的 50 万美元，Symbolics 团队获得了麻省理工学院 Lisp 机器技术的授权，并开始在诺夫斯克居住的圣费尔南多谷附近的一家工厂里制造计算机。在诺夫斯克被任命为 Symbolics 的总裁（实际上是首席执行官）后不久，该公司又募集了 150 万美元的风险投资。❷

尽管制造工厂仍留在加利福尼亚州，但该公司在瓦萨街租来的麻省理工学院大厦里设立了研发部门。作为西海岸企业家搬到东部的一个罕见例子，

---

❶ 诺夫斯克在新墨西哥州的卡尔斯巴德长大。16 岁时，他拿到了单飞飞行员执照，用打零工攒下的 1400 美元买了一台 65 马力的单引擎 Luscombe 飞机。在新墨西哥州上大学时，他几乎每周都要从家飞到拉斯克鲁塞斯，飞行大约 200 英里。一位在 Mac 项目工作的儿时朋友将他引荐给马文·明斯基。他在 1965 年被聘为人工智能实验室的管理人员。之后，他雇用了许多在计算机和人工智能领域成为传奇人物的黑客和程序员，包括理查德·斯托曼（Richard Stallman）、比尔·戈斯珀（Bill Gosper）以及理查德·格林布拉特（Richard Greenblatt）。1973 年，他离开麻省理工学院，定居在洛杉矶附近，在那里与人共同创办了一家公司，为精密焊接机制造计算机控制软件。——原书注

❷ 资金来自三家领先的风投公司：理特管理咨询公司旗下的 Memorial Drive Trust、多里奥将军的美国研究与发展公司，以及 patrof Associates。Symbolics 成立时，麻省理工学院校友、科学数据系统（Scientific Data Systems）创始团队成员鲍勃·亚当斯（Bob Adams）被任命为总裁。诺夫斯克担任秘书。诺夫斯克后来接任总裁，成为公司的最高层。再后来，他成了第一任首席执行官和董事会主席。——原书注

诺夫斯克搬回了剑桥，并在那里建立了公司总部。该集团在瓦萨街的运营中心和麻省理工学院人工智能实验室之间建立了阿帕网连接。几年后，这导致 Symbolics 在委员会中有一名代表，致力于将阿帕网接入互联网。"这就是我们如何得到第一个 .com 地址的过程。"诺夫斯克说道。

Lisp 机器和 Symbolics 等公司帮助创建的计算类别很快有了名字，叫作"编程工作站"（programming workstations）。这些都是功能强大的台式电脑，可以处理金融数据，并进行图形和科学计算。"在我们创办 Symbolics 的时候，市场上还没有单个用户工作站。"诺夫斯克说。它最初的客户是从事人工智能研究的公司和实验室——思维机器公司是最大的客户之一。在罗纳德·里根（Ronald Reagan）的战略防御计划（strategic defense initiative，俗称"星球大战"）下，联邦政府为人工智能工作提供了大量资金，市场随之大幅扩张。

当剑桥中心 5 号在肯德尔广场开业，Legal Sea Foods 位于一楼时，诺夫斯克将他的办公室，以及他的会计、法律和财务部门都搬到了那里。后来，他多次将业务转移到其他中心大厦，最终将所有业务整合到专为公司建造的剑桥中心 11 号的四层楼里。

Symbolics（股票代码：SMBX）于 1984 年在纳斯达克上市，融资 1500 万美元。在不到一年之后的二次公开募股又募集了大约 3590 万美元。诺夫斯克说道，该公司 1986 财年达到顶峰，销售额达到 8450 万美元，利润略低于 900 万美元。❶

诺夫斯克拒绝给 Symbolics 贴上人工智能的标签，他强调公司提供的工作站可以让其他人进行高级人工智能研究。正因为如此，Symbolics 与人工智能巷的其他几家公司都有联系，他们有时会将其机器赠送给那些开发支持在 Lisp 工作站上运行的软件的初创公司，以帮助他们建立起该行业。其中一家合作公司是 Palladian 软件公司，该公司一度拥有近 40 个 Symbolics 工作站。这些工作站都设在有空调的房间里。

Palladian 虽然没有一鸣惊人，但还是引起了不小的轰动。它背后的驱动

---

❶ 在上市之前，该公司于 1983 年通过私募募集了 1650 万美元。——原书注

力是一个毕业于麻省理工学院斯隆管理学院的人——和诺夫斯克一样是一名飞行员，名叫菲尔·库珀（Phil Cooper）。他正在写关于人工智能的硕士论文。库珀认为，人工智能技术可以用于开发会计和金融等领域的软件。开发这些软件可以利用专家积累的最佳实践和知识。到 1984 年春，他将"专家系统"的理念细化为 Palladian 的概念，并说服了 5 位教授签约成为联合创始人，其中两位教授专门研究人工智能，其余 3 名教授研究企业管理、财务和战略。斯隆管理学院院长亚伯拉罕·西格尔（Abraham Siegal）加入了 Palladian 的董事会。

那年春天晚些时候，库珀开始向风险投资公司推销自己的公司。他没有起草一份传统的商业计划书，而是随身携带了一份长达 214 页的论文、1 页预计财务摘要，以及一份与他合作的重量级人物名单。到那年 6 月，他已经从 3 家蓝筹股公司募集了 190 万美元。其中包括风险投资公司 Venrock and Welsh 以及 Carson、Anderson & Stowe，这两家公司都投资了他在去斯隆管理学院之前创建的 Computer Pictures 公司。第三家可能是当时最大的风险投资公司——凯鹏华盈。❶

库珀在人工智能巷里放了广告牌。"人工智能相关的公司出现了爆炸式增长。"他说道，"所以我这样做是在开玩笑，只是为了好玩。我想出了这个广告牌的想法，并创造了'人工智能巷'这个词语❷。广告牌上展示了 Palladian 和巴赫曼信息系统公司（Bachman Information Systems）员工的照片。我将'人工智能巷'比作伊甸园、普利茅斯岩石和其他'伟大的开端'。"巴赫曼信息系统公司是库珀在肯德尔广场参与创办的另一家初创公司，当时该

---

❶ 库珀之前创立的 Computer Pictures 公司开发的软件可以通过图表简化商业数据分析，还可以自动创建一些图表。库珀在斯隆商学院的论文题目是"人工智能：商业和管理科学应用的启发式搜索"（*Artificial Intelligence: A Heuristic Search for Commercial and Management Science Applications*）。——原书注

❷ 库珀说，人工智能巷代表了两种思想的融合。他听说过波士顿的 π 巷，据说那里是报纸编辑室倾倒排了无用字体（被称为 π 字体）的报纸的地方。另一个灵感来自《艾伦的小巷》，这是 20 世纪 30 年代和 40 年代流行的弗雷德·艾伦（Fred Allen）长期广播秀中的一个常规节目。艾伦和他的妻子会在小巷里散步，与有趣的居民交谈，这是一个喜剧玩笑。库珀说："我知道 π 巷，所有的字体都被扔在那里。我想到，如果你走过肯德尔广场，敲开每家每户的门，你会见到所有这些人物。"——原书注

公司正在创建一个智能数据库管理系统。它的另一位创始人是一位真正的传奇人物——查尔斯·巴赫曼（Charles Bachman）。他在 20 世纪 60 年代初在通用电气公司开发了第一批数据库管理系统之一。他因为这项开创性的工作而获得了 1973 年的图灵奖，成为第一位没有博士学位的获奖者。正如巴赫曼 2017 年在《纽约时报》上的讣告所指出的那样："在亚马逊上的每一次产品搜索、奈飞（Netflix）上的每一次电影推荐或易贝（eBay）上的每一次竞价背后，都有大量由数据库管理软件介导的数字通信。这些都要归功于巴赫曼先生。"

鉴于该领域集中了巨量的人才和广泛的前景，肯德尔广场人工智能巷的公司不乏炒作。几年后，连接机的模型出现在《侏罗纪公园》的控制室里。在《碟中谍》中，由文·雷姆斯饰演的卢瑟·斯迪克韦尔是汤姆·克鲁斯饰演的伊桑·亨特的得力助手，前者要求用"思维机器笔记本电脑"（其实根本不存在）入侵中央情报局。曾经世界上最快的 4 台超级计算机都是连接机——对于一个从研究生论文中诞生的公司来说，这是一个惊人的成就。这为媒体提供了丰富的新闻素材。

在公司成立超过 35 年后，丹尼尔·希利斯仍然带着灿烂的微笑说道："我想造一台让我感到自豪的机器。"

* * *

人工智能巷的好日子没有持续太久。在大约 10 年的时间里，几乎所有的人工智能巷公司，包括 Palladian、Symbolics 和思维机器公司，都退出了舞台，或者只剩空壳。与全美各地的其他人一样，它们是经济衰退的受害者。它们要解决的问题对于当时的技术水平来说太难了。投资人失去耐心，客户和资金枯竭，特别是 1993 年战略防御计划终止——至少在某些情况下，与竞争对手的斗争也耗尽了资源。"最终导致第一个人工智能泡沫破灭的因素，是缺少完成所有这些事情所必需的计算机能力。"菲尔·库珀说。库珀后来领导了高盛的私人股本集团，现在经营着自己的私人股本公司 Pine Island Capital Partners。"这需要大量的计算机运算能力，而我们根本没有这样的马力。"他指出，即使是像 Symbolics 这样功能强大的工作站，甚至还不如现代手机强大。直到今天，人工智能才接近当时所追求的愿景。

1994年8月，思维机器公司正式申请破产❶。不到10年前，一位知名顾问向《波士顿环球报》宣布，人工智能巷是"一个将比传统计算机行业更伟大的行业诞生之地"。不用说，这并没有发生——至少在当时是这样。

在不久的将来，思维机器公司和莲花软件开发公司周围的空置建筑和停车场将被完全占用。但是，尽管前景看起来很光明，但推动这种转变的并不是软件或人工智能公司。

就像麻省理工学院来到剑桥市以及肯德尔广场故事中的许多其他元素一样，它差一点就前功尽弃。

---

❶ 希利斯指出，申请破产的主要原因是思维机器公司持有长期租约，当时人们认为这些租约让公司危如累卵，而当广场被填满时，这些租约并不会变成资产。——原书注

第 12 章

法令和渤健

一小群人聚集在肯德尔广场的宾尼街中间参加剪彩仪式。他们包括一群公民领袖、麻省理工学院和哈佛大学的官员，以及渤健在当地的核心科学团队。渤健将占据第六街拐角处宾尼街 241 号的两层建筑。那天是 1982 年 2 月 23 日。这是一个历史性的时刻。新装修的大厦即将成为渤健的研发总部，成为剑桥市第一家生物技术公司，也是唯一一家根据该市具有里程碑意义的条例运营的机构。该条例规定在其限制范围内进行重组 DNA（脱氧核糖核酸）实验。渤健于 4 年前在欧洲成立，其总部仍位于瑞士日内瓦。但其创始团队的关键人物是剑桥本地人，包括两位顶尖科学家——哈佛大学的沃利·吉尔伯特（Wally Gilbert）和麻省理工学院的菲利普·阿伦·夏普。因此，渤健也以某种方式回归了本源。

在两位本地科学家中，只有吉尔伯特那天在人群中。1981 年，吉尔伯特在获得 1980 年诺贝尔化学奖后不久，就辞去了哈佛大学的终身教授职位，成为渤健的首席执行官（当时叫总裁）。这栋大厦配备了当时最先进的实验室，后来被推倒，并且整个街区被重新开发，以便将两个相邻的历史建筑纳入新的渤健总部——菲利普·阿伦·夏普大厦。如今，在它周围是一群较新的办公楼、实验室和公寓楼，其中包括一整栋专属于渤健的综合大厦。当时，成立了大约 7 年的德雷珀实验室位于沿着宾尼街弯道向西南方向的几个街区。但就在正前方，朝着查尔斯河方向，除了沃尔普中心的灰褐色塔楼和石板，以及肯德尔广场城市更新项目的第一批建筑（剑桥中心 5 号已经完工，第二栋建筑剑桥中心 4 号正在建设中），整个地区基本上是荒芜或破败的状态。

为了让渤健能够在某种意义上是自己的后院运营一个实验室，渤健付出了巨大的努力。这在很大程度上要归功于在场的一位达官贵人——剑桥市市长艾尔·韦卢奇（Al Vellucci）。自以为是的韦卢奇带头质疑新的重组 DNA 技术的安全性。他精心策划了一系列备受瞩目的、经常引起争议的公开听证会和其他会议，去挑战他眼中的科学精英，以证明这项技术是不安全的——

并明确表示，这座城市不会因为哈佛大学和麻省理工学院想要什么而屈服。"他们可能会患上一种无法治愈的疾病——甚至变成一种怪物。这就是弗兰肯斯坦的梦的答案吗？"他曾对报道这场辩论的《纽约时报》记者说。

韦卢奇在市议会任职了 34 年，是当地典型的政治人物——意志坚定、好斗，是许多人的眼中钉，也是许多人的人民斗士。但在这一天，在他非连续四任市长中的第三任中，他大部分时间都以微笑示人——尽管可能有点痛苦。毕竟，艰难的时期已经过去了——剑桥市已经通过了全美第一个公共法令，为重组 DNA（核糖体 DNA）实验制定了规则，而渤健是第一家获得许可的公司。在集会上，市长对聚集在那里的一小群人打趣说："对我来说，说'欢迎'有点困难，但我们确实欢迎你们的纳税。"

天哪，生物技术公司交税了。当时在场的人都不可能知道那天发生了什么——这个落成典礼标志着使剑桥市和肯德尔广场成为世界生物科技之都的重要早期举措。就在 1982 年剪彩仪式的几十年前，工厂和其他工业企业正在消失，剑桥市甚至无法发行债券来重新开发街道尽头的科技广场。在接下来的几十年里，生物技术公司和后来在肯德尔广场及其周围开店的大型制药公司及它们的业主收取的税款，将使剑桥市成为全美最富有的城市之一。在 2020 财年，剑桥市前三大企业财产纳税人都是以生物技术为中心的房地产所有者和开发商，分别是房地产投资信托基金 Alexandria real estate Equities、医疗保健房地产投资信托 BioMed Realty Trust 和波士顿地产公司。他们拥有生命科学公司租用的大部分实验室和办公空间。诺华排名第七。仅这四个实体就需要支付 6420 万美元的地产税，约占剑桥市 4.38 亿美元总税收的 15%。

但当人们在 1982 年聚集在渤健的落成典礼上时，渤健提供的税收还不多。"我想买下这个街区，"沃利·吉尔伯特回忆道，"这样每个人都能清楚地知道我们是认真的——我们要留下来。"但他的董事会否决了这个想法。尽管渤健有现金，但 100 万美元的要价太高了，未来也充满了不确定性。

* * *

渤健于 1978 年获得特许时，似乎是目前第四家致力于将重组 DNA 技术商业化的生物技术公司。基因泰克公司是 DNA 重组技术的先驱者：1976 年，该公司在旧金山湾区成立，其创始人包括核糖体 DNA 技术的发明者之一、加州大学旧金山分校的赫伯特·博耶（Herbert Boyer）。但是在海湾对面的埃默里维尔的 Cetus 成立得更早，在 1971 年。1978 年，就在渤健之前，另一家名为 Genex 的初创公司已经在马里兰州的罗克维尔启动。

但是，虽然生物技术作为一个产业在 20 世纪 70 年代末才开始出现，但它在肯德尔广场崛起背后的故事在很多方面可以追溯到 20 世纪 50 年代。当时剑桥成为分子生物学的中心，在很大程度上，这要归功于詹姆斯·沃森（James Watson）和萨尔瓦多·"萨尔瓦"·卢里亚（Salvador "Salva" Luria）的到来。沃森于 1956 年加入哈佛大学生物系。3 年后——也就是利华兄弟关闭肥皂工厂的同一年，肯德尔广场的历史上出现了一段真正的卫兵换岗时期，卢里亚来到了麻省理工学院。这两者紧密相连。将近 20 年前，沃森是卢里亚在印第安纳大学的第一个研究生。卢里亚帮助沃森发展了他的事业，并为他提供了在英国剑桥卡文迪什实验室工作的机会。在那里，沃森与弗朗西斯·克里克（Francis Crick）合作，在 1953 年发现了 DNA 的双螺旋结构。10 年后，他们两人双双获得了诺贝尔奖。卢里亚则因其在基因突变本质上的发现而获得了 1969 年的诺贝尔奖。

沃森和卢里亚这对双雄，几乎如同磁铁一样吸引着其他顶尖科学家。在哈佛大学，沃利·吉尔伯特是一位物理学助理教授。他和沃森在剑桥成了朋友。沃森在卡文迪什实验室工作时，吉尔伯特正在攻读物理学博士学位。他们在哈佛大学重逢。通过沃森，吉尔伯特迷上了生物学，于是他换了一个研究领域。其他被分子生物学吸引而即将走上熠熠星途的人包括马克·普塔斯尼（Mark Ptashne）、南希·霍普金斯（Nancy Hopkins）和汤姆·曼尼提斯（Tom Maniatis）。

与此同时，1968 年，明日之星、生物学家大卫·巴尔的摩因卢里亚来到麻省理工学院。这位年轻的科学家最初是作为客座教授来的，但很快就加入了教职人员队伍。出生于意大利的卢里亚"在麻省理工学院从事分子生物学的工作。"巴尔的摩说，"当时还没有哪个学校设立分子生物学院系。"1972 年，卢里亚大幅提高了赌注，当时他获得了美国国家癌症研究所的拨款，这是理查德·尼克松"抗癌战争"的一部分，用于创建一个致力于基础癌症研究的新设施。他在校园东北角主街和埃姆斯街拐角处的一家旧巧克力工厂找到了空间。他和巴尔的摩开始寻找教师来填补这些空缺。当最先进的麻省理工学院癌症研究中心于 1974 年正式成立时，他们已经招募到了一大批顶级研究人员，其中包括已经在麻省理工学院任教的罗伯特·温博格（Robert Weinberg）、安大略癌症研究所的大卫·豪斯曼（David Housman），以及来自长岛冷泉港实验室 [1] 的菲利普·阿伦·夏普和南希·霍普金斯。"到 1974 年夏天，一个世界上最强大的癌症生物学家团队成立了……他们都准备好进行一项主要依赖核糖体 DNA 技术的研究项目。"科学历史学家、麻省理工学院博物馆馆长约翰·杜兰特写道。

这不仅仅是为了吸引世界级的科学家。"我想了解哈佛大学和麻省理工学院在分子生物学前沿的激烈竞争。"20 世纪 70 年代末和 80 年代初在冷泉港为沃森工作、后来成为沃森传记作者的维克多·麦克尔赫尼（Victor McElheny）说道："显然，这种激烈的前沿竞争是创新压力的核心。"巴尔的摩表示赞同："当我们为癌症中心举行落成典礼时，我们举办了一个小型仪式，沃森来发表了演讲。沃森说你们在麻省理工所做的就是我们在哈佛应该做的。我们之间的紧张关系持续了很多年。"

这种激烈的竞争最终将在该地区生物技术领域发挥重要作用。然而，麻省理工学院新癌症研究中心的成立，以及该中心致力于核糖体 DNA 实验的顶尖人才的到来，引发了一场重大争议，使得重组 DNA 这一新兴领域几乎陷入停滞。不过，最终，这场辩论对肯德尔广场崛起为生物技术中心起到了至关重要的作用。

从某种程度上说，这一切始于 1974 年 4 月 17 日在巴尔的摩的办公室举行的一次会议。这次会议是由斯坦福大学的保罗·博格（Paul Berg）促成的。另有 6 人出席，他们是耶鲁大学的詹姆斯·沃森、谢尔曼·魏斯曼（Sherman Weissman），洛克菲勒大学的诺顿·辛德（Norton Zinder），哈佛医学院的理查德·罗宾林（Richard Roblin），约翰·霍普金斯大学的丹尼尔·内森（Daniel Nathans），美国国家科学基金会的赫尔曼·刘易斯（Herman Lewis）。这是一个非凡的团体。沃森已经获得了诺贝尔奖。巴尔的摩将在第二年获得他的诺贝尔奖，当时他只有 30 多岁。内森将于 1978 年获得诺贝尔奖，博格于两年后也将获得诺贝尔奖。

---

[1] 自 1968 年以来，冷泉港实验室一直由詹姆斯·沃森经营，尽管他仍是哈佛大学的教职员工。——原书注

他们共同探讨新兴的核糖体 DNA 技术及其影响。就在一年前，加州大学旧金山分校的赫伯特·博耶和斯坦福大学的斯坦利·科恩（Stanley Cohen）宣布了一项重大突破，他们拼接来自不同生物体（植物、动物、人类）的基因，从而制造出了具有定制特性（比如产生胰岛素的能力）的杂交分子。重组 DNA 技术带来了改变世界的希望。但如果出了问题，是否也会造成改变世界的危害？历史学家杜兰特曾经如此假设："如果赋予特定抗生素抗性的基因重组到天然致病细菌中会怎样？如果致癌基因从病毒转移到人类肠道内通常无害的细菌中会怎样？"没有人知道这些问题的确切答案。

美国国家科学基金会的官员要求博格进行调查，麻省理工学院对此召开了会议。正如巴尔的摩后来描述的那样："我们坐了一天，并问道，'情况看起来有多糟？'我们大多数人想到的答案是……仅仅是你可以写在纸上的简单场景就足够可怕了。对于使用这种技术的某些有限实验，我们根本不想看到它们被完成。"

这次会议后的 6 月，一小群杰出科学家在一封公开信上签了名，博格、巴尔的摩和罗宾林在相关的新闻发布会上发了言❶。除此之外，这封公开信呼吁人们自愿暂停某些类型的核糖体 DNA 实验，同时在安全设施中进行风险评估项目。在大多数情况下，暂停措施得到了普遍遵守。在这封公开信的促使下，1975 年 2 月，来自 17 个国家的 139 名顶尖科学家在加利福尼亚州蒙特雷半岛的阿西洛玛州立海滩开了一次历史性会议，进一步探讨了这一问题。阿西洛玛会议（Asilomar Conference）在其建议中呼吁将核糖体 DNA 研究划分风险级别（P1 到 P4），并为每个级别制定相应的遏制标准。此后不久，根据这些想法，美国国立卫生研究院（National Institutes of Health）发布了进行重组 DNA 研究的指南草案。最后，1976 年 6 月 23 日，美国国家卫生研究院发布了最终版指南。❷

对于麻省理工学院新癌症中心的科学家和哈佛大学的同行来说，不确定性的阴云以及由此引发的核糖体 DNA 实验自愿暂停行动已经持续了大约两

---

❶ 这封信发表在《自然》《科学》和《美国国家科学院院刊》上。——原书注

❷ 这是第二次阿西洛玛会议。第一次会议题为"生物研究中的生物危害"，于 1973 年 1 月 22 日至 24 日举行。

年。但是，如果这些研究人员认为他们很清楚他们的学科，他们就大错特错了。1976 年 6 月 23 日晚，就在美国国立卫生研究院发布最终版指南的几个小时后，剑桥市长艾尔·韦卢奇在市政厅举行了一场关于重组 DNA 实验的特别听证会。

历史学家杜兰特总结道："从这个新兴的麻省理工学院研究团体的角度来看，事情很快就变得更糟了。"

* * *

就在博格发表公开信，以及阿西洛玛会议召开时，哈佛大学一直在推进建立一个新实验室的计划，主要是为了进行重组 DNA 研究——它将成为 P3 级设施。这是安全级别第二高的设施。该校曾向市政府申请了建筑许可证。但这个计划并不是没有遭受争议，即使在哈佛大学内部也是如此。其中两位著名的怀疑论者是诺贝尔奖生物学家乔治·瓦尔德（George Wald）和他的妻子露丝·哈伯德·瓦尔德（Ruth Hubbard Wald）。后者也是哈佛大学的生物学家。于是那年 5 月，哈佛召开了一次全校范围的会议，有两名记者参会。他们在 6 月初的《波士顿凤凰报》上发表了一篇关于该计划的详细报道，标题是"哈佛的生物危害：科学家将创造新的生命形式——但它们的安全性如何？"

以上文章、著名的瓦尔德的怀疑主义和这一问题的重要性都引起了韦卢奇的注意。他意识到这是一个重大的政治机会。当听证会前一周接受《纽约时报》采访时，他提到了弗兰肯斯坦，现场座无虚席。"我以为弗兰肯斯坦会动摇他们。"韦卢奇后来承认，"所以我扮演了弗兰肯斯坦的角色。❶"斯蒂芬·霍尔（Stephen Hall）在他的书《看不见的前沿》（*Invisible Frontiers*）中描述了这次会议："活动开始时，当地高中合唱团在市议会会议厅里演唱了《这片土地就是你的土地》，并举着写有'无代表不重组'的标语。围观者和挑衅者占据了廊台，挤满了阳台，涌进了走廊……电视新闻和档案录像的聚光灯和摄像机都对准了议员和证人席。阿尔·韦卢奇宣布会议结束后，沐浴

---

❶ 他还告诉古德尔："我震惊了全世界的新闻媒体。我让哈佛大学和麻省理工学院的科学家去市场像街头小商贩一样兜售他们的产品。从现在起，科学界将迎来一个新时代。"——原书注

在光辉之中。"当时场景见图 12-1。

图 12-1　1977 年剑桥市关于重组 DNA 的听证会现场

市长在会议开始时向哈佛大学发出警告——让人们知道这座城市不会自动屈服于这所著名机构的意愿："没有任何人或集团能够垄断所涉及的利益。无论这项研究是在这里进行还是在其他地方进行，无论它产生的结果是善还是恶，我们所有人都会受到影响。"

然后，当各个科学家准备向市议会分享他们的观点时，他尖锐地指出："不要用你们的行话。这个房间里的大多数人，包括我自己，都是外行。我们不懂你们的行话，所以你们要把单词拼出来给我们听，这样我们才知道你们在说什么，因为我们是过来听你们说的。谢谢。"

问题的双方有众多的演讲者代表。大多数人支持实验，包括巴尔的摩和吉尔伯特、哈佛大学另外两位著名微生物学家马修·梅塞尔森（Mathew Meselson）和马克·普塔什尼（Mark Ptashne），以及代表美国国立卫生研究院的玛克辛·辛格（Maxine Singer）。据报道，瓦尔德夫妇和麻省理工学院的顶尖科学家乔纳森·金（Jonathan King）等人更多地谈到了潜在的危险。据霍尔报道，每位发言人或"证人"的发言时间被限制在 10 分钟。但前两位——普塔什尼和辛格，却花了两个多小时来回答一连串的问题。

两周后举行的第二次听证会带来了更多的证词，这导致实验暂停了 3 个月。他们决定成立一个剑桥实验审查委员会来帮助监督此事。这是一个不折不扣的公民委员会。剑桥实验审查委员会的 9 名成员中没有一名科学家。相反，它的成员包括 1 名护士、1 名修女、1 名社区活动家、1 名医生和 1 名环境政策和规划教授。"也许更重要的是，"当时的市议员大卫·克莱姆说，"该委员会包括两名在主要选区有很高声望的前市议员——一位与该市偏改革派的选民立场一致，另一位与偏保守派或无党派的选民立场一致。" ❶

这可能是灾难性的。成员们做好了他们的功课和尽职调查。该团队从当年 8 月下旬开始开会，时间定在那个秋天的每周二和周四，周二的会议对公众开放。11 月 23 日，也就是感恩节前两天，一场长达 5 小时的公开辩论让气氛达到了高潮。学者玛丽安·费尔德曼（Maryann Feldman）和尼古拉·洛（Nichola Lowe）在大约 30 年后研究了这一事件的全过程。他们写道："委员会总共召开了100 多个小时的会议，来听取证词、讨论和审议技术优点。审查委员会广泛征求意见并寻求自我教育，而不是发起对抗性辩论……审查委员会还参观了麻省理工学院和哈佛大学的生物实验室，并参加了剑桥市重组 DNA 论坛。"

1977 年的第一周，审查委员会建议批准在剑桥市进行重组 DNA 研究，并采取了一些超出美国国立卫生研究院指南的安全措施。最值得注意的是，其中包括成立一个名为剑桥生物危害委员会的 5 人公民小组。该委员会将批准各项研究，并监督当地公共卫生人员的定期现场检查 ❷。最终，在 1977

---

❶ 克莱姆提到的前议员是科妮莉亚·"康妮"·惠勒（Cornelia "Connie" Wheeler）和丹尼尔·丹·海耶斯·小惠勒（Daniel Dan Hayes Jr. Wheeler）。惠勒是进步团体"剑桥公民协会"（Cambridge Civic Association）的代表。海耶斯是无党派人士，也是前市长，担任审查委员会主席。克莱姆说："这两个人的加入是让这个委员会继续运转的黏合剂。它把自由派和无党派人士之间的冲突排除在这个委员会之外，因为双方都认为它是可信的。"——原书注

❷ 该条例要求采取的其他措施包括：让首席科学家参加公开听证会；如果需要的话，还要提供实验室工作人员接受过生物安全培训的证明。——原书注

年 2 月 7 日，也就是博格的公开信发表刚过两年半之后，市议会一致通过了
《剑桥市使用重组 DNA 分子技术条例》。整份文件只有两页纸，上面的几个
简短的段落列出了任何公司或机构在全市范围内进行重组 DNA 实验所需采
取的具体步骤。这是美国第一个市级生物安全条例。

随之而来的是肯德尔广场的整个发展轨迹发生了变化。

* * *

当这项条例通过时，许多权威人士和专家预测，其中的限制将阻碍核
糖体 DNA 研究和经济发展。事实证明，生物技术产业处于早期阶段——当
时在剑桥还没有这个产业。但几年后，当这个新兴行业有所发展时，该法令
的效果与许多人担心的截然不同：它点燃了增长。"它在一个非常关键的时
刻所做的，就是确立了规则。"大卫·克莱姆（David Clem）说。他当时是一
名初级市议员，后来成为肯德尔广场的主要房地产开发商。"波士顿直到
十多年后才开始采取行动。萨默维尔甚至用了更久的时间。所有这些年轻
的初创公司和早期公司都试图找到便宜的实验室空间（这才是真正的驱动
力）。他们被吸引到剑桥，因为他们知道规则是什么。"克莱姆说，麻省理
工学院和哈佛大学当然对创业至关重要。但在他看来，这项条例在影响这
些公司在选择位置方面发挥了更大的作用，"这就是为什么剑桥成了生命科
学的中心"。

然而，该条例对大学科学也产生了立竿见影的影响。在麻省理工学院，
重要的实验和研究一直被搁置。现在他们迎来了爆发。"1977 年晚些时候，"
杜兰特说，"夏普和他的同事宣布，他们发现高级生物体的基因不是连续的
字符串，其中还有'内含子'。这些'内含子'在信息最终转译前通过 RNA
剪接过程被剪除。"16 年后，夏普凭借这项研究获得了诺贝尔奖。已经获得
诺贝尔奖的大卫·巴尔的摩继续他关于病毒的关键实验，那就是克隆完整的
病毒基因组。与此同时，罗伯特·温博格和他的团队在人类致癌基因方面取
得了开创性的发现。一些人认为那是癌症研究的黄金时代。

在这一时期的大部分时间里，顶尖科学家对工业界是如何运作的几乎一
无所知。麻省理工学院有一个长期推行的做法，那就是允许教师每周花一天
时间从事咨询和工业界工作。这一做法得到了工程和化学教师的充分认可，
计算机科学和人工智能研究人员也加入了这一行列。"工程师很像医生。如

果他们不去解决问题，他们就称不上是工程师，对吧？所以他们教书做研究，就像蜜蜂一样。他们在这里学习并'授粉'，在那里学习并'授粉'。"菲利普·阿伦·夏普说道。但这种做法根本没有渗透生物学领域。夏普回忆道："科学界没有人会利用他们每周的这一天。"

夏普第一次涉足商业领域是通过一个名叫雷·谢弗（Ray Schaefer）的人打来的电话。谢弗是麻省理工学院校友，进入了新兴的风险投资领域，并在波士顿的成长型私募股权基金 TA Associates 和旧金山湾区的凯鹏华盈学习了这一领域的知识。他曾是总部位于多伦多的矿业公司国际镍业公司的技术主管。他打电话给夏普，是因为国际镍业公司获得了投资一家新兴生物技术公司的机会。这家公司就是后来的基因泰克。他想邀请夏普飞到旧金山担任顾问，并与创始人交谈，帮助谢弗评估这个机会。

"我并不知道风险投资是什么。"夏普回忆道。他故意把话说得前言不搭后语，以显示他当时对商业的无知。他问谢弗在麻省理工学院谁可以为他做担保，并在接受他的邀请之前对他进行了内部调查。这是他的第一份咨询工作。在旧金山，他会见了基因泰克的两位创始人——加州大学旧金山分校的赫伯特·博耶和罗伯特·斯旺森。后者也是麻省理工学院的校友，曾在凯鹏华盈任职，后来成为这家生物科技公司的首位首席执行官。加入他们行列的还有另外两位科学家——亚瑟·里格斯（Arthur Riggs）和板仓圭一（Keiichi Itakura）。该公司的第一个目标是通过基因工程改造人类胰岛素和人类生长激素。这些人解释了他们的科学和方法，夏普听后对谢弗说："我不知道你能不能靠这个赚钱。但他们会这么做的。"国际镍业公司随后向基因泰克投资 40 万美元，获得后者约 13% 的股份。1980 年，基因泰克以每股 35 美元的价格上市，第一天就涨到了每股 88 美元。夏普的妻子安妮半开玩笑地责备他："真可惜，你应该要一点股票的。"[1]

这次咨询之旅结束后不久，谢弗和他在国际镍业公司的同事丹尼尔·亚当斯（Daniel Adams）开始与夏普讨论如何在基因泰克的基础上再创办一家生物技术公司。国际镍业公司的这个二人组也曾在欧洲走访，并与顶级分

---

[1] 2019 年 11 月 19 日，纪录片《从争议到治愈》讲述了剑桥生物技术的繁荣。一些国际镍业公司投资基因泰克的详细信息来自霍尔的《看不见的前沿》一书。——原书注

子生物学家会面，希望将他们囊括其中——但他们在海外得到的反应不温不火。夏普对这个想法持开放态度，并建议有必要让哈佛大学的沃利·吉尔伯特参与进来。吉尔伯特对做任何商业活动都持高度怀疑态度。但最终，在波士顿的一次重要的中餐晚宴上，他同意进一步探索。最终，他和夏普勾勒出了一个由欧洲顶尖科学家组成的梦之队，其中包括苏黎世大学的查尔斯·魏斯曼（Charles Weissmann）、爱丁堡大学的生物学家肯尼斯·穆雷（Kenneth Murray）、海德堡大学的海因茨·沙勒（Heinz Schaller）。最终，这三人加上夏普和吉尔伯特，以及日内瓦大学的伯纳德·马赫（Bernard Mach）、马汀沼地的马克斯·普朗克生物化学研究所的彼得·汉斯·霍夫施耐德（Peter Hans Hofschneider）和伦敦帝国理工学院的布莱恩·哈特利（Brian Hartley），联合创建了渤健。

1978 年 3 月 1 日，这个大权在握的小组，以吉尔伯特为科学带头人，在日内瓦湖岸边豪华的里奇蒙酒店举行了一次头脑风暴，来检验这个想法。除亚当斯和谢弗之外，还有另外两位对分子生物学感兴趣的风险投资人——波士顿 TA Associates 的凯文·兰德里（kevin Landry）和在西海岸工作的摩西·阿拉菲（Moshe Alafi）（他在 Cetus 董事会有一席）。虽然日内瓦会议没有作出任何承诺，但与会者仍然有足够的兴趣安排第二次会议。

第二次会议于 3 月 25 日在巴黎的一家酒店召开。整个科学团队都到场了，谢弗和兰德里代表潜在投资人。基因泰克首席执行官罗伯特·斯旺森也曾短暂参与。夏普说，斯旺森得到风声说，基因泰克的投资人之一国际镍业公司正考虑成立一家对手公司。"鲍勃·斯旺森飞到巴黎，坐在酒店的大厅里对谢弗大发雷霆，并让谢弗承诺出售基因泰克的股份。"夏普回忆道，"这就把渤健和基因泰克一分为二了。渤健和基因泰克从此分道扬镳，各走各的路。"

两天来，团队成员们进行了深入的研究。最后，吉尔伯特请风险投资人离开，留下科学家们互相交谈。随着科学的争论迟迟未有结果，谢弗和兰德里越来越沮丧。当吉尔伯特终于露面时，他一脸忧郁。正如斯蒂芬·霍尔在《看不见的前沿》一书中所描述的那样："谢弗立即推断出最坏的情况，并问'好吧，一切都讨论好了吗？'，吉尔伯特点点头。""有多少人和我们一起？"谢弗无可奈何地问道。"我们所有人。"吉尔伯特说。后来，谢弗和丹尼尔就公司名集思广益。他在一张纸上草草写下一个想法，并征求亚当斯的意见。这个公司名就是渤健。

他们对这家新贵公司的愿景非常基本——基因泰克坐拥西海岸。渤健拿下东海岸和欧洲。夏普回忆道："当时我们并不知道会涌现成千上万家生物技术公司。"

这是一家科学至上的公司。"生物学家是纯粹主义者。所以我们都在思考：我们应该这样做吗？这样做对吗？"吉尔伯特说。除此之外，他补充道："我们非常不信任风险投资。"最后，他们都认为成立新公司是个好主意。但在随后的谈判中，他们增加了一些特殊附加条件，最终投资人都同意了。其中之一是，虽然总体预算将由董事会制定，但预算分配将由科学顾问委员会（SAB）决定。科学顾问委员会还可以决定股票和期权的分配（见图 12-2）。

图 12-2　1982 年渤健创始人和科学顾问委员会的会议

注：右边站着的是查尔斯·魏斯曼。坐在他左边的依次是彼得·霍夫施耐德、布莱恩·哈特利、丹尼·王、肯尼斯·穆雷、海因茨·沙勒、沃利·吉尔伯特和伯纳德·马赫。后面一排站着的从左到右分别是克劳斯·莫斯巴赫、朱利安·戴维斯、菲利普·阿伦·夏普、沃尔特·费尔斯和理查德·弗拉维尔（在黑板前）。

1978 年 5 月 5 日，渤健在卢森堡注册成立 ❶。第二天，创始团队在苏黎世开会，批准了章程，并确定了其他细节，包括股票分配。投资人最初投入了 75 万美元——一半是现金，另一半是国际镍业公司提供的实物服务。正当他们的现金耗尽时，制药巨头先灵葆雅（Schering-Plough，现为美国默克药厂的一部分）以 800 万美元的价格收购了该公司 20% 的股份（吉尔伯特说，渤健当时非常缺钱，先灵葆雅在等待投资资金到位时给了他们一笔贷款）。此外，国际镍业公司还提供了 125 万美元现金。若将实物服务计算在内，该公司第一年的融资总额达到了 1000 万美元。通过这次注资，渤健本身的估值达到 4000 万美元。

1979 年，渤健聘请辉瑞前高管罗布·考索恩（Rob Cawthorn）担任的首任总裁，从而实现了专业的管理。最初的研究是在创始科学家的大学实验室里进行的，使用的是公司的资金。科学家们坚持认为，他们必须可以自由地公开发表研究结果，尽管渤健在会任何关键工作中得到提前通知，以便可以申请专利保护。所有这些工作都在继续进行，讽刺的是，夏普所在的麻省理工学院却是个例外。尽管该校是对教授兼职或创办公司态度最开放的大学之一，但他被告知学校政策禁止科学家为他们持有股票的公司进行研究。夏普曾计划进行与克隆牛生长激素相关的实验，但他决定推迟这一实验并保留自己在渤健的股权。

在不到一年的时间里，渤健就在日内瓦的一个旧钟表厂建立了自己的实验室，总部也设在那里。威尔士的微生物学家朱利安·戴维斯被招募来领导这个实验室。

1979 年的平安夜，他们获得了第一个突破。当时苏黎世大学魏斯曼实验室的研究人员在他滑雪度假期间联系了他，报告了他们第一次成功克隆 α 干扰素的实验。他们在第二个月宣布这一消息。该消息立马引起了全世界的

---

❶ 渤健最初是作为一家专利控股公司成立的，希望它通过向其他公司授权其技术来实现科学货币化。然而，据长期代表渤健担任外部法律顾问的律师肯·诺瓦克（Ken Novack）说，当年晚些时候，公司的法人被转移到了荷属安的列斯群岛，"以利用有利的条约网络"。后来又转移到美国注册。——原书注

关注，还登上了《纽约时报》的头版。❶

随着技术的不断进步和竞争的加剧，渤健的领导层清楚地意识到，公司需要在美国建立一个实验室，并将总部搬到离核心的科学创始人和大学更近的地方，以便从那里招募新员工。新的资金注入，包括来自孟山都（Monsanto）的 2000 万美元，以及来自英国大都会集团的 1000 万美元❷，给了他们更多的空间来投资和发展实验室。

这些迫切需要很快把他们带回到剑桥市和肯德尔广场。正如夏普曾经回忆的那样："我们要从大学雇用年轻人，而他们只会去大学附近的公司，在那里他们可以保持联系。我们想靠近麻省理工学院，而且觉得我们必须这么做。"剑桥市的法令尚未经过任何公司的测试，这使得它特别有吸引力。费尔德曼和洛写道："事实上，剑桥已经平息了这场辩论，并提出了一个合理的解决方案。这对辩论重组 DNA 的双方都有吸引力，极大地降低了公众抗议或出于政治动机而中断研究的可能性……这对渤健的大型企业金融家尤其有吸引力……他们急于避免公众对这一新兴技术的反对可能带来的任何潜在负面新闻。"

尽管如此，该条例只适用于大学研究实验室，因此需要进行一些修订才能将其扩展至商业企业。渤健寻求并最终得到的一个关键澄清是：无限期地授予进行核糖体 DNA 研究的许可，而不会强迫公司每年重新申请。整个过程花费了一些时间，但修订后的条例在 1981 年春天以 8∶1 投票通过。❸

当渤健团队寻找办公空间时，他们在肯德尔广场附近走了一圈。城市更新项目的第一栋建筑——剑桥中心 5 号最近刚刚建成。沃尔普中心旁边的区域仍然是空空如也。"麻省理工学院东边好几个街区都没有东西。"夏

---

❶ 成功克隆 α 干扰素是一项重大成就。听到这个消息后，魏斯曼赶紧从度假中赶回加州，给渤健的律师吉姆·黑利（Jim Haley）打了电话。黑利于圣诞节当天抵达欧洲，开始专利申请工作。1980 年 1 月 12 日，渤健的科学顾问委员会在事先安排的会议上分享了更多的结果。1 月 16 日，该公司决定在麻省理工学院匆忙安排的研讨会上公开宣布这一消息，随后在波士顿举行了新闻发布会。——原书注

❷ 英国大都会集团旗下曾有皮尔斯百利（Pillsbury）和汉堡王。1997 年，它与健力士啤酒（Guinness）成立了跨国酒业集团帝亚吉欧（Diageo）。——原书注

❸ 我参考了费尔德曼和洛对修订后的许可程序和经历的描述。——原书注

普回忆道。他们最终在第六街拐角处的宾尼街 241 号找到了一栋现存的两层建筑。从那以后，渤健一直就以这样或那样的形式在那里——在这个过程中，它吞并了周围的大量土地，并成为肯德尔广场（大部分）本土生物技术的标志。

第 13 章

基因小镇初露锋芒

其他公司紧随渤健的脚步。在全美范围内，许多科学明星很快也开始涉足商业领域——他们要么创办公司，要么签约担任重要顾问。到1979年年底，已经有十几家生物技术公司成立。1980年又有26个项目启动，次年又启动了43个项目。这些项目多集中在旧金山和波士顿地区。

20世纪80年代，一些重要的生物技术公司在波士顿附近安营扎寨。渤健是开拓者。1980年，生物技术公司Genetics Institute（GI）和Immunogen成立。1981年，健赞成立。福泰制药公司（Vertex）未来也加入了这个行列。20世纪80年代并不是只出现了这一批生物技术公司，但它们的规模和影响力最大。它们都在早期历史的关键时期落地在剑桥市。长期以来，渤健和健赞的主要业务（包括总部）都放在肯德尔广场。福泰制药公司的总部位于麻省理工学院另一头的剑桥港（直到2014年搬到波士顿的海港社区），在肯德尔广场有一处小一些的办公地址。Genetics Institute和Immunogen都只在剑桥市的其他地方运营。但无论如何，这些先锋公司都在肯德尔广场崛起为世界生物科技之都的过程中发挥了作用，因为它们培养了经验丰富的管理者和未来的企业家。

Genetics Institute诞生于哈佛大学，是围绕早期重组DNA争议的一些问题和挫折而建立的公司。据报道，它始于马克·普塔什尼在波士顿的公寓。普塔什尼是哈佛大学教授，也是建立P3实验室❶的关键人物。据报道，普塔什尼曾试图与哈佛大学共同成立一家公司，但因内部反对而告终，于是他与他的博士后汤姆·马尼亚蒂斯（Tom Maniatis，后成为哈佛大学教授）联合成立了Genetics Institute，迅速吸引了4家风险投资公司的600万美元。

该公司曾计划搬到萨默维尔，那里毗邻剑桥，成本更低。但1981年年初公众的强烈抗议造成了重组DNA研究暂停，由此导致建筑许可证被撤回，

---

❶ 该实验室引发了与韦卢奇和剑桥市的大争论。——译者注

同年春天他们在波士顿租用了布莱根妇女医院。Genetics Institute 占了五层楼，包括旧的分娩室和康复室，以及一间旧的停尸房。然而不久之后，波士顿的公众也开始表示反对。"在寻找一个更加友好的环境期间，艾尔·韦卢奇带着 Genetics Institute 的高管们参观了两个小时的剑桥，并张开双臂欢迎我们。"百特医疗保健公司（Baxter Healthcare）的前高管（他被聘为首席执行官）加布里埃尔·施梅尔（Gabriel Schmergel）回忆道。Genetics Institute 决定搬到西剑桥，在理特管理咨询公司和灰西鲱地铁站附近专门建了一栋楼。1984 年，公司在大厦完工后开始搬迁——到第二年，整体都搬到了剑桥市。Genetics Institute 于 1986 年上市，融资 7900 万美元。到 20 世纪 90 年代初，其市场估值已达到 10 亿美元。1992 年，它在与美国制药公司安进（Amgen）的一场重大专利战中败诉约一年后，将多数股权出售给了惠氏（原名为美国家庭用品公司）。4 年后，Genetics Institute 的员工数发展到约 1200 人，被惠氏整体收购。

Immunogen 成立于 1980 年，团队人员包括由当时国际镍业公司的雷·谢弗和 TA Associates 公司的凯文·兰德里领导的一群投资人、哈佛医学院和西德尼·法伯癌症研究所（现为丹娜-法伯癌症研究所）的免疫学家，以及诺贝尔生理学或医学奖获得者巴茹·贝纳塞拉夫（Baruj Benacerraf）。当时的初衷是围绕单克隆抗体建立公司（单克隆抗体将成为一种新型药物，即抗体偶联药物一部分，用来精确地靶向癌细胞并杀死它们）。该公司最初支持丹娜-法伯癌症研究所的研究，直到 1985 年米奇·萨亚雷（Mitch Sayare）担任首席执行官后，才开始雇用第一名员工。萨亚雷的第一个办公室起初就是哈佛广场的一个小房间，但公司在剑桥港的悉尼街 148 号租了一间旧仓库，并在 1987 年将其改装为实验室后搬进了那里（福泰制药公司于 1989 年年初在悉尼街和奥尔斯顿拐角处的一个旧仓库里找到了空间，离悉尼街有三个街区，更靠近查尔斯河）。萨亚雷担任了大约 24 年的首席执行官，于 2009 年退休。他的投资人告诉他不要在办公空间上浪费钱。他说："肯德尔广场的挥霍程度是悉尼街比不上的，即使在那个年代也是如此。"公司进行了 5 轮私人融资，随后在 1989 年 11 月进行了首次公开募股，巅峰时期发展到了大约 185 名员工。但该公司直到 2013 年才将产品推向市场。它今天仍然存在，总部设在沃尔瑟姆。

2010 年，健赞拥有 1.1 万名员工，年营收约 40 亿美元，最终成为世界上最大的生物科技公司之一——与渤健、基因泰克、安进以及其他几家公司齐名。几年后，健赞几乎成了长期担任其首席执行官的亨利·特米尔（Henri Termeer）的代名词，许多人都误以为他是健赞的创始人。但荷兰出生的特米尔是 1983 年才加入健赞的，那时这家公司已经成立两年了。

健赞的主要创始人名单上通常有风险投资人和企业家谢里丹·斯奈德（Sheridan Snyder），以及麻省理工学院教授乔治·怀特塞德（George Whitesides）。怀特黑德后来去了哈佛大学，此后创办了一系列公司。但创始团队中还有很多其他人。其中一位是塔夫茨大学研究员亨利·布莱尔（Henry Blair），他在 1981 年与斯奈德一起创办了这家初创公司，后来又共同创立了马萨诸塞州另一家生物技术公司 Dyax。除此之外，公司有 8 位麻省理工学院教授（怀特塞德也是其中之一），他们成立了一家名为 Bio-Information Associates（BIA）的咨询公司。

BIA 的 8 人组是根据各个成员的不同专业自我选拔出来的——他们来自细胞生物学、分子微生物学、生物化学工程及有机和表面化学专业。"我们将自己定位为专业咨询机构，就生物技术对跨国公司核心业务的影响向其提供咨询。"2021 年仍在麻省理工学院工作的细胞生物学家哈维·洛迪什（Harvey Lodish）表示。他们曾为时代啤酒和依云矿泉水等项目提供咨询。1981 年的一天，斯奈德要求 BIA 评估他和布莱尔为健赞公司组建的科学顾问委员会的候选人。

洛迪什回忆道："雪莉·斯奈德负责组建这家公司。作为 BIA 的一员，我的职责是向他提供咨询，提出委员会是否称职的建议。我永远不会忘记，我在从伍兹霍尔回家的公共汽车上读着这些人的简历，打电话给雪莉，说：'看，你知道，这些都是不错的候选人。但他们不是卓越的候选人。我认为你可以做得更好。'他说：'BIA 会成为健赞的顾问委员会吗？'"从本质上讲，BIA 因此成了初创公司健赞的创始科学顾问委员会。他们中的一员查尔斯·库尼（Charles Cooney）在健赞的董事会工作了 30 年。

1983 年，健赞公司招募特米尔时，他是百特特拉韦诺（Baxter Travenol，现为百特国际）的一名很有前途的高管。健赞最初通过销售用于诊断的酶获得营收。但 1985 年成为首席执行官的特米尔有着更大的野心。这很快让他把精力集中在罕见病或"孤儿"疾病上，为健赞在 1986 年的首次公开募股以及健赞的第一个商业成功产品——伊米苷酶（产品名：思而赞）铺平了道路。思而赞是一种用于治疗戈谢病❶的酶替代疗法，于 1991 年获得美国食品药品监督管理局（FDA）的批准。

在后来的几年里，健赞与渤健一样，成了肯德尔广场本土生物技术的典范。1990 年，健赞将总部搬到了肯德尔广场 1 号旧波士顿针织软管工厂的一栋翻新大厦里，从那里又搬去最先进的 LEED 白金认证建筑，对面就是现在的亨利·A. 特米尔广场。但它的第一个地址并没有这么令人向往——在波士顿克尼兰街旁一栋建筑的 15 层，租金低廉，靠近塔夫茨医学院，位于唐人街和著名的"战区"脱衣舞俱乐部、成人书店和限制级电影院之间。洛迪什的女儿海蒂·斯坦纳特（Heidi Steinert）曾在 20 世纪 80 年代在那里实习过两个夏天。她回忆道，一楼是一家服装店和一家餐厅，餐厅的气味通过通风口飘到了健赞的办公室。其他楼层则摆着一排排打折的现货女装。

"那时候，我们还有一个真正的'战区'，一个真正的红灯区。"特米尔后来回忆说，"所以我会在早上去办公室的路上被挑逗三次。"

哈维·洛迪什补充道："我的意思是，那是一个可怕的地方。"

* * *

对许多人来说，在波士顿"战区"附近的一个简陋的、摆满了人体模型和衣架的多层仓库，远没有克隆抗体、剪接基因和创造新生物的前景那么可怕。但随着健赞的出现和特米尔的到来，波士顿的生物技术领域在 20 世纪 80 年代初开始活跃起来。在这些先锋公司中，只有渤健位于肯德尔广场。Genetics Institute 虽然在西剑桥发展，但它利用了与麻省理工学院和哈佛大学的渊源。健赞在查尔斯河对岸孵化，但很快就会在肯德尔广场占据重要位置。

这 3 家开创性公司为 40 年乃至更久之后肯德尔广场的发展奠定了基础——培养了大批身经百战的高管、研究人员和质量控制专家、业务发展领导者和营销人员。他们中的一些人后来在许多其他公司担任关键职务，另一

---

❶ 戈谢病为常染色体隐性遗传病，常于幼年发病。临床表现为不明原因的脾肿大、肝肿大、贫血、血小板减少、骨痛、神经系统症状等。——译者注

些人创办了自己的生物技术公司。

随着第一批生物技术公司站稳脚跟，肯德尔广场生命科学的未来另一块基石也开始奠定。它既不是一家公司，也不是像萨尔瓦·卢里亚的癌症中心那样的经典大学科学企业。它与麻省理工学院关系密切，但它是一个私人研究机构，不同以往的新架构使得它以前所未有的程度独立于学校，并有一个与之匹配可自由支配的预算。

这就是怀特黑德生物医学研究所。这里的核心人物是大卫·巴尔的摩。他在某种程度上拉开了重组 DNA 辩论的序幕，从而导致重组 DNA 条例出台。

尽管该法令最终鼓励了渤健这样的公司在剑桥市落地，但巴尔的摩对在伯格的公开信签名一事提出了质疑。这封信是 1974 年在他办公室的会议产生的。正如他后来在接受采访时说的那样，"我们可能把这个问题夸大了，导致很多本来不会发生的事情发生了。我认为，如果没有《波士顿凤凰报》的那篇文章、当地的恶名、'科学为民'❶的参与，甚至乔治·沃尔德的参与，保罗·伯格、吉姆·沃森、我和其他在最初的信上签了名的人就不会这么做。"

但当新的机会出现时，这一切就都被抛诸脑后了。如今埃德温·C. "杰克"·怀特黑德——一名富有的企业家和有希望的慈善家横空出世。怀特黑德和他的父亲埃德温·魏斯科普夫（Edwin Weiskopf）❷ 共同创立了一家雄心勃勃的实验室设备公司——Technicon。1969 年，怀特黑德带领该公司上市，使他一度成为纸面上的亿万富翁。11 年后，也就是 1980 年，他把公司卖给了露华浓，成为公司的副主席和最大的单一股东。他持有的大部分优先股估计每年会带来近 2000 万美元的营收。

怀特黑德决定用他的遗产做些事情来帮助医学科学的发展。1974 年，

---

❶ 科学为民（Science for the People）是一个源于 20 世纪 60 年代末美国反战文化的组织。2014 年以来，它经历了一次复兴，主要关注科学的二元性。该组织倡导科学机构利用科学发现来倡导和促进社会正义，并批判性地将科学作为一项社会事业，而不是孤立于社会的科学机构。——译者注

❷ 埃德温·魏斯科普夫于 1968 年去世。——译者注

他透露了资助杜克大学建设一个新研究所的计划，但协议很快就破裂了：杜克大学的一位内部人士说，怀特黑德想要对它进行一定程度的控制，这与学术自由不相容。不管确切的原因是什么，怀特黑德还是给了杜克大学一笔遗赠，然后回到了他的研究所的绘图板上。他的女儿苏珊·怀特黑德说，在某种程度上，他认为成功的关键在于找到合适的领导者。他很快找到了巴尔的摩。

为巴尔的摩牵线搭桥的是医生、著名作家刘易斯·托马斯（Lewis Thomas）。他的散文集《细胞的生命：一个生物学观察者的笔记》曾获 1974 年的美国国家图书奖。自怀特黑德研究所成立以来，苏珊·怀特黑德与她的兄弟约翰和彼得一直是该研究所的董事会成员。她指出："我父亲确实喜欢做大事。他对生活怀抱一种真正的欲望和热情。他是个有趣的人。说实话，他和麻省理工学院不是很搭。麻省理工学院知道这点，他也知道。但他和大卫·巴尔的摩是绝配。他们真的很合得来。"

怀特黑德最初的想法是让他的研究所以应用或定向的方式攻克特定的疾病领域。重新启动的概念是资助基础生物学研究。那时尽管有巴尔的摩和他站在同一条战线，但这也不是一条通往成功的捷径。谈判历时数年，涉及众多教师和其他会议。

后来成为怀特黑德研究所创始教职人员之一的哈维·洛迪什（Harvey Lodish）说，内部关于这个想法的争议"非常大——非常大"。问题的很大一个原因是，麻省理工学院的一些教师对怀特黑德的动机高度怀疑。另一个原因是，这个概念在很大程度上是前所未有的——当然对麻省理工学院来说是如此。"今天，我们理所当然地认为人们理解慈善和投资之间的区别。"巴尔的摩补充道。但他说，当时情况并非如此。一些教师继续质疑怀特黑德的动机，尽管"怀特黑德先生已经非常明确地表示，这是一份慈善礼物，他不会从中获得任何商业利益"。

最后，双方各得其所。"他是一个白手起家的人。他非常鲁莽，做决定很快，对他印象深刻。"巴尔的摩说，"但他知道自己的局限性，也知道自己想要支持科学——但他根本没有接受过任何科学方面的训练。所以他让我和老师们去解决科学方面的问题。"

巴尔的摩大学和麻省理工学院教务长弗朗西斯·洛主要起草了最终的协

议，即附属协议，并于 1981 年 12 月 4 日宣布了该协议。协议里约定，杰克·怀特黑德同意支付 3500 万美元用于该研究所的建设和装备。该研究所最终设在剑桥中心 9 号——在主街对面，与麻省理工学院癌症中心仅隔一个街区，位于主街和伽利略路的拐角处。他还保证每年提供 500 万美元的运营资金，并承诺出一笔可观的捐款。他于 1992 年去世，他生前的捐款总额已达到约 1.35 亿美元。除此之外，怀特黑德还向麻省理工学院捐赠了 750 万美元。❶

最大的障碍之一是如何处理怀特黑德研究所教师的职位以及他们与麻省理工学院的关系。最后，他们在两个机构都有职位。巴尔的摩说，该协议"明确规定，从教学和部门职责的角度来看，所有教职人员都将隶属于麻省理工学院，但所有教职人员的工资都将完全由怀特黑德支付，并且独立于麻省理工学院"。一个相关的问题集中在新教师的雇用上。尽管怀特黑德和麻省理工学院的科学家将采取双聘制，但该校许多人担心，在招聘方面，这个新贵研究所将拥有太大的控制力，从而颠覆麻省理工学院的传统和标准。巴尔的摩表示，"当我们提供一个职位时，需要街道两边都同意——就是字面意义上的街道两边"。

怀特黑德找到巴尔的摩是正确的：几乎没有比他更适合领导这个新研究所的人了。"大卫是 20 世纪最伟大的科学家之一。"洛迪什说。他很快吸引了生物学研究的名人。洛迪什和另一位麻省理工学院教授——肿瘤学专家罗伯特·温博格（Robert Weinberg）从一开始就是怀特黑德研究所的一员。从德国招募来的著名转基因专家鲁道夫·耶尼施（Rudolf Jaenisch），以及从康奈尔大学挖来的遗传学先驱杰拉尔德·芬克（Gerald Fink）也加入了他们的行列。这 4 人都是被任命的创始教职人员。但这仅仅是个开始。一大批科学界的重量级人物很快签署了协议，其中许多人都是被"怀特黑德研究员"项目挑选出来的冉冉升起的新星。早期的新人包括大卫·佩奇（David Page）（他最终在 2005 年成为董事）、基因表达专家理查德·杨（Richard Young）、麦克阿瑟天才奖得主理查德·穆里根（Richard Mulligan）（他在多年后进入

---

❶ 此外，协议还明确规定，虽然怀特黑德研究所将拥有该研究所产生的专利，但在扣除各种费用后，它将与麻省理工学院分享专利使用费和其他收入。——原书注

私募股权行业，并在渤健董事会任职）、后来成为美国默克药厂（Merck）研究总监的彼得·金（Peter Kim）、未来的哈佛医学院院长乔治·戴利（George Daley），以及微生物学家、未来的美国国家航空航天局宇航员凯瑟琳·鲁宾斯（Kathleen Rubins）。

还有一位早期招募的员工——一位数学家和罗德学者，他可能会成为他们中最有名的人。这个人就是埃里克·兰德——解码人类基因组的先驱、未来的布罗德研究所的创始人和所长（见第 18 章）。

协议宣布时，《波士顿环球报》将设想中的怀特黑德研究所称为"科学界的泰姬陵"，它将"由一群拥有麻省理工学院头衔的绝世天才组成"。巴尔的摩称怀特黑德的支持是"给生物医学研究最非凡的礼物"。

怀特黑德研究所很快就有了名气。在 1984 年它的大厦建好之前的两年多时间里，它只有一个研究所的线上名头，在麻省理工学院各处分散运作。"我们在任何能找到的地方都要了场地。最主要的一个场地在癌症中心。"巴尔的摩说。在剑桥中心 9 号建了专门的大厦后，怀特黑德研究所就有了自己的生命。杰克·怀特黑德提供的资金超出了学术界通常可获得的资金，使得它能够进行一些实验，并购买专门的实验室设备。"它允许人们进行需要更多资源的研究项目。"巴尔的摩说。

但在巴尔的摩看来，额外的财政支持并不是怀特黑德研究所的特别之处。"本质上不同的是归属感。"他说。在最初的几年里，研究所里只有十几名教职工；今天，里面仍然只有 19 名教职工。"这主要是因为它是一个小机构，也就是说，怀特黑德大厦非常具有互动性。教职人员在社交上变得非常亲密——比（麻省理工学院生物系）的教职人员要亲密得多。后者在一个大得多的大厦里工作，互动更少。"杰克·怀特黑德加强了这一点。他每年都会邀请全体教职工及其家人到科罗拉多州的韦尔滑雪，包下房租、缆车票和设备租金，以及那些需要的人（他们中的大多数人）的滑雪课费用。"我们大多数人甚至不知道怎么滑雪。"巴尔的摩说。

"像年度滑雪这样的特殊短途旅行，再加上办公楼造就的紧密环境，打破了大型机构中的许多障碍。"巴尔的摩说，"所以我们只是建立了这个与高素质人才互动的小世界。大学里的研究中心就该是这样——成为一个培训年轻人的地方，从而开辟新方向，为各类科学家提供一个家。"

维基百科显示，在成立的 10 年里，"怀特黑德研究所被评为全世界分子生物学和遗传学领域顶级的研究机构。在最近的 10 年里，怀特黑德研究所的科学家发表的论文在所有生物研究所中被引用次数最多"。

怀特黑德研究所对肯德尔广场的影响立竿见影。这里成了一个重要的地方：受补贴的自助餐厅提供各类美食，吸引了来自麻省理工学院内外的学生和其他"局外人"，增加了人与人之间的碰撞。在小礼堂举行的活动、定期的啤酒派对都吸引着其他客人。最终，许多教职工也将注意力转向了生物技术——帮助创办了大量的公司。怀特黑德研究所的数据显示，截至 2020 年，该研究所的教职工已经成立了 26 家公司，平均每年成立超过一家公司。❶

然而，在 20 世纪 80 年代，生命科学对肯德尔广场未来的影响还无法预见。由于渤健和怀特黑德研究所刚刚起步，而莲花软件开发公司、思维机器以及许多其他人工智能巷公司已然崛起，因此计算机和软件仍然更引人注目。1985 年，当贝聿铭设计的麻省理工学院媒体实验室开放时，也就是怀特黑德研究所的教职工搬进新楼的大约一年之后，它也占据了很多头条新闻。

努巴尔·阿费扬（Noubar Afeyan）对围绕生物技术的未知仍然记忆犹新。他于 1983 年进入麻省理工学院，是生物技术过程工程新项目招收的首批博士生之一，与渤健科学顾问委员会创始成员丹尼·王（Danny Wang）和健赞联合创始人查理·库尼（Charlie Cooney）一起学习。阿费扬是在黎巴嫩出生和长大的亚美尼亚人，后来搬到加拿大蒙特利尔，并在那里的麦吉尔大学就读。大约 20 年后，他自己也成了肯德尔广场生物科技领域的领导者。2021 年，他的风险投资初创公司跻身世界顶级生物科技初创公司之列，在广场内外都有一系列热门项目，包括 Denali、Agios、Quanterix、Indigo Agriculture 和莫德纳（参见《聚焦：旗舰先锋——他一手缔造了肯德尔广场的公司》）。

但在当时，这样的创业浪潮在任何人眼里都不值一提。回顾过去，直到 1990 年，阿费扬只能想到五六家员工在 20 人以上的生物技术公司——没有任何真正的线索表明这一领域会发展到多大。"在 20 世纪 80 年代中后期，

---

❶ 来自怀特黑德公司战略沟通总监丽莎·吉拉德（Lisa Girard）的创业公司数据。——原书注

计算机和 128 号公路还没有明显的颓势。"他说，"我们都生活在计算机的阴影下。生物技术有点让人好奇，但是没有人会认为这将发展成一个行业并成为这个地方的主宰。"

第 14 章

泡沫时期：从媒体实验室到阿卡迈科技

在 20 世纪 80 年代末和 90 年代初，肯德尔广场未来大约 40 年的框架已经初见雏形。尽管其他一些结构的建设一直持续到 2004 年，但是城市更新项目中的大部分建筑都在 1990 年完工，其中包括万豪酒店及其通往地铁站的广场。当时新成立的布罗德研究所就在怀特黑德研究所旁边。

崭新的办公建筑沿着主街两侧的朗费罗大桥和波士顿拔地而起，包括位于纪念大道 1 号的大厦——现在是微软新英格兰研发中心（NERD）的所在地。与河流平行的东剑桥方向，是埃德温·兰德的罗兰研究所、思维机器公司、莲花软件开发公司以及几栋共管公寓楼。与此同时，在肯德尔广场 1 号，旧波士顿编织液压胶管工厂从 1982 年左右开始分阶段进行翻修。到 1990 年前后健赞公司搬到肯德尔广场 1 号时，已经有近 40 家不同的公司在那里落地，其中包括各种初创公司。

一些城市生活的迹象也开始显现。广场周边的几栋公寓楼已经开放。学生和工人在地铁车站周围甚至可以找到一些服务设施——一家银行、一间邮局、一间花店和一家面包店。在这些服务设施附近还有几家大约 10 年后会被人们深深怀念的商店：一家小型超市、一家药店，以及万豪综合大厦里缩小版的哈佛合作社 ❶。

街上的餐厅寥寥无几。剑桥中心 5 号的 Legal Sea Foods 于 1982 年开业：午餐时通常都是爆满的，那时你走进去就可以碰到技术专家和生物技术专家——但晚餐时客人就不那么多了。查尔斯河边的思维机器大厦里，米凯拉餐厅于 1985 年开业。它是米凯拉·拉森（Michela Larson）的同名餐厅，是广场上第一家可以称得上上点档次的餐厅。众多后来成名的厨师和餐厅老板

---

❶ 哈佛合作社由一群哈佛大学的学生创立于 1882 年，其初衷是提供一个可以买书、文具用品的地方，后来逐渐发展为美国最大的大学书店，提供学术书籍和相关学习用具。——译者注

在那里工作：托德·英格利希、乔迪·亚当斯、苏珊娜·戈因、芭芭拉·林奇、克里斯托弗·迈尔斯。从纪念大道 1 号的大厅里的 Boston Sail Loft 餐厅可以观赏美丽的河景。另一家高档餐厅肯德尔 1 号的 The Blue Room 于 1991 年开业。[1] 除此之外，人们没有太多其他选择。如果你想在酒吧里喝杯时髦的鸡尾酒，或者下班后去酒吧喝几杯啤酒，那你就不太走运了。这里几乎没有夜生活，尽管在 1995 年，肯德尔广场 1 号拥有 9 块屏幕的综合影院——肯德尔广场电影院，它打开灯光时，可把整条宾尼街都照亮。

肯德尔广场的科技结构远比它的社交场景更有活力。但它也存在一种边缘地带。人工智能巷的公司已经式微。还在剑桥中心的大部分都是典型的办公室和低科技公司。与此同时，虽然渤健、健赞、福泰制药和其他几家生物技术公司都还在增长，但 2004 年前后肯德尔广场的生命科学热潮还未成气候。这使得该广场在高科技领域的领先地位微乎其微。就像 20 世纪 90 年代，随着 128 号公路的衰落，整个波士顿地区的情况一样。

但肯德尔广场及其周围的人仍然有一些重要的牌可打。当然，麻省理工学院在几乎所有技术领域内的实力都是世界级的。其人工智能实验室（AI Lab）和计算机科学实验室（LCS）表现突出；两家实验室于 2003 年合并，成立计算机科学与人工智能实验室。在那个年代，即使是它们，在新兴的麻省理工学院媒体实验室面前也相形见绌。

麻省理工学院媒体实验室成立于 1985 年，就在大卫·巴尔的摩和同事搬到几个街区外的怀特黑德研究所一年之后。这栋银色的四层矩形建筑是贝聿铭对未来计算机的颂歌，与剑桥中心的红砖建筑和周围麻省理工学院单调的建筑形成了对比。未来学家斯图尔特·布兰德在他 1987 年的畅销书《媒体实验室：在麻省理工发明未来》（*The Media Lab*：*Inventing the Future at MIT*）中这样描述它："如企业标志一样油腔滑调，看起来有点儿像一台现代电器。"该书帮助媒体实验室登上了世界舞台。

---

[1] 获得过詹姆斯彼尔德基金会大奖的名厨英格利希（拉森的第一位主厨）、亚当斯、戈因和林奇开了一系列知名餐厅。在过去的几年里，米凯拉餐厅的经理是克里斯托弗·迈尔斯。他也是波士顿著名餐厅的老板。1994 年，拉森因个人原因关闭了米凯拉餐厅。The Blue Room 餐厅于 2017 年歇业。——原书注

就像人工智能实验室和 MAC 项目掀起了人工智能的淘金热一样，媒体实验室激发了计算机科学另一个方面的梦想和活动——当时被称为新媒体。它代表了书籍、电影和电视等事物的融合，并承诺以新颖的方式协作、创造和学习。布兰德在书封上写道："有可以和朋友聊天的智能电话，有和真人一样可以做手势和交谈的线上影像，有交互式视频光盘，有实物大小、浮在半空中的全息影像，有搜寻网络并汇集反映每个观众感兴趣的节目的电视机，有计算机化的'线上现实'。"换句话说，近年来，许多事情已经取得了成果，也还有一些事情尚未实现。

媒体实验室背后的主要梦想家是麻省理工学院的建筑学教授尼古拉斯·尼葛洛庞帝（Nicholas Negroponte）。他与麻省理工学院前校长杰里·威斯纳（Jerry Wiesner）共同创立了这个实验室，并在接下来的 15 年里担任该实验室的主任。他召集了一批来自不同学科的世界级教授——包括来自人工智能实验室的马文·明斯基和西摩·派普特（Seymour Papert）。

尼葛洛庞帝现在是媒体实验室的名誉主席，创立了"一童一电脑"（OLPC）基金会，为发展中国家的儿童提供低成本、联网的电脑。OLPC 从 2005 年成立就一直位于肯德尔广场，直到 2010 年搬到佛罗里达州。尼葛洛庞帝表示，媒体实验室对肯德尔广场所产生的真正影响是不可估量的。一个值得尝试的方法是观察初创公司。截至 2020 年，该实验室在其网站上列出了 135 家分拆公司名单，平均每年超过 4 家，其中有一部分在肯德尔广场创立了自己的公司。不过这一数据从未被追踪过。

尼葛洛庞帝认为，媒体实验室还为吸引大型科技公司在肯德尔广场建立研发部门提供了助力。1964 年，IBM 为了靠近人工智能实验室和 MAC 项目所在地，在科技广场开设了一个研究处。媒体实验室很快吸引了其他几家公司。其独特的资助模式允许企业赞助各种研究项目。赞助商并不会获得他们所支持的研究的专有权利，但他们可以进入实验室，其中包括与教授和学生互动，以便在未来和潜在的招聘中获得优势。一些公司自然会在附近开设业务，以利用这种渠道。"每当有人问我'我们应该创建一个实验室吗？'，我总是说'当然'。"尼葛洛庞帝说，"你永远不知道有多少人会听，也不知道他们什么时候会去做。"

媒体实验室早期的合作伙伴之一是苹果公司。这在很大程度上要归功于艾伦·凯（Alan Kay）。凯是后来的图灵奖得主，他的企业生涯始于施乐帕罗奥多研究中心（Xerox PARC）。1983 年，凯与科幻电影《创》（*Tron*）的编剧、作家邦妮·麦克伯德（Bonnie MacBird）举行婚礼，尼葛洛庞帝曾担任伴郎。在媒体实验室成立的几年前，凯已经成为雅达利的首席科学家，并在肯德尔广场建立了一个研究实验室，以便同与尼葛洛庞帝的建筑机器集团以及人工智能实验室的明斯基和派普特结盟。雅达利剑桥研究院位于剑桥中心 5 号，于 1982 年 7 月开业，但不到两年就因雅达利业务下滑而关闭❶。但是凯对肯德尔广场却很热心。1984 年加入苹果公司后不久，他就把苹果公司首席执行官约翰·斯卡利（John Sulley）介绍给了媒体实验室。

斯卡利把麻省理工学院的这块飞地称为"秘密武器"。它在某种程度上取代了逐渐式微的施乐帕罗奥多研究中心。众所周知，乔布斯从这个研究中心获得了许多创意，其中就有 1984 年推出的麦金塔（Macintosh）电脑背后的图形用户界面（GUI）。斯卡利回忆道："1985 年，史蒂夫·乔布斯离开苹果公司后，艾伦·凯找到我，对我说'以后我们就没有帕罗奥多研究中心了……我们需要另一个灵感来源去激发卓越'。"这个灵感来源就是刚刚成立的媒体实验室。

几年后，苹果为"知识领航员"（Knowledge Navigator）制作了一个概念视频，描绘了 20 年后平板电脑的样子。斯卡利说："'知识领航员'中的很多创意都来自肯德尔广场和麻省理工学院媒体实验室。包括智能代理、多媒体、三维（3D）动画、模拟的重要性、面向对象编程、ARM 微处理器、视频的重要性、操作系统（Newton OS）等。所以具有讽刺意味的是，几十年后苹果最著名的产品很多都受到了肯德尔广场的启发。"

1989 年，苹果公司在主街 238 号设立了先进技术实验室（ATL），实验室所在的钟楼正对着主街和百老汇街交汇处的广场。先进技术实验室的创始董事艾克·纳西（Ike Nassi）曾是美国数字设备公司的经理，在苹果工作

---

❶　雅达利实验室的负责人是辛西娅·所罗门（Cynthia Solomon）。她从 1962 年开始担任明斯基的秘书，但很快就展示了自己在电脑方面的才能，与佩珀特（Papert）和沃利·福尔蔡格（Wally Feurzeig）共同设计了 Logo（标志）。该实验室的规模曾发展到共有 22 名全职员工和 10 名顾问。1984 年 4 月，在家庭视频游戏市场跌至谷底之后关闭。1985 年媒体实验室成立之初，包括明斯基的女儿玛格丽特在内的 3 名员工是第一批研究生。——原书注

到 2007 年，最终搬到加利福尼亚州，升任高级副总裁兼软件主管。该实验室主要为苹果早期的掌上个人数字助理（PDA）Newton 开发操作系统。第二年，先进技术实验室搬到了更现代化的空间，位于主街 1 号的七层，那里可以观赏查尔斯河的美景。纳西说，实验室的员工数量后来发展到 25—30 名。

苹果在此设立分部标志着肯德尔广场迎来了科技研发实验室的新浪潮。大约在 1990 年的某个时候，美国数字设备公司在肯德尔广场 1 号开设了它的剑桥研究实验室——和健赞在同一栋大厦里。与媒体实验室有联系的两家日本公司也在肯德尔广场设立了实验室。三菱电机研究实验室（MERL）于 1991 年在 201 百老汇街开业。它最终发展到有大约 75 名研究人员，从事人工智能、优化、信号处理、建模和仿真等领域的项目。几年后的 1993 年，日产汽车（Nissan）在剑桥中心开设了一个实验室，专注研究"驾驶体验"的未来。虽然三菱电机研究实验室在 2021 年还在运营，但日产汽车实验室已于 2001 年关闭。

与此同时，在 CambridgeSide Galleria 购物中心对面，一个小型的本土研究机构出现了。1992 年，艾琳·格雷夫（Irene Greif）领导的莲花研究中心（Lotus Research）成立。她于 1975 年成为麻省理工学院第一位获得电气工程和计算机科学博士学位的女性。格雷夫说："这个团队可能不会超过 20 多人的规模。"他的职责主要是为现有产品增加功能，以及开发新产品。他表示："我们一直强调合作。"莲花研究中心的发明之一是现在电子表格的标准版本控制系统，它提供了一种识别与跟踪不同版本文档的方法。2000 年左右，IBM 在罗杰斯街 1 号的莲花软件开发公司旧址扩大了研究业务，包括格雷夫在内的绝大多数团队成员都成了 IBM 研究院的一部分。"蓝色巨人"后来将其研究部门搬到了宾尼街 75 号，离肯德尔广场近了几个街区，只在罗杰斯街 1 号留下了一些业务。

这些实验室预示着更多的未来。信息技术巨头的企业研究部门将成为 20 世纪前十年肯德尔广场场景的标志——名单上除了苹果、IBM 和三菱，还有谷歌、微软、Facebook 和亚马逊等。

＊　＊　＊

当大型科技公司开始进军肯德尔广场时，一项重大的、改变社会的技术进步初露锋芒——互联网。

168

麻省理工学院和由博尔特·贝拉内克（Bolt Beranek）和纽曼领导的波士顿地区早期公司（现在称为 BBN 公司）在发明和开发阿帕网的关键方面发挥了重要作用，阿帕网是互联网的前身，也是互联网本身的基础。正如第 11 章中提到的，前 3 个互联网域名分别花落波士顿的 BBN 公司和肯德尔广场的两家公司——Symbolics 和思维机器。尽管有先发制人的优势，但东海岸的风头很快就被西海岸抢走了。到 20 世纪 90 年代初，西海岸已经在互联网方面占据了主导地位。但是，互联网的根深深扎在波士顿周边——在接下来的数年里，该地区互联网的力量仍然强过生物技术的力量。

1994 年，蒂姆·伯纳斯-李来到剑桥，成立了万维网联盟，为这一新兴媒体制定标准。就在 5 年前，他写了一篇具有开创性意义的论文，提出了万维网（World Wide Web）。蒂姆·伯纳斯-李和万维网联盟的总部最初都在科技广场的麻省理工学院计算机科学实验室，但随着计算机科学与人工智能实验室的创建，他们将搬到新建的史塔特科技中心。

整个 20 世纪 90 年代，肯德尔广场和波士顿及其周边地区涌现了许多基于互联网的初创公司。其中最闪亮的明星是成立于 1990 年的信息技术（IT）咨询公司沙宾特（Sapient）。沙宾特于 1996 年上市，并将公司的名字刻在了纪念大道 1 号的新办公大厦上，所有经朗费罗桥进入肯德尔广场的人都能一眼看到它。该公司营收最高时约为每年 5 亿美元，后在 21 世纪初的互联网泡沫破裂期间跌至谷底。但沙宾特坚持了下来，最终于 2015 年以约 37 亿美元的价格卖给了法国广告公司阳狮集团。

另一家雄心勃勃的公司是互联网技术公司艺术科技集团（Art Technology Group，ATG）。它的两位创始人，乔·钟（Joe Chung）和马亨德日特·"日特"·辛格（Mahendrajeet "Jeet" Singh）的本科都就读于麻省理工学院，曾经是兄弟会（Alpha Kappa Delta Phi）的成员，其他成员还包括科林·安格尔（Colin Angle）、布拉德·菲尔德（Brad Feld）、艾兰·伊戈滋（Eran Egozy）、萨米尔·甘地（Sameer Gandhi）和约翰·恩德科夫勒（John Underkoffler）。安格尔联合创立了机器人产品与技术专业研发公司 iRobot。伊戈滋是《吉他英雄》系列游戏的开发商 Harmonix 的联合创始人。菲尔德是美国种子加速器 Techstars 的创始人之一，是世界著名的风险投资人和博主。甘地是领先风险投资公司 Accel 的合伙人。恩德科夫勒是一名研究手势控制技术等新型计算机界面的专家，他创立了 Oblong Industries，并担任电影《少数派报告》的未来技术导师。

艺术科技集团最初的概念是把互联网知识和设计结合起来，创造出交互式博物馆展览之类的东西，但后来它演变成了建造和维护电子商务软件和网站——新网络世界的店面。1991 年成立后，艺术科技集团的第一个总部设在哈佛广场华兹沃斯独立书店楼上。经过几次搬迁，该公司终于在东剑桥第一街 25 号落户，位于肯德尔广场的边缘——汽车共享服务提供商 Zipcar 后来也在这栋大厦里，互联网营销公司 HubSpot 现在也在这里。在互联网泡沫最严重的时候，该公司的营收从 1999 年的 1600 万美元飙升至次年的超过 1.5 亿美元。1999 年，该公司通过首次公开募股募集了 5000 万美元，次年又通过二次募股募集了约 1.5 亿美元。后来，它也成了互联网泡沫破灭的受害者。艺术科技集团通过大规模裁员坚持了下来，并于 2010 年被甲骨文收购。钟和辛格早就变现了，并一度追求不同的道路。但就在同一年，他们重组成立了红星创投（Redstar Ventures）。这是一家精品创投公司，总部位于肯德尔广场 1 号。

随着 20 世纪 90 年代的大幕落下，几乎没有一家波士顿地区的公司能达到西海岸同行的高度——虽然肯德尔广场在 20 世纪 80 年代可以说是人工智能公司的头号来源，但到了互联网时代则不然。钟说："事实是，那一代人在这里取得了一些巨大的成功，但与西海岸同行相比，这些成绩只是九牛一毛。这里从未发生过的一件事是，这些成功退出的公司将大量资金投入新公司。日特和我都认为我们（在红星创投）尽了自己的一份力，但在技术方面远不如硅谷。"

那个时代里有一家互联网公司是个例外。它没有在网上销售杂货或宠物食品，也没有率先推出社交媒体应用。相反，它追求的是激增的互联网面临的一个非常艰巨的挑战——网络拥塞。该公司在肯德尔广场创立、发展、壮大，至今仍是唯一一家本土上市的互联网巨头。它的主要创始人是两位数学天才——一位是麻省理工学院的教授，另一位是前以色列国防军军官。他们的公司有一个有趣的名字——"阿卡迈科技"。这个词来自夏威夷语，意思是聪明或智能。

* * *

阿卡迈科技成立于 1995 年，当时蒂姆·伯纳斯-李向阿卡迈科技寻求帮助。互联网越来越受欢迎，但蒂姆预见到即将产生一个网络流量问题：万维网（World Wide Web，意为世界范围的网络）得到了一个无奈的外号——"世界范围的等待"（World Wide Wait）。他的万维网联盟位于科技广场 545 号三楼的麻省理工学院计算机科学实验室，离一位明星数学理论家只有几步之遥——所以向他提到这个问题是很自然的。

这位数学家就是弗兰克·汤姆森·"汤姆"·莱顿（Frank Thomson "Tom" Leighton），他在 1989 年拿到正教授时才 30 岁出头。他全权负责算法组。"蒂姆在走廊那头，他在谈论挑战。他说我们将会遇到拥塞问题。"莱顿回忆道[1]，"他知道我们的算法组是思考这个问题的合适团队。"

如果有足够多的人想要在同一时间访问同一个网站的内容，就会产生流量拥塞，这跟繁忙的杂货店收银台情况一样。在互联网术语中，这被称为热点（hot spot）或 Flash Crowd[2]。随着使用互联网的人越来越多，这个问题只会变得更糟。出于好奇，莱顿获得了美国国防高等研究计划署的一些资金来研究这个问题。他还向选拔出的学生提出了挑战，让他们开始研究可能减少瓶颈的算法。

第二年，一个非常特殊的学生加入，他就是丹尼尔·"丹尼"·卢因（Daniel "Danny" Lewin）。勤奋上进的卢因在 9·11 袭击中丧生，他就在从波士顿飞往洛杉矶第一架撞向世贸中心的飞机上。几乎可以肯定的是，他在坠机前被刺身亡。许多认识他的人都认为，他曾经试图与劫机者对峙。

"丹尼是一个非凡的人。非常聪明，非常执着，有紧迫感，有优秀的领导能力。他是以色列特种部队'总参谋部侦查部队'的指挥官。这个部队和三角洲特种部队类似。"莱顿回忆，"他的想法真的很有创意。他喜欢解决非常困难的问题。"因此，富有个人魅力的卢因对互联网瓶颈问题着迷也就不

---

[1] 莱顿还曾在思维机器公司担任顾问，在暑期给员工讲授并行计算课程。——原书注

[2] Flash Crowd 是短时间内大量用户对特定 Web 站点访问激增引发的流量异常。——译者注

足为奇了（见图 14-1）。

图 14-1　1998 年（或 1999 年），年轻的教授"汤姆"·莱顿在阿卡迈科技早期的办公室与丹尼尔·卢因交谈

📃 资料来源　阿卡迈科技。

　　卢因很快就成了一致性哈希算法（consistent hashing）协议的核心贡献者。几年后，他以此完成了硕士论文❶。"哈希是计算机科学的基本原理之一。"莱顿解释道，"这是一种决定在哪里存储东西的方式——它在某种程度上平衡了存储内容的位置。这样你以后就可以快速获取它们。"一致性哈希算法使其规模扩大。"那里有很多内容，你不能把所有内容都放在每一个服务器上，你必须把它们分散开来。服务器会启动和关闭，内容会不断增加，所以你必须进行一些再平衡。""但你希望它越少越好。所以一致性是指事物尽可能地保持原样，这样你就可以在不关闭系统的情况下继续运行。这是一种非常优雅的和最优的算法。"

　　要把他们提出的理论和算法转化为代码，还有很多工作要做。但他们很快意识到一致性哈希算法具有商业潜力。1997 年，斯隆管理学院的一名学生普利蒂什·尼哈万（Preetish Nijhawan）是卢因在麻省理工学院学生公寓的

---

❶　该协议的作者是莱顿、卢因、大卫·卡尔格（David Karger）、埃里克·莱曼（Eric Lehman）、马修·莱文（Matthew Levine）和里纳·帕尼格拉（Rina Panigrahy）。——原书注

邻居，他建议他们组队参加麻省理工学院的 5 万美元（50K）创业比赛。这项有奖竞赛（现在叫作 10 万美元创业比赛）是由斯隆管理学院教授埃德·罗伯茨（Ed Roberts）等人在 1990 年创立的，当时叫作 1 万美元创业比赛。

在那年秋天的预赛中，该团队摘得软件和媒体类的桂冠——这是赛事最初设定的 10 个类别之一❶。"我们赢了 100 美元，普利蒂什非常开心。"莱顿回忆道，"他说赢得软件类奖项意义重大。"又经过几轮评审后，他们入选第二年参加主竞赛的 6 名决赛选手。然而，他们在决赛中失利，奖金也被前三名瓜分了。❷

卢因未能在 5 万美元创业比赛中赢得大奖，这对他打击尤其严重。在他 28 岁生日那天，也就是比赛后一周，卢因给朋友发了一封电子邮件：

> 硅谷那边志得意满地赚着大钱……在这个行业中，有许多人一夜暴富，他们甚至没有产品或客户！……你要做的主要事情就是在接下来的几年里不停地画饼，在接下来的很多年里不停地散布废话。有些人只要最后的回报足够高就可以接受。我不是这样的。我们的计划是以正确的方式去做成一家成功的公司——有产品、有市场、有购买产品的客户。

"这是一记耳光。丹尼不喜欢失败。"莱顿回忆道。但在准备比赛的过程中，他们学到了很多创业知识。除此之外，他们还与潜在投资人进行了沟通。一家是北极星风险投资公司（Polaris Venture Partners），现在叫北极星伙伴公司（Polaris Partners）。该公司成立于 1996 年，但创始团队享有很高的

---

❶ 该团队最初给公司起的名称是 Cachet Technologies。——原书注

❷ 在正式比赛之前会举办一段短暂的预赛——基本上是一个电梯推介。在阿卡迈科技的时候，预赛的奖金是 1000 美元，10 个类别的获奖者每人获得 100 美元。正式比赛的奖金应该是第一名 3 万美元，后两名各 1 万美元。但当两支队伍并列第一时，一位匿名人士给奖金池捐赠了 2 万美元。这样一来，两名冠军每人可获得 3 万美元，季军获得 1 万美元。然后，其中一名冠军选手 Direct Hit 将其奖金从奖金级别中捐赠给了决赛选手——因为他刚刚获得了一笔大的风险投资。莱顿认为阿卡迈科技得到了 5000 美元奖金。由于获得了莱顿和安妮·卢因（丹尼·卢因的遗孀）的捐赠，这项比赛在 2006 年更名为 10 万美元创业比赛。——原书注

声誉。北极星风险投资公司还有一位名叫乔治·康拉德斯（George Conrades）的新合伙人。他是一名经验丰富的高管，在 IBM 工作了 31 年。1994 年，他来到波士顿，担任总部位于剑桥的 BBN 的首席执行官，在那里他创立了BBN Planet。这家公司后来成长为美国第三大互联网服务提供商。几年后的1997 年，他以 6.16 亿美元的价格将 BBN 卖给了 GTE❶。BBN 的交易一完成，他就在北极星风险投资公司的两位创始人特里·麦奎尔（Terry McGuire）和乔恩·弗林特（Jon Flint）的鼓动下加入了该公司，与早期公司合作，并帮助评估新交易。❷

康拉德斯回忆道："在北极星工作的第 6 个月，莱顿和莱文来了，他们开始讨论一种在互联网上传递内容的全新方式。"莱顿比他出名早。"每个人都认识汤姆。"康拉德斯说，卢因显然是一个特别的人，他出生在科罗拉多州，但他一生大部分的时间都在以色列度过，"他是麻省理工学院和以色列特种部队的惊人组合。我从来没见过哪个人做任何事都如此用力——他说话的方式、他开玩笑的方式、他拍你肩膀的方式"。

康拉德斯一边听着，一边想："哦，天哪，这是个多么伟大的想法啊。因为如果真像他们说的那样管用的话，那他们将解决互联网上的瓶颈——'世界范围的等待'，这是我们在 BBN 每天都面临的问题。"

另一家当地风险投资公司电池投资公司（Battery Ventures）也表示了强烈的兴趣，它的合伙人之一托德·达格雷斯（Todd Dagres）在看到 5 万美元创业比赛后就联系了他们。［达格雷斯后来共同创立了波士顿的另一家领先的风险投资公司星火资本（Spark Capital）。］两家公司都投资了 400 万美元，康拉德斯和其他几位天使投资人也先后入局。当时，康拉德斯拒绝了担任首席执行官的邀请，但他同意接受北极星董事会的职位，并担任董事长。

阿卡迈科技最初在肯德尔广场 1 号有一系列小办公室。当时，尼哈万已

---

❶ 从 2020 年 3 月 11 日对康拉德斯的采访中可以知道，BBN 卖给了 GTE。——原书注

❷ 康拉德斯是一名风险合伙人，但并不是该公司的正式合伙人——通常被称为总经理或普通合伙人。风险合伙人通常是经验丰富的商人，他们帮助管理或为投资组合公司提供建议，但不是全职工作。许多人处于半退休状态。——原书注

经在麦肯锡公司找到了工作，而莱文同在斯隆管理学院的朋友乔纳森·西利格（Jonathan Seelig）加入了团队：他和后来成为风险投资人的加州商人兰德尔·卡普兰（Randall Kaplan），以及莱文和莱顿一起被列为联合创始人。莱顿担任首席科学家，莱文担任首席技术官，卡普兰担任业务发展副总裁，西利格担任战略和企业发展副总裁。

最初他们想把服务卖给美国电话电报公司（AT&T）这样的运营商。但他们无法让这些公司相信这项技术是可行的。所以他们将重点转移到帮助大型内容提供商确保他们的网站能够正常运行。这就需要他们把频繁请求的内容放在战略部署在世界各地的各种互联网服务提供商附近的服务器上——互联网的"边缘"。"边缘计算"一词在 2018 年或 2019 年获得了极大的关注，而阿卡迈科技几乎在其整个生命周期中都在谈论边缘。

迪士尼是其早期客户。随着阿卡迈科技的发展，它最终创建了自己的网络运营指挥中心。在那里，巨大的屏幕全天候监控着全球互联网流量。在那些日子里，网络运营指挥中心在公司搬到百老汇街 201 号后的一个小房间里，里面大概只有 6 块电脑屏幕。莱顿还记得，当他们从迪士尼网络分出单个像素时，大家都挤在显示器周围的情景。

阿卡迈科技的重大突破（实际上是同一天内两次重大突破）发生在第二个月。其中一个突破让整个公司措手不及。另一个是计划中的，但其规模和影响也不在预料之中。那天是 1999 年 3 月 11 日。首先是彻头彻尾的惊喜——全美大学体育协会第一级男篮锦标赛（NCAA）在"疯狂三月"的首场比赛。ESPN（娱乐与体育节目电视网）正在报道比赛。"为 ESPN 提供软硬件支持的是一家名为 Infoseek 的搜索引擎，当时这家公司是互联网的明星"莱顿回忆道。阿卡迈科技曾试图与 Infoseek 签约，但遭到了拒绝。

"然后在疯狂三月的第一天，我们接到 Infoseek 的电话：'你想让我们做的那个试验，我们现在就想做。你们能在一秒钟内处理 2000 个请求吗？'"莱顿说，"现在我们每隔几分钟就会处理一次。但我们是初创公司。我们已经让这个东西规模化了，所以我们说'是的。'"

对于"阿卡迈科技"，客户所要做的就是调整其网址（URL）上的主机名以指向阿卡迈科技（见图 14-2）。"所以不到 15 分钟，他们就做到了这件事。我们的平台上每秒有 3000 次点击。"莱顿说，"然后我们发现 Infoseek 宕

图 14-2　在阿卡迈科技的网络运营指挥中心跟踪全球互联网流量

资料来源　阿卡迈科技。

机了，ESPN 也下线了。他们甚至不知道有多少流量，因为他们所有的系统都崩溃了。然后他们马上又上线了。所有人都注意到，突然之间，即使在这样的负载下，ESPN 网站的速度也比正常情况下快了 6 倍。"

当天晚上，ESPN 的情况还不止于此，《星球大战前传 1：幽灵的威胁》的预告片在流媒体上发布了。《幽灵的威胁》是第四部《星球大战》电影。两年前重返苹果的史蒂夫·乔布斯买下了预告片在线播放的独家版权，以推广苹果的视频播放器 QuickTime。然而，阿卡迈科技的工作人员当时并不知道这一点。为了发展他们刚刚起步的公司，他们与《今夜娱乐》签订了一份协议，将在东部时间 19 日晚上 9 点开始在其网站上发布预告片。[1]

"整个公司的人都在那里。"莱顿回忆道，"风险投资人也在那里。因为我们要发布重要的《星球大战》的预告片。于是我们做成了。我们交付了产品，一切都很顺利。然后，我们开始阅读新闻报道，说 apple.com 崩溃了，为苹果网站提供支持的网站都瘫痪了。我们开始看到其他文章说，所有能看

[1]　1999 年 3 月发布的这条预告片更重要。——原书注

盗版预告片的网站都关闭了，只有一个例外。人们唯一能看到预告片的地方就是《今夜娱乐》。嗯，就在那时我们意识到我们有一个盗版拷贝。《今夜娱乐》的网站上不应该能看到它。"

公司由此得到媒体关注是一件好事。莱顿说道："我们获得了大量的报道。"几周后，也就是 4 月 1 日，阿卡迈科技总裁保罗·萨根（Paul Sagan）接到一个自称是史蒂夫·乔布斯的人打来的电话，后者说想收购公司。萨根曾是时代华纳的高管，在公司成立几个月后加入，为其带来了一些商业管理方面的经验。他说自己挂了电话，并责怪莱顿和卢因在愚人节跟他开玩笑。直到今天，莱顿都不确定萨根告诉同事他挂掉了与乔布斯的通话，是不是在跟他们开玩笑。"不管怎样，"他说，"那是史蒂夫，他当时想要买下我们的公司。"最终，阿卡迈科技决定不出售。莱顿说："但苹果成了我们的大战略投资方和大客户。直到今天，它还是我们最大的几个客户之一。"

如果"独角兽"这个词在当时的商业用语中存在的话，那么阿卡迈科技可能已经是一头打了兴奋剂的独角兽了。此后不久，莱顿和卢因终于说服康拉德斯做他们的第一任首席执行官。随着顶级客户越来越多，阿卡迈科技于 1999 年 10 月 29 日成功上市，当时正是互联网泡沫最严重的时候。该公司的销售额没什么值得大书特书的——某年前 9 个月的销售额为 130 万美元，而亏损为 2830 万美元。但似乎没有人在乎。正如美联社所写的那样："投资人对这家亏损的小型互联网公司的热烈欢迎，赋予了它一个惊人的估值。"❶

阿卡迈科技的股票定价为每股 26 美元。开盘时，股价已升至 110 美元，收盘时略高于 145 美元。当时，该公司的股票较发行价上涨 458%，成为历史上第四热门的 IPO，使该公司的市场估值超过了 130 亿美元。但疯狂还没有结束。几个月后，阿卡迈科技的股价飙升至每股 345 美元的历史新高，一时间让阿卡迈科技的市值达到了 350 亿美元。"这完全是疯狂的。"莱顿惊叹道，"我们正在损失一大笔钱。我们公司的市值达到了 350 亿美元，而苹果在我们公司所持股份的价值比苹果所有其他公司（或者至少是很大一部分公司）的价值加在一起还要高。这表明事情是多么古怪。"

---

❶ 2001 年 4 月，《福布斯》估计卢因的财富为 2.859 亿美元，莱顿紧随其后，其财富为 2.843 亿美元。——原书注

康拉德斯补充道："我们的规模比通用汽车还要大。简直是疯了。"

*　*　*

2001年9月11日，丹尼·卢因赶到洛根机场，乘坐美国航空公司上午8点直飞洛杉矶的11号航班。他坐在头等舱，5名劫机者都在那里。根据9·11美国国家恐怖袭击事件委员会的报告，"关于飞机上发生的事情，我们所知道的大部分信息都来自两位从经济舱打来电话的空姐——贝蒂·翁和马德琳·'艾米'·斯威尼。她们报告说，飞机被劫持了，前面的两名空乘人员被刺伤，但都不是致命伤，还有一名乘客已经遇难。这名乘客被确认为坐在9B座位上的人，也就是卢因的座位——美国国家恐怖袭击事件委员会得出结论，卢因很可能是被正坐在他身后的萨塔姆·苏卡米刺伤的"。"卢因曾在以色列军队中担任4年军官。他可能试图阻止前面的劫机者，而没有意识到后面还坐着另一名劫机者。"报告称。人们普遍认为他是第一个死于9·11恐怖袭击的人。

那天早上，当莱顿听闻有两架飞机撞向世贸中心大厦时，他还在家里。他打开电视，目睹了一场灾难。"我很懵。但我知道丹尼那天早上要坐飞机，然后电视上说有一架从波士顿飞往洛杉矶的飞机坠毁了。我知道他要从波士顿飞去洛杉矶，但是电话打不通——它们都被打爆了，所有人都想知道发生了什么。"

于是他开车去阿卡迈科技的办公室，然后到了科技广场，走进大厦，"看到丹尼的妻子在那里已是泪流满面"。

那天早上，阿卡迈科技并没有时间悲伤。"就在同一天，所有的政府和新闻网站都重新上线了，这对我们的业务来说是非常艰难的一天，因为对内容的需求极大。"莱顿说，"此外，政府网站也遭到了攻击。现在，我不知道这是协调好的，还是只是受到了正在发生的事情的启发。但它们受到了攻击，所以我们要运用我们的能力让它们全部恢复在线。"

"每个人都像疯子一样工作，以应对悲伤。太残忍了。"但该公司应对自如，服务器也岿然不动。

*　*　*

阿卡迈科技多年来经历了几次起起伏伏，但都比不上那至暗的一天及其直接后果。当年早些时候，互联网泡沫破裂。公司股票暴跌，甚至在9月

11 日之前，阿卡迈科技就已经裁掉了大约 1500 名员工中的 500 人。2002 年，情况变得更糟，该公司的股价跌至每股 56 美分。这与两年前 345 美元的最高股价相去甚远，该公司又裁掉了 500 人。

来自康拉德斯的老东家 IBM 的首席执行官路易斯·郭士纳（Lou Gerstner）说过的一句话引起了这位阿卡迈科技负责人的注意。"他说互联网公司如同暴风雨前的萤火虫。"康拉德斯回忆道，"这句话给了我沉重的打击，因为他的意思是，著名的公司、企业都将使用互联网。"那些正在苦苦挣扎或已经破产的互联网公司将被拍死在沙滩上；那些古板的老牌巨头最终会实现这一目标，并支撑起大局。

"这给了我希望。"康拉德斯说。阿卡迈科技立即改变了战略，专注于吸引企业客户，而不是互联网内容公司和服务提供商。"幸运的是，可以说十分幸运的是，互联网公司倒闭之后，这些老牌企业开始在互联网上崛起。我们可以说：'再见，SurfMonkey.com。你好，通用汽车。'"

哈佛商学院的一个案例研究报告后来提道："到 2009 年，阿卡迈科技是市场领先的 CDN（内容分发网络），占有大约 60% 的市场份额……该公司还服务于约三分之一的《财富》全球 500 强企业，包括全球所有 20 家顶级电子商务网站、10 家顶级社交媒体网站中的 9 家，以及所有顶级互联网门户网站。"

康拉德斯于 2005 年辞去首席执行官一职，将控制权交给了保罗·萨根，但前者一直担任董事会主席，直到 2018 年退休。萨根领导阿卡迈科技直到 2012 年，之后他将火炬传给了联合创始人莱顿。

到目前为止，阿卡迈科技在莱顿的领导下蓬勃发展。虽然它还没有像苹果、微软、谷歌、亚马逊、Facebook 和西海岸的其他公司那样成为真正的互联网巨头，但它的成功令人印象深刻。2020 年，该公司营收超过 30 亿美元，利润超过 8 亿美元。它拥有 7500 名员工，在 135 个国家的 4000 多个地点维护着大约 34 万台服务器。莱顿表示，阿卡迈科技是唯一一家在估值下跌超过 600 倍的情况下幸存下来的上市公司。

不过，它的业务性质正在发生变化。截至 2020 年，阿卡迈科技主攻 3 个细分市场，每个细分市场约占阿卡迈科技营收的三分之一，分别为内容交付、应用程序加速和安全保障。"再过几年，安全保障将成为最大的业务。

不久之后，它将成为我们营收的大头。"莱顿断言。"黑客和网络攻击几乎从互联网诞生之初就开始了，"他说，"但我们现在所处的情况是，政府投入了大量资金去应对各种不同种类、不同动机的网络攻击：经济上的、为一些更大的敌对行动做准备、操纵选举、攻击社会纤维等。网络攻击很猖獗，而且攻击载体正在迅速变异。"

在阿卡迈科技的发展历程中，其总部一直设在肯德尔广场。它从肯德尔1号的小隔间搬到了1个街区之外的百老汇街201号，然后又搬到了科技广场565号，和计算机科学实验室在同一栋大厦里。在那里，公司体量发展到大约1500人，占据了整栋大厦，并扩展到另外两栋大厦。当互联网泡沫破裂，公司濒临破产时，它利用这一点摆脱了租约。但它只搬了几个街区开外的百老汇街150号。随着公司业务起死回生，阿卡迈科技接管了那栋楼，并扩展到剑桥中心内外的其他五栋建筑的一部分，然后于2019年年底再次搬到百老汇街145号的19层大厦。现在剑桥的所有业务都在那里整合（见图14-3）。

康拉德斯说，他们从未想过把公司总部设在其他地方。"我们一直认定肯德尔广场的原因之一是，我们想要在麻省理工学院的步行距离内。"随着公司发展、收缩、停留，然后再次发展，它周围的整个景观都发生了变化。低矮的旧建筑被拆除，空地和停车场被填满，现代化的新高层建筑拔地而起，价格也随之上涨，但这几乎都是为生物技术和制药公司服务的，而不是像阿卡迈科技这样的IT初创公司。

图 14-3 阿卡迈科技总部大厦，于2019年11月投入使用

康拉德斯说："突然之间，我们周围建起了大型办公楼。这些办公楼里有实验室。""高科技公司正在向加利福尼亚州转移，只有我们还在坚守。"

👁 聚焦 | 利塔·内尔森谈技术许可和"集群如何自给自足"

推动创新、公司成立和经济增长的一个关键部分涉及大学对科技进步的许可。

麻省理工学院长期以来一直是技术许可的核心，其技术许可办公室（TLO）的总部目前设在主街 255 号的五层，毗邻肯德尔广场中心的万豪酒店。技术许可办公室的长期负责人是利塔·内尔森（Lita Nelsen）（见图 14-4）。她在这里工作了 30 年，担任了 23 年的主任，在 2016 年退休。技术许可办公室每年进行 90—100 项授权交易，每年会帮助麻省理工学院成立 20 多家公司。麻省理工学院通常会持有股权。尽管这些公司可以在任何地方扎根，但它们中的许多都将总部设在肯德尔广场。"你走在街上，你就会说'嗯，我记得这个是什么时候成立的，我记得那个是什么时候成立的'。"内尔森曾经说过。

图 14-4　2015 年，穿着滑雪鞋的利塔·内尔森在她家附近，当时波士顿地区降雪量达到了创纪录的 108 英寸

🔍 资料来源 利塔·内尔森。

这位前技术许可办公室总监会去往世界各地，去帮助人们了解肯德尔广场的"秘方"（她将其称为"秘方"）。她在技术许可领域的经历为她提供了一些有关肯德尔广场等方面的关键见解。

内尔森在皇后区长大，1960 年获得本科奖学金进入麻省理工学院学习。

女性现在占学生群体的 46%，但在她的本科班级中只占 2%。她和一些女性朋友写了一首小曲儿："50：1，我觉得挺不错的，49 个男人和我。"

尽管如此，内尔森还是以全班第一名的成绩毕业于化学工程专业，并获得了该专业的学士学位和硕士学位。后来，她加入了一位教授的初创公司，在工业界工作了 20 年左右。1986 年，她回到麻省理工学院，入职许可证办公室。内尔森回忆道："当时，技术转让开始变得重要起来，斯坦福大学做得非常出色。"麻省理工学院就不是这样了。她说，这个办公室深陷在官僚主义的泥潭中，会发生不回电话之类的事情，而且在教职工或公司中声誉不佳。麻省理工学院负责科研的副校长肯·史密斯（Ken Smith）认为，这个问题需要解决。他推动了一次彻底的重组，并说服了斯坦福引以为傲的授权办公室主任尼尔斯·赖默斯（Niels Reimers）来麻省理工学院休一年假，领导这项工作。

内尔森在看到赖默斯正在招聘的一个职位的广告后，便向麻省理工学院提交了申请。她和后来成为技术许可办公室下一任主管的约翰·普雷斯顿（John Preston）在同一天入职。她很快就适应了："我是本地人。我会说他们的语言。"

她还看到了一些重要的事情正在发生，那就是生物技术。这个领域当时还处于起步阶段，但她感觉到，它即将发明出解决重大医学问题的工具和科学。内尔森告诉赖默斯："如果你把生物技术投资组合交给我做，我就愿意接受这份工作。"他同意了。

事情从那里开始发展。"我们一起行动，一起制定政策，非常保守。我们开始在公司中持有一些股权，并允许教师拥有股权——但仍然拥有独家执照。"她回忆道。

1986 年，赖默斯回到斯坦福大学后，普雷斯顿担任主任。6 年后，普雷斯顿升职后，内尔森被任命为办公室负责人。她刚开始在麻省理工学院工作时，技术许可办公室总共有 8 个人。到 2016 年她离开时，办公室已经有 48 名员工（40 名员工和 8 名实习生）。这里处理的发明披露数量（来自麻省理工学院和林肯实验室）从每年 150 件增加到 850 件。这些发明中的近一半都在生命科学领域。

"这需要做大量的数据和文书工作。"她谈到这份工作时说。许可协议是

"活的文件，就像婚姻一样。这段'婚姻'要持续 20 年，比大多数人的婚姻都要长"。技术许可办公室不仅要跟踪修改和修订，而且"你还要管理进入办公室的 800 项新发明。这还只是那一年的。你还得管理前一年的 800 项发明"。

以下是内尔森传奇职业生涯中的一些其他经验教训和见解。

关于《拜杜法案》：内尔森说，这项 1980 年出台的法案对技术许可"绝对"至关重要。该法案基本上允许大学和其他实体拥有受联邦资助的研究产生的发明。这使得许多大学发生了翻天覆地的变化，允许他们授权教授的发明——不仅带来了专利使用费，而且鼓励了衍生公司。内尔森说，在该法案生效之前，已有一些与个别联邦机构打交道的高校从所谓的机构专利协议（IPAs）中受益，这些协议基本上允许同样的事情。《拜杜法案》使这种做法广泛传播。❶

专利的收入如何分配：普遍的看法是专利使用费在高校、发明人所在的部门和发明人三者之间平均分配。内尔森说，这种看法与实际很接近，但不完全正确。首先，麻省理工学院从顶层会扣除 15%。然后剩下的 85% 中的三分之一归发明者所有——占总数的 28.3%。剩下的大约 57% 由学校和发明所属的院系或研究中心两者来分，但不一定是平分。内尔森说，这是一个"复杂的公式"，"你需要麻省理工学院的学位才能理解它，但即便如此，它也会让你感到无聊"。因此，在麻省理工学院拿走 15% 之后，大致可以把它看作是三分之一。

为何麻省理工学院要从顶层拿走 15% 的专利使用费："谁会为不赚钱的专利和发明买单？"内尔森提出了一个问题。她指出，略多于一半的专利能够获得授权，而能带来可观收入的专利比例要小得多。她指出，如果没有这一部分费用，技术许可办公室"很快就会亏损"。

关于麻省理工学院入股初创公司——麻省理工学院将入股初创公司，有时会降低预付费用，很少会采取全股权交易。但它只要普通股，不要优先股。这意味着，如果有进一步的融资，学校的份额将被稀释。内尔森说，麻

---

❶ 内尔森表示，麻省理工学院参与了 IPAs，但并没有做太多事情。——原书注

省理工学院经常会被稀释到"顺势疗法❶的比例"。

这不是钱的问题：有很多关于高校从像佳得乐这样的关键发明中赚大钱的故事。"别信。"内尔森说，"除非你很幸运，否则这并不是一个赚钱的行业。""但你应该觉得，如果你是一所大学，你有义务把纳税人资助的研究转化为治疗疾病的方法。如果你不与业界合作，这件事情就不会发生。"

肯德尔广场如何成长为一个自给自足的生物技术中心：内尔森曾经读过一份来自英国的关于集群如何形成的研究。她说，研究发现这基本上是大型公司，如跨国公司，进入一个地区或在那里发展，并成为支柱。随着提供支持的供应商和其他大公司的出现，集群不断发展，并且一切发展从那里开始。但这并非麻省理工学院周围发生的事情。她说："如果你看看肯德尔广场和生物制药公司，你会发现这完全是颠倒的——100%颠倒的。"这主要是因为生物技术的发展，以及麻省理工学院吸引了大型制药公司。部分原因是制药巨头在20世纪八九十年代削减了研发和大量裁员，"他们回头一看，在新药产品线的输出端，没有任何东西出来。这是为何？因为没有人往里面放东西"。他们自然而然地转向了生物技术公司，进行交易并收购它们，通常是以高昂的价格——以肯德尔广场为例，它们搬到了离生物技术公司和提供人才的大学更近的地方。

内尔森指出，甚至在21世纪初大型制药公司进入之前，肯德尔广场的基础设施就开始围绕生物技术建设，"越来越多的风险投资加入进来。地主开始习惯向可能一年内都不会出现的蓝天生物技术公司发放许可。会计师事务所和律师事务所开始花更多时间学习市值表是什么，如何为新公司的创业者提供建议。那是一个专长。那里并没有"。

关于强有力的管理对集群的重要性："除了风险资本，疯狂的风险资本，你还需要知道如何科学地管理产品和募集资金的首席执行官。他们是一种非常非常稀缺的资源——可以说是最稀缺的资源。在大多数地方，根本找不到他们这样的人才。"内尔森说。"集群自给自足"，她补充道。在波士顿市，渤健、健赞等公司的早期成功造就了拥有强大技术或科学背景的经理人。这

---

❶ 顺势疗法是一种有关天然药物的疗法。它会从各种植物、矿物质或动物中提取剂量非常小的某种物质来刺激病人自身的抵抗力。——译者注

些背景帮助他们成了出色的首席执行官，"在生物技术领域，这已经成为现实——比在 IT 领域更明显"。

关于麻省理工学院是否应该启动孵化器："人们对我说：'麻省理工学院有孵化器吗？'我的经典回答是：'有，它叫剑桥。'"

第 15 章

剑桥创新中心：肯德尔广场的创业中心

艾米和蒂姆·罗花了 4 年时间，与世界各地的商业客户会面，收获颇丰，他们决定是时候做出改变了。这对夫妇在麻省理工学院斯隆管理学院就读时相识，两人在 1995 年获得 MBA（工商管理硕士）学位后双双进入了咨询行业——艾米去了麦肯锡公司，蒂姆去了波士顿咨询公司。几年后，两人结婚。到 1998 年年底，他们认为职业所要求的长时间工作和频繁的公路差旅不适合有家庭的人。

两人都面临着启动问题。互联网热潮弥漫在空气中，一些本地互联网公司（例如艺术科技集团和新崛起的阿卡迈科技）获得了巨大的关注。蒂姆甚至在读研时的一个夏天为乔·钟和日特·辛格工作过：他是艺术科技集团的第 13 号员工。

到了 1999 年，艾米的创业计划比蒂姆走得更远——她创办了一家名为 TravelFit 的公司。这是一家为那些想在旅途中保持身材的人提供在线资源的网站。为了帮助她，蒂姆带头寻找办公场所。在那次寻找中，肯德尔广场的标志性建筑之一——剑桥创新中心得到了他们的关注。

剑桥创新中心是公认的高科技联合办公空间的先驱。然而，蒂姆说，当时很少有人会共用一间办公室，"而'联合办公'这个词直到 6 年后才出现在词典中"。这一切都始于那年 6 月，当时他们在肯德尔广场最核心的主街 238 号租下了一座钟楼，面积约 3000 平方英尺。从那以后，剑桥创新中心已经在肯德尔广场又增加了 3 个地点。另一个在波士顿，并在美国和美国之外的其他 6 个城市开设了姊妹设施，并计划增设更多办公空间。剑桥创新中心声称，在其 20 多年的时间里，已经有 5000 多家公司在此办公，由此累计募集了超过 100 亿美元的风险投资。2020 年伊始，已有超过 2200 家初创公司和其他租户入住其空间，其中约 35% 都在肯德尔广场。2020 年春季，新冠疫情迫使剑桥创新中心暂时关闭了全球所有的办事处。部分得益于一些创新且更灵活的资助计划，以及名为剑桥创新中心医务中心（CIC Health）的新子公司为当地公司和个人提供新冠病毒检测，剑桥创新中心得以在那年秋天重建客户群，并找到更大的财务保障。它在 2021 年继续反弹，由罗和著名外科医生、医学作家阿图尔·加万德（Atul Gawande）共同创立的剑桥创新中心医务中心在新英格兰地区扩大了其检测中心的规模，并将新冠疫苗接种添加到其疫苗库中。

罗是剑桥本地人，他深思熟虑，看上去有点孩子气，本科就读于阿默斯特学院。除了为艾米的企业寻找一些东西外，他和商学院的朋友安迪·奥姆斯特德（Andy Olmsted）也在追求他们自己的仍然模糊的关于创立公司的想法，因此他们也对计划具体化后可能使用的空间保持着开放的态度。奥姆斯特德一直在另一家咨询公司理特管理咨询公司工作，当时他收到了罗的一封电子邮件，上面一一列出了可能的商业机会。表单的最后一个是创业孵化器。事实证明，奥姆斯特德已经为理特管理咨询公司做了广泛的研究。"我觉得第 7 条很酷"，他回复道，并附上了大约 100 张关于孵化器的幻灯片。

孵化器的想法源于罗长期以来的梦想，那就是以电影《卡萨布兰卡》中的夜总会为灵感创建一个场所——一个来自不同背景的人可以聚集在一起的酒吧。罗把自己想象成亨弗莱·鲍嘉（Humphrey Bogart）饰演的里克·布莱恩——帮助大家建立重要人脉、达成交易的人。这个具体的想法可能太异想天开了，所以两人致力于将其变成可能吸引资金的东西。为了降低成本，奥姆斯特德辞掉了工作，搬到了罗家的一间阁楼卧室里。与此同时，他们看上了肯德尔广场的空间。这里超出了两家新公司的需要。"令人高兴的是，"罗说，"我们所有的其他朋友都在创业，他们也在为自己的公司找办公空间。"他们决定冒险一试，从罗的父亲迪克那里借了 60 万美元。迪克是一名教育家和企业家，曾担任哈佛大学教育研究生院副院长、"一童一电脑基金会"主席和非营利组织"开放学习交流"（Open Learning Exchange）的首席执行官。

奥姆斯特德回忆说，他花了好几个周末来粉刷场地，以及寻找家具。他们的设想是把孵化器的重点放在互联网公司上，但很快就发现连接互联网需要等待很长时间。"没有互联网你怎么做互联网孵化器呢，对吧？"奥姆斯特德打趣说道。于是，他们联系了麻省理工学院斯隆管理学院的讲师小乔·哈德齐马（Joe Hadzima Jr.），后者自己的新公司就在他们上面几层楼的地方。得到哈德齐马的允许后，他们接入了他的互联网，并且排了一条线到他们的空间。

罗和奥姆斯特德为他们的创业项目想的一个名字是 Idea Barn（意为创意谷仓）。那年秋天，他们选定了"剑桥孵化器"这个名字。奥姆斯特德说，其他孵化器也在试图进入波士顿地区。他们希望自己的公司名称能代表查尔斯河剑桥一侧的所有权以及靠近麻省理工学院的位置。他们还决定做一些事情来提高它的知名度。互联网泡沫似乎在不断扩大，白热化的商业技术杂志《红鲱鱼》在哈佛广场的查尔斯酒店举行了"《红鲱鱼》东海岸"会议。罗和奥姆斯特德决定主办这场会议结束后的聚会。他们出租了附近的约翰·哈佛啤酒厂 & 啤酒屋。罗说："这是一个非官方性质的派对聚会，官方并没有安排。""所以我们只是把它作为社交聚会，并通知了所有人——因为我们没有足够的钱来提供实际的赞助。"

罗说，他们还没有明确的愿景，"我们只是想让一些很酷的初创公司加入我们"。但他和奥姆斯特德愿意花钱制造一些轰动效应。他们打印了名片，雇了一个模特经纪公司来指挥交通，找来一群漂亮的年轻人穿着印有"活动"字样的黑色 T 恤走在人群中打广告。他们甚至打印了话术，这样临时工们就知道该怎么解释剑桥孵化器了。罗强调说："男人和女人，这样我们就有了平等的机会。""派对上宾客如云。这次活动轰动一时，它让我们的事业腾飞了。"

硅谷顶级风险投资公司德丰杰（Draper Fisher Jurvetson，DFJ）的合伙人詹妮弗·方斯塔德（Jennifer Fonstad）也参加了这场派对。德丰杰一直在考虑在波士顿地区建立一个创业孵化器，他们的想法正中罗的下怀。据罗回忆，她告诉他，"我们想投资"。

几个月后，他们就完成了由德丰杰领投的约 1000 万美元投资。罗的老东家波士顿咨询公司投资了 200 万美元，一些个人投资人也加入了进来。罗说："这只是 1999 年经典的坐上了火箭飞船的故事。如果你看一下风险资本投资曲线，你会发现，当时的投资金额是疯狂的。但是，以当时的标准来看，这个金额实际上是适度的。"

德丰杰通过开放资金获得了剑桥孵化器的大量（但尚未披露的）股份。不过，当时德丰杰投资的项目和现在的剑桥创新中心还不太像。前者并不是一个供初创公司租用空间的地方，而是专门从事罗所说的铸造模式投资。他和奥姆斯特德将与德丰杰合作，在多个行业创建公司，招募人员来运营这些公司，并提供法律、财务和营销方面的专业知识，让这些公司起步。因为这些初创公司是剑桥孵化器全资所有，如果它们取得成功，那么它们就将为孵化器及其投资人带来红利。

到 2000 年年初，风险投资的注入使他们的空间得以大幅升级。罗和奥姆斯特德几乎租用了麻省理工学院所属百老汇街 1 号大厦的整个第 14 层，这是位于第三街拐角处的 16 层大厦，以前是獾大厦（Badger Building）。尽管他们有了新的支票簿，并且与德丰杰有联系，但只有有人愿意给 10 年租约提供担保，麻省理工学院才会租给他们。他们能找到的唯一愿意这么做的人就是罗的父亲。不过，他们用德丰杰的一部分钱还清了他从他父亲那里贷款的 60 万美元。

罗和奥姆斯特德有了现金和新签的租约，开始投资员工和基础设施。很快，企业家杰弗里·马姆莱特（Geoffrey Mamlet）也加入了他们的行列。马姆莱特与人合伙创立了一家商旅管理公司，后卖掉了这家公司。马姆莱特仍是剑桥创新中心的董事总经理。在接下来的几个月里，剑桥孵化器团队又聘用了 50 多名全职员工，从事营销、财务、法律、技术支持等工作。与此同时，罗在哈佛设计研究生院发布了一则广告，招募愿意帮助创造"完美工作环境"的学生，并提供每小时 15 美元的报酬。他雇用的大卫·汉密尔顿（David Hamilton）和斯文·施罗特（Sven Schroeter）设计的东西与今天的相差不远。入驻的公司被安置在"隔间"中，随着初创公司的发展，其灵活的墙壁可以滑动打开，从而与相邻的隔间连通，并且每家公司都共享厨房和会议室。

罗和奥姆斯特德很快就成立了 6 家甚至更多的企业，都专注于数字技术。有一些吸引了额外的外部资金，但没有一个能做大。其中，PeopleStreet 致力于创建联系人条目，可以在人们搬家或换工作时自动更新。BrandStamp 正在开发一种让消费者和制造商在召回、更新等方面保持同步的方法。德丰杰与剑桥孵化器在合作的基础上，还成立了一家名为德丰杰新英格兰的风险基金。该风险基金最终与德丰杰在华盛顿特区的附属基金德雷柏大西洋合并，成立了新大西洋风险投资公司。罗和马姆莱特多年来一直与这两家基金有联系，但现在已经不再。

互联网热潮贯穿了整个 2000 年，德丰杰领投了第二轮投资，为剑桥孵化器带来了大约 800 万美元的额外投资。2001 年春天，泡沫破灭了。罗表示："这些公司需要从外部投资人那里获得更多资金，而当资本大门对科技公司关闭时，就没有必要再沿用铸造模式了。"除了行业泡沫破裂，该模式之中也可以看到一些基本的裂缝。罗曾说，最重要的一点可能是，"我们的大多数公司基本上都是由员工经营的。我们的结构没有让他们成为'真正的企业家'……当初创公司的首席执行官是一名受雇来执行特定商业计划的员工时，他们很难摆脱最初的想法，变得敏捷和灵活。我们发现，这样的初创公司运作得并不太好"。

即使互联网泡沫没有破裂，剑桥孵化器也可能不得不面对另一个问题。罗说："我们——我想我们所有人还学到的一点是，无论你有多聪明，你也不可能同时创办 10 家公司，并让每家公司都获得成功。""没有人能做到这一点。也许埃隆·马斯克能做到，这样的人也许只有两三个。所以答案是串行，而不是并行。"

剑桥孵化器还没来得及完全解决这些问题，这次互联网泡沫破裂就让它结束了。他们解雇了 90% 的员工，达成一项协议，将孵化器在初创公司中的股权转让给德丰杰和其他投资人，并正式停止运营。奥姆斯特德离开了，他去录制了一张音乐 CD（光盘），并做了一些咨询工作。他最终加入了 Research Dataware 公司的管理层。该公司是剑桥创新中心未来的租户，提供软件即服务，来帮助一些公司遵守保护临床研究对象的联邦法规[1]。这样一来，就只剩下罗和马姆莱特以及一个公司的架子了——包括办公场地，以及许多桌椅。他们仍然寄希望于公司能够起死回生。即使劳动力成本低了许多，他们也远远没有摆脱困境。压倒一切的是租约。距离协议到期还有 7 年，总价值约为 600 万美元，这是罗的父亲做过担保的。蒂姆说："当时我们差不多破产了，这对迪克·罗来说是个问题，因为他没有那么多钱。"

在这种四面楚歌的情况下，现代剑桥创新中心诞生了。罗回忆道："为了付房租，我们回到原点从头再来——这是一群麻省理工学院校友的共享空间。只不过现在我们的办公空间变得更好了。"他们的想法是出租他们现有

---

[1] 奥姆斯特德通过两次收购帮助领导了研究数据仓库。——原书注

的办公空间，并提供基本服务，如互联网、电话线和共享复印机，但不提供剑桥孵化器提供的指导、法律和其他专业服务。

尽管互联网泡沫破裂了，但他们还是发现有一些公司伸出了橄榄枝，这就是罗所谓的"麻省理工学院的老牌公司，这些公司不一定是互联网公司，它们只是在做优秀的技术。他们需要办公空间，他们想要靠近麻省理工学院"。对于这些刚刚起步的公司来说，要在肯德尔广场找到价格合理的办公地点仍然不容易。租约通常一签就是 5 年或更长时间，即使初创公司愿意签这么长时间的租约，但在没有可靠的担保人的情况下，很少有业主会冒险。"我们基本上解决了业主想要信用，而初创公司没有信用的问题。"罗说。

他们重新启动的实体（更名后叫作剑桥创新中心）提供期限更短的转租，按月支付固定费用。首批签约的初创公司之一是麻省理工学院媒体实验室分拆出来的一家名为恩贝尔（Ember）的公司。该公司开发为无线网络提供动力的芯片和软件。恩贝尔的创始人安迪·惠勒（Andy Wheeler，后来成为谷歌旗下风险投资公司 GV 的合伙人）和罗布·普尔（Rob Poor）帮助传播了这个名字[1]。"当我们不再采用铸造模式时，办公空间就开始渐渐被填满了。"罗说道，"这太棒了。虽然我们仍然在赔钱。"

核心问题是他们可以向初创公司收取的合理费用填不平他们在互联网时代的租金成本。这个数学问题似乎没有办法解决。"看起来我们又要破产了"，罗说。然后，他们抓住了一个重大突破。罗得知大厦里的另一个租户千禧制药公司为了巩固在中央广场附近的业务，已经搬了出去，9 楼和 16 楼的空间空了出来。他谈成了一项协议，那就是仅以支付生物技术公司的运营成本（而不是全部租金）来接管该空间。这样一来每平方英尺的成本只要 3 美元，而他在 14 楼每平方英尺的成本要大约 40 美元，甚至更多。突然之间，这道数学题不同了。新增的办公空间几乎使剑桥创新中心的面积增加了一倍，并使每平方英尺的成本几乎减半。现在，他和马姆莱特计算出，如果他们能把新办公空间出租出去，剑桥创新中心就有了一个可持续的营利商业模式。在做了一些改进之后，2003 年这处办公空间就可以投入使用了，而且

---

[1] 2012 年，总部位于奥斯汀的芯科实验室（Silicon Laboratories）以 7200 万美元的价格收购了恩贝尔。据估计，风险投资者已经投入了 8900 万美元。——原书注

很快就被租满了。

从那时起，只要有可能，他们就会拿下额外的空间。到 2009 年剑桥创新中心成立十周年时，该公司已经声称占据这栋大厦的整个 8 层和另一栋大厦的一部分——总面积超过 10 万平方英尺。2014 年，该公司在波士顿开设了一家分部，现已遍布海港区（Seaport District）的十多层楼。同年，罗和马姆莱特第一次将业务拓展到波士顿地区以外的地区——圣路易斯。❶

剑桥创新中心在肯德尔广场的足迹也有所扩大。2013 年，它在主街 101 号增加了三层的空间，距离百老汇街 1 号的旗舰大厦大约一个街区。后来有一次扩张是在主街 245 号，位于主街、百老汇街和第三街的交汇处。从 2019 年秋季开始，他们接管了四层楼的部分建筑。截至 2020 年 4 月，剑桥创新中心在肯德尔广场的 3 个地块共计 30 万平方英尺，累计容纳 795 名租户——沿着曾经被称为人工智能巷的地方排成一排（见图 15-1）。

图 15-1　剑桥创新中心创始人蒂姆·罗（中，最后面）在肯德尔广场的创业咖啡馆活动上

---

❶　多年来，各种各样的竞争对手层出不穷，包括 2006 年在硅谷成立的璞跃（Plug and Play）和 2010 年在纽约成立的 WeWork。——原书注

办公空间并不便宜。租户可以选择所谓的轮用办公桌，即每天不固定或不指定的办公桌座位，或者专用电脑以及私人办公室。随着公司的发展，他们可以从专属办公桌转移到私人办公室或套房中，有时不需要太多移动。2020 年春季，轮用办公桌的起价为每月 460 美元，私人办公室的起价为每人每月 1244 美元。如果算上办公空间，大约就是每平方英尺 180 美元。其组合灵活，租期短，共用会议室（一份价格包含上网、咖啡、零食和其他便利设施），再加上与其他志同道合的人在一起工作的机会，这对许多人来说是值得的。这不仅适用于初创公司（罗说初创公司占了他们客户的 80%），还适用于律师事务所、注册会计师和各种其他服务提供商。风险投资公司和一些大型跨国公司也在剑桥创新中心的空间里设立了小型办公室，以便离企业家更近。

罗说，在最初的几年里，剑桥创新中心只是在"努力让房地产生意好起来"。但随着时间的推移，越来越多的租户开始谈论这个伟大的社区，以及他们如何通过与邻座和大厦里的其他人的互动认识了投资人，或者想出了一个新的创业点子。

2006 年 12 月发生的一起悲剧事件让人们深刻认识到社区的重要性。大厦地下室的一个变压器爆炸，造成一名工人死亡，并引发火灾。剑桥创新中心的人员和其他租户共大约 100 人被送往医院，大多数因吸入烟雾而接受治疗。罗曾说，这场大火"彻底震撼了我们"。剑桥创新中心关闭了 5 周，150 多名租户的办公场地被破坏。

火灾发生后不久，当大厦仍处于关闭状态时，罗注意到一名消防官员护送两名剑桥创新中心租户回到百老汇 1 号取回他们的电脑。他很快了解到，这些租户已经打电话给了他们家乡的市长，市长又联系了剑桥市经理，后者得到了消防队长的许可，允许他们进入。罗回忆说："我突然意识到，我既不认识剑桥市议会，也不认识市经理。我一直无视这样一个事实：我们生活在一个更大的社区里，有自己的需求、问题和关怀。"

他开始改变这种状况，邀请议员们喝咖啡，有时还会在那里与企业家交谈和互动。他还开始接触肯德尔广场大大小小的其他企业，评估他们联合起来提升广场形象和政治影响力的兴趣——从修复人行道裂缝到改善零售、餐饮和娱乐场所的组合，再到制订未来增长和发展计划。事实证明，他并不是第一个这样想的人。罗了解到早在 20 世纪 20 年代，这里就成立了肯德尔广场制造业协会（后来演变为剑桥商会）。在 20 世纪 70 年代，还有一个名为肯德尔广场商业协会的组织成立，但它已经停止运作至少有 10 年时间了。

在罗的牵头下，肯德尔广场协会于 2009 年 2 月正式成立。罗担任了 5 年的主席，直到肯德尔广场协会的成员开始增加会员数量（据称有 180 多名成员），并收取了足够的年费，足以养活一个领薪的主席和少量的工作人员。罗当时说："如果你把肯德尔广场看作剑桥市向世界提供的产品——这个城市三分之二的税收和全部外汇都产生于此，那么你可能会想退一步说'让我们制定一个产品战略吧'。但直到现在，肯德尔广场甚至还没有自己的网站。"

罗从火灾中得到的另一个教训是，剑桥创新中心对于它的租户来说已经变得多么重要。罗和玛姆莱特在万豪酒店设立了一个"指挥中心"。他们在附近的万豪常住酒店（Residence Inn）和麻省理工学院的好几栋建筑里，还在纪念大道 1 号找到了一家私人共享空间运营商为租户找到了临时办公空间。但罗担心许多客户再也不会回来了——他们都是按月租赁的，所以很容易就搬到其他地方去了。然而，当獯大厦重新开放时，除了 5 名租客流失了，其余的都搬了回来。这让我意识到，剑桥创新中心已经发展成一种属于自己的社区。"它就像一个灯泡。"他说。

▶ 专栏 4 **肯德尔广场的流行语是怎么来的** *

在肯德尔广场协会成立之初，蒂姆·罗找到了他的老雇主波士顿咨询公司，说服其进行一项无偿研究：肯德尔广场与其他创新中心的差距。该报告于 2010 年 3 月 3 日在麻省理工学院校长家的一次会议上公布。参会人员包括苏珊·霍克菲尔德、布罗德研究所的埃里克·兰德、Legal Sea Foods 首席执行官罗杰·伯科威茨（Roger Berkowitz）、波士顿地产公司总裁道格·林德（Doug Linde），以及健赞的亨利·特米尔。

前经济发展国务秘书兰奇·金博尔（Ranch Kimball）当时是波士顿咨询公司的顾问，也是这项研究的负责人。他报告了研究结果——包括对全球 22 个创新中心的各种创新指标的考察。在他 34 张幻灯片的展示中，第 32 张的标题是"肯德尔广场——'地球上最具创新力的 1 平方英里'"。

　　金博尔估计，自那以后，他已经在数十次演讲中引用这句话："我在演讲中使用的有趣的后续台词是：'我说在地球上，因为这项工作不包括任何对外星生物学创新的研究。'"

*"地球上最具创新力的 1 平方英里"这句话出自对罗和金博尔的采访。罗分享了在会议结束后发给肯德尔广场协会董事会成员的电子邮件，金博尔分享了演示文稿。金博尔将于 2011—2015 年担任剑桥创新中心董事总经理。罗德里戈·马丁内斯（Rodrigo Martinez）当天也代表波士顿咨询公司出席了会议。他于 2020 年秋季成为剑桥创新中心医疗中心的首席营销和体验官。

即使是在处理范围更大的城市关系时，罗和玛姆莱特也开始采取更多措施来促进獾大厦内的互动和友谊。罗是 2006 年去世的城市设计倡导者简·雅各布斯（Jane Jacobs）的忠实粉丝。他说："她说，基本上那些看似运转得最好的地方都是极其密集的地方。"剑桥创新中心的工作人员开始更加谨慎地工作，以促进租户的密度和他们之间的互动，以增加合作、创造力，并希望激发灵感。他们举办"街区派对"，将不同楼层的公司聚集在一起，提供瑜伽课程，成立跑步小组和其他健身项目。他们还为租户提供了各种各样的本地服务折扣，其中包括共享单车、健身房会员和 Zipcar（共享汽车）租赁。

"肯德尔广场一直让人感觉独树一帜，不仅因为它靠近麻省理工学院以及这一切的意义，还因为其所包含的与他人分享见解和想法的创业文化，以及'碰撞和连接'。"玛姆莱特说："剑桥创新中心所能做的就是将这种共享精神和'碰撞与连接'的趋势带入我们的建筑，首先影响一层，然后我们将它们一层一层地添加到社区中，从而影响更多的楼层。在街道层面上，'碰撞和连接'意味着与你擦肩而过的 100 个人中可能就有 1 个是你认识并且想要与之交谈的企业家同行；在我们的大厦里，这种联系被放大和加速了。你实际上可以在厨房的沙发上坐上一个小时，在同事进来喝早间咖啡的时候和他们进行几次有益且有意义的对话。"

剑桥创新中心后来开始实施其他鼓励互动的策略。艾斯利·亨特（Aisling Hunt）曾在肯德尔广场工作，并帮助剑桥创新中心于2020年年底在华沙开业。他指出，长期以来，每层楼都设有一个咖啡和零食区，里面有几十种商品，包括水果、坚果、能量条、薯条等。但在2013年，剑桥创新中心开始在一些特定楼层设置专有零食，比如雪糕或牛油果。"人们的动力主要来自他们的胃。"亨特说，"因此，这实际上大大增加了楼层之间的流动量，尤其是当这里有牛油果的时候。"

除街区派对之外，剑桥创新中心还开始就创业社区感兴趣的话题举办活动。2010年，该公司开设了创业咖啡馆，这里经常会邀请一些知名领导者来演讲，比如美国在线（American Online）创始人、现为风险投资人的史蒂夫·凯斯（Steve Case）等，以及请来天使投资人办公和律师进行问答。租户还可以举办自己的活动，在新冠疫情之前，创业咖啡馆已经发展到每年吸引大约20万人参加大约十几个地点的各种聚会。仅在肯德尔广场，每个月就有大约100场活动。

"我们可以说是和肯德尔广场共同成长起来的。"罗回忆剑桥创新中心20多年的历程时说，"如果你走进去，可以看到数百家公司，你就可以进行你想要的对话，这有点像肯德尔广场的缩小版。你知道，我毫不谦虚地认为，我们就是中心。"

◉ 聚焦 │ 创新空间分区——肯德尔广场希望如何保持其创业社区的活力

肯德尔广场是自身成功的受害者吗？第1章我们边走边看，重点介绍了肯德尔广场如何成为大公司的圣地。如今一栋又一栋的大厦都被跨国公司占据，许多人担心这些巨头会通过提供很少有初创公司能够匹敌的薪酬和福利来吸引人才。它们还推高了租金，在某些情况下租金已飙升至每平方英尺120美元以上，超出了几乎所有初创公司的承受范围。

即使初创公司愿意并且能够支付市场价格，财政奖励也会对他们不利。

这是因为并非所有的租户都是平等的。正如剑桥创新中心创始人兼首席执行官蒂姆·罗所解释的那样："如果一家初创公司或创业共享空间愿意向你支付 110 美元（每平方英尺）的租金，微软也愿意支付 110 美元，那么你最好选择微软。因为当你出售大厦时，买家会给微软的租金支付与初创公司或剑桥创新中心这样的运营商的租金支付不同的倍数。他们会说，微软是有保证的，所以我可以在接下来的 20 年里完全信任你们。他们会看着剑桥创新中心说'也许给 10 年'，他们会看着初创公司说'我们会给你两年'。因此，实际上，当你出售这栋楼时，从微软收取的 110 美元租金比从初创公司收取的相同租金在收入保障方面高出十倍。如果你想融资，以及用这笔钱做其他项目，那同样的计算也适用。"

所以，是的，从这个意义上讲，肯德尔广场是自身成功的受害者。罗指出："在成功的领域存在一个结构性问题，他们会自动将初创公司挤出市场。""不是因为房租，而是因为初创公司没有信用。"BioMed Realty[1] 东海岸和英国市场执行副总裁比尔·凯恩（Bill Kane）对此表示赞同，"如果放任自流，市场通常会青睐规模更大、信用更佳的租户。随着肯德尔广场渐入佳境，对空间的需求增加，小租户租赁空间会变得越来越困难。"

与此同时，几乎每个人（城市和大学官员、公司和房地产开发商自己）都看到了初创公司给肯德尔广场这样的生态系统带来的巨大价值。为了帮助确保它们的存在，特殊的分区规则为初创公司和其他较小的参与者（如非营利组织）预留了大量空间。截至 2021 年年初，肯德尔广场还有更多空间正在建设中。

罗是促成这一切的关键人物。大概是在 2012 年的某个时候，肯德尔广场正在讨论一些新的房地产开发项目。这位剑桥创新中心的创始人召集了其他几家共享空间运营商，写信给市政府官员，敦促他们采取一些措施避免将初创公司排挤出市场。"如果你想要一个创新区，你首先要决定你是否想要创业公司。"他说，"当时入驻肯德尔广场的公司有一半都是在肯德尔广场土生土长的。如果你刨除掉这些公司，那剑桥的经济看起来就不尽如人意了。大公司可以渡过低迷的市场周期，但本土公司并不具备这个实力。所以我向

---

[1] BioMed Realty 是一家专注于为生命科学行业提供房地产的创业公司。——译者注

市政府提出，这里能穿越周期的公司应当是当地的公司，而且后者占房地产需求的一半——他们必须考虑这对他们的长期经济健康是否重要。如果他们承认这一点，那么他们就处于危险之中——因为我们所取得的成功将扼杀稳定的租户，并用戴尔这样的公司的大额租赁取而代之。"罗指出，肯德尔广场的房地产税约占剑桥市地产税收入的一半。保持这一点对这座城市相当重要。

这个问题已经不是第一次出现了，而且官员们也在广泛听取建议。在2013年发布的关乎肯德尔广场未来的K2计划中，一个由当地企业（包括剑桥创新中心）、房地产开发商、非营利组织和居民代表组成的长期委员会对肯德尔广场的未来提出了建议，涉及专门为小型企业预留一小部分新的商业开发项目。但在肯德尔广场各个部分的不同分区中，采用的形式略有不同。但也许最佳案例是肯德尔广场中心的肯德尔广场城市重建区的分区条例。该条例于2015年12月获得通过。除其他规定外，该条例还规定，在总面积达10万平方英尺或以上的新办公室或实验室空间开发中，必须留出10%的面积作为创新空间。虽然这个条款包含了广泛的努力，如孵化器、联合办公空间、培训设施、产品开发和制造区域，甚至投资人办公室，但这主要是为了保护肯德尔广场的初创公司结构。[1]

重要的是，所需的创新空间并不一定要在正在建设中的新建筑中，只要业主能在肯德尔广场的其他地方提供此类空间，比如通过将旧空间转换为该用途。这有助于让创业空间变得更便宜，因为较新的建筑需要溢价。它还允许一家公司接管整栋大厦，正如许多大公司喜欢做的那样。

创新空间条例规定的关键因素包括：

● 如果需要超过4万平方英尺的创新空间，那么就将其分割成不同的建筑。否则它必须在同一个结构中。

---

[1] 我主要参考了：2019年4月10日和2020年4月3日对亚历山德拉·利弗林的采访（以及后续邮件）；2020年4月9日对汤姆·埃文斯的采访；剑桥市第1378号法令。（注意：肯德尔广场城市重建区于2021年更名为"肯德尔广场城市再发展区"）。该区域包含了万豪广场周围肯德尔广场的核心区域。剑桥的其他地方也有类似但不完全相同的规定，包括与肯德尔广场重叠的几个地方。有关肯德尔广场过去和目前计划的各种其他信息，包括K2计划，可以在剑桥重建管理局的网站上找到。——原书注

- 为鼓励和促进互动，创新空间 50% 的面积必须被设为共享空间。这包括公共区域、厨房和会议室。

- 与租赁合同不同，使用创新空间的许可协议应为一月一签（支持创业公司短期停留）。

- 单一公司或实体不得占据超过 2000 平方英尺的创新空间，或一个创新空间面积的 10%（以两者中较大的为准）。

- 私人办公套房的平均面积不得超过 200 平方英尺。

值得注意的是，开发商业主不必亲自管理创新空间。他们可以将整个空间租给另一个实体，如剑桥创新中心，然后由后者根据条例进行维护。

该法令还包括对开发商的激励措施，以有效地将它们创造的创新空间扩大一倍。剑桥市重建局（CRA）的项目规划师亚历山德拉·利弗林（Alexandra Levering）解释说，如果开发商以低于市场的价格提供至少四分之一的所需创新空间（对此没有固定价格，但剑桥市重建局表示这对业主来说基本上是收支平衡的），那么整个创新空间，包括市场价格部分，都不计入他们批准的开发项目中允许的最大平方英尺。这样一来，开发商就能够建造面积更大的建筑，并且理论上可以增加利润，因为创新空间作为一个整体还是有利可图的。如果开发商利用这一规定，那么他们可以将新建筑的 20% 指定为创新空间。

虽然有像剑桥创新中心这样的营利性实体提供市场价创新空间，但也有低于市场价的创新空间。肯德尔广场城市重建区的大部分这类创新空间都位于 Link。这是一栋位于主街 255 号 8 层楼建筑。Link 里的空间与剑桥创新中心的类似，但用于非营利活动。它还提供教室和大型会议场所，用于举办活动、研讨会和培训课程，旨在将企业与缺乏代表的求职者联系起来。剑桥市重建局执行董事汤姆·埃文斯（Tom Evans）表示："我们希望确保肯德尔广场的经济发展不仅是公司规模多样化，而且劳动力机会也是多样化的。"[1]

创新空间是如何发挥作用的？为了在百老汇街 145 号建造这栋于 2019 年年底开业并成为阿卡迈科技的总部的 19 层大厦，波士顿地产公司被要

---

[1] Link 的空间由非营利组织 TSNE 管理，TSNE 以前被称为新英格兰第三区。——原书注

求建造 60496 平方英尺的创新空间。它位于主街 325 号的独立开发项目是一栋 18 层建筑，主要供谷歌使用，计划于 2021 年竣工，另外还需要建造 44704 平方英尺的空间。波士顿地产公司计划满足其主街 245 号到 255 号现有建筑中两栋建筑共计 105200 平方英尺的需求，将所需总面积的四分之一（26300 平方英尺）指定为低于市场价的空间。到 2020 年年初，该公司已交付了所有所需的市场价空间，其中大部分由剑桥创新中心管理。此外，它还在 Link 推出了超过 17500 平方英尺的低于市场价的空间。

这属于剑桥市重建局监管下的肯德尔城市重建区，只是肯德尔广场的一部分。总体来说，还有另外约 18 万平方英尺的创新空间已经建成或计划作为肯德尔广场其他区域开发的一部分。LabCentral 是一家著名的生物技术初创公司，位于主街 700 号的麻省理工学院大厦内，它占据了约 7 万平方英尺的创新空间。这是麻省理工学院沿着主街开发的几栋大厦的一部分，也就是所谓的奥斯本三角。作为麻省理工学院肯德尔广场改造项目的一部分，LabCentral 将在主街 238 号再扩大 10 万平方英尺的面积，详情见第 2 章和第 23 章。在这些空间中，至少五分之一，或 2 万平方英尺，将被指定为创新空间。LabCentral 联合创始人兼总裁约翰内斯·弗吕霍夫（Johannes Fruehauf）表示，其余的将提供给不符合要求的大公司。该空间将于 2021 年年底投入使用。与此同时，房地产投资信托基金亚历山大房地产公司（Alexandria Real Estate Equities）有约 9000 平方英尺低于市场价格的创新空间正在建设中，计划于 2021 年上半年开放，这是其开发第一街 161 号（原莲花大厦）的一部分。麻省理工学院投资管理公司的沃尔普中心开发计划（也在第 2 章和第 23 章中描述），最终将创造另一个大约 83000 平方英尺的创新空间。

剑桥市重建局的埃文斯认为，这些条例是市政当局可以用来加强创新引擎多样性的有用杠杆。"我认为这很重要。"他说，"我们开始看到微软和谷歌等公司在科技领域的巨大影响力，同样地，我们也会看到生物技术产业的合并，以及大型制药公司的不断增长，于是为初创公司留出一些空间的想法就成了一项关键的政策举措。"

第 16 章

诺华生物医学研究所：大型制药公司加大了投入

"BG，你要记住这一天，今天是重要的一天。"

这句话，或者类似的话，出自麻省理工学院院长查尔斯·维斯特（Charles Vest）之口。BG 是他对研究所资源开发副总裁芭芭拉·甘德森·斯托（Barbara Gunderson Stowe）的称呼，斯托与维斯特共事多年，她是他最亲密的顾问之一。斯托说，在他们在一起的所有时间里，在许多通常能见到名人和权贵的大型会议上，这位性情平和的工程师几乎从未有过太大的反应。但这一天却不同，很可能是 2001 年在瑞士与诺华高管开会之后，所以她注意到了。

诺华会议的结果于次年 5 月公开，诺华宣布将其全球研究总部搬到剑桥市，在麻省理工学院租赁实验室，并承诺投入 2.5 亿美元来启动新业务。这一消息与维斯特在麻省理工学院宿舍举行的新闻发布会一同成为当时世界各地的头条新闻。它出现在一个关键时刻，几乎与互联网泡沫破裂以及美国努力从 2001 年的 "911" 袭击中复原同时发生。更重要的是，尽管当时还不明显，但诺华的决定塑造了肯德尔广场下一阶段发展的时代精神：它已跻身人们认为的世界主要生物技术生态系统。

推动这一转变的不仅仅是诺华的举措。21 世纪初，一系列的线索汇聚在一起，为肯德尔广场绘制了这条新路径——其中最引人注目的是美国本土生物技术的持续崛起，它催生了大量的管理和创业人才，这些人才不仅反哺了生态系统，还加强了这套系统（见第 17 章）。然而，诺华的这一举措可以说是其在 21 世纪初迈出的最大一步——至少是一个主要催化剂。它发起了一场运动，即在接下来的15年里，它的绝大多数竞争对手——制药公司——都将关键部分的研发业务搬到了波士顿地区，通常是在肯德尔广场。世界上没有一个地方的制药公司能达到这样的密集程度。大型制药公司日益增长的影响力引发了一场人才争夺战，提升了薪酬水平和房地产价格，建筑和建筑设施也被当作招聘和留住人才的工具——从而改变了行业格局。

诺华宣布收购时，凯特琳·博斯利（Katrine Bosley）是渤健商业集团的经理，到 2021 年，她将成为三家生物技术公司的首席执行官和另外两家公司的董事会主席。她在波士顿的生物科技公司工作了大约 12 年，她通过回复《波士顿环球报》上的一则分类广告找到了第一份工作——在一家生物科技初创公司担任行政助理。她说，诺华进驻波士顿的影响是深远的。"就业市场上突然出现了大量以前不存在的新工作。"除了为人们提供更多的就业选择，此举还全面提高了薪酬水平。博斯利表示："在这个过程中，即使是年轻的初创公司也不得不把奖金作为其基本薪酬的一部分。"我记得当时我的工资也涨了。"她称诺华是一种"平衡"的存在。

诺华的到来"意义重大"，贾尼丝·布尔克（Janice Bourque）说，她当时已担任马萨诸塞州生物技术委员会主席 10 年有余。辉瑞和默克药厂在该地区有一些业务，但诺华将业务提升到另一个水平——让剑桥成为该公司在全球研究的中心。"这从外部进一步证明了大型制药公司发现了波士顿的价值，尤其是肯德尔广场的价值。它们来这里是为了学习和融入，同时它们带来了巨大的资源。"

"然后，"她说，"一切就从那里开始了。"

* * *

新的研究机构正式名称为诺华生物医学研究所，但它很快就被称为 Nibber。Institutes（即研究所的英文名称）中的复数"s"是在急于合并新实体时发生的拼写错误，但诺华很快将其合理化，将其他研究实体都归入一个总称，即"为了适应's'而进行的全球重组。"一位内部人士指出。撇开小差错不谈，从一开始就可以很明显地看出这家瑞士制药商并没有对冲其投资。它承诺的 2.5 亿美元投入只是为了让诺华生物医学研究所运转起来。第一步是在科技广场租赁并配备 25.5 万平方英尺（1 平方英尺 ≈ 0.093 平方米）的办公室（包括一栋尚未完工的新大厦），并聘用首批 400 名科学家和技术人员。2001 年年初，麻省理工学院回购了这处地产，并在该研究所的帮助下，在近 40 年前启动了肯德尔广场的更新项目[1]。大约在同一时间，可能稍

---

[1] 售价为 2.788 亿美元。当时，科技广场由 4 座早期建筑和 3 座在建建筑组成。麻省理工学院在 2006 年以 5.4 亿美元的价格将 90% 的房产卖给了亚历山大房地产公司。亚历山大房地产公司后来又买下了剩余的 10% 房产。——原书注

晚一些，这家瑞士公司还签下了一份为期45年的租约（有购买选择权），租下了马萨诸塞大道中央广场附近的前新英格兰糖果公司的糖厂。它计划投入1.75亿美元翻新工厂，这意味着它在剑桥的占地面积将增加约50万平方英尺，并将扩招近700名科研人员。

这不仅仅是诺华研究业务的扩张。该公司及其当时的首席执行官丹尼尔·魏思乐（Daniel Vasella）认为，诺华需要彻底改造其发明新药的方式。这似乎违反直觉。2000年和2001年，诺华在美国获得了9种新药的批准，比其他任何制药公司都多，仅2001年它在全球范围内就获得了15种新药的批准。诺华的高血压药物代文（Diovan）已成为一款重磅产品，这让该公司名声大噪。2001年，该公司的抗癌药物格列卫（Gleevec）也获得了美国食品和药物管理局的批准，这款产品也将成为价值数十亿美元的产品，而且该公司的产品线也被认为在业内无出其右。❶

但出于几个核心原因，诺华并不认为一切照旧是未来的发展方向。首先，它的销售基地正在转移。在做出这一决定前的几年里，美国已经超过欧洲成为诺华最大的市场，在诺华总销售额中的占比提升至43%，而欧洲的占比还不到三分之一，而且两者的差距还在扩大。研究表明，这一现实是有意义的。也许更重要的是，基因组学正在兴起，带来了大量潜在的新药物靶点❷以及计算工具，并催生了新一代科学家。此外，魏思乐回忆道："坦白说，我对我们在研发方面的生产力并不十分满意。"他认为，在研究方面尤其如此。

魏思乐提到，可能是在2001年，在执行委员会的一次异地会议上进行了一次关键的讨论。"我们讨论了我们的研究，哪些方法有效，哪些方法无效，我们应该如何提高生产力、产出、创新水平，以及我们可以在哪些方面进行额外投资。其原理相对简单：如果你投入更多，不一定能提高生产力，

---

❶ 诺华成立于1996年，由Ciba-Geigy公司和山德士（Sandoz）的农化和制药部门合并而成。——原书注

❷ 药物靶点（Drug target）是指通过调节或影响其活性来治疗疾病的分子，通常是蛋白质或核酸。药物靶点可以是细胞内的酶、受体、离子通道、转运蛋白、核酸等分子。药物靶点是药物研究和发展的核心，因为它们是药物作用的直接目标。——译者注

但投入越多，就越有可能获得产出。当然，第二个问题是，投资是可以的，但你要在哪里投资呢？"

魏思乐说，"扩大瑞士巴塞尔现有的业务是最经济的，因为你只需要在现有的结构、流程和人员上做加法。"同时，他们考察了几个可选项，分别是纽约、新泽西州、北卡罗来纳州、加利福尼亚州和马萨诸塞州。但当高管们考虑到全景时，很明显诺华最有效的关系是与学术界合作。"我们在瑞士有这样的合作，是和联邦理工学院（ETH）的合作，"魏思乐说，他指的是位于苏黎世的公立研究型大学苏黎世联邦理工学院，爱因斯坦曾在那里学习。"我们与他们的科学家的互动一直很好，这在历史上是很重要的。我们得出的结论是，（美国）最令人兴奋的学术环境在剑桥。也许我们在瑞士巴塞尔地区不会获得任何额外的好处，只是规模扩大了。"

正如另一位官员后来所说，该公司不仅仅是想要接近最新的前沿进展——它希望接近科技未来 30 年或更长时间的发展方向。[1]

为了强调其对这条新道路的承诺，诺华聘请了一位著名的科学家来领导这项工作。他就是哈佛大学医学院教授、美国马萨诸塞州总医院心脏病学和心血管研究主任马克·菲什曼（Mark Fishman）。菲什曼并没有商业实战经验，他是一名科学家，曾率先使用斑马鱼作为人体循环系统的模型。然而，魏思乐解释说，该公司基本上是在波士顿白手起家，因此，找到一位德高望重的领导者是吸引诺华所需的其他才华横溢的研究人员的关键。菲什曼被任命为诺华生物医学研究所的主席，拥有重塑全球研究的权威。他还加入了诺华的执行委员会。

魏思乐、菲什曼和维斯特在美国参议员泰德·肯尼迪等人的陪同下出席了拉开这条新道路帷幕的大型新闻发布会。"为什么是剑桥？"魏思乐在他的评论中指出，"分析表明，吸引和留住科技人才越来越难，所以，人才在哪里，我们就得去哪里。剑桥拥有世界上其他地方没有的科学人才库。"麻省理工学院的新闻办公室报道，除了哈佛大学、麻省理工学院，以及怀特黑德研究所这样的非营利研究中心，当时还有 60 家生物技术公司落户剑桥，其

---

[1]　诺华的药物获批数量和 NIBR 计划是根据公告、早期报道和随后的采访编制的。——原书注

中 52 家距离校园不到 1 英里（1 英里 ≈ 1609 米），分别位于肯德尔广场、东剑桥和中央广场。

菲什曼等人最初在科技广场 400 号设立了两层楼的办公室，紧挨着 MAC 项目和人工智能实验室。他们在科技广场 100 号的新大厦已经在建设中，会在 2003 年 3 月完工。到时，那里的办公室和实验室可容纳大约 400 名科学家和技术人员。到 2003 年夏天，诺华有 130 名员工迁至剑桥——其中除 10 人来自欧洲，其余人员都来自其现有的位于新泽西州的美国研究部门——并大力招聘新员工以充实其队伍。"据我所知，我们是附近的第一家制药公司。"菲什曼回忆道。

诺华的声明在整个生命科学界引起了轰动。"我想说，'震惊'这个词用在这里恰如其分。"汤姆·休斯（Tom Hughes）回忆道，他曾负责诺华在新泽西州的心血管及代谢疾病部门，是第一批调到波士顿的人之一。那年 1 月，在瑞士因特拉肯的一次管理务虚会上，他与魏思乐在酒店大堂喝酒抽雪茄时，就对即将发生的事情有所预感了。当时这位诺华的首席执行官透露了一些新的研究计划，但没有深入讨论细节。"丹认为我们必须采取不同的做法。"休斯回忆道，"这只是其中一个时刻：你意识到这里有人有机会动用数十亿美元，从而迈出这一步，并使它有意义。不入虎穴，焉得虎子。"

这一冲击不仅波及诺华内部，也波及整个行业。许多在巴塞尔的研究人员担心他们的实验室可能会被关闭，或者他们可能会被调到美国工作。这也意味着一种全新的工作方式，以及随之而来的所有焦虑。休斯总结道："你是让一家在瑞士莱茵河上建立起来的公司，把它庞大的基础设施搬到美国，并让一位美国科学家和学者对其负责。"对该行业来说，此举在几个关键领域标志着变革的到来。实验室在很大程度上是与世隔离的、孤立的——为了他们的学术感，也为了保密。休斯之前在山德士实验室工作，该实验室坐落在有鹿出没的树林中，并且被围上了铁丝网。现在，他们将拥有一处城市设施，距离两所世界知名大学仅咫尺之遥。诺华不仅在研究方式上加大了投入，而且在人才和科学领域的竞争上也加大了投入。

休斯加入了 2002 年 8 月搬迁的先遣队，这样他的孩子们就可以在开学时入学了。20 世纪 80 年代中期，他在塔夫茨大学以营养生物化学方面的工作获得了博士学位，经常从他萨默维尔的公寓骑行前往波士顿市中心的塔夫茨医疗中心（Tufts Medical Center）。他的路线是穿过肯德尔广场，正好经过科技广场（诺华的第一个办公室将设在那里）。"那真的是一个满目狼藉的地方。"他谈到当时的肯德尔广场时说。2002 年的情况好多了——大部分城市更新计划完成了。但该地区仍然充斥着旧工厂和空地，他意识到，诺华的发展将是城市继续转型的重要步骤之一。

随着科技广场工厂的上线，对新英格兰糖果公司工厂的翻新工作也在进行中。诺华生物医学研究所最终选择这家老糖果工厂作为总部，很大程度上是菲什曼拍的板。他一直在和一个来自瑞士的小团队一起物色公司地点。他们的车停在新英格兰糖果公司工厂前，但凡只要看一眼这处老化的厂房就足以吓跑参观者了。一个人转身对他说："我们现在还不会出去。你可以过去看看。"菲什曼照做了，他对他所看到的场地感到满意。

不久之后，休斯参加了对老工厂的考察任务。外面大雨倾盆，水渗进了漏水的建筑物。休斯回忆说："他们当时正在制作 Mary Janes。"她指的是新英格兰糖果公司生产的花生和糖蜜口味的太妃糖。"他们用防水布遮挡，防止水流到生产线上。这情景可以说惨不忍睹，我们很不情愿搬到那里去。不过菲什曼是对的。"

事实证明，这栋建筑几乎是诺华的理想之选，厚实的地板可以支撑现代设备，混凝土结构框架可以抗振动。作为改造的一部分，工厂被列入了美国国家历史名胜名录，为它的所有者 DSF 集团赢得了总额为改造成本 20% 的税收减免。为了符合资格，该公司保留了工厂的外观，包括顶部的水塔，它被漆成类似一包巨大的 Necco 威化饼干。诺华发起了一场原创设计竞赛，要求设计作品反映大楼内部将要进行的生命科学研究，并为提交创意的剑桥市大专院校提供价值 500 美元的美术用品：每所学校都参与了。然而，最终胜出的设计来自哈佛大学天体物理学系的一名学生：一条 DNA 链，其中双螺旋的碱基对被涂成 Necco 威化饼干的颜色（见图 16-1）。

新装修的工厂于 2004 年夏天开业。一层的装货码头被改造成冬季花园和大堂区，这里阳光明媚的中庭用作聚会场所。原来的发电厂改造成了自助餐厅和礼堂。建筑大量增加了玻璃的用量（用作窗户和墙壁），许多最先进的实验室都位于建筑的外缘，为研究人员提供了开阔的视野。"新英格兰糖

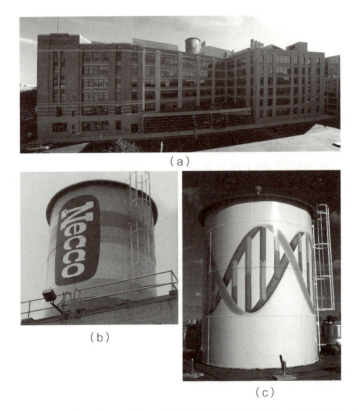

图 16-1　（a）马萨诸塞大道 250 号，原为新英格兰糖果公司的一家糖果厂，2004 年成
　　　　为诺华生物医学研究所的总部。诺华最终重新粉刷了大厦的标志性水塔（b），
　　　　将一袋 Necco 威化饼干变成了同样充满活力的 DNA 双螺旋（c）

果公司大厦在当时是制造业的典范。"建筑师 Ed Tsoi 在接受《波士顿环球报》
采访时表示，"在我们这个时代，这将是研究所设计的一个典范。"

　　诺华的发展很快就远远超出了最初的计划。尽管签订了一份 45 年的租
约，但该公司在几年后就行使了购买选择权。随后，该公司大幅扩大了在
该地区的业务范围——买下了附近的地产，包括一家前同性恋俱乐部（天
堂）、经济型租车办公室和一家古董经销商，然后搬进了马萨诸塞大道对面
一座由三幢楼组成的综合大厦。该大厦以前属于亚德诺半导体技术有限公司
（Analog Devices）。2020 年，该公司拥有规模庞大的业务，雇用了 2300 多名
员工，并扩展到肯德尔广场，包括查尔斯·达文波特在主街 700 号的旧建筑
的一栋翼楼。诺华也从未放弃科技广场的位置，它在那里的实验室和办公室

分布在 3 栋建筑中。

不断扩大的校园本质上是将以前古老而时髦的中央广场的一部分与肯德尔广场建筑物更稀疏、科技含量更高的场景融合在一起。"我们扩展了肯德尔广场的面积，"诺华生物医学研究所全球公关主管杰夫·洛克伍德（Jeff Lockwood）表示。"肯德尔广场延伸到中央广场，但发生这种延伸的原因是诺华在马萨诸塞大道 220-250 号（新英格兰糖果公司工厂）买下了固定的场地，之后的事情就顺理成章了。"

过了一段时间，一批制药公司追随了诺华的脚步。在不到 10 年的时间里，武田、强生、辉瑞、赛诺菲、默克、礼来、易普生、阿斯利康和艾伯维纷纷在当地建立了分支机构，拜耳、百时美施贵宝和施维雅也相继进驻当地（见第 19 章）。

每个人都想靠近科技的前沿，并建立对未来成功至关重要的关系。但当诺华在 2002 年 5 月对外发出公告之时，这一切将如何发展还不得而知。一家大型国际制药商试图在市场颠覆它之前颠覆自己——虽然做出这个决定经过了深思熟虑，但这仍然是一场赌博。2003 年年初，休斯协助主持了 2003 年年初在大学公园酒店（现为艾美酒店）举办的一场诺华招聘会，那里距离正在翻修的新英格兰糖果公司工厂只有几个街区远。诺华生物医学研究所需要疯狂地招人，但休斯清楚地记得，在招聘会前夕，当他的同事们按照他们招聘的部门摆好工位时，一种不确定感甚至恐惧笼罩着他们。"我甚至不知道是否有人愿意为诺华工作。"他回忆道。

但当休斯第二天早上到达现场时，他惊呆了。"在拐弯处就隐约可以看到人们从门口排出的长队。"那天总共有 1800 多人参加了招聘会。做出这个决定没错，他记得自己当时是这么想的。"从我们出现的那一刻起，这就显而易见了。"

👁 **聚焦** | 鲍勃·兰格是肯德尔广场的秘密武器的化身

肯德尔广场作为创新生态系统崛起的关键在于教职工的创业精神——在这样一个环境中，科学家因创办公司而受到赞扬和奖励，而非被鄙视甚至遭到排斥。专注于工程和应用科学的麻省理工学院始终比哈佛等几乎所有其他研究型大学更注重商业。该校有一个悠久的传统，那就是允许教职工花费 20% 的时间，或每周一天，为行业提供咨询。该校还允许教授成立公司，就像范内瓦·布什（Vannevar Bush）在 1922 年创立雷神公司那样。但直到 1980 年左右，真正拥抱创业精神的教职工相对较少。

当然，这一切都改变了。今天，波士顿地区像许多其他地区一样，已经有大量的教职工（最多的是来自麻省理工学院的，但也有来自哈佛大学、塔夫茨大学、波士顿大学、东北大学等其他大学的）自己成立公司或成为初创公司的创始人。不少学术象牙塔中的科学家——最著名的如哈佛大学的乔治·怀特赛兹（George Whitesides）、蒂莫西·施普林格（Timothy Springer）和乔治·丘奇（George Church）；曾任职于塔夫茨大学、现就职于哈佛大学怀斯生物启发工程研究所的大卫·沃尔特（David Walt）；以及麻省理工学院的夏普、哈维·洛迪什、吉姆·柯林斯（之前就职于波士顿大学）和桑吉塔·巴蒂亚等——已经成为连续创业者。

不过，可以肯定地说，没有人能像麻省理工学院教授鲍勃·兰格那样，他的科赫综合癌症研究所实验室有 100 多名研究人员。这位化学工程师、纽约北部人，1974 年在麻省理工学院获得博士学位。截至 2021 年年初，他发表了 1500 多篇研究论文，被引用次数超过 30 万次，他一共有 900 多项专利，另有 500 多项专利正在申请中。他的惊人成果使他赢得了"医学界爱迪生"的称号（见图 16-2）。

1979 年，兰格在基因泰克获得了他的第一份工业咨询工作。直到 1987 年，他才成立了自己的第一家公司——药物递送初创公司 Enzytech，但他很快就加快了步伐。到 2021 年，兰格已经创办或参与创办了 41 家公司，其中包括一家在新冠疫情期间诞生的研发先进的口罩技术的公司——Teal Bio。马萨诸塞州前经济发展部部长兰奇·金博尔（Ranch Kimball）曾说过："鲍勃一个人创建的公司比大多数州都多。"

说话轻声细语的兰格清楚地记得，在 Enzytech 成立前后，麻省理工学院一些教职工的反应。"很多教职工对此的态度非常消极。他们中有几个人不想让我获得终身教职，"他说。现在，这种看法几乎已经完全被颠覆了。组建公司不仅不会成为获得终身教职的障碍，反而可以成为获得终身教职的一项优势，并且是教职工的荣誉徽章。这并不是一蹴而就的。兰格说，"我认为它只是逐渐被接受了，因为越来越多的人这样做。"

图 16-2　鲍勃·兰格在科赫综合癌症研究所的大厅

资料来源　兰格实验室。

兰格的哲学首先是放手一搏——去解决那些一旦解决了就能最大程度改善人们生活的问题。

他的实验室专注于几个核心领域——生物材料、药物开发和递送以及组织工程学。兰格相信，将不同背景和专业的人聚在一起可以简化通往解决方案的道路，于是他建立了一个多学科的研究团队，其中包括生物学家，化学、电气和机械工程师，医生，材料科学家，甚至兽医和物理学家。

兰格信奉的另一条哲学则是，他经常鼓励他的博士后和研究人员加入并创建初创公司，如果他们愿意的话。他曾指出："许多公司做得不错的原因之一，是我们的学生去了这些公司并成了骨干。""他们对自己在实验室里做的事情深信不疑，并想让它成为现实。"

兰格历数了他帮助创办的公司，说道："我想说，绝大多数公司都是在肯德尔广场创办的。"有些公司，比如 2010 年成立的莫德纳，自始至终都待在肯德尔广场。还有其他一些公司，如研发护发产品的公司 Living Proof，创办于肯德尔广场，但在被收购后搬了出去。该公司位于宾尼街的总部长期悬挂着代言人詹妮弗·安妮斯顿（Jennifer Aniston）的巨幅海报。最近有一家正在开发治疗胃肠道疾病药物的初创公司，叫作 Vivtex，其总部位于肯德尔广场主街 700 号的 LabCentral。兰格说："我认为这是世界上最伟大的生态系统。之所以能形成这样一个生态系统，部分原因是波士顿地区有优秀的大学和医院。在其他任何地方，你很难找到如此高质量的大学群，而且两所大学之间相隔不到 2 英里。在这些大学就读的学生都很优秀，他们也愿意留在当地。这是核心因素，当然还有其他重要的原因，比如风险投资、律师、高管，等等。"

兰格创办的公司有：

1987 年：Enzytech——微球给药（与 Alkermes 合并）

1987 年：Opta 食品——食品配料（最初是 Enzytech 的一部分，被 Sun Food 收购）

1988：Neomorphics——用于组织生长的生物相容性材料（被 Advanced Tissue Sciences 和 Smith & Nephew 收购）

1992 年：Forcal——用于预防手术粘连的可生物降解材料（被健赞收购）

1993 年：Acusphere——多孔微球技术的针孔显像剂

1993 年：EnzyMed——组合制药（被奥尔巴尼分子研究公司收购）

1997 年：Advanced Inhalation Research——肺给药（由 Alkermes 收购；Civitas Therapeutics，Alkermes 基于 AIR 技术的子公司，后来被 Acorda 收购）

1998 年：Reprogenesis——组织生长的支架（与创造性生物分子和个体发育合并形成 Curis）

1998 年：Sontra medical ——皮给药（被 Echo Therapeutics 收购）

1999 年：Transform pharmaceuticals——同质异形体结晶（被强生公司收购）

1999 年：MicroCHIPS ——基于硅芯片的药物输送

2000 年：Combinent Biomedical Systems——经阴道给药（被 Juniper 收购）

2001 年：Momenta Pharmaceuticals——复合糖疗法

2003 年：Pulmatrix——吸入疗法

2004 年：Pervasis——血管愈合疗法（被 Shire 收购）

2005 年：Living Proof——护发产品（被联合利华收购）

2005 年：Arsenal Medical——纳米纤维为基础的药物输送（现在叫作 Arsenal Vascular 和 480 Biomedical——生物可吸收支架）

2005 年：PureTech Health——治疗胃肠道和免疫疾病的新方法

2005 年：In Vivo Therapeutics——用于脊髓治疗的支架

2006 年：T2 生物系统——基于纳米粒子的诊断

2006 年：森普乐生物科学——医疗设备涂料（被 Teleflex 收购）

2006 年：BIND 生物科学——靶向纳米颗粒治疗（被辉瑞收购）

2007：Selecta 生物科学——靶向纳米颗粒

2008 年：第七感生物系统——微针采血技术

2008 年：Taris 生物医学——泌尿科药物输送

2009 年：卡拉制药公司——黏膜药物输送

2010：莫德纳——修饰的信使 RNA 传递

2011 年：Blend Therapeutics——联合药物

2012：Xtuit 制药公司——新型癌症治疗方法

2013 年：SQZ——递送到细胞

2013 年：医疗设备公司 Gecko Biomedical——医药黏合剂

2014 年：Arsia——抗体制剂（被 Eagle Pharmaceuticals 收购）

2015 年：lyndra ——超长效口服给药

2015：Frequency Therapeutics——恢复听力和其他组织的分子

2015 年：Olivo Labs ——新型护肤（被资生堂收购）

2016 年：Siglion ——超级生物相容性材料／细胞封装

2017 年：Suono Bio——胃肠递送

2017 年：Seer Bio——用于蛋白质组学分析的纳米技术

2018 年：Vivtex——芯片上的胃肠道

2019 年：Lyra Pharmaceuticals ——鼻腔药物输送（从 Arsenal 剥离）

2020 年：Teal Bio——应对新冠疫情的先进口罩技术

第 17 章

本土生物技术大获成功

　　2003 年 8 月 21 日晚上 6 点，波士顿附近夏日炎炎，气温在 30 摄氏度左右，但仍不如当地的生物技术产业火热。超过 850 人报名参加了在麻省理工学院媒体实验室和校医疗中心之间的院子里举行的户外活动。事实上，这不仅仅是一次活动。从邀请函上的节目可以看出，这是一场庆典：肯德尔广场的生物技术庆典。

　　该活动由麻省理工学院创业中心总经理肯·莫尔斯牵头，哈佛—麻省理工学院健康科学与技术部联合主办，后者可以授予颇受欢迎的哲学—医学双博士学位。这是第二次举行庆典，在接下来的几年里，每年都会举行一次。但第二年是它真正起飞的时候。莫尔斯对人群说："我们今晚汇聚一堂，庆祝生物技术革命，并见证肯德尔广场现象。"他说，在 850 名注册嘉宾中，有 150 人是生物科技公司的创始人或董事会成员。"一个关键的结论是，罗伯特·弗罗斯特的格言'篱笆扎得好，邻里处得来'并不适用于 21 世纪的生物技术社区。相反，我们麻省理工学院的所有人都相信，与肯德尔广场及其他地方的朋友和邻居之间应该保持积极的联系和团队合作。生物技术和企业家精神就像罗杰斯和汉默斯坦❶一样结合在一起……博伊尔和斯旺森❷……麻省理工学院和生物技术社区。一方都需要另一方才能充分发挥潜力，为世界带来改变。"

　　莫尔斯演讲结束后，一些当地重量级人物发表了一系列简短的讲话，如来自健赞首席执行官亨利·特米尔，怀特黑德研究所的埃里克·兰德（他刚

---

　　❶　罗杰斯与汉默斯坦是指作曲家理查德·罗杰斯 Richard Rodgens 和作词家奥斯卡·汉默斯坦二世（Oscar Hamstein Ⅱ），他们是一个有影响力、有创造力和极为成功的美国音乐剧团队。他们在 20 世纪 40 年代和 50 年代创作了一系列流行的百老汇音乐剧，开创了被认为是音乐剧的"黄金时代"。——译者注

　　❷　1976 年，罗伯特·斯旺森（Robert Swanson）和赫伯特·博伊尔（Herbert Boyer）在旧金山一家名为 Churchill's 的酒吧喝了几杯啤酒，开创了生物技术产业。——译者注

刚开始一次大胆的冒险,准备建立一个新的研究所),马萨诸塞州生物技术委员会主席贾尼丝·布尔克,以及麻省理工学院校长查克·维斯特。这一晚实际上是为了建立合作关系,以确保大家不会"扎起篱笆"。

诺华招聘会上排起的长队预示着大型制药公司的大举亮相,当地的生物技术产业为肯德尔广场周围蓬勃发展的生命科学生态系统提供了另一种推动力。总部位于加利福尼亚州的生物技术公司安进(Amgen)也加入了进来,该公司于 2001 年在渤健附近开设了一个研究中心,雇用了大约 500 人。该市的本土公司几乎推动了生物技术产业在本地的所有增长。

四个早期明星公司的出现,重塑了肯德尔广场的形象。其中包括两家曾帮助开创生物技术领域的公司——渤健和健赞。这两家公司的关键药物都通过了美国食品药品监督管理局(FDA)的批准程序,并崛起为全球力量,极大地扩大了它们在肯德尔广场的足迹——渤健扩展到宾尼街沿线的多栋建筑,健赞则开设了令人惊叹的 LEED 白金认证总部。它们作为开路先锋,紧随其后的是一些较新的初创公司,这些公司以福泰制药公司和千年制药公司为首——两家公司的总部都设在麻省理工学院的对面,靠近中央广场,但扩张到了肯德尔广场。在它们之后,新出现了一批注定会成为未来领导者的初创公司,其中包括与菲利普·阿伦·夏普相关的第二家公司——阿尔尼拉姆制药公司。

与计算机行业和国防电子行业所发生的情况形成对比的是,随着这些公司和其他公司的发展,绝大多数公司并没有搬到 128 号公路和成本更低或更适合家庭居住的郊区。生物技术的发展被证明是一个城市现象。公司希望与吸引诺华的力量保持密切联系——提供科学专业知识和未来人才的顶尖大学,以及查尔斯河对岸世界一流的医院系统和医疗社区。年轻的初创公司还希望能接触它们的科学创始人(通常是麻省理工学院和哈佛大学的教授)。越来越成熟的风险投资社区进一步丰富了生态系统,这些风险投资社区面向生命科学、领先的商学院;它自己的贸易团体致力于与政府建立联系,并为持怀疑态度的公众揭开该行业的神秘面纱;以及一个强大的服务供应商网络,包括律师、会计师和房地产开发商。

自 20 世纪 70 年代生物技术产业诞生以来,旧金山湾区一直被视为生物技术领域当之无愧的领导者。千年制药公司创始人兼首席执行官马克·莱文在 20 世纪 90 年代初创立这家基因组公司时，曾是旧金山的一名风险投资人。马克·莱文等旧金山人看待波士顿和剑桥的态度是："天哪，这些乘坐'五月花号'来的人都是些什么人？"那里的人们基本上都非常保守，那里的生物技术没有太多进展——只有渤健、GI 等几家公司。但旧金山是生物技术的诞生地。

莱文惊讶地发现，只是场景发生了巨大的变化。基因组学预示了一场"巨大的革命，我认为这一变革在剑桥地区更强烈，因为那里的生物学更强大。"更重要的是，旧金山湾区的生物技术领域已经变得异常分散。一些公司，如早期的开拓者 Cetus 和 Chiron，在旧金山海湾的伯克利和埃默里维尔扎根，而另一些公司则沿着斯坦福半岛和更远的南部分布。在旧金山南部的基因泰克附近，初创公司层出不穷，但那个地区基本上是一个没有灵魂的工业试验园区。莱文说："很明显，旧金山湾区是不同凡响的，但它从未达到临界点，即每个人都在餐厅和咖啡馆里互相碰撞，并真正创造出这种能量。这里不是哈佛大学、麻省理工学院和所有这些相距一两英里的新研究所。从字面上看，一旦波士顿和剑桥开始腾飞，你就能感受到差异。"

* * *

莱文在 1993 年创立千年制药公司时就察觉到了这种转变。10 年后，一飞冲天。在迅速扩张的本土公司中，渤健仍是领头羊。2003 年，当诺华制药开设新工厂时，这家领先的生物技术公司正从 7 年前推出的治疗多发性硬化症药物 Avonex 中获得丰厚利润。同年，这家位于肯德尔广场的公司与总部位于圣地亚哥的 Idec 制药公司合并，成立了渤健艾迪（Biogen Idec），这是排在基因泰克和安进之后的世界第三大生物技术公司。渤健将在 2015 年恢复使用原来的名称。该公司还成为剑桥市最大的企业雇主，拥有 1467 名员工——在 2008 年被诺华超越之前，它一直保持着第一的位置，此后也一直是领军企业之一。到 2020 年，它在当地拥有 2300 多名员工。

然而，通往成功的道路并不平坦。21 世纪初，渤健的第四任首席执行官上任——也可以说是第五任，他就是吉姆·文森特（Jim Vincent），他曾两次非连续担任这一职务。事实上，几乎从公司搬到肯德尔广场的那一刻起，事情就开始出问题了。到 1984 年，渤健大量的研究费用已经累计造成了大约 1 亿美元的损失，至于它是否能生存下去尚无定论。在掌舵渤健的那些年里，沃利·吉尔伯特（Wally Gilbert）一直依靠授权或出售渤健的专利来维持运营，但由于自身产品没有稳定的营收来源，公司无法维持成本。

文森特临危受命。这位雅培（Abbott）和联合健康与科学产品公司（Allied Health and Scientific Products）的前任高管——他开着保时捷去上班，在作风低调的肯德尔广场是个异类——于 1985 年上任。他立即着手策划了一项激进的重组计划，包括削减成本、重新对专利许可进行谈判、招募更有经验的运营管理团队，以及培育渤健自己的药物管道。

"我来这里是为了建立一家运营公司，"文森特曾回忆道。他说，"即使没有重点，而且渤健在科学方面也非常强大，但渤健在非科学方面尤其缺乏。如果看看创始人，你就知道他们会聘请伟大的科学家。但很明显，科学领域以外的人员配备还达不到创建一家运营公司的水平。"

渤健最初的雄心涵盖了人类健康、农业、兽医科学，甚至环境科学。文森特放弃了几大领域，只保留了人类健康，甚至在这方面他也缩小了关注的范围。他还关闭了多家欧洲工厂，公司在日内瓦的旗舰实验室也被卖给了史克必成（Glaxo）[1]。将员工总数从 500 人削减至 225 人。"这里的不安全程度非常高，"文森特说，"你们这里有这么多有才华的人，他们一直都是赢家，这真的是他们第一次经历失败。"

在授权方面，文森特致力于重组现有的交易，或者回购全部专利。也许最值得注意的是，他将渤健的 β 干扰素技术重新引入了市场，而先灵基本上没有采用该技术。1986 年，文森特来到公司不久，美国食品药品监督管理局就批准 α 干扰素用于治疗一种白血病，使其成为美国批准的第一种基因工程干扰素药物，并为渤健的专利使用费提供资金来源。文森特还签署了一系列新协议。[2]

这些改变花了一段时间才生根发芽。渤健报告，在 1985—1988 年期间，其亏损超过 7000 万美元。但在 1989 年，该公司首次报告扭亏为盈——总销

---

[1] 史克必成（GSK）是一家全球性的医药公司，成立于 2000 年 12 月，由葛兰素威康和史克必成合并而成，总部位于英国伦敦。专注于新药物和新疫苗开发。——译者注

[2] 其中一项重要交易涉及将乙肝疫苗技术授权给史克必成公司，这次交易在 1989 年获得批准后成为一个分水岭。——原书注

售额为 2850 万美元，利润为 320 万美元。总之，渤健的专利使用费在 1986 年只有 170 万美元，而到 1996 年已飙升至 1.5 亿美元。

在此期间，渤健专注于开发两种国产药物。一个重点是水蛭肽（Hirulog），一种血液稀释剂，其发明者是芝加哥大学培养的年轻科学家约翰·马拉加诺（John Maraganore），他于 1987 年加入该公司。该药物瞄准了一个巨大的市场——预防心脏病患者的凝血。另一个重点是新近重新获得的 β 干扰素技术，渤健的科学家认为该技术可以更好地治疗乙型肝炎。

这两种药物的研发都不是一帆风顺的。水蛭肽的研发在 1994 年遭遇了重大挫折，当时一项试验表明它比当时使用肝素的治疗方法更安全，但并不更有效。虽然该药物很可能获得美国食品药品监督管理局的批准，但这不会是渤健所寻求的"全垒打"。文森特和从百特国际调来的新任总裁兼首席运营官詹姆斯·托宾（James Tobin），停止了渤健对该药物的研发工作，并将其授权给了另一家公司。"水蛭肽是备受宠爱的亲生儿子。从情感上说，这是公司面临的最大困难，"托宾曾经说过。

与此同时，β 干扰素已被作为肝炎的治疗方法来研究，但与水蛭肽一样，试验表明它可能只比行业标准 α 干扰素有轻微改善。但外部研究表明 β 干扰素可能对治疗多发性硬化症有效，于是渤健将重点放在了这方面。该公司的药物 Avonex 在 1996 年获得了美国食品药品监督管理局的批准[1]。总销售额从 1995 年的 1.35 亿美元飙升至 1996 年的 2.597 亿美元，带来了 4050 万美元的利润。到 20 世纪 90 年代末，渤健的营收为 5.576 亿美元，净营收为 1.387 亿美元。Avonex 的销售额达到 3.94 亿美元，在总销售额中的占比超过了 70%。Avonex 是肯德尔广场出的第一个重磅产品。

文森特于 1997 年辞去首席执行官一职，但仍留在董事会。托宾接任了他的职务。然而，1998 年，在与文森特产生严重分歧后，新任首席执行官辞职，他后来成为医疗设备制造商波士顿科学公司（Boston Scientific）的首席执行官。约翰·马拉加诺在他的"孩子"水蛭肽被授权出让后，就转向了商业开发领域，他总结了两人的区别："吉姆·文森特是雅培的人，詹姆斯·托

---

[1] Avonex 击败了一种名为 Betaseron 的干扰素药物，后者最初由 Cetus 开发，但授权给了先灵（不同于先灵葆雅）。律师也参与其中。——原书注

宾是百特的人。我可以向你保证，雅培和百特的人最终就像油和水一样不相溶。雅培的领导者具有战略眼光，他们是非常好胜的人，他们对胜利的看法是消灭竞争对手；而百特在运营上非常出色，他们是善于合作的人，他们在很多方面都比雅培的人友善得多。但你永远不可能让雅培和百特的人真正合作得很好。"

托宾离开后，文森特作为临时首席执行官又回来了。第三位吉姆——吉姆·马伦（Jim Mullen）于 2000 年执掌公司。他于 20 世纪 90 年代初加入渤健，与前任不同的是，他是从公司内部一步步晋升上来的。他将一直担任最高职位直到 2010 年。

20 世纪 80 年代末，文森特缩小公司规模之后，渤健占据了宾尼街上原来的大厦，以及对面一栋两层楼高的红砖实验室。到 21 世纪初，渤健已经扩张到宾尼街和百老汇街之间的一系列新建实验室和办公楼。

渤健占据了肯德尔广场的主导地位，这里有光彩夺目的现代建筑，是剑桥中心的延伸。但沿着宾尼街往前走，经过第三街和第一街之间令人眼花缭乱的沃尔普综合大楼，肯德尔广场似乎基本上还停留在 20 世纪 80 年代的状态，四周大部分是零星的老旧建筑和停车场。

随着生命科学时代的蓬勃发展，这片区域成了肯德尔广场最后几个未填补的空洞之一。但这一点也在改变。支撑改革努力的是该地区另一家早期本地生物技术的成功案例——健赞。该项目的策划者是一位著名人物，他曾是市议员，后来成为房地产开发商。

* * *

20 世纪 70 年代初，当大卫·克莱姆还是麻省理工学院城市研究和规划专业的研究生时（他曾退学去竞选市议员，后来又重新攻读博士学位，但一直没有完成他的论文），他参加了一个活动，在这个活动上，麦当劳和汉堡王的代表分享了他们公司如何选择新餐厅的地址。麦当劳的人描述了一个复杂的选址策略——精确到所选的地点。"我不敢相信他们做了这么多研究。我被震住了，"克莱姆回忆道。"然后轮到汉堡王的人分享了。他只是说：'我们会选择离麦当劳不到 500 码（1 码 ≈ 0.91 米）的地点。'"

这件事让克莱姆有了某种顿悟。尽管他用幽默的口吻讲了这个故事，但他将其加以修改，形成了他自己的一套剑桥房地产开发方法的基石："我的位置离麻省理工学院不到 500 码的距离。"

这一理念被纳入了 Athenaeum 集团的战略，克莱姆成了该集团的合伙人。该公司买下并重新开发了旧波士顿编织液压胶管工厂，也就是现在的肯德尔广场 1 号。

然而，在 21 世纪初，克莱姆正全力投入他的下一个事业。1993 年，他卖掉了自己在 Athenaeum 集团的股份，打算退休并搬到佛蒙特州。但他无法闲下来，仅仅 3 周后，他就成立了一家新公司——莱姆地产（Lyme Properties），去开发生命科学。他的第一笔投资是剑桥港悉尼街旁的一栋建筑，距离麻省理工学院的运动场只有几个街区远。快速发展的福泰制药公司成为第一个租户，后来该公司将总部搬到了附近的另一处莱姆地产。

不过，克莱姆将目光投向了第二街和第三街之间的一块 10 英亩（1 英亩 ≈ 4046.86 平方米）的地块（见图 17-1）——大致以南边的布罗德运河和北边的林斯基路为界，这里曾经有一座煤炭气化厂。1998 年，克莱姆和莱姆地产买下了这处地产。几十年来，这里主要用作停车场——这是肯德尔广场荒地的重要组成部分。

图 17-1　1995 年肯德尔广场和莱姆地产买下的 10 英亩土地的鸟瞰图

渤健不断扩张的园区位于图的中间靠左位置。健赞中心于 2004 年开业，填补了长期以来的空白。随后，其他商业、住宅和零售项目也很快跟进。

此前对棕地❶地区的重新分区均以失败告终。但克莱姆凭借巧妙的策略和清理旧址的计划打破了僵局。他获得了将该地块开发为综合用地的许可，提供实验室和办公空间、普通公寓和高级公寓、规划的酒店、表演艺术中心，以及从遗留的布罗德运河运河桩出发的旅游皮划艇。他说："因为我有一些政治技巧和一点在议会工作的历史，而且我和当时社区发展部的任何人一样了解这个分区，所以我们能够在创纪录的时间内获得特别许可证。"

莱姆地产的概念预示着肯德尔广场迎来了一个新时代——提供万豪酒店以外的生活功能，同时也解决了人们对缺乏住宅和社区空间日益增长的担忧。中心位置有 3 栋大型办公大厦和生物技术实验室，旁边有一个小公园，公园冬天有溜冰场，夏天可以举办音乐会，在温暖的月份可以露天用餐。克莱姆被允许将地块的其余部分划分为不同用途的区域。然后，他将不打算用于生命科学研究的地块出售给其他开发商，使莱姆地产能够坚持自己的专业。出售的地块包括第三街边上一块 1 英亩（约合 1 公顷）的土地（计划用于建表演艺术中心），以及它旁边的两块土地（被指定为住宅用地）。❷

克莱姆在做这些交易的时候，为他命名为剑桥研究园（Cambridge Research Park）的实验室和办公大厦寻找了一个主要租户。他直接找到了健赞公司及其首席执行官亨利·特米尔。21 世纪初，健赞是在当地生物科技领域仅次于渤健的公司，与肯德尔广场的同行相比，它走的是一条不那么坎坷的道路。与渤健的好几任首席执行官形成鲜明对比的是，自 1985 年以来，健赞只有一位首席执行官，那就是特米尔。专注于孤儿药❸的健赞也没

---

❶ 棕地，指被弃置的工业或商业用地而可以被重复使用的土地。此类土地可能在过往的土地利用中被少量的有害垃圾或其他污染物污染，土地的再次利用变得困难，需要进行适当清理。——译者注

❷ 这两处住宅用地被 Twining Properties 买下。——原书注

❸ FDA 的孤儿药资格（Orphan Drug Designation）计划，为美国国会为保障美国罹病人数少于 20 万的特殊疾病，特别给予药物开发者的鼓励措施，包含临床实验的税收抵免，处方药使用者费（Prescription Drug User Fee）减免，于 FDA 核准上市后的 7 年独家销售权利。——译者注

有渤健垂死挣扎的经历。该公司于 1986 年上市。5 年后，其研发的治疗高雪氏症的阿糖脑苷酶注射液（Ceredase）获得了美国食品药品监督管理局的批准。1994 年，基因工程的后继者思而赞（注射用伊米苷酶）问世。2003年，健赞获得了美国食品药品监督管理局对法布赞（阿加糖酶 β，商品名：Fabrazyme）的批准，这是一种用于治疗法布瑞氏症（一种罕见的遗传疾病）的酶替代药物。在那关键的一年里，诺华正在举行招聘会，渤健正在与艾德克合并，健赞是全球第四大生物科技公司，也是剑桥第三大雇主企业，拥有超过 1000 名员工。

20 世纪 90 年代末，健赞迅速扩张，并开始寻找新的总部地址。克莱姆还在 Athenaeum 集团的时候，曾谈过一份为期 10 年的租约，并有延长租约的权利，这让健赞在 20 世纪 90 年代初就来到肯德尔广场 1 号。他希望历史会重演。然而，特米尔最初的反应令人沮丧。他告诉克莱姆，他的目标是哈佛商学院旁边的奥尔斯顿——健赞已经在旁边建了一家制造厂。直到认识到这个地点存在分区和谈判的问题之后（因为处在几个地方、州和联邦管辖区的交汇处），特米尔才决定留在肯德尔广场（见图 17-2）。❶

莱姆发起了一场国际性的比赛，为这个项目寻找建筑师，克莱姆给了特米尔一个设计评审团的位置。最终，有 6 份作品从 200 多份参赛作品中脱颖而出。他们选定了德国建筑师斯特凡·贝尼施（Stefan Behnisch）的作品。他在设计中设想了一座玻璃幕墙建筑，利用自然光，以大型共享区域为特色，以促进协作。一个巨大的中庭将延伸到 12 层楼高的整个建筑，其中包括图书馆、礼堂、员工食堂、培训室和一层零售空间。它还将拥有 18 个室内花园，每层至少一个，以及一个点缀着各种植物的绿色屋顶。屋顶的镜子将跟随太阳，并将阳光反射到整个室内。

正如克莱姆所述，贝尼施总结设计的方式给他和特米尔都留下了深刻的印象。他说："我们想要建造一座让你由内而外思考的建筑。这是一个你会很乐意在其中工作的空间，而不是一个你开车经过只会看一会儿的空间。"

---

❶ 健赞在 2000 年 8 月签署了租约，但租期从 2003 年 4 月 30 日起才开始生效。工程于当年 11 月完工。与此同时，健赞留在了肯德尔 1 号。——原书注

波士顿生命科学领域爆发了一场人才争夺战。渤健和健赞对人才的需求都在增长，福泰制药公司和千年制药公司的也在增长，还有一大批初创公司紧随其后。然后，诺华开始了大规模的招聘。

克莱姆记得，贝尼施的陈述"与亨利一拍即合"。"他说，'你知道，一切都取决于人才。当我试图吸引人才到健赞时，我希望能够在所有建筑中一眼就能看到我们的大楼，并说我们有温室。我们有追踪太阳的太阳能电池板。'"

图 17-2　健赞中心模型

资料来源　赛诺菲健赞。

健赞中心于 2004 年开业[1]。这只是一处办公楼——健赞在马萨诸塞州弗雷明汉 20 英里外的地方还有一个实验室。特米尔的办公室位于顶层。顶层上还有一个自助餐厅。

---

[1]　健赞的租约于 2018 年 7 月 31 日到期，可选择续约两个 10 年。——原书注

从某种程度上看，这栋建筑似乎将获得 LEED 银级甚至金级认证。特米尔坚持要铂金级认证，而健赞则要承担额外的成本。"对于这类公司来说，达到最高等级标准与达到银级或金级等良好等级标准之间的差距非常大，"特米尔曾经说过，"设定一个良好等级标准只会适得其反，并向潜在的合作伙伴、监管机构、我们的员工和患者发出错误的信号。"

这栋建筑获得了 LEED 白金级认证，并斩获了一系列奖项，包括波士顿建筑协会颁发的 2008 年 Harleston Parker 奖章，它也被公认为波士顿地区最美丽的建筑作品。

莱姆地产还为其园区内的其他建筑也举办了类似的竞赛。来自加利福尼亚州的史蒂文·埃利希（Steven Ehrlich）被选中设计西肯德尔 675 号。该建筑位于健赞中心对面的雅典娜神庙街，共有 6 层实验室和办公空间。它设有一个带天窗的全高中庭和底层零售店（包括一家可以俯瞰公园或溜冰场的餐厅）。

莱姆地产在剑桥港的大租户福泰制药公司租下了整栋大厦。这家生物技术公司于 1989 年由哈佛大学校友、后来成为美国默克药厂新泽西州研究机构的高级经理的有机化学家约书亚·博格（Joshua Boger），以及圣迭戈的风险投资人、麻省理工学院校友凯文·金塞拉（Kevin Kinsella）共同创立。在博格参观了旧金山、圣迭戈和三角研究园❶等其他领先的生命科学中心后，他们决定落户剑桥；他们被剑桥大学分子生物学和计算化学专业的实力所吸引，并且毗邻医学研究所。"没有其他地方能提供这样的组合。"博格说。两年后，该公司乘着"合理药物设计"的热潮上市，承诺利用大量计算资源来增加发现和开发药物的机会。博格向华尔街吹嘘说，他的效率可以比大型制药公司高出 10 倍。他说道："因为他们并不太注重数学，所以他们并没有意识到我的意思是，福泰制药公司只会在 90% 的情况下失败，而不是 99% 的情况下失败。"

福泰制药公司与史克必成公司（GlaxoSmithKline）合作开发的第一种治疗艾滋病的药物 Agenerase，在 1999 年获得了美国食品药品监督管理局的批

---

❶　三角研究园（Research Triangle Park）是美国最大的科技园区之一。毗邻北卡罗来纳州的罗利、达勒姆和教堂山，处在三座城市夹成的三角研究区域中。——译者注

准。"这证明了我们言出必行。"博格说。它还为与诺华制药达成大规模协议铺平了道路，以发现和开发抑制一种或多种酶的药物——激酶。该合同价值高达 8 亿美元，其中 2 亿美元是担保物。博格说，在那笔交易之后，"人们纷纷向我们抛出橄榄枝。所有大型制药公司都对我们表现出强烈兴趣。他们想在另一个人类基因家族中进行诺华式的交易。"

第二笔交易的前景促使福泰制药公司抢购莱姆地产新大厦的租约。回首往事，博格说，"我们在未雨绸缪。"即使在 2003 年大厦准备开放之前，很明显，一笔大交易不会很快实现。最后，福泰制药公司让做药物化学、计算化学、药物代谢和药代动力学等方面研究的小组搬进了这里的下三层楼。它将其余的楼层转租给了健赞和初创公司摩蒙塔制药（Momenta Pharmaceuticals）。🔵

即使还没有达成与另一个大型合作伙伴的协议，福泰制药公司的人才需求量仍在继续增长。2006年，该公司共有836名员工，跻身"剑桥十大雇主"之列。博格说，公司一度分布在13栋不同的大厦里。"我们有13栋大厦，13个前台，13个装卸码头。"分散的业务影响了协作和生产力，因此公司决定尝试将所有业务集中在一个地方。在这里，剑桥迅速膨胀的生态系统的局限性就显现了出来。博格说，在日益拥挤和昂贵的肯德尔广场和中央广场上找到合适的空间——至少还有一些进一步发展的空间——是不可能的。2008年7月，福泰制药公司宣布了整合波士顿海港区业务的计划——尽管主要是出于经济环境的原因，这一行动直到2014年才开始实施。

与此同时，该地块的第三座主要实验室和办公楼是位于东肯德尔 650 号的六层建筑，和福泰制药公司大厦正对着一个公园。2005 年 8 月，莱姆地产以 5.31 亿美元的价格将其剑桥研究园的地块出售给医疗保健房地产投资信托 BioMed Realty，当时只挖了一个坑：莱姆地产最终将通过另外两笔交易将其全部投资组合出售给 BioMed Realty，这 3 笔交易总计 21.4 亿美元。BioMed Realty 于 2006 年完工，但第一个核心租户 Aveo Pharmaceuticals（一家专注于肿瘤的生物制药公司，后来叫作 Aveo Oncology）在搬进后不久就经历了药物

🔵 福泰制药公司在 2001 年 1 月签署了租约。该租约于 2003 年 1 月 1 日生效，并于 2018 年 4 月 30 日到期。——原书注

批准的挫折。Aveo Pharmaceuticals 的地方很快就被百特占据了。[1]

原先棕地上的其他地块大部分在 2010 年之前开发完毕，不过有些地块花了更长的时间。水印（Watermark）的两座公寓楼为该地区增加了 450 多套公寓。第一座是 24 层的综合大厦，后来被称为肯德尔西水印大厦，于 2006 年完工（它的 17 层双子楼——肯德尔东水印大厦在大约 7 年后开放）。Evoo 就开在西水印大厦的一层，这是一家的高档餐厅，旁边紧挨着一家名为 Za 的比萨店。在接下来的几年里，水印大厦附近的运河路上又开张了一系列餐厅和肯德尔广场的第一家酒店。

Lyme-BioMed 的努力预示了该领域的未来发展。健赞公司搬进来几年后，在第三街沃尔普中心一侧又建了两栋公寓大厦。其中一栋原本是为麻省理工学院和哈佛大学附属人员设计的共管公寓，但这一计划从未完整实施[2]。在第三街的两侧发展出了一条商业街，有餐厅、咖啡店、一个联合办公空间和一家礼品店（现在是一家银行），等等。在暖和的天气里，几乎所有的餐厅、酒吧和咖啡店都提供户外休息区。在春夏季天气晴朗的日子里，傍晚时分，这个地方经常人头攒动——大多是下班后的人群。那不是波士顿——周六和周日的晚上几乎死气沉沉。但它标志着肯德尔广场的新篇章：广场上最沉闷、最不活跃的部分，可能变得最多样化、最具活力。

▶ 专栏5 让肯德尔广场的底商充满活力

剑桥市致力于增强健赞中心周围的邻里氛围。但长期以来都不得要

---

[1] 2013 年，Ibsen 租了一层半，到第二年就搬了出去。也是在 2014 年，百特买下了这栋楼的其余部分。百特将其租约转让给了分拆公司 Baxalta。随后，Baxalta 被希雷收购，而希雷又在 2019 年年初被武田收购。租约将于 2027 年年初到期。——原书注

[2] 2004 年，大学住宅社区由哈佛大学和麻省理工学院的一群教师组成，旨在为在剑桥居住的大学教职工开发家属院。这项工作由麻省理工学院前校长保罗·格雷领导，鲍勃·西姆哈担任执行董事。最初的项目位于第三街 303 号，共有 160 个单元，其中有 40 多个共管公寓单元正在协商中。2008 年碰到金融危机，该计划最终落空。然而，西姆哈说，有 11 名坚持下来的买家获得了公寓的所有权。这个街区现在被称为"第三广场"（Third Square），其余的单元都作为公寓出租。——原书注

领。【＊】"那里确实没有邻居，没有人愿意待在那里。"改变这一现状的主要人物杰西·巴尔卡恩（Jesse Baerkahn）说道。【＊＊】

2005 年，巴尔卡恩和东北大学法学院的朋友马哈茂德·菲鲁兹巴克特（Mahmood Firouzbakht）为了赚学费，在肯德尔广场设立了一个住宅房地产办公室。他们开始向富裕的青年才俊推销仍在建设中的水印公寓。然后，在 2007 年，巴尔卡恩与开发商 Twining Properties 建立了合作关系，出租了水印大厦和附近几处地产的零售空间。该业务最终扩展到肯德尔广场之外，2011 年，巴尔卡恩获得了全部所有权，并将其重新命名为 Graffito SP，这是一家城市零售房地产开发和经纪公司，专注于"激活"混合用途建筑的底商。

巴尔卡恩说，在公司成立之初，租赁肯德尔广场的零售空间是一件很困难的事情。但有一个理由需要说明：由于商业场景的爆炸式增长、出手阔绰的客户以及靠近麻省理工学院，那里白天的活动非常多。"从来没有人将肯德尔作为零售点进行营销。"

2010 年，将当时位于剑桥市中心的高端新美式餐厅 Evoo 搬到肯德尔广场，标志着第一个巨大的成功。日本餐厅富士（Fuji）随后在第三街开业，时尚面包店和咖啡馆 Tatte 也紧随其后。巴尔卡恩和他的团队还帮助引入了一个日托中心以及其他餐厅和商店。业主通常会为新商业租户提供将月租金与销售额的一定比例挂钩的优惠。这大大降低了人们搬到肯德尔广场的风险。巴尔卡恩说：早期的优惠感觉很像合作关系。房东意识到，商业租户想要住在独特且与众不同的社区里——其中一部分就是零售业。"

"通过这种非常有机的方式，"他补充道，"每个人都相对迅速地将注意力转移到我们实际上可以做到这一点上。"

【＊】2000 年 1 月，剑桥市议会批准了一份居民请愿书（其中有一些豁免），要求在东剑桥地区暂停超过 20 个单元的新住宅开发和超过 2 万平方英尺的商业开发实施 18 个月，其中也包括肯德尔广场的部分地区。请愿书列举了几个问题，包括交通拥堵加剧、房价上涨、缺乏公共开放空间以及商业开发侵占居民区。剑桥市成立了东剑桥规划研究委员会，成员包括城市工作人员、居民、商业领袖和外部专家。根据研究结果，剑桥市要求办公大厦和实验室建筑必须包含一层零售空间。

【＊＊】巴尔卡恩的采访，2020 年 6 月 24 日。所有巴尔卡恩的话都引自这次采访。

＊　＊　＊

第四家本土生物技术巨头是千年制药公司。它的发展路径会让人想起福泰制药公司，因为该公司是波士顿以外的人的心血结晶，他们把麻省理工学院周边地区视为创办公司的最佳地点。

千年制药公司成立于 1993 年，其最著名的创始人是莱文。20 世纪 80 年代，他在基因泰克公司大放异彩后，加入了湾区领先的风险投资公司梅菲尔德基金（Mayfield Fund），与人共同创立了该公司的生物技术部门，并帮助创办了 7 家公司，有时在这些公司起步时担任临时首席执行官。

这也是千年制药公司的计划。在筹划这家基因组学初创公司的过程中，莱文已经找到了一批顶尖科学家来组建公司。他的名单上排名首位的是埃里克·兰德（Eric Lander），后者最近成立了怀特黑德研究所 / 麻省理工学院基因组研究中心，该中心迅速成为领先的基因组研究中心。另外两位是纽约洛克菲勒大学的杰弗里·弗里德曼（Jeffrey Friedman）和阿尔伯特·爱因斯坦医学院的拉朱·库切拉帕提（Raju Kucherlapati）。第四位远在大洋彼岸的法国，叫丹尼尔·科恩（Daniel Cohen）。莱文和这 4 人都是千年制药公司的联合创始人。

没有人愿意全职加入千年制药公司，但兰德的家乡作为公司成立的中心地点是合理的。此外，莱文还得出结论，它在科学方面是最强的。千年制药公司的启动资金为 850 万美元，由梅菲尔德基金领投，一些蓝筹风险投资公司也跟投。莱文搬到东部担任临时首席执行官，此后打算回到旧金山。但在面试了许多应聘者之后，他们只向史蒂夫·吉利斯（Steve Gillis）发出了邀请，他是当时西雅图最成功的生物技术公司 Immunex 的创始人之一，但他拒绝离开华盛顿州。最终，莱文放弃了寻找。他的临时首席执行官一干就是

12 年。[1]

莱文表现出对夏威夷衬衫和一柜子色彩缤纷的鞋子和袜子的偏爱，他的穿着像一股清新的风一样吹进了平静的东海岸生物技术社区。有一年，他打扮成雪儿，他的妻子打扮成雪儿的丈夫桑尼·波诺，他们的女儿打扮成桑尼和雪儿的女儿蔡斯蒂（现在叫蔡兹·波诺），出现在千年制药公司的年度万圣节派对上。

莱文不仅风趣，还是个交易撮合者，他在 1996 年带领千年制药公司上市，并最终与一大批大型制药公司签署了近 20 亿美元的合作协议。千年制药公司与拜耳于 1998 年签署了为期 6 年、价值 4.65 亿美元的合作协议，这是生物技术公司与制药公司之间有史以来最大的一笔交易。

千年制药公司的第一个地址是肯德尔广场 1 号，距离兰德的怀特黑德研究所只有几个街区。莱文回忆道："埃里克很早就一直在那里。大约一年半后，千年制药公司收购了纪念大道上凯悦酒店附近的一栋麻省理工学院所有的建筑。几年后，该公司向中央广场附近扩张，最终占据了悉尼街和兰德唐恩街沿线的 4 栋新大厦。其核心实验室业务和总部将继续留在中央广场附近。但在 20 世纪 90 年代末，千年制药公司两次重返肯德尔广场。在等待新大厦建成的时候，它在百老汇街 1 号的旧獾大厦租了几层楼。"莱文说："我们跟那里许多人有业务往来。21 世纪初，也就是互联网泡沫破灭的时候，当新网站准备就绪时，千年制药公司撤出了百老汇街 1 号。这就是为什么它以极低的价格将空间转租给苦苦挣扎的剑桥创新中心——最终提供了蒂姆·罗和杰夫·马姆莱特创建赢利业务所需的运营利润（见第 15 章）。

在肯德尔广场的另一个扩建项目是千年制药公司关键举措的一部分。到 20 世纪 90 年代末，凭借其强大的科学实力和无与伦比的合作伙伴关系，其股票市场估值飙升。莱文说："在没有任何药物投入临床的情况下，我们公司的估值约为 180 亿美元。"所以我们在 1999 年的时候说的是，我们需要走出去，用这 180 亿美元的价值来收购那些走得更远的公司。我们必须在走下

---

[1] 千年制药公司的董事会成员包括凯鹏华盈的约翰·多尔（John Doerr）、Venrock 的托尼·埃文（Tony Evnin）和 Greylock 的比尔·赫尔曼（Bill Hellman）。吉利斯后来成为另一家成功的生物技术风险公司 Arch Venture Partners 的执行董事。——原书注

坡路之前迅速向下游转移。"

这促成了几起并购。同年晚些时候，千年制药公司以全股票交易的方式收购了 LeukoSite。当时，LeukoSite 的股东获得了千年制药公司 35% 的股份，当时价值约 6.55 亿美元，但在一年左右的时间里，这一数字就超过了 30 亿美元。LeukoSite 总部位于第一街 215 号的历史悠久的雅典娜大厦内，该公司有一种候选药物处于后期试验阶段。千年制药公司继续留在雅典娜大厦。2001 年年底，千年制药公司还斥资近 20 亿美元收购了总部位于南旧金山的生物技术公司 COR Therapeutics。事实证明，这两笔收购至关重要。COR Therapeutics 公司的抗凝血药物依替巴肽（Integrilin）已经上市，年销售额接近 2.5 亿美元，这给千年制药公司带来了急需的营收来源。LeukoSite 的治疗多发性骨髓瘤的药物万珂注射用硼替佐米（Velcade）在 2003 年获得了美国食品药品监督管理局的批准，并成为一款重磅产品。莱文说："在 2002 年左右，公司确实开始走下坡路了。一切都崩溃了，但到崩溃的时候，我们已经收购了这些公司。"

2005 年，莱文辞去首席执行官一职，将领导权交给了从新泽西州诺华挖来的黛博拉·邓西尔（Deborah Dunsire）。邓西尔和来自马萨诸塞州列克星敦市 Acusphere❶公司的雪莉·奥博格（Sherri Oberg）可能是当时波士顿地区仅有的领导上市生物技术公司的女性。2008 年，千年制药公司以 88 亿美元的价格卖给日本制药公司武田制药期间，莱文仍在董事会任职，邓西尔担任首席执行官兼总裁。这是武田制药公司对波士顿生物技术公司进行的多项收购中的第一笔（关于武田制药公司的更多信息，参见第 19 章）。❷

＊　＊　＊

千年制药公司自己的药物从来没有可以从最初的研发走到获批。"坦率地说，我们早了 10 年，"莱文说。"20 世纪 90 年代和 21 世纪初几乎所有的基因组公司都失败了。它们没有产品。"

---

❶ 一家主要专注于生产用于临床诊断的微球平台。——译者注

❷ 邓西尔砍掉了千年制药公司的炎症研究，转而专注于肿瘤学研究。她对通过收购 LeukoSite 而获得的另一种化合物下了重注：一种用于治疗克罗恩病和溃疡性结肠炎的单克隆抗体。这就是武田制药的 Entyvio，一种价值数十亿美元的药物。——原书注

功成身退使千年制药公司成为该地区的成功案例之一。但该公司最大的成功可能在于它对波士顿生命科学领域的影响，它为该领域培养了研究人才、经验丰富的高管、投资人和公司创始人。事实上，行业评论员约翰·卡罗尔在 2016 年写道，千年制药公司被评为"可能是这个快速扩张的大型中心城市中最大的生物技术高管工厂"。除此之外，它还催生了三石风险投资公司（Third Rock Ventures）（见专栏 6）。

说到千年制药公司留下的遗产，另一个主要例子是约翰·马拉加诺。在 Hirulog 被出售后，马拉加诺领导渤健的业务发展大约有三年时间。1997 年，他加入千年制药公司，担任生物治疗子公司的负责人。几年后，马拉加诺转向更核心的业务运营，在那里他筹划了 COR Therapeutics 的交易。担任这一职务期间，他搬回肯德尔广场，就在百老汇街 1 号。

▶ 专栏 6　三石风险投资公司的赌注

2006 年 10 月，约翰·马拉加诺、马克·莱文和凯文·斯塔尔（Kevin Starr）一起去拉斯维加斯玩 21 点。这三个朋友几乎每年都要来玩一次。莱文说："我们连续玩 72 个小时，中间休息几个小时。"

莱文当时是千年制药公司的董事长。斯塔尔 2003 年从千年制药公司首席财务官的职位上退休，开始尝试电影制作。"凯文变成了一个完全不同的人。他本是身着蓝西装、白衬衫，系着红色领带的渤健高管，后来成了摇滚明星。"马拉加诺笑着说。

在 21 点牌桌上，三人大谈风险投资行业在生物技术领域表现不佳，近 10 年来回报平平。"他们推出了很多模仿产品，或者把在某些领域已经试过的产品应用到不同的领域。"莱文说，"改变医学的不是新生物学，也不是一个新的产品引擎。"

三石风险投资公司由此诞生。马拉加诺堵上全部身家投资了一家名为艾拉伦制药的初创公司。但莱文和斯塔尔请来了鲍勃·泰珀（Bob Tepper），他曾长期负责千年制药公司的研发工作。2007 年 9 月，三石成立了一支 3.78 亿美元的基金。泰珀听到一个广播节目提到外星人造访地球的情景喜剧《歪星撞地球》(*3rd Rock from the Sun*)。他说:"就叫 Third Rock 怎么样?我们都喜欢这个名字!!"莱文说 *。另外两位千年制药公司员工——万珂注射用硼替佐米项目负责人尼克·莱许利(Nick Leschly),以及代谢疾病部门前副总裁洛乌·塔尔塔利亚(Lou Tartaglia)作为合伙人加入。

莱文的想法层出不穷。"这真的让人激动不已。我们讨论了表观遗传学、基因治疗、遗传疾病、个性化医疗以及未来的各种新领域。"

三石风险投资公司背后的理念是由公司自己构想、发展和创办公司,而不是资助向他们推销的创业者。莱文说:"最初的愿景是,我们要建立一家并非真正意义上的风险投资公司。我说过,我们要像生物技术公司一样出去招聘人才。我们有首席执行官、首席运营官、研发负责人。我们的想法是要有真正有经验的专家,然后聚拢很多学术界的年轻人,每年成立 3~4 家新公司。"

三石风险投资公司很快就确立了自己在行业里的顶级地位。它的总部设在后湾,它在两岸都布局了公司,但公司大部分位于剑桥。三石风险投资公司在 2020 年年中上市了不少上市投资组合公司。这些公司全部都在波士顿地区,11 家位于剑桥,6 家位于肯德尔广场或东剑桥,5 家位于千年制药公司的剑桥港附近。最大的一家是蓝鸟生物公司。其首席执行官是莱施利,他于 2010 年执掌蓝鸟生物公司。该公司位于宾尼街,截至在 2020 年,共有 843 名员工,在剑桥的企业雇主中排名前 25 名。**

* 莱文电子邮件,2020 年 6 月 5 日。

** 蓝鸟生物公司,成立于 1992 年,最初公司名为 Genetix Pharmaceuticals。2009 年,莱文见了该公司首席执行官,并决定投资。在健赞的加入下,三石风险投资公司重启了该公司,并将其重新命名,莱许利成为首席执行官(莱文的电子邮件,2020 年 6 月 5 日)。

2002 年,马拉加诺还在那里,当时有两位生物技术领域的知名人士与他联系。一位是北极星创投公司的新秀克里斯托弗·韦斯特法尔(Christoph Westphal)。另一位是菲利普·阿伦·夏普。他们也是顶尖科学家和投资人,他们围绕另一个新兴的科学领域 RNA 干扰组建了一家初创公司，该公司利用 RNA 分子来阻止致病基因的表达 ❶。这些人希望马拉加诺来担任首席执行官。

2002 年夏天，夏普在麻省理工学院癌症中心一间狭小的办公室里召开了一次至关重要的会议。这家初创公司被定名为艾拉伦制药公司，名字来源于猎户座"腰带"上最亮的一颗星——Alnilam，这个词在阿拉伯语中是一串珍珠的意思 ❷。"我们讨论了艾拉伦制药公司和 RNA 干扰以及它的发展方向，"马拉加诺回忆道，"所以我开始大量阅读相关科学的书籍，并花了很多工夫思考其应用。我在千年制药公司工作得很顺心，但随着时间的推移，我意识到 RNA 的东西可以改变医学。我决定跳槽。"

同年晚些时候，艾拉伦制药公司成立，马拉加诺担任创始人兼首席执行官。正如千年制药公司在基因组学方面所经历的那样，事实证明，将 RNA 干扰商业化比预期要困难得多。艾拉伦制药公司提到了它的"黑暗时代"——当时许多人对这项技术已然失去了信心。正如本书第 1 章所提到的，该公司推出的第一种药物（也是 RNA 干扰领域的第一种药物）直到 2018 年才能获得美国食品药品监督管理局的批准，这是治疗一种罕见的致命疾病——遗传性转甲状腺素蛋白淀粉样变性——的药物。第二年，该公司治疗急性肝卟啉病（AHP）的药物获得批准，这是一种遗传性代谢疾病，会导致有毒酶的积聚。2020 年 11 月，该公司的药物 3 年内第 3 次获得批准，该药可用于治疗一种罕见的肾脏疾病，即原发性高草酸尿症 1 型。艾拉伦制药公司的药物是第一种在美国被批准用于同时治疗成人和儿童疾病的药物。接下来的一个月，欧盟批准了诺华利用其技术开发的一种名为 Inclisiran 的抗胆固

---

❶ 艾拉伦制药的创始人包括夏普和韦斯特法尔，Cardinal Partners 的约翰·克拉克（John Clarke），以及其他 4 位科学家：怀特黑德研究所的托马斯·图什尔（Thomas Tuschl）和大卫·巴特尔（David Bartel）、麻省理工学院的保罗·斯希梅尔（Paul Schimmel），以及马萨诸塞大学阿默斯特分校的菲利普·扎莫尔（Phillip Zamore）。——原书注

❷ 夏普在前一年就开始接触 RNA 干扰，马拉加诺安排夏普、图什尔和巴特尔与千年制药公司的人会面，后者获得了麻省理工学院在该领域发明的非独家授权。——原书注

醇药物，艾拉伦制药公司因此获得了专利使用费。

2021年年初，艾拉伦制药公司正在等待美国食品药品监督管理局批准 Inclisiran，并还有其他4种药物处于后期试验中❶。该公司还启动了一种旨在对抗新冠病毒的抗病毒药物的临床前研究。艾拉伦制药公司想针对新冠病毒的传播的不同区域，开发两种独立的干扰RNA分子。这种双重靶向可以防止病毒产生耐药性。艾拉伦制药公司将把这种药物开发成气雾剂，这样就可以无创给药。由于疫苗不是百分之百有效，首先可将其作为增强保护，特别是对老年人或高危人群；其次它也可以作为预防感染的替代预防措施；最后，它可以在感染后服用，以减轻病毒的影响。马拉加诺说："我们想要实现的一件事是，这种方法在新兴疗法的药典中能有一个非常明确的位置。"如果能有希望，而且数据继续看起来不错，艾拉伦制药公司可能会在2021年晚些时候开始临床试验。

艾拉伦制药公司在漫长的上市之路上，成为肯德尔广场生命科学初创公司中重要的一员。该公司的第一个总部设在纪念大道上新建成的科学酒店，大约位于麻省理工学院和哈佛大学之间。这个开发项目面向生命科学初创公司，提供小面积套房和短期租赁。这标志着亚历山大房地产公司首次进入剑桥，该公司很快将成为剑桥市最大的企业纳税人和最大的生命科学空间所有者，到2020年，其所持的房地产评估价值超过了15亿美元。

即使在2005年上市之前，成长中的艾拉伦制药公司也需要一个更永久的总部地址。他们在第三街和宾尼街交汇处找到了合适的地方，距离福泰制药公司租下的仍在施工的大厦只有一步之遥。艾拉伦制药公司的总部（后来被亚历山大地产买下），有力地说明了肯德尔广场已经达到了临界点。这栋大厦是为总部位于湾区的奔迈公司（Palm）建造的，该公司生产个人数字助

❶ 艾拉伦制药的药品：治疗转甲状腺素淀粉样变性的Patisiran；治疗AHP的givosiran；治疗原发性1型高草酸尿症的lumasiran。lumasiran和inclisiran获得的最新批准，是在与私募股权公司黑石集团成为重要合作伙伴关系（于2020年4月签署）的背景下进行的，这可能使艾拉伦制药的价值达到20亿美元。该交易旨在使艾拉伦制药在不进一步融资的情况下实现独立，其中包括黑石集团从inclisiran上获得该生物技术公司一半的专利使用费。由于2020年12月FDA对生产问题的裁决，该药物的批准被推迟，但人们普遍预计该药物将在2021年获得批准。——原书注

理 Palm Pilot 和智能手机 Treo。但互联网泡沫的破裂和其他困难阻碍了扩张计划，奔迈公司从未进驻这里。在其他科技公司也资金紧张的情况下，奔迈公司出钱对大厦进行了翻修，增加了实验室空间，这样就可以转租给生物科技公司，收回一些成本。艾拉伦制药公司和另外两家生物技术公司成为第一批租户。

马拉加诺一直希望把艾拉伦制药公司的总部设在肯德尔广场。"我毫不怀疑，对于像艾拉伦制药公司这样以科学为基础、以创新为重点的公司来说，如果不去肯德尔广场可能是一个致命的决定——因为事关你可以招募的人员类型，你遇到并一直与之互动的人员类型，甚至是如何描述你的公司。"他说："只要看一看那里的公司社区，那些在那里诞生并成长的公司，我认为这足以说明一切。"

* * *

当地的生物技术公司纷纷崛起，雇用了数千名员工，并最终将药物推向市场。生物技术产业也已经成熟，日趋复杂化，并在致力于推动该行业发展的贸易组织的帮助下，其与政府和持怀疑态度的公众的关系得到改善。就像波士顿众多不断发展的生物技术领域一样，它也以肯德尔广场为总部。

马萨诸塞州生物技术委员会（MassBio）成立于 1985 年。1992 年，珍妮丝·布尔克成为该组织的第一位全职主席。她在这个职位上任职 12 年，最初的工作地点在肯德尔广场 1 号，与健赞在同一栋大厦里[1]。一切都是一个巨大的未知数。"没有人知道生物技术是什么——他们甚至不知道怎么拼写这个词。"布尔克说。即使是像渤健这样本土最大的生物技术公司，如果与制药公司相比，也只是小巫见大巫，制药公司大多对它们视而不见；诺华还有10 年才会搬到剑桥。她说，"学术界仍然普遍看不上这个领域。"

布尔克与当地生物技术领袖合作，举办社交活动和教育活动，并与政

---

[1] 在她的领导下，该组织的第一个总部设在 Feinstein Kean Healthcare，后者是一家由马西娅·基恩（Marcia Kean）和彼得·范斯坦（Peter Feinstein）创立的公关公司，范斯坦曾担任渤健的企业公关部主管。马萨诸塞州生物技术委员在布尔克的任期内搬了两次家——第一次搬到了雅典娜大厦，然后又搬去了百老汇 1 号。它现在的总部设在科技广场。——原书注

府（特别是与美国食品药品监督管理局）建立联系。当世界领先的生物技术贸易组织——美国全球生物技术工业组织（BIO）选择在波士顿举办2000年年会时，一个分水岭出现了。为期四天的活动和关于该行业的每日新闻，帮助波士顿的生物技术产业声名大噪，并增加了人们对该领域的了解。"我们连续四天都排在头版前列。我想说这才是我们进入公共舞台的真正原因。"

该地区生物技术产业的发展极大地提高了肯德尔广场作为生命科学生态系统重镇的地位。不久之后，诺华就将宣布在剑桥建立全球研究基地的计划，从而为这座城市提高声誉。

另一个出现在21世纪初期的主要新元素，可能让局面发生了彻底的扭转。这一幕后推手就是科学家埃里克·兰德，他曾帮助说服马克·莱文在剑桥创办千年制药公司。兰德设想了一个科学研究所，专注于以一种比以往的尝试都更为大胆的方式，将该地区强大的生物学和生物医学研究与仍然新兴的基因组学领域结合起来。2003年8月那个炎热的夜晚，当他在生物技术庆典上发表讲话时，该研究所已宣布成立，但尚未对外开放。它位于在主街上的怀特黑德研究所旁边。该研究所的正式名称是麻省理工学院和哈佛大学的伊莱和埃迪·布罗德研究所，但它很快就被简称为布罗德研究所。

第 18 章

康庄大道

渤健总部位于菲利普·A.夏普大厦，在其时髦的总部往北几个街区的地方，一栋灰褐色的两层建筑坐落在机构的米黄色的辉煌中。早在 20 世纪 80 年代，街区旁是一排百威啤酒的配送工厂。后来，这里成为一家特许经营公司的仓库，向体育场、机场等场所供应爆米花、糖果和苏打水。然而，如今在它门后的房间里，满满当当地摆放着 20 台基因测序仪，每天有可能产生高达 60tb 的基因组数据——相当于 500 万本电话簿的数据量。

这只是它的"日常工作"或正常工作量。多年来，该中心只专注于基因组测序和癌症数据分析，但在 2020 年 3 月底的一个长假后，人们对该设施进行了重新配置，以便让它也能大规模处理新冠病毒的检测工作。最初，它每天大约要进行 1000 次检测。到那年秋天，这个基本上已经实现自动化的中心平均每天约进行 7 万次检测，每日检测能力达到 10 万次测试，并计划到 2021 年春季将检测能力提升一倍。

这是隶属于麻省理工学院和哈佛大学的布罗德研究所的基因组学平台。布罗德研究所取代德雷珀实验室，成为肯德尔广场最大的非营利研究机构。其拥有大约 4000 名附属科学家和 1800 多名员工 [称为布罗迪（Broadies）]，是剑桥市最大的雇主之一。除了查尔斯街 320 号的基因组学平台，布罗德研究所在肯德尔广场还有其他 3 处设施。其中包括位于主街的炫目旗舰店，以及位于埃姆斯街的一座与之连通的 15 层实验室大厦，大部分的实验科学都是在那里完成的。该研究所还从位于百老汇街主街（几乎就在基因组测序设施的拐角处）的渤健租了两层楼。这里拥有 250 名强大的软件工程团队，该团队开发的开源基因组学分析工具免费提供给全世界的科学家。该研究所的年度预算已超过 5 亿美元，自 2004 年成立以来，所里的科学家已经确定了100 多种导致癌症的基因，并在基因编辑、精神疾病、微生物组、糖尿病、关节炎、心脏病、神经学和免疫学等不同领域取得了进展。

这条道路并不总是平坦的。布罗德研究所的存在让一些人感到不快，至少有一场备受瞩目的争议加剧了人们的焦虑情绪。不过，布罗德研究所的成立是 21 世纪初这股浪潮的一部分，这股浪潮使肯德尔广场的构成从历史上以科技和计算为主转向了以生命科学为主。在肯德尔广场的所有非营利机构中，包括毗邻的怀特黑德研究所和科赫综合癌症研究所，布罗德研究所无疑是老大。诺贝尔奖得主、渤健和艾拉伦制药公司联合创始人、科赫综合癌症研究所成员菲利普·阿伦·夏普说过："这是波士顿迄今为止最重要的机构。"

* * *

埃里克·兰德似乎是支持布罗德研究所背后那股不知疲倦、苦行僧般的力量——即便在这个充满超级天才的领域里，他也是当之无愧的超级巨星。他是一位没有生物学学位的数学家，在怀特黑德研究所成立之初就加入了布罗德研究所，此后不久就获得了麦克阿瑟"天才"奖，随后帮助破解了人类基因组，并与人共同创立了千年制药公司和无限制药公司（Infinity Pharmaceuticals）这两家上市生物技术巨头。2021 年年初，他被新任总统乔·拜登提名为总统科学顾问和科学技术政策办公室主任。

在小范围类别中，如第 1 章所述，兰德在 1974 年西屋电气科学竞赛中获得了冠军，同年，阿卡迈科技未来的首席执行官汤姆·莱顿获得第二名（见图 18-1）。一年中排名前两名的主要组织领导者相隔千里——一个身处爆炸式增长的互联网领域，另一个身处同样热门的生物医学和基因组学领域——这证明了麻省理工学院和肯德尔广场等地方的吸引力。

布罗德研究所的起源可以追溯到查尔斯街的前啤酒配送中心和特许仓库。1990 年，兰德和研究科学家尼古拉斯·德拉科波利（Nicholas Dracopoli）启动了一个名为怀特黑德研究所 / 麻省理工学院基因组研究中心的项目。它开始于麻省理工学院癌症中心一楼的一个空闲实验室，然后转移到肯德尔广场 1 号的租用空间。随后在 20 世纪 90 年代中期，该中心扩展到查尔斯街，最终接管了整栋建筑。他们的房东是哈佛校友、波士顿特许经营公司的首席执行官约瑟夫·奥唐纳（Joseph O'Donnell），他的第一个孩子出生时就患有囊性纤维化。"他把大厦的一部分（最终是全部）租给了基因组中心，因为他相信基因医学的重要性，"兰德说。

图 18-1　埃里克·兰德（中）赢得 1974 年西屋科学奖 ❶ 后合影
注：未来的阿卡迈科技首席执行官汤姆·莱顿（左上）位居第二。第三名琳达·博肯斯泰特（右上）后来成为耶鲁大学医学院教授。

🔍资料来源　美国科学学会。

　　该项目背后的基本理念是将机器人自动化和计算能力应用于新兴的基因组学领域，并公开分享结果。怀特黑德研究所 / 麻省理工学院基因组研究中心很快成为由政府资助的人类基因组计划（Human Genome Project）的主要力量，该计划正在加紧对人类基因组进行测序。最终，它被证明是该项目最大的贡献者——该项目涉及全球 20 所大学、政府研究中心和非营利组织。❷

　　大卫·阿特舒勒（David Altshuler）是这些早期努力的参与者之一，他是

---

　　❶　西屋科学奖（Westinghouse Science Talent Search）是全美历史最悠久、最大型的中学生最高荣誉的学术奖项之一。该奖项由美国科学与大众学会（Society for science and the public）和西屋电器公司联合主办。自 1942 年成立以来，其得主已有多人获得诺贝尔奖。1998 年由英特尔公司竞得主办权，因此改名为英特尔科学奖（Intel Science Talent Search）。——译者注

　　❷　"Human Genome Project." 官方称这场竞赛中政府资助的人类基因组计划和塞雷拉基因组公司打成了平手。——原书注

一位内科科学家，后来成为布罗德研究所的核心创始人。阿奇舒勒从 20 世纪 60 年代末就来到肯德尔广场，当时蹒跚学步的他进入了麻省理工学院的幼儿园，他的父亲是该校的一名教授。他本科就读于麻省理工学院，随后获得哈佛大学和麻省理工学院的联合医学博士学位，并再次回来与兰德一起工作。"对我来说，这是我一辈子的故事，"他打趣道。

阿特舒勒以博士后的身份加入了兰德的实验室。他来研究新兴的基因组学领域，这可能会阻碍他的进步，因为该领域尚未得到证实。阿特舒勒说："我的每一位导师都告诉我，这是职业自杀。"阿特舒勒说。但他认为该中心正在进行的联合研究开启了一个充满可能性的世界，否则他根本无法掌握这个世界。获得学士学位后，他已经接受了 11 年的学术训练。其中包括获得医学博士学位的 8 年时间，加上 3 年的实习期——住院医师实习期和临床研究院期。此外，他还有 3 年的时间进行博士后研究，然后才能有获得教职和自己的实验室的机会。"所以，这个问题对于任何真正关注学术生命科学的人来说都是一个大问题，就是让一个人在 22 岁到 36 岁的时候接受训练，这是他们一生中最好的时光。所以在 1997 年，我 33 岁的时候，我可以选择在接下来的 10 年里坐在长凳上，用自己的移液器，受限于用自己的两只手能做的事情，或者选择和埃里克一起工作。我有了一个关于对人类基因变异进行分类和编目以及研究 2 型糖尿病的愿景。由于环境和事实上（你不必）经历每一次职业变动的这个针孔，我可以整合非凡的资源和合作。"

在阿特舒勒加入基因组中心前后，"发生了两件事，在我看来，这是布罗德故事的关键。"一件事是，在阿特舒勒开始围绕功能基因组学开展为期 5 年的合作的当天，兰德就宣布了这项合作，涉及怀特黑德研究所 / 麻省理工学院基因组研究中心、百时美施贵宝、加利福尼亚州的 Affymetrix 和千年制药公司。功能基因组学是一门新兴的科学分支，它试图挖掘不断增长的基因组数据宝藏，以了解基因和它们编码蛋白质之间的复杂相互作用，以及它们如何影响生物过程和疾病。"那时候，人们认为基因组学是愚蠢和无聊的，"兰德说，"我为这次合作创造了'功能基因组学'这个术语，以区别于简单地绘制和测序基因组，我称为'结构基因组学'。"

兰德已经募集了 4000 万美元来支持这项工作，并且正忙着招募一群冉冉升起的新兴加入他的队伍。其中就有：阿特舒勒；托德·戈卢布（Todd

Golub），他当时是丹娜-法伯癌症研究所的一名年轻教职人员；对精神病学遗传学感兴趣的麻省总医院博士后帕梅拉·斯克拉（Pamela Sklar）；怀特黑德研究所研究员乔治·戴利；马克·戴利（Mark Daly），他在麻省理工学院读一年级时，就成了第一个加入兰德实验室的人，后来成长为人类遗传学领域的领军人物。

以上被提及的人当时都是 30 多岁，除了戴利，他当时只有 20 多岁。最重要的是，阿特舒勒说："1997 年的时候，基因组在数年内都不会被测序，但（合作）是关于后基因组世界的。"这为布罗德研究所背后的灵感奠定了基础。

第二件大事发生在第二年，当时宣布从 J. 克雷格·文特（J. Craig Venter）领导的珀金埃尔默（Perkin Elmer）❶生命科学部门分离出来的塞雷拉基因组公司（Celera Genomics）加入了基因组测序竞赛。尽管起步较晚，但文特认为塞雷拉基因组公司可以更快地实现目标，而且只需要十分之一的成本——3 亿美元，而人类基因组计划的预算为 30 亿美元。这加大了投资风险，激发了更多关于基因组测序后可能发生的事情的思考。阿特舒勒说道，"突然之间，这件事就获得了超速增长。"

＊　＊　＊

那是一种温和的说法。这场竞赛变得白热化，登上了世界各地的头条。早在 2000 年之前就有不祥之兆——人类的"密码"很快就会被破解。随着事情的发展，国际人类基因组计划和塞雷拉基因组公司都完成了粗略的序列草案——包含大约 90% 的密码。2000 年 6 月 26 日，美国总统克林顿和英国首相布莱尔在白宫和唐宁街 10 号共同宣布了他们的成就。在第二年 2 月，几篇重要的科学论文发表。塞雷拉基因组公司随后退出了竞赛，但国际项目仍在继续进行，并在 2003 年 4 月完成了近乎完整的序列。

随着最终的成功在望，一场关于怀特黑德基因组中心在项目完成后会发生什么的争论开始了。阿特舒勒说："大多数人的想法是我们应该离开。但对于那些已经开始合作并展望未来的人来说，这毫无意义。我们说过，我们

---

❶ 珀金埃尔默是一家美国的跨国技术公司，其主要业务范围包括生命和分析科学，光电技术和流体科学。——译者注

希望继续做我们正在做的事情。我们有一群人来自这个非凡的生态系统，他们早上可以去诊所或医院里自己的实验室，然后聚在一起，用机器人、计算机和技术在一定规模和范围内做我们自己永远无法做的事情。"

"基因组测序打下了一个很好的基础，但还需要在上面建造大厦。"兰德补充道。大约在 2000 年，他统计了怀特黑德基因组中心参与的 65 项合作——所有这些都超出了正常的学术范畴。"神奇的事情发生了，"他曾这样描述。他说，"没有签署任何机构间的协议表明，来自一个机构的人可以过来并在另一个机构里工作。我们只是在没有得到允许的情况下做了这件事，这通常是一个很好的开始……但很明显，随着基因组计划的结束，我们需要以某种方式变得受人尊敬——变成 2.0 版本。"

到 2001 年秋天，这一想法已经发展成为所谓的 X 研究所的总体愿景。这个新组织是由麻省理工学院、哈佛大学和哈佛附属医院合作提出的——兰德说，这个计划最终得到了麻省理工学院院长查尔斯·维斯特和哈佛大学校长劳伦斯·萨默斯的大力支持。然而，一个悬而未决的问题仍然存在，那就是这项工作的资金从哪里来。

命运很快给出了答案。那年 10 月，当兰德正在考虑潜在的捐赠者时，慈善家伊莱·布罗德和埃迪·布罗德想在伊莱进入美国文理科学院（American Academy of Arts and Sciences）时参观基因组中心。布罗德赚得过两桶金，第一次是通过房屋建筑公司 KB Home，第二次是通过成立退休储蓄公司 SunAmerica。这对夫妇的基金会支持科学家对炎症性肠病（IBD）开展创新研究，因为他们的一名家庭成员患有这种疾病。兰德获得了 10 万美元的资助，用于研究炎症性肠病的遗传学。

这对夫妇在一个周六的早上到达，本来计划有一个短暂的访问，但布罗德夫妇被这些年轻的科学家和装满机器人测序仪的仓库迷住了，最后他们待了几个小时。几个月后，伊莱·布罗德打电话说，他听说兰德有创建一家研究所的梦想，并问他是否愿意去洛杉矶拜访这对夫妇，讨论这个想法。兰德飞了过去，向他们描述了跨学科研究所为患者带来基因组进展的科学愿景，以及一项包括 8 亿美元捐赠的财务计划。"兰德有一个用新方式进行科学研究的愿景，去打破通常阻碍医学研究人员、生物学家和工程师在共同项目上进行合作的隔阂。"布罗德曾回忆说，"我很感兴趣，但当兰德告诉我们他需

要 8 亿美元来启动这一计划时，我只能祝他好运了。"❶

但布罗德还是感兴趣的。在与其他科学家讨论这个想法后，这位慈善家换了个开价：在 10 年内捐赠 1 亿美元。布罗德还试图说服兰德在洛杉矶地区创建这个研究所，也许能与南加州大学、加州大学洛杉矶分校和加州理工学院合作。他曾在加州理工学院担任董事，该校校长大卫·巴尔的摩是创建怀特黑德研究所的先锋。他提出，如果研究所成立在美国西部，他就会把捐赠的金额翻倍。

兰德反驳说，波士顿的科学环境和肯德尔广场已经就位的核心团队是不可能重现的。然后，他花了几个月的时间与两班人马谈判——一方面与布罗德，另一方面与麻省理工学院和哈佛大学。最终，这两条道路交汇在了一起。

阿特舒勒说，在这种情况下，研究所的概念也面临着来自当地学术界和医学界的巨大阻力。"波士顿大多数人对布罗德研究所的反应是，我们为什么要和他们合作？自己动手，丰衣足食。没人明白为什么哈佛大学、麻省理工学院和各家医院合作的愿景有意义。"

当时，阿特舒勒博士后准备出站，正在寻找可能的教职。他告诉一位潜在雇主，他正在寻找一份支持与兰德计划中的研究所合作的职位。"我为什么要给你钱让你和兰德一起工作？"那人问，"我们和兰德是竞争关系。"

阿特舒勒回击道。"我没有兴趣和兰德竞争，原因有二。第一，我和他一起工作了 3 年，我是那个地方的一部分；其次，你见过兰德吗？你为什么要和兰德竞争？你会输的。"

▶ **专栏 7** | **不要让发生在计算机领域的事情在基因组学和生物技术领域重蹈覆辙**

麻省理工学院/哈佛大学布罗德研究所标志着两所伟大的大学的联合，并于 2003 年 6 月在两校校长查尔斯·维斯特和劳伦斯·萨默斯的大

---

❶ 在布罗德的回忆录中，这件事和相关事件有不同的版本，但他和兰德大体上是一致的。——原书注

力支持下宣布成立。但据伊莱·布罗德说，虽然维斯特几乎立刻就接受了这个概念，但当他们见面讨论这个想法时，大约在 2002 年年初，哈佛大学一方的反应是他们没有这笔钱。布罗德说："会议结束后，兰德和我一致认为，不管拉里说什么，哈佛大学都不可能被排除在这么大的项目之外，这样一个研究所将吸引全世界的人才和关注。对哈佛大学自身利益的诉求是我们的杠杆——我们是对的。"*

不过，维斯特可能会帮助扭转局面。至少，这是布罗德研究所创始核心成员大卫·阿特舒勒的疑虑。会议结束后不久，2002 年 8 月，麻省理工学院院长为《波士顿环球报》撰写了一篇专栏文章，题为"基因组研究为中心提供了机会"。阿特舒勒回忆道："我无法证明这句话能否打动别人，但我记得当时我以为维斯特是通过《波士顿环球报》和萨默斯以及其他教职工喊话。"**

维斯特的文章从未提及对新研究所的希望。然而，它确实参考了兰德和怀特黑德研究所 / 麻省理工学院基因组研究中心在人类基因组测序方面的巨大成就，以及哈佛大学和其他波士顿地区机构的进展。也许最重要的是，这篇文章提到了波士顿在数字计算竞赛中输给硅谷的事情，并敦促该地区不要犯同样的错误——浪费其在蓬勃发展的基因组学领域的优势。

"我们处于系统生物学新兴世界的中心。未来是我们的，"维斯特写道。***

"但是等等——我们以前看过这样的电影。我们曾经身处计算机产业的中心。是麻省理工学院及其林肯实验室发明了小型计算机。数字设备公司成了科技创业的中心。128 号公路附近的公司和就业机会不断增长，马萨诸塞州奇迹发生了。

"随后，我们错失了微处理器'硅革命'带来的根本性转变。在硅谷诞生之时，马萨诸塞州的计算机产业苦苦挣扎、步履蹒跚、螺旋式下降，产业、就业机会和火热的经济都转移到了加利福尼亚州。"

维斯特敦促不要让历史重演。"波士顿必须抓住这次机会，成为下一代生物技术产业名副其实的中心，而不是口头说说。"

最后，麻省理工学院院长写道："我们世界一流的大学和医院能够并且将会领导科学革命。但公司、就业和经济可以在这里发展，也可以流向其他地方。这一次，让我们灵活地致力于在这里培育它们。现在是时候开始了。"

* "布罗德研究所，The Art，96。

** 阿特舒勒的邮件，2021 年 3 月 18 日。

*** 维斯特，"Genome Research."本框中所有维斯特的引用都来自这篇文章。

* * *

2003 年 6 月 19 日，麻省理工学院和哈佛大学联合成立了伊莱和埃迪布罗德研究所。该研究所于次年 5 月正式开始运营，暂时位于怀特黑德研究所 / 麻省理工学院基因组中心位于肯德尔广场 1 号和查尔斯街的宿舍。

不久后，在主街 415 号（挨着怀特黑德德研究所，麻省理工学院生物系和癌症研究中心对面），一栋永久性的总部大厦拔地而起。兰德说，哈佛大学的一名官员建议选择旧沃特敦兵工厂，他们可以做成一笔划算的交易❶。"我去了那里，但我说，不可能，因为它不在肯德尔广场。这是行不通的。"他还拒绝接手福泰制药公司在健赞中心对面租用的仍在施工的大厦。他说，这栋楼离麻省理工学院太远了——距离核心的生物学大厦大约 6 个街区。"尽管我们现在选定的地方更贵，但我们决定把它和麻省理工学院相邻，在法律中心对面的癌症中心的斜角上。因为，我想我当时说过：相互作用像 1 / R 的 6 次方（'1/R6，'）那样减弱，也就是结合力。这只是一个过去的物理笑话，但邻近的想法很重要，因为学生在这里流动，它就在地铁站旁边，而且就在麻省总医院的桥对面。"

这栋 7 层建筑于 2006 年春天开放。同年，布罗德夫妇承诺再提供 1 亿美元的赞助。3 年后，他们又捐赠了 4 亿美元作为永久捐赠。2013 年，慈善家们又捐出 1 亿美元，用于开展新领域的探索——当时他们的捐款总额达到

❶ Athenahealth 等把公司设在了距离布罗德研究所大约 6.5 英里（约合 1.6 千米）的兵工厂。——原书注

了7亿美元。伊莱·布罗德写道："在过去60年里我们所做的一切工作中，我最引以为豪的就是创建了布罗德研究所。"❶

布罗德研究所于2006年开始运营，它的新大厦的大厅采用了落地窗，行人可以看到里面的景色，这给已经热闹非凡的肯德尔广场增添了活力。"这些天，剑桥主街上的人流量增加了很多"《麻省理工学院新闻》关于布罗德研究所开业的文章这样开头。

交通很快变得拥堵。2010年，布罗德研究所以870名员工跻身剑桥市前20名雇主之列，排名第14位。到2020年，它的规模扩大了一倍多，共有1880名员工，位列第8名。吉尔·梅西洛夫是其早期的员工之一，他在离开思维机器后加入了布罗德研究所。她担任布罗德的首席信息官一直到2015年，后成为加州大学圣地亚哥分校医学院的副院长。编外受训人员和附属人员的队伍也不断壮大，他们通常是哈佛大学、麻省理工学院和哈佛教学医院的教职人员。为了适应增长，布罗德研究所建了一座15层的建筑，可容纳800人，它通过跨越几个不同楼层的走道与总部相连。除此之外，这里还成了斯坦利精神病学研究中心（Stanley Center for psychiatry Research）的所在地，该中心的建立来自另一对慈善夫妇——泰德·斯坦利（Ted Stanley）和瓦达·斯坦利（Vada Stanley）捐赠的6.5亿美元。在泰德于2016年去世之前，加上其他捐赠，斯坦利夫妇向布罗德研究所捐赠了超过8.25亿美元——甚至超过了布罗德夫妇。❷

▶ 专栏8 布罗德研究所成立的使命和组织

2003—2004 学年结束时，兰德在向麻省理工学院院长提交的报告中详细介绍了布罗德研究所的创立原则和组织结构，当时该研究所只运营了两个月。

---

❶ 截至2021年，布罗德夫妇已经向该研究所捐赠或承诺捐赠超过10亿美元，其中包括2021年3月宣布的1.5亿美元，其中一部分将用于支持第1章和第28章提到的新埃里克和温迪·施密特中心。——原书注

❷ 泰德·斯坦利靠收藏发家。——原书注

布罗德研究所的科学使命是：

● 为基因组医学创造工具，并使其广泛应用于科学界；

● 应用这些工具来促进对疾病的理解和治疗。

它的组织使命是：

● 实现仅在单个实验室的传统环境中无法完成的协作项目；

● 通过获取前沿工具来增强科学家的能力。

布罗德研究所共有 4 名创始核心成员：主任埃里克·兰德，哈佛医学院和麻省总医院的遗传学和医学副教授大卫·阿特舒勒，哈佛大学化学和化学生物学教授斯图亚特·施莱伯（Stuart Schreiber），以及当时在丹娜-法伯癌症研究所和哈佛医学院工作的托德·戈卢布。阿特舒勒和戈卢布一直隶属于基因组中心，施莱伯是著名的化学家，也是哈佛大学化学和细胞生物学研究所的创始主任。以上这些人物与兰德一起塑造了布罗德研究所的愿景，阿特舒勒的妻子吉尔也加入了进来，她曾是一名管理顾问，帮助撰写了计划书。

布罗德研究所还从许多地区机构中任命了 57 名准成员 *。最初的研究集中在 8 个领域——4 个核心项目和 4 个倡议（即可能变为正式项目的试点领域）。

项目：癌症，电池组件、状态和电路，医学和人口遗传学，化学生物学

倡议：炎症疾病、传染病、精神疾病、代谢性疾病

* 布罗德研究所附属机构包括麻省理工学院、怀特黑德研究所、哈佛医学院、哈佛文理学院、哈佛公共卫生学院、丹娜-法伯癌症研究所、布里格姆妇女医院、麻省总医院、贝斯以色列女执事医疗中心和波士顿儿童医院。

布罗德研究所的发展远远超出了最初的重点领域的范围。除了精神病学中心的研究，包括自闭症、双相情感障碍和精神分裂症，该所还开始探索表观基因组学甚至药物发现等领域，以及识别影响一系列领域（包括肥胖、传染病、类风湿性关节炎、多发性硬化症、糖尿病、炎症性肠病、肾脏疾病、

罕见病，等等）的遗传因素的项目。2017 年，它还与英国惠康桑格研究所共同牵头了人类细胞图谱项目，该项目是一项国际合作项目，旨在绘制人体每个细胞的图谱，为各种科学研究和改善人类健康奠定基础。

"这里一半的人致力于寻找疾病的基础，另一半人致力于改变和加速治疗方法的发展。"兰德曾在接受《纽约时报》的采访时表示，"这与你在许多大学环境中的所见所闻不同，大学里有许多实验室，每个实验室都做着自己的事情。"

随着规模的扩大，布罗德研究所几乎立即在科学领域留下了自己的印记。"布罗德研究所从 2003 年的籍籍无名一跃登上分子生物学的顶峰，"STAT 的莎朗·贝格丽（Sharon Begley）在 2016 年写道。到 2008 年，包括兰德在内的 3 名布罗德研究所科学家，已跻身分子生物学和遗传学领域近期论文被引用次数最多的前 10 位作者之列。据汤森路透的《科学观察》报道，2011 年，兰德在各个领域（不仅仅是生物学）发表的"热门论文"（即被其他科学家引用最多的论文）比过去两年里任何人都多。到 2014 年，被《科学观察》评为基因组学领域"最热门的 17 位研究人员"中，有 8 人在布罗德研究所工作。截至 2020 年，主要教职人员已增长到 67 人，其中 22 人是女性。包括兰德在内的 16 位"核心研究所成员"在布罗德研究所运营着他们的主要实验室。该研究所有 51 位成员在他们的所属机构运营他们的主要实验室，但许多人也在布罗德研究所进行研究。该研究所每年发表的研究论文数量超过 1000 篇。

兰德也不断取得个人成就。2008 年，他被奥巴马总统任命为总统科学技术顾问委员会联合主席。5 年后，他成为由尤里·米尔纳、谢尔盖·布林、安妮·沃西基、普莉希拉·陈和马克·扎克伯格创立的首届"生命科学突破奖"的 11 位获奖者之一。兰德因在基因组学领域的开创性工作而获得了 300 万美元奖金，这笔奖金是诺贝尔奖奖金的两倍多。随后，在 2021 年 1 月，他被任命为之前提到的内阁职位。兰德从研究所休了一个无薪学术假，布罗德研究所的创始人兼首席科学官托德·戈卢布被任命为所长。兰德在华盛顿没待多久，在一项内部调查中被发现了他贬低工作人员的证据，尤其是女性员工抱怨他的行为，他于 2022 年 2 月辞职。

* * *

2019 年布罗德研究所成立 15 周年（见图 18-2），2020 年 3 月，当新冠疫情的严峻现实袭来时，布罗德研究所发生了大规模的转变。尽管已经对查尔斯街基因组学平台中心进行了改造，使其能够检测新冠病毒，但布罗德的研究人员一直在研究的许多实验室科学被无限期搁置。"这意味着我们必须彻底停止所有与新冠病毒无关的科学研究，这很艰难，因为这意味着暂停关键的癌症研究。"布罗德研究所的首席通讯官李·麦圭尔（Lee McGuire）表示。他于那年 6 月被任命为肯德尔广场协会主席。"这项研究需要几个月的时间才能完成。你不能在没有仔细计划的情况下就暂停它。因此，我们不得不在 3 月份花了一整周的时间，去研究如何安全地关闭大多数实验室操作，同时将研究损失降至最低。"

图 18-2　2019 年，埃里克·兰德在庆祝布罗德研究所成立 15 周年

资料来源　布罗德研究所。

虽然大多数团队都能够远程进行分析和其他工作，但在一段时间内，研究所实验室唯一活跃的科学工作涉及冠状病毒研究。布罗德研究所的科学家建立了一些全球合作伙伴关系，旨在理解人体对新冠病毒的反应，希望有助于回答一系列令人困惑的问题。它是如何靶向肺中的特定细胞的？为什么男性比女性更容易被感染？为什么感染的成年人的数量远高于儿童的数量？

该研究所的科学家几乎没有参与开发疗法或疫苗。这项工作更适合其他人来做，包括莫德纳，这家距离研究所仅一个半街区的生物技术公司正在以非常快的速度推进候选疫苗。"我们认为我们在这里的立场是帮助解释潜在的生物学，为这些决策提供信息。"麦圭尔解释道。

2020 年 5 月，布罗德研究所让更多的科学家和研究人员回到实验室，并精心设计了一个系统，每周两次对每位员工——进行病毒筛查，事情朝着回归正轨迈出了一步。❶

然而，新冠病毒检测项目继续主导布罗德研究所的现场活动。他们正在与马萨诸塞州和各种与监测相关的团体建立合作伙伴关系。此类项目围绕大规模群体（在疗养院、学校和大学，甚至是住宅区）定期检测展开。旨在快速识别新感染者（许多人没有症状），将他们隔离，并在变得难以控制之前追踪他们接触过的人，从而最大限度地降低病毒传播的风险。

布罗德研究所正在与马萨诸塞州合作，为该州的每一家养老院和长期护理机构进行检测。另一项工作是为经济落后地区提供移动检测。到 2020 年秋季，布罗德研究所还与新英格兰地区的 108 所学院和大学合作，定期对学生和教职工进行检测。"这对学校的后勤来说是一个巨大的挑战，"麦圭尔说，"所以我们正在帮助他们做这些。我们能应对所有的测试。"

* * *

尽管布罗德研究所迅速证明了自己是基因组学领域的重量级力量——吸引了数亿美元的慈善捐款，更多的研究经费和工业界的支持——但它的成功并非没有一些不和和争议。

至少有些不满可以追溯到布罗德研究所的存在本身。但有一件事——兰

---

❶ 根据州新冠病毒的相关规定，布罗德研究所拥有研究豁免，允许其在疫情期间开放。但该研究所决定暂停大量工作，直到新的安全协议到位。——原书注

德在 2016 年写的一篇关于基因编辑技术 CRISPR 的文章——引发了社交媒体的猛烈抨击和一连串的人身攻击。这篇题为《CRISPR 的英雄们》的文章发表在《细胞》杂志上。生命科学新闻网站 STAT 的贝格利写了一篇表明强烈抵制态度的长文，题为《为什么埃里克·兰德从科学之神变成了出气包》。

除此之外，许多人认为兰德低估了加州大学伯克利分校的珍妮弗·杜德纳（Jennifer Doudna）和柏林马克斯普朗克感染生物学研究所的主要合作者埃玛纽埃勒·沙尔庞捷（Emmanuelle Charpentier）所做的重要研究，并夸大了布罗德研究所的张锋所做的工作。正如斯蒂芬·霍尔在《科学美国人》上所写的那样："对张锋的发现叙述用了长篇幅、详细、丰富多彩；而杜德纳的……工作并没有得到同样的明星待遇。"在一些人看来，这是性别歧视——贬低了两位女性在故事中起到的重要作用；另一些人则认为，这是试图操纵人们对谁应该获得该技术的最大荣誉的看法，以影响布罗德研究所和加州大学系统之间正在进行的关于关键 CRISPR 发明的重大专利争夺战。❶

简而言之，事情变得很不堪，并迅速传播开来。贝格利写道："这些失误引发了一场激烈的网络之争，包括推特上的 # 兰德门 # 标签。"斯蒂芬·霍尔将这场争议称为"多年来科学界最有趣的食物争夺战……这场口角就像一场不断升级、越来越丑陋的家庭纠纷：没有人希望外人介入，但嚷嚷声太大了，不得不有人报警。"

兰德很快就澄清了某些观点，并坚称他只是想展示 CRISPR 背后的复杂历史。在给布罗德研究所的员工的一份通知中，他说："无须多言，'前瞻性'文章❷是个人观点，并非每个人都会完全同意其他人的观点。最后，我们只有通过整合各种经过深思熟虑表达的观点才能理解科学。而且，当科学发现也是专利纠纷的主题时（就像加州大学伯克利分校和麻省理工学院的情况一

---

❶ 随后的裁决对布罗德研究所有利。它在 2014 年获得了张锋的发现的专利，而加州大学没有获得杜德纳的专利。加州大学系统在 2017 年专利局上诉委员会和次年的联邦上诉法院裁决中败诉。2020 年 9 月，美国专利局在一起相关纠纷中也做出了有利于布罗德研究所的裁决。——原书注

❷ 前瞻性文章是对领域内基本概念或普遍想法的学术评述，通常是议论文（essay）的形式，对于领域内存在的概念提出个人评论，可以是一个概念或几个归纳的概念，属于二次文献，是大约 2000 字的短文。——译者注

样），智力上的分歧可能会像这里一样引发激烈的在线讨论。"

近 5 年后的 2020 年 10 月，杜德纳和沙尔庞捷因对基因组编辑的贡献被授予诺贝尔化学奖。当天早上 6 点 45 分，在大多数人醒来之前，兰德在推特上赞扬了获奖者："衷心祝贺沙尔庞捷博士和杜德纳博士因她们对 CRISPR 杰出的贡献而荣获诺贝尔奖！令人兴奋的是，我们看到科学的无尽前沿不断扩展，对患者产生巨大影响。"杜德纳在当天晚些时候与记者的 Zoom 通话中表达了她的感谢。"我非常感谢兰德的认可。能收到他的祝贺，我感到很荣幸。"

* * *

大卫·阿特舒勒于 2015 年离开布罗德研究所，加入美国本土生物技术公司福泰制药公司，担任其全球研究执行副总裁兼首席科学官。"布罗德研究所也有批评者。开业时有人批评它，现在还有人批评它，"阿特舒勒说。他们的批评通常源于活动规模的某种混合，担心人们在团队中一起工作会压制个别科学家的创造力，以及太大的影响力集中在太少的人身上。我一直相信，事后看来，我仍然相信，它对这座城市、这个地区和科学界产生了积极的影响，但它并非没有复杂性。组织中的任何实验都有两面性——当整个故事写完时，时间会证明一切。但我当时相信，现在我仍然相信，当时的科学领域需要以一种传统模式无法做到的方式，将技术、学科甚至机构结合在一起，我们显然对波士顿的科学合作文化产生了重大影响。

"我们现在看到的是很多年轻的科学家（和计算科学家一样）没有走传统的学术路线，因为在你 20 多岁和 30 多岁的时候，你所拥有的资源非常有限。无论是在布罗德研究所这样的地方，还是在风险投资支持的公司，如果你的愿景能吸引到支持，你就能拥有更多的资源。这为我们提供了更多的机会，对社会大有裨益。我们现在有哈佛大学、麻省理工学院、波士顿大学、医院、生物技术公司、制药公司（和布罗德研究所）都近在咫尺。这就是波士顿的魅力。"

兰德补充说，在构想布罗德研究所的时候，合作对于大学等机构来说还不是一件习以为常的事情。"它们下意识的反应不是说，'我们如何联手？'因为这些机构都理所当然地认为，它们是了不起的、世界领先的机构，为什么还需要其他人呢？但要以人类基因组计划所需的方式来研究基因组学，实际上是一个足够复杂的任务，需要所有机构的参与。"

在兰德看来，这样的合作对于破解那些仍待解决的极其复杂的谜题至关重要。还有哪些挑战呢？"我认为下一个前沿领域是读取人类细胞中的所有程序。人类细胞只有有限数量的程序或技巧，这是一个有限的程序库，"他说，"唯一让我们能够做到这一点的方法是将复杂的生物学和医学，以及非常大规模的数据收集和机器学习结合。但在我们了解所有电路的情况下，也许我们可以考虑真正的、可编程的疗法。因此，在 21 世纪的某个时候，肯德尔广场的年轻学生会带着某种困惑和恐惧交织的心情，回顾 21 世纪 20 年代的人类是如何通过寻找分子而不是坐下来写代码来制造药物的。"

第 19 章

肯德尔广场的公司化

乔治·斯坎戈斯（George Scangos）坐在百老汇街附近剑桥中心 10 号二楼的一间办公室里。那是 2011 年 6 月，他开辟了临时营地——对把他安置在临时空间的环境并不满意。斯坎戈斯此前曾领导总部位于南旧金山的抗癌药公司 Exelixis。去年夏天，他接任渤健艾迪首席执行官一职，搬到了该公司最近在马萨诸塞州威斯顿新开的总部，这里距离该公司在肯德尔广场的长期研发和生产基地约 15 英里车程。他的前任詹姆斯·马伦（James Mullen）在几年前就决定将业务转移到郊区，以削减成本。在斯坎戈斯掌舵的前几个月，新建的威斯顿总部已经开放。斯坎戈斯几乎立即采取措施把总部搬了回来。

斯坎戈斯不仅用了"回旋镖"战术，还在肯德尔广场设立了一个临时办公室，他打算每周至少在那里待一天。"我不喜欢的是，我们的销售和营销部门位于威斯顿，而研发部门在这里。"斯坎戈斯当时表示，"现在我是在这里唯一的高级管理层成员，其他人都在威斯顿。这不是最佳选择。如果我们能让大家聚在一起，我会非常高兴。让每个人都集中在一个位置是更为明智的举措。你可以交谈，沿着走廊散步，和别人一起吃午饭，随意地与人见面交谈，并在研发部门和商业部门之间进行真正良性的讨论。"

确定细节花了些时间。不过，大约一个月后，渤健就宣布计划让约 530 名员工搬回肯德尔广场，其中许多人最终将被安排在宾尼街沿线的两栋新大厦里。

当时，渤健自 2004 年推出治疗多发性硬化症的 Tysabri 皮下注射剂后，再没有向市场推出过任何药物。"我们有很多事情要做，执行绝对是关键。"斯坎戈斯说，"地理上的分离是一个障碍。"

＊　＊　＊

渤健的转变并不像诺华近 10 年前宣布将研发中心迁往剑桥那样具有爆炸性影响。尽管如此，它仍然象征着肯德尔广场演变的另一个重要阶段——世纪之交不久开始的爆炸式增长时期，但主要集中在 21 世纪的第二个 10 年。

这一时期，除了像福泰制药公司这样的少数特例逃离了肯德尔广场的轨道之外，一种几乎是引力的力量正在把公司和人拉进这个越来越密集的中心。伴随着这些变化，肯德尔广场的街道终于展现了真正的生命迹象。主街上一波又一波餐厅、酒吧和咖啡馆开张，从肯德尔广场 1 号附近一直沿第三街到布罗德运河的对岸。几栋新的"豪华"公寓楼也敞开了大门，旁边出现了一些城市社区的额外表现形式——夏天的现场音乐和农贸市场，一家干洗店，一家冰激凌店，一家酒行，几家银行分行。临近这个 10 年的尾声广场上终于迎来的第一家超市。

也许这段时间里最明显的方面是可以追溯到 20 世纪初的建筑热潮，当时该地区随处可见各种工厂——肥皂厂、橡胶制造厂、铁厂、皮革厂、糖果厂和印刷厂。这只是现代的情况——由需要办公室和实验室的大公司主导，而不是排放污染物、空气中充满刺鼻气味的制造工厂。这些工厂通常将一层作为零售空间，主要是新开的餐厅和咖啡馆。面对这一活动，肯德尔广场剩余的大部分未被开发或落后的印迹都被清除了。

尽管这一增长是由从软件到制药等一系列行业的公司推动的，但其文化和性格是由生命科学塑造的。许多人认为，以肯德尔广场为代表的波士顿地区已经从旧金山分离出来，显然成了全世界密度最大、最强大的生命科学中心。"肯德尔广场之于生命科学，就像好莱坞之于电影，华尔街之于金融。"布罗德研究所创始成员大卫·阿特舒勒宣称，"事实就是如此。"

* * *

如果这一时期有一个压倒一切的主题，那就是肯德尔广场的公司化。就在大约 10 年前，肯德尔广场在很大程度上仍然是既时髦又肮脏的，初创公司遍地。如今按照大多数人的标准来看，这几乎只是富人的专利。

该地区的朴素生物技术公司（其中几家凭借自身实力已成为行业巨头）是最新一波浪潮的一部分——渤健的重组和建造两座新大厦的计划就体现了这一点。2014 年，福泰制药公司终于完成了拖延已久的搬迁计划，斥资 8 亿美元迁入波士顿海港，其肯德尔广场的空间是其在剑桥迁出的最后一个据点。

2008 年，当福泰制药公司宣布搬迁至波士顿时，人们认为这是对剑桥生物技术地位的重大打击；而当渤健透露其郊区迁移计划时，剑桥生物技术的前景更加悲观。然而，仅仅几年后，不仅渤健卷土重来，而且福泰制药公司在肯德尔广场的六层建筑中占据的所有非零售空间（托儿所、干洗店、餐厅、咖啡店和奶昔店）都被艾拉伦制药吞并了。这家新兴生物科技公司的总部大厦就在林斯基路对面，此次扩建创建了一个可容纳约 1400 名员工的城市迷你园区 ❶。与此同时，在 2017 年，资金雄厚的基因治疗公司蓝鸟生物在 4 年前完成了首次公开募股（IPO），从艾拉伦制药河边的大厦搬进了宾尼街上新建的办公室和实验室综合大厦里，这里曾经是历史悠久的雅典娜大厦的停车场。莫德纳公司位于科技广场的宝丽来前总部旁边：这家信使 RNA 公司于 20 世纪初成立，后来因其冠状病毒疫苗的研发而一炮打响。该公司将于 2018 年 12 月募集 6.04 亿美元，成为迄今为止生物技术史上最大的公开募股。

到 2020 年，除莫德纳之外——渤健、艾拉伦制药和蓝鸟——所有在当地发展起来的生物技术公司都将跻身剑桥前 25 名雇主之列。但更大的变革力量来自大型制药公司。诺华在 2002 年掀起的浪潮演变成了一场海啸，这得益于州政府一系列削减繁文缛节、增加税收抵免和投资基础设施的举措——2008 年州长德瓦尔·帕特里克（Deval Patrick）颁布了 10 亿美元的马萨诸塞州生命科学计划（见第 27 章）。世界上的制药巨头一个接一个地开始在肯德尔广场落户。到 2020 年，全球最大的 20 家制药商中至少有 13 家已经在此建立了业务。这不包括英国罕见病制药巨头希雷（Shire）和美国生物科技公司 Baxalta 两家，它们的业务在被武田收购后被吸收。总的来说，制药公司雇用的员工数量是剑桥市四大生物技术公司的两倍，其运营范围从拥有 1000 多名员工（其中许多人在关键临床领域进行研发）的公司到与旨在为公司提供立足点的规模小得多的"创新工作站"（旨在为公司建立科学和商业合作找到立足点）建立科学和商业合作。

"那真是一段令人着迷的时期。"约翰·马拉加诺回忆道，"所有的制药公司都想成为生物技术公司。我想他们只是突然意识到，生物技术已经成为他

---

❶ 从 2015 年年初开始，福泰制药公司将其三层楼转租给创业空间提供商 Mass Innovation Labs（后来被称为 SmartLabs）。艾拉伦制药的租赁计划于 2015 年 4 月宣布，但直到 2018 年年中，艾拉伦制药才搬进来。——原书注

们的创新源泉，所以他们自己也想成为这种类型的公司。"有一次，这位艾拉伦制药首席执行官进行了一次非正式调查，发现许多制药巨头甚至改变了他们的口号以顺应这种转变。"他们不再称自己为制药公司。他们要么称自己为生物制药公司，要么厚颜无耻地称自己为生物技术公司。"他说道，"当然，如果你想成为一家生物技术公司，你必须在哪里？你不可能在新泽西州。你不可能在瑞士。你必须在肯德尔广场。"

大型制药公司也带来了大笔资金，制药商利用他们的财务影响力进行收购，以提高他们在当地的影响力和知名度。2011 年，赛诺菲以 201 亿美元收购健赞，这是迄今为止波士顿生物科技公司最大的一笔收购交易——但武田一马当先。这家日本制药商于 2008 年收购千年制药公司，于 2017 年又收购了位于肯德尔广场的癌症药物开发公司阿里阿德制药（Ariad Pharmaceuticals），然后在次年以 620 亿美元的天价收购了希雷公司。希雷自己最近收购了 Baxalta，合并后的业务位于东肯德尔 650 号，与艾拉伦制药接管的前福泰制药公司大厦隔着一个小公园。这使得武田制药成为剑桥最大的雇主，拥有大约 3000 名员工。武田制药和赛诺菲在马萨诸塞州的整体排名中也名列前茅：2020 年，它们分别是该州排名第一和第二的生命科学雇主。[1]

▶ 专栏 9　大型制药公司的肯德尔广场淘金热

诺华生物医学研究所的到来成了肯德尔广场的一个转折点——促使大型制药公司纷纷涌入该地区。武田、诺华和辉瑞都在肯德尔广场西边（从中央广场一直延伸到科技广场）保持着巨大的影响力。大多数其他公司，包括武田的另一家大型工厂，都集中在东边的宾尼街和第三街周围。本表格按该区域出现的顺序大致排列，包含 2020 年的地点和员工。*

---

[1]　希雷在将其剩余资产出售给武田之前，将其肿瘤专营权出售给了施维雅（Servier）。如第 17 章所述，Aveo 制药公司在入驻东肯德尔 650 号后经历了 FDA 的挫折。百特在 2014 年接管了其租赁权，然后在 2015 年给了从百特剥离出来的 Baxalta。——原书注

	首次搬到肯德尔广场或肯德尔广场附近	地址	2020 年员工数量（估值）
诺华	2003 年开业	多个地址，中央广场和肯德尔广场	2330 人
默克	2004 年	本特街 320 号默克探索科学中心	65 人
希雷	2005 年通过收购 TKT 来到马萨诸塞州。2016 年，通过收购 Baxalta 进行扩张。2018 年被武田收购	主街 700 号（TKT），650 号肯德尔街 E（Baxalta）.扩张至宾尼街 50 号	2018 年被武田收购之前，共 833 人
武田	2008 年收购千年制药公司；2017 年收购阿瑞雅德制药；2018 年收购希雷	剑桥有 11 家分部。肯德尔广场有 3 个：肯德尔街 650 E，肯德500 号，宾尼街 125 号	3484 人
赛诺菲-健赞	赛诺菲于 2011 年收购健赞	先在奥尔巴尼街 270 号，后在宾尼街 50 号	1605 人
阿斯利康制药（AstraZeneca）	2012 年，肯德尔广场的办事处于 2016 年关闭	波特兰街 141 号	
强生	2013 年	剑桥中心 1 号（主街 245-255 号），主街 700 号（LabCentral）	200 人
辉瑞	2014 年搬到现在的位置，巩固了该地区周围的空间	波特兰街 1 号，主街南 610&700 号	941 人
益普生	2014 年。2018 年将总部迁至肯德尔广场	肯德尔街 650E	超过 200 人
礼来	2015 年	肯德尔街 450 号	40 人
Baxalta	2015 年。被希雷收购，现属于武田旗下	肯德尔街 650E（前址）	计划 500 人
艾伯维	2016 年	悉尼街 200 号	超过 75 人
拜耳	2016 年通过 Casebia Therapeutics 的交易。2016 年成立创新中心	剑桥科学中心第一街 245 号	150 人

	首次搬到肯德尔广场或肯德尔广场附近	地址	2020 年员工数量（估值）
施维雅	始于 2018 年，当时施维雅收购了希雷的抗癌药物业务。官方美国总部于 2019 年开业	肯德尔广场百老汇街 1 号；马萨诸塞州波士顿四号码头大道 200 号，邮编 02210	300 人，大多数在波士顿
百时美施贵宝	2018 年	宾尼街 100 号	计划将 2700 名马萨诸塞州员工迁至 Cambridge Crossing

资料来源 本表根据媒体报道以及大多数相关公司的信件整理而成。还采访了凯恩、埃蒙斯、瓦塞拉。有关概述，见韦斯曼和纽瑟姆，"百时美施贵宝"。

* 希雷和 Baxalta 是例外。两者均被武田收购。然而，两家公司在被收购时都在肯德尔广场占有重要地位，因此被纳入其中。

大型制药公司的涌入，尤其是在 2010 年之后，填补了莱姆地产最初开发的旧棕地周围以及沿宾尼街向查尔斯河方向的大部分剩余漏洞。赛诺菲在收购健赞公司近 7 年后，将当时被称为赛诺菲-健赞的公司搬到了几个街区外宾尼街 50 号新建的亚历山大大厦里，那里也提供实验室。除了一些底层零售区域外，此次搬迁使屡获殊荣的健赞中心（亨利·米特尔将其视作吸引和留住员工的灯塔）完全空了出来。希雷最终签订了一份长期租约——武田收购希雷时接管了这份租约。[1]

---

[1] 艾拉伦制药对这栋建筑有一个选择权，但该公司放弃了这项权利，而选择了附近的前福泰制药大楼。关于莱姆地产/BioMed 地产发展的其他细节是从凯恩的采访中收集的。就在这个过程中，健赞中心附近又建起了一座时髦华丽的大楼。这座玻璃幕墙建筑位于肯德尔街 450 号，于 2015 年开业，是 BioMed Realty 从莱姆地产收购的土地上的第 4 个办公或实验室综合体。2020 年，生命科学风险投资公司 MPM capital 和礼来公司是这座五层建筑的主要租户，底层餐厅有个恰如其分的名字，叫作 Glass House（意为玻璃屋）。——原书注

　　"归根结底，这是因为有更深入的研发人才。"希雷前首席执行官马修·埃蒙斯（Matthew Emmens）总结道，他解释了制药公司涌向肯德尔广场的原因。在 2005 年，埃蒙斯通过收购 Transkaryotic Therapies（TKT），促成了这家当时位于英国的制药商首次向肯德尔广场进军。"尽管波士顿地区的房地产价格高昂，但其吸引力在于，在这里，人才就走在主街上。你若想让他们加入你的公司，需要做到不会让他们中的很多人搬家，也不会扰乱他们的生活。"他说，"考虑到制药业性质的变化以及对分子生物学和基因组学等相对新兴领域的日益依赖，在更靠近产业界和学术界大型人才库的地方建立业务的必要性变得更加突出。对与遗传学相关的高等科学和专业知识的重视，已经放大了接近学术界和相关研究科学圣地的需要。让最优秀的人去其他地方是很困难的。"

　　埃蒙斯指出了肯德尔广场的故事的几个制高点——包括价格和空间的缺点。2009 年，他成为福泰制药公司的首席执行官（他在希雷任职期间加入了该公司董事会），并将公司从剑桥搬到了波士顿的海港区，因为他在肯德尔广场找不到足够的空间。后来，他从福泰制药公司退休后，成了百时美施贵宝的董事会成员，该公司于 2018 年在宾尼街开设了一家实验室。

　　以希雷为例，其以 16 亿美元收购 TKT 有双重目的，说明了许多制药商面临的变化。希雷当时有一款主打产品——阿得拉（Adderall），这是一种名为安非他明盐混合物的组合药物，用于治疗注意力缺陷多动障碍（ADHD）。随着排他期的缩短，即所谓的专利悬崖 [1]，埃蒙斯认为该公司应该用 Vyvance 替换 Adderall，同时进军罕见病的专门药物领域。TKT 总部位于主街 700 号，这座历史建筑曾是查尔斯·达文波特的马车厂和埃德温·兰德的私人实验室。该公司有两种获批的药物，一种用于治疗法布里病，另一种用于治疗与肾脏疾病相关的贫血。此外，该公司的药物管道还有其他几种具有孤儿药潜力的候选药物。因此，此次收购使希雷在向特种药物转型方面获得了优势，并使其有机会接触到精通最新科学的研究人员。"从科学角度来说，多动症相对容易治疗——Adderall 是安非他明盐混合物的药物。"埃蒙斯说，"现在我们

――――――――――――

　　[1]　专利悬崖是指企业的收入在一项利润丰厚的专利失效后大幅度下降。——译者注

需要考虑如何让公司为创造更复杂的产品做好准备。我们必须找到一个在遗传疾病方面兼具研究能力和人才的中心。我们必须找到这样一个地方，让我们能够找到更多以前没有的不同的研发人员。"

埃蒙斯表示，收购 TKT 的结果非常好，这预示着希雷之后会将其美国总部搬到肯德尔广场。但事情一开始并没有那么顺利。此次收购遭到了许多分析师和媒体的批评，尤其是在 Shire 当时的总部所在地英国的。更糟糕的是，收购消息宣布后不久，TKT 位于波士顿郊外的制造工厂就失火了。据埃蒙斯回忆，一家英国报纸刊登了一张大火的大照片，标题是《希雷的火热新政》。

成功收购希雷的武田也讲述了一个类似的故事——只是这里面没有火灾。武田在 2008 年收购了千年制药公司。7 年后，如第 1 章所述，它将全球研发总部从日本迁至剑桥市。新任研发主管安迪·普伦普（Andy Plump）本科就读于麻省理工学院，后来在加州大学旧金山分校获得医学博士学位，之后先后在默克和赛诺菲担任高管。"我从没想过我会回来，（但）它就如同一块磁铁一样吸引着我，"他说，"这里是真正的医疗创新中心。"

不断变化的世界，加上武田的一些变化，塑造了这家制药商的思维。前史克必成高管克里斯托夫·韦伯（Christophe Weber）在普伦普加入之前是武田的一把手。"我们开始评估外部环境是什么，我们相对于所有这些所处的位置在哪里。而且，你知道，我们刚刚意识到我们在战略上需要做出巨大的改变。"普伦普回忆道。

这一改变包括从广泛的药物制造方法转向更有针对性地关注 4 个核心治疗领域——肿瘤学、神经科学、罕见病和消化病学。普伦普总结道，"为了能在这些领域取得优异成绩，武田需要重组研究团队，开发新的专业技术。由于没有一家公司可以独自完成所有的事情，我们还需要寻求外部伙伴关系和合作。所有这些是我们战略的核心要素。"普伦普表示，"然后，从结构的角度来看，我们的业务过于分散。我们分布在日本、美国多地和欧洲多地。我们决定将波士顿作为我们的中心。"

2018 年，在收购了阿里阿德制药和希雷之后，武田宣布将其美国总部和商业业务从芝加哥搬到波士顿地区的计划，以补充其研发转向。截至 2020 年秋季，该公司 8 个全球业务部门中的 4 个以及生物制剂制造部门都集中在马萨诸塞州，同时，18 名高管团队成员中有 7 名也集中在马萨诸塞州。为了给日益增长的剑桥业务腾出空间，武田对长期空置的健赞中心进行了大规模翻修。由于新冠疫情，工程进度有所放缓，但大厦已于 2021 年 6 月 1 日对外开放。❶

普伦普指出，"如此多的大型制药公司都对波士顿市场的吸引力得出了类似的结论，这构成了巨大的竞争挑战。但我乐于接受这些挑战，因为这会促使你变得更有竞争力。你需要能够在一个强大的市场中吸引和留住人才，因为如果你处在一个疲软的市场中，就没有人员流动，所以你并不真正知道你作为一个组织有多大的吸引力。"

* * *

第二次世界大战后的绝大多数时间里，肯德尔广场的高科技精神在很大程度上以计算机和软件公司为特征——当努巴尔·阿费扬在 20 世纪 80 年代末进入生命科学领域时，他感到数字计算的阴影笼罩着这个地区。现在基因的阴影已经取代了数字计算的，但这并不意味着数字化已经消失。事实上，随着制药公司的入侵，该国许多计算和技术巨头在 21 世纪的第二个 10 年纷纷都建立或显著扩大了肯德尔广场的业务，为该地生态系统的公司化提供了另一个维度。谷歌、微软和 IBM 的足迹最大，但苹果、脸书、亚马逊、三菱、丰田和推特等公司也加入了他们的行列。

在大型科技公司中，"蓝色巨人"入驻肯德尔广场的时间最长。它的存在至少可以追溯到 1964 年 IBM 剑桥科学中心的建立，该中心是科技广场综合大厦（两年后成为宝丽来的全球总部）的早期租户。这个科学中心与 MAC 项目在同一栋楼里，在 1992 年关闭之前，一直负责各种计算机和软件问题的研究。3 年后，IBM 收购了莲花软件开发公司，使其在广场的另一边拥有了更大的影响力。由于 IBM 不愿改变莲花软件开发公司的文化，因此，在 5 年的时间里它基本上对莲花的研究人员不作过问。不过，大约在 2000 年，IBM 将艾琳·格雷夫领导下的莲花研究中心并入 IBM 研究院在罗杰斯街

---

❶ 到 2020 年，武田在马萨诸塞州拥有超过 6750 名员工，分布在大约 20 个地点。——原书注

1 号在莲花软件开发公司旧址上新设的剑桥分公司。[1]

2016 年，当制药公司大举进军肯德尔广场时，IBM 开始搬进宾尼街 75 号的一栋新大厦——阿里阿德制药的转租空间。这里成了 IBM 沃森健康的总部。蓝色巨人很快将其研究团队搬到了这栋大厦，还引入了 IBM Resilient，这是该公司在 2016 年收购私营事件响应公司 Resilient Systems 后成立的网络安全业务。剑桥市提供的数据显示，到 2020 年，IBM 在剑桥总共有大约 750 名员工。该公司不愿透露聘用细节，但几乎可以肯定，其中大部分（如果不是全部的话）都在肯德尔广场。

2008 年，微软在新英格兰开设了微软研究中心，引起了轰动。该研究中心的 17 层豪华办公大厦位于纪念大道 1 号朗费罗桥附近，毗邻麻省理工学院校园。该实验室是微软在全球的第六个研究工作站，也是美国西海岸以外的第一个。这家软件制造商聘请了詹尼弗·蔡斯（Jennifer chaye）来领导这个项目，她曾是微软研究院位于华盛顿州雷德蒙德的旗舰实验室理论小组的负责人。她是第一位管理该公司研究中心的女性。她的丈夫、同样来自理论小组的克里斯蒂安·博格斯（Christian Borgs）被任命为副主任。两人都是著名的数学家和计算机科学家，微软为他们安排了一些重量级人才。其中包括：计算机领域的传奇人物巴特勒·兰普森（Butler Lampson），他是德雷珀工程学奖和计算机图灵奖的双料得主，以及经济学家苏珊·阿西（usan Athey），她是第一位获得克拉克奖的女性，该奖项是颁发给 40 岁以下的新秀经济学家的。

就像它在生命科学领域的同行所做的那样，微软利用收购来建立它在肯德尔广场的大本营。最近的一系列收购——Groove Networks[2]、线上化厂商 Softricity、挪威网络搜索软件公司 Fast Search & transfer——使其在波士顿地区的员工人数从 200 人左右激增到 600 多人。微软租下了几乎一半的大厦，

---

[1] 那时，格雷夫已经熟悉了来自纽约州约克城高地 IBM 研究院总部的人员。领导该公司软件团队的是她在麻省理工学院就认识的人：杰夫·贾菲（Jeff Jaffe）。2010 年，他回到肯德尔广场，担任万维网联盟的首席执行官。——原书注

[2] Groove Networks 是一家提供基于 P2P 环境的系列协同工作软件的开发商，其提供的产品包括聊天室、BBS、论坛、文件共享、日程安排和计划制订。——译者注

该大厦已经接待了微软 SoftGrid（线上化和流媒体技术公司 Softricity 的新名称）部门的大约 100 名员工。它还拥有一个新的产品开发和创新中心，该中心由里德·斯特蒂文特负责。他曾是莲花软件开发公司的员工，曾两次从麻省理工学院辍学（见第 11 章），最近担任 Eons 的首席技术官。Eons 是一家为 40 岁以上人群服务的社交门户网站，一度发展迅速。

蔡斯当时解释说，她和博格斯在去年 11 月提议建立研究实验室，部分原因是为了利用微软不断增长的地区劳动力，但也是因为波士顿地区处处是"微软很想招入麾下但不打算搬到西海岸的杰出人才"。

这个软件巨头在纪念大道 1 号的团队很快有了名字：微软新英格兰研发中心（NERD）[1]。该研发中心最初的重点领域包括计算机科学理论以及数学、经济学、社会科学与设计。经过多年的发展，他们的工作扩展到安全、隐私和密码学，以及人工智能和机器学习领域。据现场经理埃里克·杰瓦特说，2020 年秋季，除了研究部门外，还有 6 个左右的微软开发团队也位于纪念大道 1 号，他们的工作领域包括微软的移动设备管理服务 Intune，Office 365 的安全工作，以及各种机器学习和人工智能领域的工作。微软不愿透露目前在当地的员工数量，但据 2021 年其足迹判断，其员工数量可能在 500 人左右。

正如第 1 章中简要介绍的那样，谷歌早在 2005 年就通过收购移动操作系统开发商安卓（Android）涉足肯德尔广场。直到 2008 年，它才在剑桥中心建立了正式的谷歌办公室。一切从那里开始爆发，谷歌创建了一个城市园区，连接了肯德尔广场中心 3 座相邻建筑的大部分。2019 年，该公司宣布了扩张计划，将入驻波士顿地产公司正在万豪酒店隔壁建造的一栋 16 层大厦，并将员工规模扩大至约 3000 人，与武田公司抗衡。

---

[1] 2019 年，蔡斯被任命为加州大学伯克利分校副教务长兼信息学院院长。博格斯成为一名教授。关于 2020 年微软在肯德尔广场的细节，我主要引用了 2020 年 9 月 1 日对 Jewart 的采访。2020 年，该大楼的另一个主要租户是 InterSystems Corp.，这是一家私营数据库管理软件和技术公司，由麻省理工学院校友菲利普·"特里"·拉贡（Phillip "Terry" Ragon）创立。2009 年，拉贡和他的妻子苏珊承诺出资 1 亿美元创建一个医学研究所。四年后，麻省总医院、麻省理工学院和哈佛大学拉贡研究所从波士顿搬到了科技广场 400 号。2020 年，拉贡研究所将大部分工作重新集中在新型冠状病毒上。——原书注

谷歌收购安卓，从而进驻肯德尔广场之事，几年来都没有对外宣布（谷歌在 2002 年在波士顿开设了销售办事处）。安卓在波士顿和帕罗奥多地区都设置了团队。收购完成后不久，安卓联合创始人里奇·迈纳（Rich Miner）和他在波士顿地区的小团队在剑桥创新中心驻扎，但没有透露他们是谷歌的一部分。

2008 年 5 月，谷歌在位于剑桥中心 5 号的新总部举行了盛大的开幕仪式，就在微软研究院盛大开幕的几个月前❶。德瓦尔·帕特里克出席了庆典，在电梯里吹嘘自己的乒乓球技术后，该网站新任主管史蒂夫·文特（Steve Vinter）向他发起了挑战。

文特第一次来到肯德尔广场工作是在 1990 年左右，当时他所在的是西门子利多富的一个小工厂。"我感觉很好，就是很有面子。"他回忆自己当时的想法。他刚入职不久，公司就搬去了马萨诸塞州的伯灵顿。"我真的很失望。"文特说。但现在，大约 18 年后，他又回来了。

在开业庆典之前，文特花了大约 14 个月的时间从公司的投资部门搜罗人才。当他加入谷歌时，谷歌在波士顿只有大约 40 名员工——大约 25 名在销售办事处，15 名工程师，其中大约一半来自安卓团队。但谷歌计划将其全球站点（或园区）的数量扩张 4 倍，从 10 个左右增加到 40 个左右。文特负责剑桥/肯德尔广场的开发。"这只是一次超大规模的发展，"他在谈到全球扩张时表示，"高管们经常开玩笑说，情况完全失控了，实际上它是有那么一点点。"所言不虚，文特很快就了解到谷歌并没有关于扩大网站规模和速度的明确计划。当他问老板关于预算的问题时，老板回答说："我们谷歌不做预算。"该公司更倾向于评估需求，并据此进行支出。

文特来谷歌不到一年，他显然需要找一个更宽敞的专用空间。他将搜寻的目标放在了万豪酒店与剑桥创新中心对面的剑桥中心。"我做出的决定是，我们应该有一个令人信服的理由才能离开肯德尔广场，因为我们正占据着一个绝佳的位置，而且它还会增长，"文特说，"我深信这一点。我们要扩大谷歌的规模，但肯德尔广场的规模也要扩大。微软就在街对面。其他科技公司

---

❶ 剑桥中心在 2015 年更名为肯德尔中心，用单独的建筑给出街道地址，取代了原来的号码系统（例如，剑桥中心 1 号）。——原书注

进驻这里只是时间问题，而生物技术已经很突出了。所以很明显，这将是一个增长领域。"

谷歌租用了剑桥中心 5 号的几层楼，这是其主要足迹。但它也在隔壁的剑桥中心 3 号租用了空间，两处地点共用同一个入口中庭。这家搜索巨头还选择在临近的剑桥中心 4 号增加了办公室，这里是文特曾在西门子利多富工作的地方。

到盛大开业时，谷歌的员工总数为 175 人，大致分为工程师和销售。其早期的工程将重点放在一小部分项目上，其中包括移动设备上运行的安卓、YouTube、内容交付、搜索、谷歌浏览器、当时的新平台 Friend Connect，旨在让网站所有者轻松添加社交网络功能，该平台已于 2012 年退役；谷歌图书（当时被称为 Book Search），这是一项有争议的业务，旨在扫描公共领域的书籍和其他资料，用户可以在线搜索全文。

2007 年 12 月，就在开业庆典之前数月，全球开始面临经济"大衰退"（The Great Recession），直到 2009 年 6 月才宣告结束。文特说，谷歌在此期间仍在招聘，尽管招聘速度比其他时期要慢。2009 年，该公司还成立了谷歌风险投资部门（Google Ventures），即后来的 GV。风险投资部门的总部位于加利福尼亚州山景城，负责人是比尔·马里斯（Bill Maris），但肯德尔广场部分的运营则由里奇·迈纳负责。2010 年年中，谷歌以 7 亿美元收购了ITA 软件公司。ITA 由麻省理工学院人工智能实验室的一个小团队于 1996年创立。它开发了组织和跟踪航班价格和行程的幕后软件，并成为许多主要航空公司和旅行网站（如 Orbitz 和 Kayak）背后的引擎。

ITA 的总部就在几个街区之外——在百老汇街 201 号的五层楼里，三菱的研究实验室也在那栋楼里。几年后，当它的租约到期时，谷歌让所有员工都搬去了剑桥中心。文特解释说，别小看搬近这几个街区发挥的作用。"如果你们不在同一个地点，你们就没有相同水平的参与和互动。"ITA 技术为谷歌航班（Google Flights）奠定了基础。[1]

ITA 的收购为谷歌增加了数百名本地员工。到 2016 年秋天文特卸任网

---

[1] ITA 联合创始人兼首席执行官杰里米·韦特海默（Jeremey Wertheimer）将与文特和布莱恩·丘萨克（Brian Cusack）一起担任谷歌联合网站负责人多年。——原书注

站负责人时，谷歌在剑桥的员工人数已经增加到 1200 人左右，并增加了连廊，将 3 栋相邻但独立的建筑连接起来。到那时，谷歌主要关注的领域已包括搜索、浏览器和 YouTube，以及图像搜索、网络、谷歌游戏和谷歌广告。此外，据报道，一些小型的工程项目分支也已经在图像处理、谷歌计算引擎（Google Compute Engine）、隐私沙盒（Privacy Sandbox）和 Go 编程语言等领域启动。

2020 年，谷歌在剑桥拥有 1800 名员工，是该市第十大雇主，在科技公司中排名第二，仅次于本土入境营销公司 HubSpot，其总部位于东剑桥，就在通常公认的肯德尔广场边界外围。同年，该公司还宣布，计划占用波士顿地产公司在同一园区建造的几乎全部 16 层写字楼。这一空间将使谷歌在当地的员工数量增加近一倍。新冠疫情减缓了施工进度，但该大厦有望在 2022 年年初开业，尽管谷歌没有给出增招员工的时间表。❶

很快，其他一些科技巨头也追随 IBM、微软和谷歌的脚步，效仿了制药业的发展（见专栏 10）。

* * *

在谷歌盛大的开幕式上，文特发表了一个评论，他谈到肯德尔广场在 2020 年仍将面临的问题，而且程度会被放大。并非每个人都赞同他的回答，但这为肯德尔广场的公司化提供了一些视角。他是在回应我的新闻公司 Xconomy 的首席记者韦德·劳什（Wade Roush）提出的一个假设：像谷歌这样的重量级企业也许会吸走原本可能流向初创公司的人才，从而抢夺波士顿的企业家人才，并可能限制创新。

▶ | 专栏 10 | **大型科技公司乘着肯德尔浪潮**

> IBM 进驻肯德尔广场可以追溯到 1964 年。其他一些科技和计算机公司在 20 世纪八九十年代就建立了小型实验室或工作站。但这些业务通常规模较小，有几家很快就关闭了——这些公司包括雅达利、日产和数字

---

❶ 主街 325 号正在剑桥中心 3 号的旧址（原来的四层建筑）上建造。——原书注

设备公司（见第 14 章）。直到 21 世纪，尤其是 2010 年之后，大型企业才开始扎根，以 IBM、微软和谷歌为首，亚马逊和脸书也在崛起。下表显示了 2020 年运营的公司，以及一些在 2000 年之后开业但后来关闭的公司。

进驻企业	首次搬到肯德尔广场	地址	2020 年员工数量（估值）
IBM	1964 年。开业时在科技广场 545 号。1995 年收购莲花软件开发公司。2016 年将大部分业务搬到了宾尼街 75 号	罗杰斯街 1 号，宾尼街 75 号	2020 年为 750 人
苹果	1989 年，收购 Coral Software，并成立高级研究实验室	百老汇街 1 号，主街 314 号	2018 年，约有 200 名员工在波士顿都会区工作。计划到 2026 年再增加数百岗位，其中许多可能位于肯德尔广场
三菱电机研究实验室	1991 年成立于剑桥	百老汇街 201 号	2020 年的正式员工 80 名，暑期实习生 60 名
橘子实验室（Orange Labs）【a】	2002—2009 年	第二街 175 号	最多时有约 60 名软硬件工程师
谷歌	2005 年。最近收购的安卓部门迁至剑桥创新中心。2008 年在剑桥中心 5 号开设大型办公室	剑桥中心的 3 栋楼。计划在 2022 年落成时入驻主街 325 号新 16 层大厦的大部分空间	1800 人
微软	新英格兰研发中心（NERD）于 2007 年开业。微软研究院于 2008 年成立	纪念大道 1 号	450 人
戴尔 EMC【b】	EMC 于 2009 年开设了研究部门，但在此之前在肯德尔广场的业务已开展了近 10 年	剑桥中心 11 号（现已关闭）	最多时约 50 人

续表

进驻企业	首次搬到肯德尔广场	地址	2020 年员工数量（估值）
亚马逊	第一个临时地点于 2012 年左右开业	主街 101 号 9 楼	租用空间中有超过 600 人
Facebook	2013 年	宾尼街 100 号扩展至宾尼街 50 号	超过 650 人在此办公
Twitter	2014 年	波特兰街 141 号	
丰田研究院	2016 年	肯德尔广场 1 号	

【a】有关剑桥市 Orange Labs 的精彩介绍，见 Roush, "R.I.P. Orange Labs Cambridge."

【b】见 Buderi, "EMC Opens Research Arm.

这个问题是在许多人认为马萨诸塞州正在发生高科技人才流失的时候提出的。波士顿地区的高等院校可能比世界上任何地方都要集中。但在新闻报道、专栏文章、活动演讲、酒吧和咖啡馆闲聊中，关于年轻毕业生前往硅谷的报道铺天盖地。人们似乎无法接受这样一个事实：就在几年前，马克·扎克伯格从哈佛大学辍学后，未能找到当地的投资人，所以在硅谷创办了脸书。❶

"我认为这种说法忽略了更重要的一点，那就是太多聪明人正在离开这个地方，"文特反驳道。"我们竭尽全力为他们创造更多机会。如果我们能建立一个小型、中型和大型公司的混合生态系统，我们做得越多，它就越能自我维持和自我扩张，这会带来更多的竞争，与此同时，也带来更多的机会。"

❶ 后来，在 2008 年，风投公司 Flybridge Capital Partners 在发起了"留在麻省"项目。该项目向参加当地高科技活动的学生支付高达 100 美元的参加费，以帮助学生联系波士顿的场景和可能的工作。——原书注

第 20 章

在风险投资移民与科技初创公司的夹缝中艰难求存

1981 年，戈登·巴蒂（Gordon Baty）与两名合伙人创立了"零阶段"（Zero Stage Capital），他认为自己是美国第二波风险投资人的一员。"那时仍是风险投资的新石器时代。"他表示，"风险投资在金融界不是一个特别受人尊敬的分支。可以说它根本算不上是金融界的一个分支。"但"零阶段"属于肯德尔广场出现的第一批风险投资公司——事实上，是它掀起了浪潮。

巴蒂的联合创始人是商人保罗·凯利（Paul Kelley）和麻省理工学院斯隆管理学院冉冉升起的新星教授爱德华·罗伯茨（Ed Roberts）。"零阶段"成立时，他们手头有 500 万美元的投资资金，合伙人把公司开在第六街和宾尼街，办公空间是从巴蒂 1964 年与别人共同创立的公司 Icon Corp. 那里租来的。"零阶段"开张后不久，宾尼街对面的渤健也启动了其在剑桥市的业务。但这里基本上还是一个简陋不堪、被糟蹋得面目全非的地区。往河边走几个街区（在第三街和宾尼街）有一块空地，这里成了该市倾倒冬季积雪的垃圾场。垃圾组成的冰川会上升四五十英尺，孩子们会从斜坡上滑下来。巴蒂回忆道："冰川几乎要到夏天才能融化，当它最终融化时，到处都是它里面的垃圾、坏掉的婴儿车和废物。"

几年后，"零阶段"搬到了位于第三街和百老汇街交叉路口的獾大厦，也就是当时的人工智能巷之中。后来，该公司又搬到了更豪华的地方，即更靠近查尔斯酒店的主街 101 号新建的楼里。罗伯茨在斯隆管理学院的办公室几乎就在街对面。

"零阶段"的名字来源于它的背景。巴蒂说："我们将为各种类型的初创公司提供第一轮机构资金，并竭力为他们提供帮助。"简而言之，他们希望在初创公司第一阶段正式融资（通常称为 A 轮融资）之前为其提供种子资金。"我们认为肯德尔广场将是一个让我们能有一席之地的地方。肯德尔广场（朝着莱希米尔方向）的背面随处可见一层租金非常便宜的车库。3 个毕业生只要花很少的钱就可以租到一些办公室和实验室场地。肯德尔广场当时的经济状况与现在完全相反。"

* * *

这一干就超过了 25 年，那时巴蒂已经退休了，但最终其他风险投资人也纷纷来到肯德尔广场。这股热潮开始于 2009 年左右，几乎与大公司扩大业务同步。似乎投资人与大公司一样突然听到了学生、新兴科学技术和交易的号角——毫无疑问，他们确实也听到了。

1946 年，多里奥将军（General Doriot）和美国研究与发展公司（American Research and Development）率先开创了风险投资领域。美国研究与发展公司较早期的投资之一是 Ionics，该公司拥有新颖的净水技术，总部位于第六街 146 号，现在位于渤健总部大厦的一侧。美国研究与发展公司本身就在波士顿的金融区运作，该地区的几家早期风险投资公司也在波士顿扎了根。后来，在 128 号公路的鼎盛时期及以后，大批公司搬到了那里的科技园区附近。进入 21 世纪后，一大批领先的风险投资公司聚集在沃尔瑟姆的文特街，其中许多都位于一个缺乏灵魂的现代办公园区，名为海湾企业中心（Bay Colony Corporate Center）。除了门罗公园的沙山路，世界上可能没有比这里更集中的风险投资人了。

仅仅几年后，波士顿风险投资界的格局就开始发生变化了。正如巴蒂所说，"他们意识到自己身处一个偏僻的地方。每个人都意识到了我们之前发现的东西，那就是初创公司在哪，你就应该在哪。"

最早的一次行动发生在 2009 年，当时广受欢迎的 Techstars "创业训练营"来到了剑桥。Techstars 是总部位于科罗拉多州博尔德市的种子加速器，由一群著名企业家和投资人经营，他们不仅培训前途无量的企业家以换取他们初创公司的股权，也会投资这些公司，并帮助它们吸引其他支持者。该项目的竞争非常激烈：当时，每年有数百家新兴的公司递交申请去竞争 10 个名额。Techstars 聘请了当地一位多才多艺的企业家肖恩·"杜迪"·布罗德里克（Shawn "Doody" Broderick）来管理剑桥业务，这是该公司首次在本土以外的地区扩张。（2020 年，Techstars 在 15 个国家扶植了 30 多个加速器项目，帮助启动了 2100 多家初创公司。）

Techstars 四位创始人之一布拉德·费尔德（Brad Feld）毕业于麻省理工学院，在马萨诸塞州创办了自己的第一家公司，并投资了几家初创公司。费尔德还曾想过给麻省理工学院捐一个厕所，但以失败告终（他曾为科罗拉多大学捐了一间男厕）。但他和他的合伙人看到了另一种他们可以帮助填补的空白。"我们一直认为波士顿会是重要的且合乎逻辑的下一个布局，因为那里风起云涌，并且周围遍布优秀的学校和企业家，"联合创始人大卫·科恩（David Cohen）总结道。

Techstars 最初的业务设在中央广场的马萨诸塞大道 727 号一栋破旧建筑的顶层。两年后，在新任董事总经理凯蒂·蕾（Katie Rae）的领导下，这家加速器会搬到肯德尔广场的剑桥中心 1 号，最初是在微软借给他们的一层闲置的楼层。后来，他们来到对面的百老汇街 1 号的 11 层，一直到 2014 年再次搬到波士顿皮革区❶。

Techstars 进驻后不久，总部位于沃尔瑟姆海湾企业中心的领先风险投资公司北极星在肯德尔广场的美国 Twine 大厦开设了多帕奇实验室（Dogpatch Labs）创业孵化器的第二家分部。最初的"犬舍"（Dogpatch 的字面意思）位于旧金山的多帕奇区。北极星合伙人戴夫·巴雷特解释说："我们要做的是借鉴旧金山的一些做法，但要认识到这是一个不同的市场"。❷

北极星的举动以及巴雷特的言论，反映了当时正在汇聚的几股力量。其中之一是该地区的创业氛围，但其他一些则与更广泛的技术趋势和国家导向有关。

在当地，波士顿科技界普遍存在一种强烈的感觉，即该地区需要采取更多措施来赶上硅谷的创业实力。这种焦虑几乎是显而易见的，媒体上不断对二者进行比较，创业活动中的辩论和谩骂不断。一个主要的抱怨是，人们大力推动消除同行竞业条款，这些条款在加利福尼亚州无法执行，但在马萨诸塞州很常见。许多人认为竞业禁止条款限制了创新和创业精神，阻止人们到前雇主的竞争对手那里工作，或创办自己的公司，因为担心被前雇主起诉。（经过多年努力，一再受挫，2018 年，竞业禁止条款在马萨诸塞州基本上失

---

❶ 皮革区（Leather District）曾是波士顿皮革业的中心，这里的 19 世纪砖仓位于金融区和唐人街间紧凑的区域，里面设有办公室和豪华公寓。——译者注

❷ 多帕奇实验室后来搬到了微软在 Techstars 搬到肯德尔广场时租赁给它的同一个地方。——原书注

去了效力。❶）另一个主要的抱怨是，波士顿古板、守旧的风险投资人眼界不够开阔，不了解消费者互联网，而且往往不愿意在没有经验的首次创业者身上冒险——从他们对扎克伯格的计划无动于衷就可以看出这一点。当地企业家本身也受到了批评，许多人认为，他们创建公司往往是为了赚快钱，而不是为了将公司发展为新的谷歌或微软，成为生态系统的基石。

从更广泛的角度来看，科技行业也在发生变化。随着世界网络化和移动化程度越来越高，许多企业家受到启发创办了网络和软件企业，而不是像 128 号公路和更远的 495 号洲际公路沿线的那种"笨重"的电子、电信和计算机辅助设计公司。与此同时，美国本身也见证了一种主要的趋势，即往往以技术为导向的有才华的年轻人会避开郊区，转而选择在城市生活。城市研究理论家理查德·佛罗里达（Richard Florida）在其《创意阶层的崛起》（*The Rise of The Creative Class*）一书，以及一些近期的作品中记录了这种趋势。他说，"这一趋势始于 21 世纪初，但在 2008 年经济衰退后变得更加明显。正是在那个时候，我们看到以技术为基础的业务全面转向了两类地方。第一类是，像曼哈顿下城、旧金山市中心和教会区这样的城市中心；第二类是，比如肯德尔广场以及从中央广场到肯德尔广场的区域，我们在一系列研究中记录了风险投资公司的邮政编码位置。"

这些力量在波士顿的创新生态系统中以不同的方式表现出来，特别是在肯德尔广场，但它们都为该城市吸引了初创公司和投资人。对于初创公司来说，以手机和应用程序为中心的新世界有助于抵消企业化导致的租金上涨的影响。一家互联网或移动公司可以在其中一家孵化器或剑桥创新中心成立并发展，它不需要占用很大的面积。很大一部分科技创业者都是年轻的单身贵族。他们喜欢住在城里，而不喜欢住在郊区。许多人甚至没有汽车，沃尔瑟姆没有通地铁，他们通常也没有便捷的方式去文特街推销自己。

越来越多的风险投资人认为，他们需要与初创公司走得近一点，一方面是为了适应创业者更喜欢的更随意、更平易近人的环境，另一方面是为了减少错过重大机遇的概率。距离近也更容易参加各种活动，在街上偶遇，或与

---

❶　新的竞业禁止法于 2018 年 10 月 1 日生效。尽管竞业禁止条款没有被取消，但执行起来却要付出更多成本。——原书注

企业家坐在一起喝喝咖啡或啤酒。在"零阶段"开辟道路近 30 年后，越来越多的公司开始从郊区涌入。2010 年，两家顶级基金开始大胆尝试。贝瑟默风险投资公司（Bessemer Venture Partners）从"高端大气上档次"的韦尔斯利搬到了肯德尔广场的百老汇街。阿特拉斯风险投资（Atlas Venture）关闭了它位于沃尔瑟姆的总部，搬到了东剑桥的第一街，毗邻 CambridgeSide Galleria 购物中心。该地区最大的天使投资集团 CommonAngels（后来发展成为早期风险投资公司 Converge）在剑桥创新中心设立了一个办公室。第二年，又有两家领先的投资公司——高原资本（Highland Capital Partners）和查尔斯河风险投资公司（Charles River Ventures）宣布，它们也将进驻肯德尔广场。

对于查尔斯河风险投资公司（于 2014 年更名为 CRV）来说，这是一个完整的闭环。这家备受尊敬的公司自 1970 年成立以来已募集了超过 43 亿美元资金，并在肯德尔广场的科技广场 300 号设立了第一家办事处。大约 5 年后，它搬到了波士顿，又从那里搬到了沃尔瑟姆。不过，2011 年，它又回到肯德尔广场——在剑桥创新中心租用了办公室，那里距离它的起点只有几个街区。"我们搬迁时，肯德尔广场正在复兴，但租金仍然很便宜，许多科技初创公司也搬到了那里；我们想靠近它们，"1997 年加入 CRV 的普通合伙人伊兹哈·阿蒙尼（Izhar Armony）表示。他说，"在剑桥创新中心，我们认为我们可以更随意、更自然地（在电梯里）见到很多企业家，而不是让他们专程去沃尔瑟姆（在年轻人都不买车的年代）。"

肯德尔广场的吸引力在 CRV 的身上就不成立了。阿蒙尼眼睁睁地看着年轻的科技企业家和初创公司被逐渐赶出广场。"几年后，生物技术产业占据了主导地位，他们建造了高大的办公楼，并涨了租金。2015 年前后，许多科技初创公司已经付不起肯德尔广场的租金了。"他说，"很多人在波士顿市中心找到了便宜得多的地方，所以在 2018 年，我们又跟随着他们的脚步进行了搬迁。"就像 45 年前一样，该公司搬到了查尔斯河对岸的波士顿后湾。

我们很难衡量阿蒙尼所感知到的初创公司迁移的程度，但这是真实的。也不仅仅是迁移。越来越多的新兴公司一开始就没有来到肯德尔广场，他们选择在波士顿成立公司。"波士顿摇身一变，成了马萨诸塞州的科技创业之都。"2014 年 4 月《波士顿环球报》的一篇头条文章如此宣称。这篇文章审视了该市初创公司数量的激增，指出其中很大一部分是以牺牲肯德尔广场为代价的。当地知名天使投资人让·哈蒙德（Jean Hammond）对这一转变发表了看法。"如果回到几年前，这是不可想象的，"她评估道。

发生这一变化的部分原因是约翰·哈索恩和阿希尔·尼加姆共同创立的MassChallenge 加速器首次亮相。两人当初萌生这个想法时还都在贝恩咨询公司（Bain & Company）担任战略顾问。这个非营利组织的第一批学员于 2010 年就位：111 家初创公司参加为期 2.5 个月的项目，其中包括辅导，最终进行决赛。到2020 年，MassChallenge 已经成为世界上最负盛名的创业加速器，在全球 7 个地点落地了 9 个加速器项目。从这里走出的校友企业总共有近 2500 家。

MassChallenge 于 2009 年在肯德尔广场启动，最初 6 个月在剑桥创新中心开展，但经过波士顿市政府的游说，成为市长托马斯·梅尼诺（Thomas Menino）在 2010 年竞选中将基本上孤立的海港区重新命名为"创新区"的关键部分。这一区域曾经到处是装货码头、仓库、艺术家的阁楼和露天停车场，如今已转变为一个时髦的、处处体现着科技的地方。在福泰制药公司于2014 年搬进新大厦之前，已经有 80 多个新组织和企业搬到了那里，其中包括许多初创公司。

租金高低是构成波士顿吸引力的核心部分。肯德尔广场顶级商业空间的租金要比波士顿市中心的租金高出 15% 至 20%。但这都位于黄金地段，很少有初创公司能负担得起。这是肯德尔广场面临的一个大问题：它提供的几乎都是优质空间。与此同时，波士顿拥有各种各样的社区——皮革区、后湾和下城十字区（Downtown Crossing），其中包括创业者在预算能负担得起的以及与其价值理念更适配的空间。经济负担能力也延伸到了居住方面。肯德尔广场几乎没有合适的居住区，除非你是一位衣食无忧的生物技术或科技公司高管，能买得起豪华公寓或为数不多的共管公寓。而波士顿能为所有级别的员工提供更广泛的居住选择——通常足够近，可以步行上班。

波士顿也有更多的地方用于联合办公空间，很快就有很多联合办公空间成立了，包括 WeWork 和 Industrious 等全美连锁企业。剑桥创新中心也不例外。2014 年春，它在波士顿金融区开设了一家分部，距离原来的中心只有 1.5英里，但价格更低。不过，在波士顿，联合办公只是初创公司的一种选择。在肯德尔广场，随着企业化促使开发商拆除或改造旧空间，用高级实验室和办公楼取而代之越来越成为唯一的选择。为了帮助缓解初创公司的压力，剑桥创新中心扩大了其广场业务，而其他公司则专门为迎合生命科学初创公司而兴起（见专栏 11）。

高昂的租金并不是让初创公司望而却步的唯一因素。随着大公司纷纷迁入肯德尔广场，其中许多公司拥有数百名员工，这使得通勤变成了一场更大的噩梦。高峰时段的公路交通非常拥挤。维护不善、容易延误的红线是唯一的一条地铁线——除非你把东剑桥咣当直响、简陋不堪的莱希米尔站也算在内，从万豪酒店和 Legal Sea Foods 等集会场所步行到那里要花 15 到 20 分钟。波士顿虽然也有自己的交通问题，但该市已经建成了一个地铁网络。软件初创公司 Localytics 的首席执行官拉杰·阿加瓦尔指出："地铁线路更多，市中心在很多方面都更时尚，因为那里有更好的美食。"该公司在肯德尔广场成立，但在 2012 年年底搬到了波士顿。"即使肯德尔的房价和这里的一样，我们也会选择住在市中心。"

当谈到风险投资公司时，情况则好坏参半。从某种意义上说，CRV 在 2018 年搬到波士顿有点晚了。许多风险投资同行已经抢在了它的前面。2010 年，一家新的种子基金 Nextview Ventures 在波士顿成立。马萨诸塞州另一家知名的老牌风险投资公司 Battery Ventures，于 2013 年年底从沃尔瑟姆搬到了波士顿海港区，完全绕过了肯德尔广场。几个月后，北极星公司宣布将效仿。很快，该公司就把总部搬到了海港区，和 Battery Ventures 在同一栋楼，就在后者的楼下❶。Techstars 于 2014 年搬到了波士顿。这只是一个例子。

不过，其他许多风险投资公司发现，最新迭代的肯德尔广场还是值得他们多花点钱、多忍受通勤的痛苦的。更多的人搬进了城里，并留了下来。2020 年，至少有 21 家风险投资公司在肯德尔广场设有办事处。高原资本和谷歌的风险投资公司 GV 等少数几家公司继续在包括科技在内的许多地段进行投资。但 2020 年入驻肯德尔广场的大多数公司把主要的关注点放在了生物技术和生命科学领域。

---

❶ 尽管北极星公司将总部搬到了波士顿，但它在沃尔瑟姆的办公室一直保留到 2017 年。2014 年，它关闭了肯德尔广场的多帕奇实验室。——原书注

► 专栏 11 **肯尔广场联合办公：越来越多的初创公司的唯一选择**

创业文化几乎从肯德尔广场建立之初就已经是它的一部分了。在 1916 年麻省理工学院到来后，发展的步伐开始逐渐加快，进入 21 世纪后，随着大量的新企业在破旧的工厂、仓库和其他各种被忽视的角落和缝隙中找到了廉价的空间，发展继续加速。

直到 2010 年，甚至在那之后的几年，满怀斗志的企业家们还能在广场上找到负担得起的地方——比如第三街的前美国 Twine 大厦，肯德尔广场 1 号的密集建筑，以及第二街和第三街之间罗杰斯街沿线的一系列几乎像车库一样的低矮建筑。但随着大型企业的入驻，破旧的建筑被彻底检修或拆除，为租金更高的建筑腾出空间。初创公司能负担得起租金的地方越来越难找。越来越多的情况是，如果一家初创公司想要待在肯德尔广场，它唯一的选择就是像剑桥创新中心这样的专业管理空间。按平方英尺计算，租金仍然很高。但是你可以获得小块空间（几张桌子）和短期租赁，并利用共享会议室、厨房和公共区域。这对很多人来说都是可行的。

因此，剑桥创新中心增加了在肯德尔广场的影响力——2013 年扩建了第二栋建筑，2019 年又扩建了第三栋建筑。在新冠疫情之前，其肯德尔广场的空间总面积约为 30 万平方英尺。2020 年，剑桥市将其列为该市第 15 大雇主，共有 1490 名员工分布在 698 家客户公司。

在某种意义上，剑桥创新中心代表了创业空间的公司化。另外一批专业管理的创业空间也在肯德尔广场扎根，主要专注于为剑桥创新中心未提供服务的生物技术领域提供实验室空间。非营利组织 LabCentral 于 2013 年成立，并逐渐接管了查尔斯·达文波特马车厂所在地的主街 700 号。到 2020 年，它已经能为 70 多家公司和大约 200 名员工提供场地，并与辉瑞公司合作，在隔壁增建了第二处设施，为另外 6 家中型生物技术公司和大约 175 名员工提供服务。如前所述，LabCentral 还签约将在肯德尔广场开设第三家分部，位于主街 238 号的钟楼内，计划于 2021

年年底开业。

至少还有两家生物科技初创公司也在肯德尔广场运营。其中一家是由约翰内斯·弗吕霍夫（他也是 LabCentral 的联合创始人）创立的营利性公司 BioLabs。该公司比 LabCentral 早几年孵化，并于 2020 年在肯德尔广场以易普生创新中心 BioLabs 运营，该名称以其企业赞助商的名字命名，并使用其场地。另一家是 Alexandria LaunchLabs，总部位于肯德尔广场 1 号，由亚历山大房地产公司运营。它于 2018 年 12 月开业。

剑桥创新中心、BioLabs 和 Alexandria LaunchLabs 都属于更大的创业空间网络，在美国各地都有兄弟机构。剑桥创新中心已经在国际上开展业务，而 BioLabs 则计划向海外扩张。LaunchLabs 是一家公开交易的房地产信托基金的一部分。它们都是肯德尔广场公司化的一部分。

不管你怎么看，肯德尔广场那种干劲十足、车库式初创公司的日子已经一去不复返了。

* * *

科创生态的项目流量模式的显著变化伴随着初创公司和风险投资公司的迁移（见图 20-1）。起初，所有迹象都指向剑桥。市场情报公司 CB Insights 2012 年底发布的一份报告考察了过去 5 年美国风险资本的投资情况。研究发现，就马萨诸塞州企业募集的风险投资金额而言，该州已牢固确立了仅次于加利福尼亚州的地位。然而，在马萨诸塞州内部，这种势头已经从沃尔瑟姆和沃本等郊区转移到波士顿，尤其是剑桥。在剑桥（一些当地人称为 "the Bridge"）的公司，在那段时间吸引到的风险资本数量大约翻了一番，而且在过去的一年里，它们完全占据了主导地位。在过去的一年里，剑桥市的公司在 122 笔交易中融到了 9.91 亿美元。在同一时期，波士顿的公司在 63 笔交易中募集了 5.41 亿美元，而老派领袖沃尔瑟姆以约 5.75 亿美元的融资规模击败了波士顿，但仅完成了 41 笔交易。CB Insights 总结道："马萨诸塞州的赢家明显是剑桥市，它在风险投资交易和资金方面均处于领先地位。"

不过，仅仅两年后，CB Insights 的最新报告发现，波士顿已跃升至交易榜

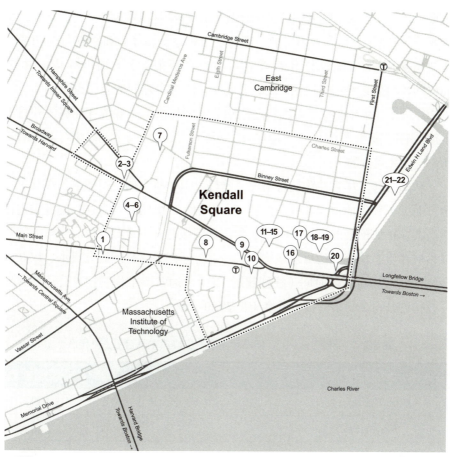

1 引擎

2 贝瑟默风险投资公司

3 诺华创投基金（Novartis Venture Fund）

4 Alexandria Venture Investments

5 阿特拉斯风险投资

6 恩颐投资（NEA）

7 红星创投

8 谷歌风险投资（GV）

9 强生公司企业风险投资部（J&J Innovation）

10 First Star Ventures

11 动作电位创投基金（Action Potential
Venture Capital）

12 高原资本

13 Innouvo

14 SR One

15 Tectonic Ventures

16 Mission BioCapital

17 MPM Capital

18 Converge Venture Partners

19 经纬创投（Matrix Partners）

20 F-Prime Capital

21 6 Dimensions Capital

22 旗舰先锋

图 20-1　肯德尔广场的大多数风险投资办公室都集中在主街沿线

榜首。总部位于波士顿的初创公司总共完成了 97 笔风险投资交易，比前一年的 66 笔在数量上有了大幅增加。相比之下，总部位于剑桥的初创公司的交易数量从同期 99 笔锐减至 79 笔。而剑桥在募集资金方面仍然遥遥领先，剑桥的 8.2 亿美元对波士顿的 5.93 亿美元，但二者之间的差距也缩小了（见表 20-1）[1]。所有这些都为人们注意到的事情提供了一些统计证据，并指出了波士顿创业生态系统的日益强大，至少在某种程度上是以牺牲剑桥和肯德尔广场为代价的。

从那时起，尽管并购交易出现了趋势，但剑桥市的公司似乎仍在募集资金方面处于领先地位。各种指标显示，肯德尔广场的公司在这些交易中占比相当大。正如预期的那样，它在生命科学领域尤其占主导地位。部分原因是该领域在生态系统中的卓越地位，另一部分原因是高昂的研究成本，以及将药物推向市场所需的时间（往往超过 10 年）通常要求生物技术公司募集比科技初创公司多得多的投资资金（见表 20-2）。

表 20-1　2019—2020 年马萨诸塞州生物技术风险融资排行榜 *

2019 年	融资（亿美元）	融资阶段	剑桥	肯德尔广场
Anthos Therapeutics	2.5	系列未公开	是	是
ElevateBio	1.5	A 轮	否	否
Beam Therapeutics	1.35	B 轮	是	否
FORMA Therapeutics	1	D 轮	否	否
eGenesis	1	B 轮	是	是
Black Diamond Therapeutics	0.85	C 轮	是	是
OncologiE	0.8	B 轮	否	否
Oncorus	0.8	B 轮	是	是
Arrakis Therapeutics	0.75	B 轮	否	否
Inozyme Pharma	0.67	A 轮	否	否

[1]　文中图表的部分数据来自美国国家风险投资协会（National Venture Capital Association），但没有指明是哪些数据。——原书注

续表

2020 年	融资（亿美元）	融资阶段	剑桥	肯德尔广场
Atea Pharmaceuticals	2.15	D 轮	否	否
EQRx	2	A 轮	是	是
ElevateBio	1.7	B 轮	是	是
C4 Therapeutics	1.5	B 轮	否	否
Cullinan Oncology	1.312	C 轮	是	是
Affinivax	1.2	B 轮	是	是
Dyne Therapeutics	1.15	B 轮	否	否
Generation Bio	1.1	C 轮	是	是
Vor Biopharma	1.1	B 轮	是	否
Praxis Precision Medicines	1.1	C 轮	是	是

资料来源 马萨诸塞州生物技术委员会 /Evaluate。

*2019 年马萨诸塞州生物技术产业前十大风险交易中有一半是在剑桥进行的，2020 年前十大风险交易中有 7 项是在剑桥进行的。这 12 项风险交易除两项外，都是在肯德尔广场进行的。

表 20-2 2019—2020 年马萨诸塞州生物技术首次公开募股排行榜 *

2019 年	募集资金（亿美元）	剑桥	肯德尔广场
Stoke Therapeutics	1.42	是	是
Akero[b]	1.05	否	否
Morphic Therapeutic	1.03	否	否
Karuna Therapeutics	1.02	否	否
Frequency Therapeutics	0.84	否	否
Stealth Biotherapeutics	0.78	否	否
Kaleido Biosciences	0.75	否	否
TCR2 Therapeutics	0.75	是	是
Fulcrum Therapeutics	0.72	是	否
Axcella Health	0.71	是	否

续表

2020 年	募集资金（亿美元）	剑桥	肯德尔广场
Relay Therapeutics	4.6	是	是
Forma Therapeutics	3.19	否	否
Atea Pharmaceuticals	3	否	否
Dyne Therapeutics	2.68	否	否
Akouos	2.44	否	否
Black Diamond Therapeutics	2.31	是	是
Generation Bio	2.3	是	是
Praxis Precision Medicines	2.19	是	是
C4 Therapeutics	2.17	否	否
Beam Therapeutics	2.07	是	否
Kymera	2	是	是
Sigilon Therapeutics	1.45	是	是
Pandion Therapeutics	1.35	是	是
Inozyme Pharma	1.29	否	否
Foghorn Therapeutics	1.2	是	是
Keros Therapeutics	1.1	否	否
Oncorus	0.87	是	是
Codiak	0.83	是	否
Imara	0.75	否	否
Checkmate Pharmaceuticals	0.75	是	是
SQZ Biotech	0.71	否	否

资料来源 马萨诸塞州生物技术委员会。

*2019 年，有 10 家总部在马萨诸塞州的生物技术公司上市，2020 年有 21 家上市，增长率达到 110%。这 31 家公司中，有 16 家在剑桥市，其中 12 家位于肯德尔广场。
b 后来搬到了加利福尼亚州的旧金山南部。

* * *

如果说有一家风险投资公司能够代表这个新兴时代，那么它就是阿特拉斯。阿特拉斯是另一家著名的波士顿基金，成立于 1980 年。几十年来，它投资于技术和生命科学领域的公司，最终募集了超过 30 亿美元，服务于多元化使命，同时扩展到拥有多个欧洲办事处和 1 个西雅图办事处。

2004 年，阿特拉斯将其总部从波士顿搬到了沃尔瑟姆；2010 年，又搬到剑桥，比当时 128 号公路边的几乎所有其他风险投资机构都领先了一步，这是为了应对创业风向的最新转变，其中一个转变就是，需要让投资人更容易接触到他们。"做出回到剑桥的决定只是因为如果大型风险投资公司在沃尔瑟姆的山上，人们会觉得他们高高在上。"阿特拉斯的合伙人布鲁斯·布斯（Bruce Booth）表示，"而且，你知道，我们真的想打破这种局面，与企业家走得更近。"

阿特拉斯当时的另一位合伙人杰夫·法格南（Jeff Fagnan）补充称，互联网和网络服务的兴起使得没有大量经验的人创办一家公司更加容易。"我们看到了创始人越来越年轻的趋势。以前，128 号公路和 495 号州际公路（的企业家）做了两届工程副总裁，然后才准备开一家公司，"他说，"他们四十出头，经验丰富。"新一代的企业家通常才 20 多岁，他们想住在城市里，彼此离得近。"我们的想法是，'如果我们要成为新英格兰地区的早期风险投资公司，那就得把钱花在我们说到做到的事情上。让我们收拾行李去那里吧。'"

阿特拉斯搬到了东剑桥第一街 25 号，这是肯德尔广场边缘的一栋破旧建筑，之前是工艺集团（Art Technology Group）的地方，当时也是 HubSpot 的所在地。2014 年，两位合伙人总结出另一项重大变化。那年 10 月，阿特拉斯宣布，今后这将是一个仅面向生命科学领域的基金。该公司的技术部门——法格南、瑞恩·摩尔、克里斯·林奇和乔恩·卡伦——将剥离出去，成立一个单独的基金。"我们意识到一件事，我们公司的技术特许经营权非常强大，我们的生物技术特许经营权也非常强大，但两者之间确实没有精诚协作。"布斯表示，"坦率地说，我们不得不对我们的信息进行模糊处理，说'我们支持早期创新'，而不是说'我们正在努力生产治疗疾病的药物'，或者'我们正在努力成为领先的软件和技术创新者'。因此，通过拆分，我们能够更清晰地阐明我们的使命，并就各自公司的战略愿景进行沟通。"

阿特拉斯的合伙人乐于说他们是和平分手的："我们得了名称，他们得了房子，"布斯打趣道，他指的是生物技术公司保留了阿特拉斯风险投资的名称，而技术部门留在了第一街的办公室。在此期间，这家科技集团发起了一场众包活动，为他们的新公司起名——在此期间以前以阿特拉斯的名义开展业务。如果谁提交的名字被选中，他们就会向其提供 10 万美元的"套利"（carry），这意味着他会将该人视为她或他向新基金投资了 10 万美元，该基金最终募集了 2.05 亿美元❶。超过 1600 多个点子涌了过来。最有力的竞争者包括 Rig Assembly，Motive Labs，Fuseyard 和 Accomplice。不太受团队欢迎的是"4 个秃头佬"。

第二年，结果发布，新公司被命名为 Accomplice。2018 年，在剑桥租约到期后，该公司搬到了波士顿南端。与此同时，只面向生命科学领域的阿特拉斯风险投资公司将总部设在科技广场。它的办事处距离第一街的分部只有 1 英里多一点。"即使是这样，差异也是巨大的。"布斯说，"第一街 25 号就在剑桥创新中心的外围。所以，当你走进肯德尔广场的中心时，你会自然而然地结识新朋友，偶遇旧朋友，分享想法。即兴的联系，人才的流动，社区的参与——这些都会产生不可思议的驱动力。"

两家公司不仅分了家，而且它们的物理位置也分离了——科技部门在波士顿，而生物技术公司在肯德尔广场——似乎象征着影响风险公司和初创公司的变化。但这都是更大规模的转型的一部分，尤其是在 2010 年之后，将更大份额的交易和公司创建带回了这座城市。

正如布斯所说，"剑桥的引力越来越强，把我们很多人拉了回来，这样就在这一空间中创造了更多的能量。"

---

❶ 根据条款，获胜者将 10 万美元奖金的一半捐给一家经批准的慈善机构，其余的都归他们个人所有。如果该基金在其生命周期内报告了 20% 的收益（即 2 万美元利润），获胜者和被选的慈善机构将各获得 1 万美元。获胜者是萨克拉门托地区的媒体和设计专家扎卡里·惠特纳克。非常感谢莎拉·唐尼（Sarah Downey）让我们弄清了这一点。——原书注

👁 聚焦 | 旗舰先锋——肯德尔广场的公司创建者

风险投资公司的位置并不是这个行业唯一发生变化的地方。特别是在生命科学领域，一些公司至少以不同的方式开展一些业务——构思新公司，进行概念验证，然后自己创办初创公司，而不是投资于向他们提出想法的外部企业家。长期以来，风险投资公司一直梦想在公司内部成立初创公司：TA Associates 聘请科学家成立渤健就是一个早期波士顿的例子。在新兴时代，最不同的似乎是这种实践的规模和正规化。它被称为"风险创业"（venture creation），而不是"风险资本"。

总部位于波士顿的三石风险投资公司就是这种实践的典型代表。马克·莱文曾将其设想为"一家并非真正意义上的风险投资公司"。在某种程度上，各种风险投资集团越来越多地参与到这一实践中。在生命科学领域，海湾州的其他 3 家领先公司包括肯德尔广场的阿特拉斯风险投资公司，以及波士顿的北极星风险投资公司和 5AM Ventures。生物技术公司 Stromedix 成立于 2007 年，旨在寻求治疗器官衰竭和纤维化的方法，后来卖给了渤健，是阿特拉斯风险投资公司内部孵化的首批公司之一。"如今，创投业务可能占到我们总量的 80% 到 90%，"合伙人布鲁斯·布斯表示，"大多数时候，我们都是在我们的办公室里发现、共同发现、培育和孵化公司。"

肯德尔广场的一家机构却对这一想法有自己独特的见解——甚至没有称其为"风险创业"。它反而更多地将自己描述为一家科学和发明工厂，为投资人提供"创新回报"，而非投资回报。

这家公司就是旗舰先锋。该公司坐落在兰德大道的前莲花公司的办公楼里，俯瞰着查尔斯河。不过，该公司拥有约 130 万平方英尺的实验室，分散在肯德尔广场和剑桥的其他地方，这使其成为这座城市最大的租赁商之一。2020 年，该公司雇用了 500 人，其中包括约 70 名全职发明家。旗舰先锋拥有自己的专利组合，它从事科学研究，并围绕其进展组建原型公司，这些公司必须在作为独立实体推出之前证明其潜力。近年来，该公司创立或与其他人（或公司）共同创立了美国一些最大的生物技术公司——其中最引人注目的是雄心勃勃的冠状病毒疫苗制造商莫德纳。不管从哪一项衡量标准来看，旗舰基金都是所有生命科学基金剑桥创新中心资回报率最高的几个基金之一。为了推动其公司的创业引擎，该公司在不到两年的时间里连续完成了3次超过10亿美元的融资——最近一次融资于2021年6月完成，总额为22亿美元（见图20-2）。

图 20-2　努巴尔·阿费扬在纳斯达克股票交易所见证2018年莫德纳首次公开募股

旗舰先锋的联合创始人兼长期首席执行官是努巴尔·阿费扬，他在20世纪80年代末还在读研究生时，对未来的生物技术优势还一无所知。当然，到2020年的时候，一切都变了。事实上，可以说旗舰先锋比任何其他风险投资公司或类似风险投资的公司都更能做到这一点。

* * *

旗舰先锋的前身是NewcoGen，总部位于西剑桥，靠近灰西鲱地铁站，毗邻Genetics Institute。这个名称是新一代公司的简称。确切地说，它不是一家风险投资公司，但它的创建是为了组建初创公司并为其提供融资。阿费扬于1999年创立了该公司，并于第二年正式启动，此前他从投资人那里募集了6000万美元，成立了一个名为"应用基因组技术资本"（AGTC）的基金。

他之所以能够吸引到这些资本，是因为他过去的成功经历。1988 年，阿费扬在通过麻省理工学院的新生物技术工艺工程项目获得博士学位一年后，成立了 PerSeptive Biosystems，为当时尚处于起步阶段的生物技术产业制造仪器。他在麻省理工的一位教授是斯隆管理学院的爱德华·罗伯茨。罗伯茨帮助他完善了商业计划，然后通过"零阶资本"提供了种子资金。PerSeptive Biosystems 的第一个办公室位于肯德尔广场第三街的美国 Twine 大厦。但公司发展迅速，搬到了中央广场附近更大的办公区，最终扩展到分散在剑桥周围的 11 栋大厦——最终，全部又都集中搬到马萨诸塞州弗雷明汉郊区的一个园区，园区位于波士顿以西约 20 英里。1992 年，在搬迁之前，该公司上市了。1997 年，它与领先的仪器制造商珀金埃尔默合并。

两家公司合并后，阿费扬进入一家大公司任职。他被任命为首席商务官，并在这个职位上为珀金埃尔默想要剥离的一家基因组测序企业撰写了商业计划。这家衍生公司被命名为塞雷拉，公司负责人是珀金埃尔默的科学家克雷格·文特。在 1998 年 5 月，也就是塞雷拉正式成立之前，它和文特都向阿费扬汇报。[1]

塞雷拉的经历被证明是让阿费扬走上旗舰之路的关键。在 PerSeptive Biosystems 公司，他还利用零碎的技术或专业知识在诊断、疫苗和基因组学领域开展了一些业务，但没有像珀金埃尔默在塞雷拉背后投入的资源那样。"所以我看见了 PerSeptive Biosystems 如何艰难地找到一些资金，从零开始创建一些东西，并开始有所发展。作为创始团队的一员，我还参与了其他一些生物科技初创公司的创建。"他说，"然后在塞雷拉，我深入参与了一种企业内部创业的方式，共同创建了一家内部企业，并通过母公司为其提供资源，投入了大量人力和资金。"

这激发了组建 NewcoGen 的灵感。"我基本上决定成立一个实体，这将是一个实验，看看是否可以将创新和公司创建制度化。我所说的制度，是指有组织、有目的、有意识、企业化的，而不是即兴发挥，这是初创公司社区

---

[1] Applera 公司是 PE 生命科学部门的接替者。——原书注

长期以来所珍视的推动因素，但我对此表示怀疑。"

但阿费扬很快意识到，同时组建、培育和发展几家公司并行创业，需要的远远不止 6000 万美元。这促使他与波士顿 OneLiberty Ventures 的董事总经理埃德·卡尼亚（Ed Kania）合作。他们共同为一个生命科学基金募集了 1.5 亿美元，该基金由新成立的旗舰风险投资公司（Flagship Ventures）管理，旗舰风险投资公司还吸收了阿费扬的 NewcoGen，并监督其基金。

2003 年旗舰先锋成立时，阿费扬和卡尼亚成为联合创始人，阿费扬担任首席执行官一直至今。旗舰风险投资公司开始就在 NewcoGen 办公。在 2005 年，该公司搬到了肯德尔广场的纪念大道 1 号，后来微软入驻这栋大厦。走出互联网泡沫后，肯德尔广场的性价比变得非常高。"那里基本上没有其他人，"阿费扬说，"所以我们最终在肯德尔广场付出的金额要便宜得多。"

旗舰风险投资公司最初的战略是与其他风险投资公司合作，通过其自己的想法和学术创新来创建公司。但在 2008—2009 年的金融危机之后，一些风险投资机构开始放弃各种共同投资，旗舰风险投资公司决定只追求内部产生的企业，并在早期发展阶段自行融资，然后将它们作为独立的公司推出，同时邀请其他风险投资公司（人）进行投资。阿费扬说："投资一两年后，有人可能会说，'哦，这太冒险了，我要离开这里'，这种想法看起来不可持续。"在它的新模式下，因为旗舰先锋吸收了所有的早期风险，其他风险投资公司在该公司的投资中获得的股份较少。（阿费扬说，如今，即使有其他投资人加入，旗舰风险投资公司通常也会保留 40%—60% 的股份。）这使旗舰风险投资公司不那么容易受到合作伙伴退出的影响。此外，由于它在初创公司中所占的份额比典型的风险联合模式下的更大，如果初创公司成功上市或被收购，或者两者兼而有之，它就能获得更高的利润。

为了实施其修订后的战略，旗舰风险投资公司发展了一个多阶段的公司组建过程——从"探索"到建立原型公司，再到推出新公司，然后到发展阶段。"我们的模式主要不是投资模式，"阿费扬总结道，"我们的模式是创新模式。我们致力于创新回报，我们不关心投资回报。因此，我们不会通过投资来购买公司的股票。我们完全持有该公司，并且我们把自己的公司资本化。然后其他人来投资，如果你成功了，你就创造了大量的价值，所以，这是不同的。"这些变化使旗舰风险投资公司远离了传统的风险投资模式。2016 年 12 月，为了让人们明白它并不认为自己是一家风险投资公司，旗舰风险投资公司将品牌更名为旗舰先锋。

旗舰为了推动这一创新引擎，已经成长为一家独立的小公司。2020 年，该公司约有 150 名全职员工。这包括其核心运营团队和大约 70 名博士科学家全职进行发明创造。"我们申请了旗舰拥有的数百项专利——就像麻省理工学院和哈佛大学所做的那样，"阿费扬说。这些发明会根据需要被授权给初创公司。他非常尊重其他做创投的公司——用他的话说，"带着目的"地组建公司。但他补充说，"我不相信其他公司有旗舰创造的这种知识产权引擎。"

在为期一年的时间里，旗舰会进行 50—100 次的科学"探索"，以确定某物是否值得成立公司。"我们可以发射一系列不同的试验气球。无论哪个项目取得了进展，我们都会进一步研究。""进一步"就意味着成立一个原型公司。这是一个由 5—7 人组成的小组，他们尝试将各种想法付诸实践。通常在同一时间运营的有 10—15 家原型公司，分散在旗舰租下的各个地方，几乎都在剑桥。2019 年，旗舰在这台内部研发机器上花费了大约 2 亿美元。

这个阶段之前的一切都属于所谓的旗舰实验室。"这些都是全资拥有和运营的实体，所以它们还没有剥离出来。"阿费扬解释说，"企业的目的是打造不断发展的公司。这就是旗舰的商业模式。而我们想要创建的公司是提供解决方案的，希望能解决世界上的重要问题。我们不是创建千篇一律的公司。我们不是制造电子太阳镜、电子尿布之类的电子产品公司。这些都是科学定制的产品。"

旗舰为每个团队投资 100 万—200 万美元，并给每个团队 9 到 12 个月的时间来证明他们值得被成立为公司。"如果在这段时间内没有出现预示着一场大革命的东西，我们就不会继续做下去。"阿费扬说："旗舰的货币奖励政策鼓励创业团队客观地看待他们项目的潜力，这是因为团队成员通常与其他团队有利害关系——如果他们团队的项目不成功，他们就会加入一个新的团队，他们不会失业。在传统的初创公司里，企业家有充分的理由把他们的幻灯片做得尽善尽美，以吸引资本，但我们不一样，我们只是让项目自己说话。你不要讲废话，不要试图用你的废话收买别人，这样你就可以继续专注解决问题。"

第 21 章

坐失良机的 40 家公司

桑吉塔·巴蒂亚在波士顿郊区长大，父母是印度移民。她的父亲是一位连续创业者，并鼓励她追随他的脚步。当巴蒂亚决定接受一份学术界的工作时，她带着一些不安跟父亲分享了这个消息。"他真心觉得我会成为行业领袖。"她说，"我告诉他，'爸爸，我要成为一名教授。但别担心，我不会被困在象牙塔里的。'"

"好吧，"他说，消化着这个决定。"那你什么时候会开第一家公司？"

巴蒂亚回忆起这次交流，笑了起来。"他的意思不是说'你什么时候创办一家公司？'这是一个非常明确的希冀，希望我会成为一名连续创业者。"

巴蒂亚没有让人失望。她是一名生物工程师，其研究主要集中在治疗肝脏疾病上，她在 2004 年与人共同创立了她的第一家公司。截至 2020 年底，她已经创办或与人共同创办了另外 4 家公司。但她敏锐地意识到，很少有其他女性以她为榜样。事实上，仅在巴蒂亚担任教授的麻省理工学院，生物技术和健康技术公司可能就比应有的数量少了至少 40 家。如果女性教员以与男性教员相同的速度创办公司的话，那么，预计会也有这么多家公司从该校独立出来。"这是个悲剧，"巴蒂亚说，"用纳税人的钱和学生们的辛勤劳动换来的发明和发现，只是因为它们出现的地方是女性主导的实验室而没有得到重视。"

巴蒂亚与麻省理工学院名誉校长苏珊·霍克菲尔德和名誉教授南希·霍普金斯（见图 21-1）正在共同牵头开展一个特殊项目来解决这一问题——叫作"未来创始人计划"（Future Founders Initiative），是由大约 30 名波士顿地区的教职人员和商界人士联合发起的。（披露：我是会员。❶）截至 2021 年年初，该团队已实施了几项具体措施，旨在通过帮助女性教员熟悉创办公

---

❶ 成立之初时叫作波士顿生物技术工作组（Boston Biotech Working Group），笔者一直是其成员。所有成员都是志愿者，不会拿任何报酬。——原书注

图 21-1　桑吉塔·巴蒂亚、苏珊·霍克菲尔德与南希·霍普金斯
说明：左起桑吉塔·巴蒂亚（图片来源：斯科特·艾森／霍华德·休斯医学研究所美联社图片）、苏珊·霍克菲尔德（图片来源：大卫·塞拉）、南希·霍普金斯（图片来源：唐纳·科文尼）

司的过程，并建立实现这一目标的联系来显著减少"创业失败"的人数。其中包括由巴蒂亚和健赞联合创始人哈维·洛迪什创建的创业训练营；一项奖学金计划，使女性教员能够利用一个带薪学期，在风险投资公司学习创办公司的知识；更深入地研究数据，以更清楚地阐明情况，激发新的想法并使之更为完善；以及一项有奖竞赛，提供 25 万美元奖金以奖励有创业想法的女性教员。也许更重要的是，该团队正在探索方法以及募集资金，以便在全美范围内推广该计划，并至少为其他地区提供一个可以效仿的模板。

　　"坐失良机的公司"这一发现源于该团队在 2020 年年初完成的对麻省理工学院关于教职工和创业精神的数据的初步分析。"我的意思是，结果让我大吃一惊。"霍克菲尔德表示，"多创立 40 家公司，就是增加 40 种药物，增加 40 种诊断设备，增加 40 种治疗方法。我们只是错失了真正掌握在我们手中的机会。"

＊　＊　＊

　　该工作组的创始人正在采取系统的方法来应对这一挑战，这在很大程度上是因为他们既了解这个系统，也了解其中的问题。

　　霍克菲尔德于 2004 年来到麻省理工学院，担任校长，她是领导该校的第一位女性和第一位生物学家，并一直任职到 2012 年年中。她曾在耶鲁大学担任教务长，自 1985 年以来一直是神经生物学教授。

霍普金斯在哈佛大学获得博士学位，并在冷泉港实验室与詹姆斯·沃森一起做博士后，于 1973 年来到美国，加入萨尔瓦多·卢里亚的癌症中心。20 世纪 90 年代末，她对麻省理工学院女性教员的实验室空间进行了测量，结果显示，同等地位的男性拥有的实验室面积是女性的 4 倍，她因此在全美声名鹊起。一个重要的委员会成立了，霍普金斯担任主席，负责收集数据来记录这个问题。其报告于 1999 年公开发布，引发了麻省理工学院以及学术界和商界的系统性改革，涉及招聘和晋升、资源可用性、婴幼儿日托、探亲假等各个方面。2021 年 4 月，PBS Nova 首播的纪录片《科学家的模样》（*Picture a Scientist*）中重点介绍了霍普金斯以及她为女性科学家平等所做的开创性努力。

而巴蒂亚从哈佛-麻省理工医疗科技学院（简称 HST）获得了联合医学博士-博士学位。在麻省总医院从事博士后研究后，她成为加州大学圣地亚哥分校的教授，并于 2005 年加入麻省理工学院。正如第 1 章所述，她成为同时入选美国科学院、工程院和医学院的第二十五人，也是第二位女性入选者。此外，她还入选美国国家发明家科学院。她的第一家高科技衍生公司是纳米生物技术公司 Zymera，成立于 2004 年，当时她还在加利福尼亚州。其余的公司都成立于她在麻省理工学院工作期间。

这三位女性都在麻省理工学院的科赫综合癌症研究所设有办公室[1]。尽管 2007 年该研究所成立时，巴蒂亚在麻省理工学院已经工作了好几年，但她并不了解霍普金斯。不过，巴蒂亚知道她的同事在测量实验室空间方面的工作，她从中受到了启发。"这使得九家机构联合起来，真正从结构上推动了学术界的性别平等。因此，我一直试图将这个简单的信息传达给我去过的每一家机构。当我回到麻省理工学院并实际上搬进科赫综合癌症研究所时，我被安排在霍普金斯隔壁，她就像我的英雄一样。我们成了朋友。"[2]

---

[1] 科赫综合癌症研究所是以实业家大卫·科赫的名字命名的，他是麻省理工学院的校友和董事会成员，从前列腺癌死里逃生。在霍克菲尔德的主席任期内，他向该中心捐了 1 亿美元。——原书注

[2] 被称为 MIT-9 的高校包括：麻省理工学院、哈佛大学、耶鲁大学、普林斯顿大学、宾夕法尼亚大学、斯坦福大学、密歇根大学、加州大学伯克利分校和加州理工学院。——原书注

十多年后的 2018 年 9 月,"未来创始人计划"的灵感浮现。新闻网站 Xconomy 向已退休的霍普金斯颁发了终身成就奖 ❶。当谈到获奖感言时,霍普金斯有一个保留意见:尽管她为自己为学术界女性做出的成绩感到自豪,但她对女性教员在公司组建方面的处境不太满意。"我警告 Xconomy,我将批判这种现象。"她说道。

霍普金斯说,她没有想过她的获奖感言会引发某种运动。"我根本没有意识到这是一种战斗号令。我当时想的只是,'哦,天哪,又到我了。'"

而巴蒂亚和霍克菲尔德就在观众席上。在她们听来,霍普金斯的简短演讲就是一个非常响亮的武装号召。

▶ **专栏 12** **桑吉塔·巴蒂亚在麻省理工学院期间创办的公司**

2007 年:Hepregen(被 BioIVT 收购)——药物代谢和毒性测试

2015 年:Glympse Bio——非侵入性体内诊断

2019 年:Impilo Therapeutics(被 Cend Therapeutics 收购)——RNA 递送

2019 年:卫星生物(Satellite Bio)——无须切除患病器官的植入式"卫星"器官

---

* * *

南希·霍普金斯一开始并没有打算成为一名活动家。转折点出现在 20 世纪 90 年代中期。"我是一名终身教授,"她回忆道,"我试图说服当地行政管理人员,我应该得到和助理教授一样大的实验室。有一位男士一直对我说,'你为什么说一些不切实际的话?'我说,'但一个五岁的孩子都能告诉你这是对的。顺便说一句,有一天,一位为实验室清洗玻璃器皿的女士问

---

❶ 我已不再和 Xconomy 有关系了。这家公司于 2016 年 8 月出售给了 Informa。我于 2018 年底卸任首席执行官一职,并担任董事长至 2019 年 10 月。——原书注

我："为什么你的玻璃器皿比男士用得少这么多？'""为了说服那位男士，我真的拿出卷尺，测量了大楼里的每一处空间。我是说，我偏偏不信邪，但还是没能说服他。"

霍普金斯确信她在麻省理工学院正在经历女性的系统性边缘化，但她不知道下一步该做什么。"你知道，如果你说你受到了歧视，人们会认为是你做得不够好。"霍普金斯将她的经历与另外两名女教授分享，并惊讶地得知她们也有同样的认识。"我只是很讶异，"她笑着说，"我知道所有女性都面临这个问题，但我认为她们自己并不知道。"

3 人很快发现，麻省理工学院理学院获得终身教职的全部 15 名女性，与她们 197 名男性同事相比，在获取资源方面都存在类似的区别对待❶。她们向罗伯特·伯格诺（Robert Birgeneau）院长提出了这个问题，伯格诺很快成立了一个委员会来解决这一问题。经过两年的研究，该委员会发布了一份 150 页的机密报告。是的，不仅在实验室空间上，而且在薪酬和其他福利方面，男女之间都存在着明显且普遍的不平等。

霍普金斯说，伯格诺非常认真地对待了这个问题，并进行了全面的改革。然而，这份报告一直是保密的，直到两年后，斯隆管理学院的一位教授洛特·贝林（Lotte Bailyn）成为麻省理工学院的教务主任，并敦促发布了这份报告的公开版本。1999 年 3 月，霍普金斯为《麻省理工学院教师通讯》（特别版）写了一些东西。她认为这并不是特别值得注意的事情。"这只是对我们所做的工作、团队成立的原因以及我们的发现所做的总结，"她说道。为了配合这篇文章，贝林请麻省理工学院院长维斯特对此发表评论。维斯特爽快地答应了。

"他写的这篇评论让这件事一下子出名了，"霍普金斯说道，"他说，'我一直认为，当代大学里的性别歧视部分是现实，部分是想象。但我现在明白，到目前为止，现实才是迄今为止天平偏向的一方。'当我看到这句话出现在我的电脑上时，我不得不说，这可能是我职业生涯中最具情感意义的时刻。我以为这个问题会在没有人关心或没有人知道的情况下被我带进坟墓。

---

❶ 理学院当时有 6 个系：数学、物理、化学、生物、大脑与认知科学以及神经科学。后来，她们又找到了另外 2 名在理学院的合聘女教员，总共 17 人。——原书注

麻省理工学院的校长说,'这里存在一个问题。现在我明白了这个问题是什么。'这改变了我的生活。"

从《波士顿环球报》到《纽约时报》的各路报纸,以及通讯社、杂志、广播和电视都对其做了报道。"它传遍了世界各个角落。毫不夸张。我是说,没人遇到过类似的事情。校长和院长们不知所措。"霍普金斯说道。一天,她来到办公室,此时电话铃响了。她拿起话筒,一个声音说:"你好,这里是澳大利亚的广播。"

* * *

霍普金斯在终身成就奖的演讲中,描述了麻省理工学院令人欣慰的反应。她展示了一张幻灯片,上面显示了自 20 世纪 90 年代中期以来麻省理工学院理学院女性教员人数的大幅增加——数量增加了一倍多(见图 21-2)。

霍普金斯回忆道,与此同时,麻省理工学院消除了男性职工与女性职工

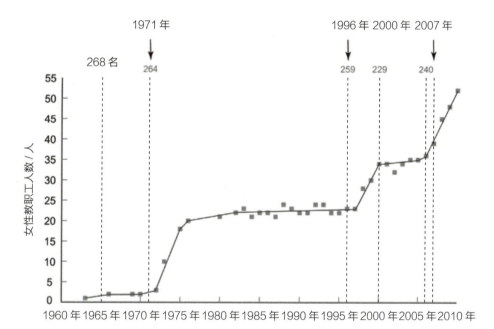

图 21-2　麻省理工学院理学院女性教职工人数(1960—2010 年)

资料来源　幻灯片由南希·霍普金斯提供。男性教员的数量处于上风。罗伯特·伯格诺于 1996 年担任理学院院长。2007 年,马克·卡斯特纳(Marc Kastner)担任院长,黑兹尔·西弗(Hazel Sive)被任命为副院长。

在实验室空间和薪水方面的差异，并重新审查和改革了招聘标准。她甚至举起了她发表最初观点时用过的卷尺，台下掌声如雷。

但随后霍普金斯改变了态度，从庆祝成功变成了敲响警钟。她警告说，男女科学家之间仍然存在重大差距。她分享了一个与哈佛商学院的一位女士会面的故事，这位女士告诉霍普金斯，她这里有一份波士顿地区获得了风险投资去创办公司的大约100名科学家名单：名单上只有1位女性创始人。这与霍普金斯的观察相吻合，那就是很少有女性生物学教师创办公司，甚至与商界有联系。事实上，她曾对18家生物技术公司的创始人、董事和科学顾问委员会成员进行过非正式的研究——其中男性有223名，女性只有8名。她发现在这231人中，有84名教职人员来自不同的大学：其中只有4名是女性，约占5%。

她在颁奖典礼上说，一个领域中存在如此巨大的差距实是不合理的，因为多年来，50%的博士学位都授予了女性，女性占大学教师总数的四分之一，甚至更多。她的一张幻灯片上写道："时间本身改变不了什么！只有人可以。"

霍普金斯演讲结束后，300多名与会者起立鼓掌。这篇演讲让听众中的两位女性特别有共鸣。其中一位是巴蒂亚。"她确实将这种对还未完成的工作趣闻轶事式的观察整合在一起，"巴蒂亚说，"接下来最迫切需要解决的事情是创业精神方面的巨大差距——她从生物学系里非常清楚地看到了这一点，因为麻省理工学院的生物学系在该地区推出了很多生物技术。所以她近距离看着很多男同事开始创业，而几乎没有女同事这么做。"

应观众要求，巴蒂亚把霍普金斯请上台，然后她去科赫综合癌症研究所的桌子旁坐了下来。霍克菲尔德与她同桌。巴蒂亚注意到，"她以前听过这些数据，但那一刻的某些东西确实打动了她，"巴蒂亚预感霍克菲尔德可能是一个强大的盟友。晚餐后，当她与霍普金斯分享她的感觉时，霍普金斯虽然表示怀疑，但同意试一试。"所以我联系了霍克菲尔德，问她是否愿意这样做，她回答'我很乐意'。"霍普金斯回忆道，"不用说，这改变了一切。她像维斯特一样挺身而出，只有通过这样的领导者，我们才能取得进步。"

巴蒂亚讲起这个故事。"我们3个人聚在一起商量，我们要做些什么？这最终就形成了'未来创始人计划'。"

* * *

该团队最初叫作波士顿生物技术工作组，于 2018 年 12 月 20 日正式启动，美国艺术与科学院还为其举办了一场晚宴。出席人数令人印象深刻——包括了生物技术生态系统的重要代表：风险投资人、院长、教授、高管、企业家、非营利组织领导者和其他有影响力的人物，男女兼有。

从那次晚宴和另外两次晚宴开始，我们创建了 5 个子团队或工作流，以解决未来各个方面的工作：数据、风险投资、学术院长、创新生态系统和创始人发展。到 2019 年 5 月的第三次晚宴时，好几个方面都发生了变化。最值得注意的是，阿尔弗雷德·P. 斯隆基金会授予了一项拨款，用于研究麻省理工学院 7 个教职部门的学术创始人活动，并收集担任公司董事会或科学顾问委员会成员的教职人员的统计数据。这项工作由西蒙斯学院的数据科学家特蕾莎·内尔森（Teresa Nelson）领导，巴蒂亚和斯隆管理学院教授菲奥娜·默里（Fiona Murray）担任主要研究人员。

与此同时，工作组根据早期数据设定了两大目标：

1. 在两年内，将生物技术界董事会和科学顾问委员会中的女性教员比例从 14% 提高到 25%。

2. 在 5 年内，将创办公司的女性教员比例从不足 10% 提高到 25%。

到 2019 年秋天，内尔森的团队掌握了一些更可靠的数据。他们调查了麻省理工学院工程学院和理学院下 7 个系（包括生物学、化学、大脑与认知科学、电气工程与计算机科学、生物工程、化学工程和材料科学）的现任教职人员。前三名来自麻省理工学院的理学院，其余的来自工程学院。[1]

这 7 个系共有 337 名教师，其中 73 名是女性，这些教师帮助创办了 252 家公司。然而，女性教员只创建了 25 家初创公司，比例略低于总数的 10%。尽管她们的人数占到全体教师总人数的 22%。与男性同行相比，女性教员在董事会董事或科学顾问委员会成员中的人数同样不足。男性教员在 235 个委员会中任职，女性教员只在 10 个委员会中任职；男性教员在 464 个科学顾问委员会中任职，而女性教员只在 50 个科学顾问委员会中任职。另一个令

---

[1] 这项研究里原本想加入物理学，但由于教员的商业化活动不高而作罢。——原书注

人大跌眼镜的事实是，在与生物技术公司组建最相关的 3 个系（即生物学、生物工程和化学工程）中，26 名教职人员与麻省理工学院的其他教职人员合作组建了 27 家公司，这些人都是男性。在创办公司时，他们从未聘用过任何一位麻省理工学院的女同事。此外，霍普金斯和巴蒂亚的早期调查已经明确，女性并没有拒绝参与公司的组建，她们只是没有收到邀请。工作组的一位女性成员将她的经历描述为身披隐形斗篷，就像哈利·波特（Harry Porter）那样：在创办公司时，她的男同事们看不到她（见表 21-1）。

这种差异在生物系表现得最为明显。在生物系现有教职人员创办的 56 家公司中，只有两家是由女性创办或与他人共同创办的，尽管该系的女性比例为 24%。相比之下，生物工程和化学工程的男女人数更为接近（见表 21-5 和表 21-2）。一种可能的解释是，工程本质上专注于解决现实世界的问题，而创始公司长期以来一直嵌入工程系。相比之下，生物技术是一个较新的领域，没有长期的商业化传统，尤其是生物学教师的商业化。

霍普金斯查看了数据，"做了一个非常简单的计算，"她回忆道，"以现有教职工创办的公司数量为例——男性创办的公司数量，女性创办的公司数量。如果女性创业的比例和男性的一样，那么总共会有多少家公司呢？而在这 7 个部门中，有 40 家公司的缺失。"

"坐失良机的 40 家公司"成了该团队的战斗口号。然而，最大的挑战是如何应对这一问题。工作组的成员们普遍认为，由于社会和教育中的性别偏见等各种原因，女性教师普遍不像男性教师那样熟悉或适应创业精神。这自然导致了创办公司或参与商业活动的女性人数较少，即使她们有意愿这样做。与此同时，公司在寻找董事会成员时往往倾向于选择那些他们已经认识的人，而这些人通常是男性。一些投资人还指出，通常很难找到合格的女性担任董事会成员，从而形成了一个将女性拒之门外的自我强化的循环。

参与者对纠正这种情况提出了几个想法。其中一个想法是建立一个女性教员及其专业领域的目录，以便公司董事会更容易甄别出有资格担任科学顾问委员会和董事的人；另一个想法是由一位风险投资人提出的，就是让风险公司接待女性教员作为常驻企业家，或者提供研究员职位，以此来揭开公司组建过程的神秘面纱并建立人脉网络；还有一个想法是创建一个特殊的课程或训练营，去帮助女性学习创业的基础知识。

表21-1 截至2019年7月，麻省理工学院理学院下3个系和工程学院下4个系的教师创办公司的比例

学院	总计	理学院			工程学院			
人数		生物学	大脑与认知科学	化学	生物工程	化学工程	电气工程与计算机科学	材料科学与工程
现有教师总数（截至2019年7月）	337	58	35	30	26	33	125	30
女性教员人数	73	14	12	6	5	5	22	9
女性教员占比	22%	24%	34%	20%	19%	15%	18%	30%
男性全职教授占比	70%	77%	65%	58%	76%	68%	72%	62%
女性全职教授占比	62%	71%	58%	50%	60%	60%	64%	56%
创办了至少1家公司的男性教员占比	40%	（19/44）43%	（6/23）26%	（2/24）25%	（11/21）52%	（10/28）36%	（41/125）40%	（12/21）57%
创办了至少1家公司的女性教员占比	22%	（2/14）14%	（1/12）8%	（1/6）17%	（3/5）60%	（4/5）80%	（4/22）18%	（1/9）11%

资料来源 南希·霍普金斯，本项目获得阿尔弗雷德·P.斯隆基金会的资助。

311

表21-2 麻省理工学院生物学系、生物工程系和化学工程系教师的商业化活动

人数	理学院	工程学院	
	生物学系	生物工程系	化学工程系 [b]
现有教师总数（截至2019年6月）	58	26	33
女性教员占比	24%	19%	15%
科学顾问委员会（SAB）中的男性教员数量	121	63	110（43）
科学顾问委员会（SAB）中的女性教员数量	9	5	9
董事会（BOD）中的男性教员数量	42	17	81（23）
董事会（BOD）中的女性教员数量	1	2	4
男性教员创办公司活动的数量 [a]	63	25	71（25）
女性教员创办公司活动的数量 [a]	2	5	5
男性教员创办的公司数量	55	24	64（18）
女性教员创办的公司数量	2	5	5

资料来源 南希·霍普金斯。

a 该系的数据包括 1 名异常男性教员。显示的数据包括和排除异常值（在括号中）。
b 创办公司活动是指个人参与创办公司。由于有些公司是共同创立的，因此这一数字超过了成立的公司数量。

"我们听说，女性不去（创办公司）的一个原因是，她们没有参与到推荐她们走上创业之路的对话当中，以及结识为她们踏上这条道路指明方向的人。提出这点的人男女皆有。"霍克菲尔德后来告诉 STAT，"我们提出的项目有双重目的：向风险投资公司、董事会和科学顾问委员会成员推介准备创业的女性，并为女性提供成功所必需的词汇和网络。"例如，到 2019 年秋末，由北极星风险投资公司的艾米·舒尔曼和特里·麦奎尔以及全球风险投资机构 F-Prime capital 的史蒂夫·奈特领导的风险投资团队举行了内部晚宴，希望让更多的风险投资公司参与进来。

那年 12 月，在整个团队的第四次晚宴上（新冠疫情前的最后一次面对面会议），成员们决定公开此事。2020 年 1 月底，他们与两名获悉工作组风声并询问的记者——STAT 的莎伦·贝格利和《华盛顿邮报》的卡罗琳·约翰逊分享了这一倡议。

该计划在 2020 年春季将几个核心想法付诸行动，包括启动训练营，并为《麻省理工学院教师通讯》撰写一篇或多篇关于数据发现的文章，与 1999 年霍普金斯起草的公开报告发表在同一个地方。

新冠疫情无疑大大推迟了时间表。但计划在继续推进，并在当年秋天有所进展。

创业极限训练营

由于新冠疫情的影响，训练营最初的设想为从 2020 年春季启动面对面体验，后来演变成一系列线上活动。前六场活动的主要内容是与女性创始人和榜样人物探讨创办公司，以及在创业方面来之不易的经验教训。

第一场活动于 2020 年 9 月 3 日举行。霍克菲尔德致欢迎词并解释了一系列活动安排。然后，由加利福尼亚州帕罗奥多 Aspect Ventures 的创始人特蕾西亚·古（theresa Gouw）介绍巴蒂亚。该公司是少数由女性经营的风险投资公司之一。她和巴蒂亚曾是布朗大学的本科室友，Aspect Ventures 是巴蒂亚于 2015 年创立的 Glympse Bio 的主要种子投资人。接着古采访了她的前室友创办公司的经历，这是一个线上谈话，希望能激励观众中的女性尝试创业。

第二场活动的主角是洛迪什，霍克菲尔德对她进行了采访。其他嘉宾包括达芙妮·科勒（Daphne Koller），她曾是斯坦福大学的教授，是在线教育公司 Coursera 的联合创始人，最近又创办了一家名为 insitro 的机器学习驱动的生命科学公司；斯坦福大学的化学家卡罗琳·贝尔托齐（Carolyn Bertozzi），她是至少 7 家公司的创始人；宾夕法尼亚大学的名誉教授、Spark Therapeutics 的联合创始人凯瑟琳·海伊（Katherine High）；以及 PTC Therapeutics 前高管乔迪·库克（Jodi Cook）。

从 2021 年 1 月起，训练营进入第二阶段，叫作《创业入门》（*Startup 101*）。它旨在更深入地探讨初创公司的具体情况，包括有关知识产权专利和许可、募集资金和出售公司，以及学术创始人是否应该离开公司或者是否应该留在大学等问题。"有趣的是，我们观察到，在接受培训前，像我这样创办公司的女工程师就已经接触过这些概念、价值和实务。"巴蒂亚解释道，"我在博士答辩当晚就提交了一份申请专利，因为我的导师让我这么做。这意味着当我成为一名教授时，我知道你应该在公开披露之前提交你的知识产权——无论你是否要创办一家公司。如果没有人教过你这一点，你怎么能知道呢？"

新冠疫情虽然让该系列活动的实施推迟了，但规划者发现，"塞翁失马，焉知非福。"巴蒂亚说："我们实际上利用了这场疫情为我们服务，因为我们意识到，'哦，好吧，如果我们可以上 Zoom，我们就可以邀请世界各地出色的女性创始人了。'"另一个积极的方面是，参加线上活动的群体可以比最初计划的更广泛。新冠疫情前对麻省理工学院教师进行的一项调查发现，有 40 名女性表示有兴趣参加现场活动。举办线上活动后，他们面对的教员除了麻省理工学院的，还有其他两个地区机构——合作伙伴医疗保健（Partners HealthCare）和波士顿儿童医院，霍克菲尔德和洛迪什分别是这两家机构的董事会成员。超过 500 人（并非全部为女性）注册并参加了其中至少一场会议。

加速器研究员

该工作组的早期想法之一是为在风险投资公司工作的女教师制定学术休假计划，后来演变成了所谓的"加速器研究员"计划。这一想法赢得了下至各个学院院长，上到麻省理工学院研究副院长玛丽亚·朱伯（Maria Zuber）和院长拉斐尔·赖夫（Rafael Reif）的支持。**❶**

该计划是每年选拔最多 5 名研究员，她们将在风险投资公司至少度过春季学期，或者可能的话，春夏两个学期。第一批签约成为主办方的风险投资公司包括北极星风险投资公司、F-Prime Capital、Pillar、诺华创投基金和引擎。入选名单于 2020 年秋季宣布，预计第一批研究员将于 2021 年春季入驻。

巴蒂亚说，该项目最初将集中在生物技术及相关领域，但它可能会扩展到其他领域。这是一个可扩展的模式。

风险投资承诺书

风险投资工作流制定了一份不具约束力的承诺书，寄希望于能获得一大批风险投资公司的认可。这份承诺书与加速器研究员计划是分开的。承诺书全文如下：

作为生物技术领域的风险资本投资人，我们为支持患者、企业家和投资人所做的一切感到自豪。我们并不为我们在高级管理层、董事会和合伙人队伍的多元化记录感到自豪。我们致力于这方面的工作。女学生约占医学毕业生的一半、工商管理硕士毕业生的 45%，以及超过 50% 的学生获得了生物科学硕博学位。女性员工约占生物技术公司员工总数的 50%。然而，在生物技术公司中担任高管职位的女性仅占 25%，担任董事会职位的仅占 10%。

这完全是错误的，而且没有成效。因此，首先，我们作为以下签署人，致力于增加我们队伍中的女性人数。首先，我们签署人承诺，将竭尽全力确保到 2022 年底，我们担任要职的公司的董事会中女性比例达到 25%。我们中的许多人已经做到了这一点。这一承诺，以及我们对投资组合决策和我们自己的招聘的持续警惕将有助于推动进一步取得进展，将充分的性别多样性的优势适当地带入美国生物技术公司的高层队伍中。

---

❶ 2021 年 1 月，拜登任命朱伯为总统科学技术顾问委员会联合主席。——原书注

提高女性在董事会的参与度被视为帮助女性发展商业人脉和经验的一个关键途径，这些人脉和经验可能会让她们有一天更轻松地创办自己的公司。"在董事会任职可以让你接触到投资人、顶尖学术科学家和其他关键领导者的网络。"北极星风险投资公司的舒尔曼表示，"这是一个敞开大门的机会，也是一个证明。"

除了北极星风险投资公司和 F-Prime Capital，波士顿地区另外 7 家风险投资公司也支持该承诺书，它们是 Omega venture Partners、Canaan Partners、SV Health Investors、5AM Ventures、Venrock、GV 和阿特拉斯风险投资。

数据制度化

最初的研究调查了麻省理工学院的 7 个院系，而且调查范围仅限于现任教员，还有许多人在这些部门之外，或者由于退休或其他原因离开了麻省理工学院，或者一些人已经去世，他们也为创办公司和其他商业化工作做出了显著贡献。此项工作的目的是收集有关他们活动的数据。

更重要的是，3 位创始人还希望她们所开发的方法将有助于使教师创始人的数据收集变得更加容易和常规化。这样一来，研究结果就可以纳入麻省理工学院的年度报告中，或许还可以连同吸引的研究资金的统计数据等一起发布。巴蒂亚说："我们不必再做一次，它只会进入系统，并且其结果每年都会公开透明地进行报告。比如，这里总共有多少位女性创始人？"

海豚池（Dolphin Tank）[1] 与有奖竞赛

一个新想法在 2021 年年初获得动力，并计划于 2022 年推出：一项与麻省理工学院 10 万美元竞赛类似的 25 万美元有奖竞赛，但奖励对象是由

---

[1] Springboard Enterprises 自称汇聚了企业家、投资人和行业专家，并以建立由女性领导的企业为首要任务。该组织的目标是通过获得必要的资源以及利用全球的专家来推动以女性为主导的初创公司的发展。2019 年，该非营利性组织为其"Dolphin Tank"标志递交了商标注册申请。——译者注

女性教员创办或共同创办的公司。在那年 2 月的一次 Zoom 电话会议上，哈维·洛迪什解释说，这是训练营的自然产物，让女教师获得制订商业计划的经验，然后向风险投资人进行推销。他告诉成员，这就像"在海豚池中投球，而不是在鲨鱼池中投球"。"海豚池"这个词是由总部位于肯德尔广场的 Synologic 首席执行官奥伊夫·布伦南（Aoife Brennan）提出的，指的是电视节目《创智赢家》（Shark Tank，意为"鲨鱼池"）的一个更友好的版本，在该节目中，评委有时会对前途光明的企业家进行残酷的评估。巴蒂亚补充说："参加比赛的女性将获得一对一的指导，去帮助她们准备如何推销自己的产品，并将比赛观众描述为'友好、轻松的观众'。我们的目标不是要竭力推销，而是要发挥建设性作用。"

* * *

这一切将如何发展，需要数年时间才能全面评估。截至 2021 年年初，霍普金斯总体持乐观态度。"去年是我第一次真正感受到这种鼓舞，它将得到解决。"她说。新一期《麻省理工学院教职工通讯》（特别版）终于在春季发布。在团队成员和肯德尔广场协会主席 C. A. 韦伯的战略和执行帮助下，三位创始人也在寻求一些有前景的新想法，以在全美范围内大幅扩展该项目——尽管这一议题还处于早期阶段，他们无法对外分享。

不过，有些事情一开始并不如预想的那样顺利。其中一个例子就是"风险投资承诺书"。虽然很快就获得了几家公司的同意，但事实证明，要让更多的风险投资公司签署协议是非常困难的。一些公司直接就拒绝了，其他公司则表示，它们必须考虑法律后果。这让几个工作组成员感到沮丧。

"风险投资公司的反应让我完全不知所措，"该工作组的一名非教职成员表示。他认为就承诺书本身而言没有达到目标，更不用说许多人似乎并不能顺利签署承诺书。"我的意思是，我很了解这些人，这只是他们的托词——'我们会做出承诺。'之类的话没有任何意义。我们的研究证明，之所以有如此多的价值没有实现，如此多的新疗法和技术没有被推向市场，就是因为这些人没有认真对待女性。我是说，这些人啊，他们不懂。他们需要退休。我们需要 40 岁以下的男性成为普通合伙人，因为这些男性中的大多数都娶了职场女性。他们中的大多数都在积极地养育孩子。大多数男性虽然仍然受益于白人特权，但他们往往更有自知之明，也更真诚地愿意与女强人并肩工作。"

三位组织者也有不同的担忧——她们只关注了女性的问题，而忽视了有色人种教师在机会和公司组建方面也存在类似问题需要解决。随着"黑人的命也是命"运动在2020年春天获得影响力，她们对这一点倾注了更多注意力。

"这是我一直在挣扎的事情，"巴蒂亚说，她自己也是有色人种。"最重要的是，我们的感觉是，非常遗憾，这两个故事都是老故事了。因此，我们努力推进这一目标时不应受到阻碍。但我认为我们正处于一个可能要改变我们思考和谈论它的方式的时刻。这里作为一个起点，我们将确保在女性的活动中有不同的女性，但对我来说，突然扩大范围有点不现实，因为我认为我们实际上并没有获取数据，并且围绕种族的解决方案不具有足够的关注度。而事情的真相是这些问题并不完全相同，如同一条管道在不同的地方裂开了口子，虽然经过验证的干预措施有重合之处，但并不完全相同。所以，这是我们必须做出决定的事情。"

无论如何发展，创始人也越来越意识到，仅靠数据可能会错过解决方案的关键部分——人的因素。"你知道，在初稿中体现的是数据。我们是科学家，我们希望每个人都能看到数据，让数据自己说话，"巴蒂亚说，"但我们一直在思考叙事和讲故事的力量。我们三个人感到要更勇敢地、直截了当地指出我们所面临的挑战、我们所经历的事情以及我们对它们的看法。"

因此，也许真正需要的不仅仅是数据、训练营和对一种全新叙事或文化的承诺，这些人只是简单地认为女性可以（也将会）像男性一样具有创业精神。"生物系创办了56家公司，其中两家是女性创办的。"巴蒂亚说，"是的，这是一个非常有力的统计数据，但你知道，这是霍普金斯的夙愿。她看到菲利普（夏普）创办了渤健，哈维（洛迪什）创办了健赞。这56家公司中的每一家都是真实的、有活力的、有呼吸的公司，它们就在肯德尔广场。"其中一些公司（还有一些不存在的公司）如果背后的故事不同的话，本可以由女性创办。

所以，想象一下，如果"未来创始人计划"成功了，企业文化最终发生了改变，会发生什么？这40家坐失良机的公司将不再坐失良机。

第 22 章

肯德尔广场的故事：
主街 700 号大厦

肯德尔广场有着悠久的历史，它从该地区的沼泽地起家，到成为世界上最密集的研究和创新中心（特别是在生命科学方面）。

这段旅程的缩影可从一幢建筑的历史中窥见一斑，那就是主街700号[1]。主街700号是剑桥最古老的工业建筑，它是一座3层红砖结构的建筑，有一扇亮绿色大门，窗户上环绕着绿色装饰，挂着4块历史悠久的牌匾，它见证了肯德尔广场演变过程中的几乎所有的关键变化。在它的围墙内诞生了第一节现代火车车厢、第一把管钳、第一部双向长途电话、即时摄影、间谍摄像机，等等。今天，这里是初创公司空间LabCentral的所在地，可以说是地球上新兴生物技术公司最集中的地方。

以下是它的故事。

* * *

主街700号诞生于1814年或1815年。它最初是一家集住宅和制造于一体的公司，当时被称为"商店"。但正如第4章所述，它在1842年首次成为肯德尔广场故事的中心，当时查尔斯·达文波特带着他刚刚起步的火车车厢生意搬了进来，并在该地产的东侧建起了6间单层木制车间。在5年内，该公司又增建了两个大型翼楼，以便容纳机械车间、铸造车间和铁匠车间，由此创建了整个剑桥最大的工厂综合体。

达文波特在1854年卖掉了他的生意并退休后，这座大厦被凯莱布·艾伦和亨利·恩迪科特买了下来，他们经营着一家铸铁厂，厂名叫作艾伦和恩

---

[1] 虽然官方地址是主街700号，但一些企业会使用不同的门牌号和地址，其中包括主街708号、奥斯本街28号和奥斯本街2号。2019年5月，总部位于芝加哥的哈里森街房地产公司和总部位于波士顿的Bulfinch同意向麻省理工学院的投资部门支付11亿美元，用于长期租赁3座建筑——波特兰街1号、主街610号和主街700号。这个被称为"奥斯本三角"的建筑群里入驻了辉瑞、诺华和LabCentral以及一些小公司。——原书注

迪科特铸铁厂。这座大楼后来在生物技术初创公司中发挥了重要作用，在早期的版本中，这两个合伙人将部分空间租给了其他制造商。蒸汽加热系统的先驱制造商 J·J.沃尔沃斯公司就是他们的租户之一。

19 世纪 60 年代末，丹尼尔·斯蒂尔森（Daniel Stillson）是沃尔沃斯公司主街工厂里的一名机械师，他在美国内战期间曾担任美国海军第一上将大卫·格拉斯哥·法拉格特（David Glasgow Farragut）手下的机械师。1869 年，斯蒂尔森发明了一种扳手，它在夹紧管道和其他圆形表面方面比现有的猴子扳手要好用得多。第二年，他的管道扳手（以及斯蒂尔森扳手）专利获得批准，最终他获得了约 8 万美元的专利使用费，这在当时是一笔可观的资金，相当于今天的 150 多万美元 ❶。

与达文波特不同的是，主街 700 号并没有纪念斯蒂尔森或他的扳手的牌匾。

＊　＊　＊

主街 700 号的下一个历史性角色是在更大的创新故事中扮演一个小角色，但这确实是一项改变世界的创新——电话的发明。故事的大部分发生在波士顿，1876 年 3 月，亚历山大·格雷厄姆·贝尔（Alexander Graham Bell）在那里给他的得力助手托马斯·沃森（Thomas Watson）拨打了载入史册的第一通电话："沃森先生，过来，我需要你。"

两个月后，这款电话在费城"美国独立百年展览会"上大放异彩。但现在电话只能在几个房间的距离内通话，这个距离还能更远吗？1876 年 10 月 9 日，正如沃森所说，"我们第一次准备把这个'孩子'带出去，是骡子是马，拉出去遛遛。"他们得到了沃尔沃斯公司的许可，去使用从波士顿总部到主街 700 号工厂的电报线路——大约 2 英里长。

那天晚上，沃森带着"我们最好的一部电话"来到剑桥。他在主街 700 号等着，直到贝尔通过电报"发声器"发出信号，告知波士顿这边一切准备就绪。起初，什么也没发生。但沃森快速地排除了一些故障，并且没过多久，就听见贝尔响亮而清晰的声音："喂，喂。"正如沃森所说，"作为回应，

---

❶ 1870 年的 8 万美元相当于 2019 年的 150 万美元。——原书注

我也'喂'了几声，我们第一次开始用长途电话交谈。"第二天，《波士顿广告人》称赞这一事件为"有史以来第一次通过电报线进行的口头对话"。

贝尔和沃森最终与达文波特一起在主街 700 号获得了一块牌匾。

* * *

1882 年，在沃森和贝尔的历史性通话大约 6 年后，艾伦和恩迪科特铸铁厂拆除了主街 700 号的正面建筑。取而代之的是如今矗立着的三层砖砌"总屋"。后来，他们对一侧进行了扩建，与奥尔巴尼街相邻。

1927 年，这栋建筑再次被卖给了卡普兰家具公司，这是一家联邦风格的家具制造商，由俄罗斯移民艾萨克·卡普兰（Isaac Kaplan）在 1905 年左右创立。虽然卡普兰所处的行业与艾伦和恩迪科特铸铁厂八竿子打不着，但他还是延续了转租的传统。他的一位租户在主街 700 号翻开了开创性创新的下一个重要篇章。他的名字叫埃德温·兰德。

兰德是在 1942 年左右搬进这栋大厦的，当时他 30 岁出头。在他位于主街 700 号的私人实验室里（这处空间的官方地址是奥斯本街 2 号，从主街向奥斯本街走，左侧的第一扇门），兰德创造了许多著名的发明——包括 1947 年发布的即时摄影的原创性成果，以及摄影侦察方面的关键防御工作。他总共获得了 535 项专利。

即使在 1966 年宝丽来将总部搬到科技广场后（这里距离兰德的实验室不到两个街区远），他还是尽可能少地待在公司总部。这位发明家认为，他在自己的实验室里可以贡献更多的价值，他有时把实验室称为"鼹鼠洞"（见图 22-1），这个称呼来自儿童小说《柳林风声》（*The Wind in the Willows*）中鼹鼠的地下巢穴❶。维克多·麦克尔赫尼指出："就像德雷珀'博士'和麻省理工学院生态系统中的其他许多人一样，兰德满足于临时安排，在地下室和租来的大厦里办公，从未真正在宝丽来后来建造或收购的一些更豪华的大厦里办公。"他一直留在奥斯本街和主街。

兰德对实验室实施了严格的安全措施，这是他需要的，因为他参与了从 U-2 间谍飞机到 Corona 侦察卫星的许多政府的保密项目。一辆私人保安车

---

❶ 兰德的私人实验室显然没有书面记录，他的文件在他 1991 年去世后被他的私人助理销毁了。——原书注

图 22-1　1943 年，埃德温·兰德在他的私人实验室"鼹鼠洞"里

（据说是由一名不当班的警察驾驶的）长期驻扎在他位于西剑桥布拉特尔街的家的车道上。

　　几十年来，主街 700 号的这栋大厦一直是创新的发电机。"鼹鼠洞"本身就坐落在大厦主街一侧的一扇厚重的木门后。实验室里配备了一个用于头脑风暴的独立式双面黑板、一张躺椅，以及一排桌子。桌子和架子周围散布着许多电话。据说兰德知道谁会给他打哪部电话，麦克尔赫尼回忆道。他补充说，"书架上摆满了各种各样经常查阅的书籍，从染料化学到心理学，种类齐全。"

　　从兰德在"鼹鼠洞"的办公室出来，一扇门通向一个实验室，该实验室的一头沿着主街一直延伸到肯德尔广场，另一头又与看似无尽的走廊、实验室和办公室相连，这些走廊、实验室和办公室构成了大楼的其余部分。这是兰德的"精灵"——他的实验室工作人员的领域，"这些人中的许多人都是有主见的女性，了解自己的能力在那里，"麦克尔赫尼回忆道，"她们在自己的项目和团队中工作，但当出现问题时，她们会被召集来直接协助老板"。

在兰德的实验室和办公室的楼上是黑白实验室，长期由梅罗·莫尔斯领导。莫尔斯是一位才华横溢、精力充沛、性格开朗的女性，她从史密斯学院获得了艺术史学位，没有修过任何物理、化学甚至工商管理的课程，毕业后直接加入了拍立得。她很快就成长为兰德最信任的副手之一，也许是因为她的艺术史背景，她还负责管理宝丽来与摄影师安塞尔·亚当斯（Ansel Adam）的合作。亚当斯长期担任宝丽来的顾问，并帮助推广该公司的电影。宝丽来最初的即拍胶片只能拍出棕褐色的照片。莫尔斯的黑白实验室率先研究出了如何制作真正的黑白胶片，并取得了成功。她的实验室还应对了 1950 年出现的危机，当时发现黑白打印材料褪色太快。兰德喜欢从"鼹鼠洞"出来，一步两级地跳上楼梯去见莫尔斯。莫尔斯于 1969 年因患癌症去世，年仅46 岁。

在隔壁，霍华德·罗杰斯（howard Rogers）带领着一群"色彩精灵"也在这座大厦里工作，他们一开始显然是与卡普兰家具公司共用这里——宝丽来将在 1960 年接管整个建筑群，并于 1998 年将其全部买下。他的团队在彩色电影方面深耕了 20 多年。"豪伊"罗杰斯身材矮小、精瘦、寸头，和妻子一起周游世界观看日食，他很快成为宝丽来彩色作品最重要的发明家。他一开始在奥斯本 2 号和兰德共用一张桌子。然后他搬到了梅罗附近的二楼，最后又搬到了隔壁。事实证明，他的工作成果——尤其是它所产生的专利——对于成功抵御柯达后来进军宝丽来即时摄影业务至关重要。

主街 700 号有两块牌匾是关于兰德的。第一块是宝丽来退休人员协会为了纪念他在 2014 年建立的。第二年，美国化学学会将该建筑指定为国家历史性化学里程碑。兰德在肯德尔广场的角色并没有结束——他在 1980 年创立的罗兰科学研究所还位于肯德尔广场，并已并入哈佛大学。但即使没有这些，他留下的遗产也很少有人能与之相提并论，其中大部分都与主街 700 号有关。1944 年，第二次世界大战结束前，兰德在纽约召开了一场名为"工业研究的未来"（The Future of Industrial Research）的会议。会上，兰德为以科学为基础的公司提出了一项"原则"，他认为这是在战后、"后大萧条时代"领导国家的关键。他对与会者说："未来的小公司既是制造公司，也是研究机构。"他称这些公司是"下一代的前沿"。

*   *   *

在肯德尔广场，可能没有哪个地方比主街 700 号更显著（而且更密集）地体现兰德寄予厚望的科学初创公司的前沿了（见图 22-2）。在这栋见证了豪华火车车厢诞生和即时显影技术发明的红砖楼里，一家名为 LabCentral 的初创公司正在孵化约 70 家新兴的生物技术公司。❶

图 22-2　主街 700 号的现代面貌：LabCentral 的正门面对庭院，紧邻主街

LabCentral 的理念是致力于孵化以科学为基础的初创公司，除此之外，它的身上还集中体现了肯德尔广场从制造业到物理学和计算机学，再到生物技术的演变。比如，如果哪一天 LabCentral 内部的某家企业成功治愈了某种癌症，或者在治疗或预防阿尔茨海默病方面取得了巨大进展，LabCentral 在主街 700 号上没准就会有自己的牌匾了，或者至少与这家租户共用一块牌匾。

---

❶ LabCentral 占据了整个园区的北侧，被称为北 700 号。——原书注

LabCentral 自 2013 年底成立之后，就迅速成为生命科学生态系统中的一支强大力量。根据其 2020 年发布的《2019 年影响力报告》，在其成立后的 6 年多时间里，它的旗下共有 126 家初创公司。这些公司通过天使投资、风险投资、基金、合伙经营等方式累计募集了 59 亿美元资金（其中 2018 年和 2019 年募集了近 40 亿美元）。LabCentral 表示，其现有公司和校友公司在 2019 年获得了 5.82 亿美元的 A 轮融资，占美国 A 轮投资总额的 20%，在吸引初创期投资方面足以排到美国第四大州。在经济方面，LabCentral 公司从建立至今还为该州增加了 2395 个工作岗位。

LabCentral 的幕后功臣约翰内斯·弗吕霍夫来自美茵河畔斯坦海姆，这是一个历史可追溯到中世纪的德国小镇，位于法兰克福以东。他从没想过自己会去美国经营一家初创公司。他考上德国和法国的医学院，攻读产科，梦想成为一名医生，就像他的四个祖父母中的三个和许多亲戚一样。2002 年，当他同为医生的妻子进入塔夫茨大学的博士后项目后，他才搬到波士顿。弗吕霍夫仍然觉得自己会成为一名医生，他在贝斯以色列医院的一个为期一年的项目中应聘上了博士后职位。"我一直认为我是一名医生，"他总结道。

但弗吕霍夫在贝斯以色列医院的研究成为一个长期项目，然后又成立了初创公司。这个变化是他想也没想过的。他当时在著名学者、连续创业者李嘉强的实验室里研究一种遗传性结肠癌。他们在老鼠实验中获得的一些数据表明，针对这种疾病的研究可能很快会取得进展，这些令人兴奋的数据发表后，他们突然开始接到风险投资人的电话。李嘉强听从了他们的建议。"所以我们成立了一家公司，他让我去找建实验室的地方。"弗吕霍夫说。

从 2005 年末到 2006 年，弗吕霍夫与各种经纪人打交道，埋头处理各种商业租赁和其他房地产细节，这些超出了他以往的经验。他回忆道："我们甚至花了很长时间才知道自己要找什么。"

最终，他们在肯德尔广场 1 号找到了场地，这是一处经过翻新的建筑群，在肯德尔广场的发展故事中扮演着核心角色（见第 4 章）。他们将初创公司命名为 Cequent Pharmaceuticals，该公司在鼎盛时期雇用了约 30 名员工，弗吕霍夫担任研发负责人。2010 年，Cequent Pharmaceuticals 以全股票形式被收购，价值约 4600 万美元，并与华盛顿州专门从事 RNA 干扰

药物研发的 MDRNA 公司合并。❶

然而，创办 Cequent Pharmaceuticals 的经历让弗吕霍夫相信，一定有更好、更快的方法来创办科学公司。他回忆说，在 Cequent Pharmaceuticals，光是寻找场地和建立实验室就花了八九个月时间。在此期间，公司既没有做科学研究，也没有获得推进药物研发所需的数据。弗吕霍夫估算了一下，第一轮融资的三分之一（约 200 万美元）都用在了购买设备和改造场地上。"投资人没有从中得到任何好处，我们也没有。"他说，"而作为创始人，我们还必须募集更多资金来支付这些费用，并遭受更多的股权稀释。这不是一个好的模式。"

这段经历，再加上弗吕霍夫在他的下一家公司 Vithera Pharmaceuticals ❷工作期间的所学所得，使他确信他找到了一个更好的创业模式。他没有为 Vithera Pharmaceuticals 募集风险资金，而是利用他在肯德尔广场 1 号租用的场地，让其他人付费在这里进行研究，再用这笔钱去支付 Vithera Pharmaceuticals 的科研经费。

没过多久，弗吕霍夫就意识到，附加协议中的研究业务——"生物实验室"（BioLabs）比 Vithera Pharmaceuticals 自己的业务更有利可图。人们不仅有大量的研究需求，而且那些成功的项目往往还会变成想要继续在生物实验室进行科学研究的公司。"他们需要场地，我们说，'你可以用这个工作台，'"弗吕霍夫说。"我们只是按照使用工作台的数量来收取租金，并且提出了定价模式。之后，我们有了一个最了不起的发现，那就是和其他聪明人一起工作非常有意思。起初有两三个其他的团队，现在由五个再到十几个，这些团队虽然和我们一起都在我们的实验室里工作，但做的是他们自己的事情，大家组成了一个很棒的社区。"

2010—2013 年，这一切都在肯德尔广场 1 号的生物实验室场地上开展起来。此后便不断壮大。"人们开始打电话给我们，他们不需要我们的服

---

❶ Cequent Pharmaceuticals 融资不到 1800 万美元，并与诺华达成了合作协议。——原书注

❷ Vithera Pharmaceuticals 是一家专注于研究治疗炎症性肠病的基因工程益生菌的公司。——译者注

务，他们只想要实验场地。"弗吕霍夫说。他在北卡罗来纳州的达勒姆开设了另一家生物实验室类型的机构，接着在美国其他地方又开设了7家分部。[1]

与此同时，弗吕霍夫推出了一个更大、更雄心勃勃的生物实验室——LabCentral。它被构建成一个非营利组织，以便申请马萨诸塞州生命科学中心（Massachusetts Life Sciences Center）的拨款。马萨诸塞州生命科学中心是该州推动生命科学领域发展的一项努力，当时由苏珊·温德姆-班尼斯特（Susan Windham-Bannister）管理，已经向一家名为Moderna的初创公司提供了"加速器贷款"。"我们所有的数据都来自我们在生物实验室的头三年里建立的出色的公司。"弗吕霍夫回忆道，"我们在肯德尔1号拥有的这个公认的B级空间创造了数百个就业机会，数亿美元流入了公司。我们向他们展示了这个宏伟的愿景。"

核心优势是，初创公司可以专注于科学，而不是运营和寻找设备。弗吕霍夫很快就把这句话发展成了一句流行语："我们将改变人们对建立生物技术公司的看法。"他看中了labcentral的最佳地点——主街700号的历史建筑。20世纪90年代末，麻省理工学院从宝丽来手中买下了这处地产，并于2002年底将其改造为生物技术研究设施。但在2013年，由于它位于肯德尔广场和中央广场之间的"死亡地带"，因此租金合理，弗吕霍夫解释道。

申请资助的团队——弗吕霍夫以及labcentral的其他两位联合创始人——是经过精心挑选的（见图22-3）。其中一位是彼得·帕克（Peter Parker），他是一位经验丰富的风险投资人，曾投资了Cequent Pharmaceuticals，后来担任该公司的首席执行官；另一位联合创始人是剑桥创新中心创始人兼首席执行官蒂姆·罗。在Cequent Pharmaceuticals和Vithera Pharmaceuticals之间，弗吕霍夫在剑桥创新中心租用了空间，并逐渐看好这种模式，将其部分应用于BioLabs和LabCentral之中。

温德姆-班尼斯特和马萨诸塞州生命科学中心被说服了。他们给了

---

[1]　截至2020年，"生物实验室"在美国运营着8个分部，并着眼于国际扩张。最初的剑桥分部搬到了波士顿唐人街的塔夫茨大学，它现在被称为Tufts Launchpad BioLabs。还有一家"生物实验室"分部开在肯德尔广场的另一地点，是与易普生合作的。——原书注

LabCentral 500 万美元的拨款，用于在主街 700 号的底层建造 2.8 万平方英尺的设施空间。除了实验室，该设施还包括社区空间、共享会议室和类似电话亭的私人通话小屋。它还提供免费的拿铁、浓缩咖啡和其他饮料（有时包括啤酒和葡萄酒）、水果和各种其他零食，它还举办教育和有趣的活动。"周一有一家公司来到这里接受安全培训，他们可以在星期二做实验。"弗吕霍夫宣称。此外，他们还可以使用价值数百万美元的电子显微镜、质谱仪等设备。这里甚至还有一种售卖实验室用品的自动售货机。

图 22-3 约翰内斯·弗吕霍夫（左）和彼得·帕克在 LabCentral

LabCentral 很快被证明是生物技术的"梦想之地"。"这个地方的客满速度比我预想的要快得多，即使我经营的是镇上唯一提供这种服务的地方。这是我始料未及的。"弗吕霍夫说，"现在大家都在这样做。我们为行业带来了新的模式。对于知识渊博的风险投资人来说，这是显而易见的标准。他们会让他们的首席执行官在这里这样做：效率高得多、速度快得多、成本低得多，而且更有趣。"

一个典型的 LabCentral 租户一开始只有两三个人。这处地方可以容纳一家公司发展到 15 名员工，两年后不管它们是否能达到这一数字，都得被扫地出门。弗吕霍夫承认，标价似乎很高。2020 年年初，LabCentral 对一排实验室长凳中的一张长凳每月收取 4600 美元（你还会得到一个印有公司名称的小标志）。但对许多人来说，它提供了巨大的价值，人们对 LabCentral 的需求增长得如此之快，以至于弗吕霍夫抢占了主街 700 号大厦的上层——增加了 4.2 万平方英尺——当它们的主人辉瑞在 2016 年底搬到附近的大厦里时。这要归功于马萨诸塞州生命科学中心的 500 万美元拨款，以及企业赞助商的 450 万美元赞助。

然而，到 2017 年底，这处空间也完全被填满了。因此，LabCentral 与辉瑞公司合作，在离主街 610 号不远的地方开设了一家姊妹店。610 号的 LabCentral 为比初创公司规模稍大的公司提供了空间。弗吕霍夫称它为"毕业实验室"。"这是专门为那些员工人数从 15 人增加到 40 人的公司设计的。"他说，"我们在公共市场周围有 8 间套房。所以该公司仍然享用社区，但他们有更多的隐私。他们有自己的办公室，有自己的房间。我们仍然共用咖啡厅、休息室、会议室和公共接待区。"辉瑞作为主要支持者，将其中的两间套房用于自己的外部创新——将自己嵌入社区。

弗吕霍夫强调，LabCentral 是一家盈亏平衡的企业。"它基本上是根据供应商的数量来分配和划分运行成本的。"他说，"我认为这是我们与其他地方的不同之处。（用户）从支付的租金之中获得巨大的价值，我们不必向投资人付款，也不必支付任何贷款。"他说，LabCentral 另一个与众不同之处在于，并不是所有初创公司都能进驻。"我们非常挑剔，拒绝了五分之四的申请者，因为我们希望进驻里面的都是最好的公司。如果你是一家房地产公司，你就不能这样做，因为你必须让房间被填满。对我们来说，这是战略性问题。"

这种选择性使得 LabCentral 更容易吸引企业的支持，以增加它所收取的租金和获得的各项拨款。所有企业捐助者的标志被展示在一面赞助商墙上。其中包括十多家领先的制药和生物技术公司以及一些小公司，从制药商到设备制造商，每家公司每年至少会出资 10 万美元。弗吕霍夫说，LabCentral

在头五年总共获得了约 4000 万美元的赞助。到 2021 年年初，总金额接近 6500 万美元。

还有一项战略意义在于，弗吕霍夫和帕克与另外两位生物技术资深人士联手成立了一个生命科学风险投资基金，名为生物创新资本（BioInnovation capital）。这只估值 1.35 亿美元的基金于 2017 年首次关闭，专门对 LabCentral 和 BioLabs 旗下的公司进行种子投资和 A 轮投资。后来，该公司与总部位于旧金山的 Mission Bay Capital 合并，并将合资公司更名为 Mission Bio Capital。弗吕霍夫说："这就是我们利用这些实验室取得成果的方式。通过这种方式，我们可以通过空间、与制药公司的联系，以及现在的资本来帮助企业家。"

在赞助商墙旁边是另一面展示墙，上面是所有 LabCentral 旗下的公司的标志。一些公司继续进行大型风险投资，还有一些公司甚至上市了，比如 Rubius Therapeutics、Fulcrum Therapeutics、Surface Oncology 和 Unum Therapeutics。其他公司没有幸存下来。但即使一家公司破产了，弗吕霍夫说，"这对我们来说是件好事，因为我们认识了这些创始人和高管，然后他们回来说，'嘿，我的公司没有成功。你能帮我联系另一个团队吗？'因此，我们成了一个非常活跃的交流中心。"

事实上，弗吕霍夫认为，LabCentral 的大部分价值在于它将有趣的人和想法联系了起来。这就是为什么有公共空间提供咖啡等饮料、零食、舒适的椅子和沙发，辅以各类活动，读书俱乐部和走廊里的旋转艺术。"我们希望在我们的活动中，允许这种发生在走廊和咖啡厅的人与人之间的碰撞，"弗吕霍夫说，"真正的价值不在于流式细胞术，真正的价值在于我周围的所有其他人。"

他想谈的最后一件事是 LabCentral 学习实验室，这是与一个名为 BioBuilder 的团队合作的实验室，特别为初高中学生和教师提供最先进的实验室设备，以及在 DNA 转移、合成生物学甚至克隆等领域培训的专用空间。新英格兰生物实验室是这一项目的赞助商，该公司是生物领域领先的酶生产商，每年都会捐赠一大笔钱来支持该项目。

LabCentral 的大多数租户都是小公司团队的成员，但也有少数是孤军奋战的发明家或致力于某个概念或想法的科学家。这些新兴公司正在解决的问题也可以被视为通向未来的窗口。也许有人会在生物学上有突破性的发现，这一发现会像电话一样改变世界。绝大多数初创公司都是制药公司，开发治疗多种癌症、阿尔茨海默病、自闭症、各种罕见病等的药物。其他公司则从事医疗设备、诊断、成像、皮肤病学和听力学工作。

其中一个成员是麻省理工学院的衍生公司——阿西莫夫（Asimov），该公司将合成生物学与计算机科学相结合，打造类似微处理器的生物电路，被认为在治疗、食品等领域有广泛的应用。2017 年底，该公司在种子轮融资470 万美元，由知名风险投资公司安德森·霍洛维茨（Andreessen Horowitz）领投。另一个成员是 Affinivax，该公司正在利用波士顿儿童医院授权的技术开发下一代疫苗。它遵循了一种不同的启动策略，不接受风险投资以保持更高的独立性，而是依赖比尔和梅林达·盖茨基金会和战略制药公司合作伙伴的初始投资。在新冠疫情期间，该公司迅速转向研发冠状病毒疫苗。

LabCentral 的第三个成员是 Dyno Therapeutics，它诞生于哈佛大学遗传学家乔治·丘奇的实验室。它利用机器学习来设计超高效的病毒，这些病毒可以逃避免疫系统，并将治疗基因更精确地携带到体内的关键目标，包括肾脏和肺部等历来很难治疗的器官。

LabCentral 团队中最出色的成员之一是 Kronos Bio，该公司是围绕一个名为"小分子微阵列"的药物发现平台而组建的，该平台由科赫综合癌症研究所的安吉拉·克勒发起。该阵列采用先进的打印技术，将小分子附着在其表面，以便几乎可以同时评估数千个分子，不仅具有更高效、更低成本的药物开发潜力，而且还可以解锁长期以来被认为实际上"不可成药"的药物靶标。Kronos 成立于 2017 年，在 2019 年 7 月的 A 轮融资中获得了 1.05 亿美元的巨额资金。当时，该公司已经吸引了吉利德科学公司（Gilead Sciences）前首席科学官诺伯特·比肖夫博格（Norbert Bischofberger）担任首席执行官，并将总部搬到了加利福尼亚州的圣马特奥。然而，该公司在 LabCentral 保留了一个重要的研究部门，就在科勒实验室所在的主街上。

主街 700 号内部其中一个，或者其他一些早期项目，会不会找到治愈疾病的突破，或者成为下一家强大的上市公司，最终建立自己的实验室？答案几乎可以说是肯定的。但是哪一个呢？前 IBM 研究院全球主管约翰·阿姆斯特朗（John Armstrong）曾告诉我，蓝色巨人实验室里进行的项目和其他工作中，只有一半最终会取得成功。"问题是，我不知道是哪一半。"

这一切都是关于对未来做出明智的、经过计算的押注，并找到最有可能成功的人和环境。很难想象 LabCentral 的一些租户或前租户不会开花结果，甚至超出预期。毕竟，一个半多世纪以来，这就是主街 700 号的故事。

第 23 章

合作的纽带

在健赞中心对面是一个小公园，那里冬天是溜冰场，夏天可以举办现场音乐会。大家本应聚集在这里举行纪念活动，但由于新冠疫情，各位与会者都还在居家，他们通过网络直播观看了这场活动。

那是 2020 年 12 月 3 日，嘉宾们在屏幕前参加了亨利·特米尔的纪念仪式，并见证了健赞首席执行官真人大小的雕塑揭幕（见图 23-1），这座雕塑被放置在现在的亨利·A. 特米尔广场（我在第 1 章的步行路线中描述了这一场景）。生于荷兰的特米尔于 2017 年 5 月 12 日意外去世，享年 71 岁。在他去世后的几个月里，生物技术界兴起了一场纪念他的运动。一个致敬委员会募集了 300 多万美元，重新设计并命名了他心爱的健赞中心外的公园，并委托建造了这座雕塑。该公园于 2018 年更名，景观工程在当年晚些时候已经基本完成，仪式和艺术品的摆放是最后的收尾工作。特米尔去世三周年纪念活动原定于 2020 年 5 月举行，但因为新冠疫情的不可抗因素而推迟了。

对特米尔纪念活动的大量支持直接说明了肯德尔广场的另一个方面：它的导师和合作精神，特米尔在其中发挥了主导作用。2011 年健赞被赛诺菲收购，退休后的特米尔扩大了自己作为顾问和召集人的角色——他经常接待胸怀理想的企业家到他在马布尔黑德的"黄房子"，投资初创公司，并为后起之秀和老牌企业举办活动。除了公园，他的妻子贝琳达和女儿阿德里亚娜还成立了一个基金会。在其赞助下，创立了"亨利·A. 特米尔遗产计划"为年轻的生物技术企业家提供伙伴关系。2018 年 5 月，也就是他逝世一周年之际，首批 5 人受到接待，未来两年还将有 9 人被提名。该计划提供奖金。但它提供了可能更有价值的东西：途径。一群明星云集的生物技术领导者组成的庞大团体，承诺在被提名人追求事业的过程中随时为他们提供建议和咨询。"我们之所以能成为第一大生命科学集群，是因为人们可以一起合作，而且仍然具有竞争力，我认为亨利功不可没。"贝琳达·特米尔说，"他激励了很多人，让他们怀抱更大的梦想。"

图 23-1　2020 年 12 月，特米尔的雕像揭幕后不久，他右边的喷泉还没有喷水

资料来源　作者。

　　他的雕像意在直接唤起这一点。这件艺术作品的作者是玻利维亚雕塑家巴勃罗·爱德华多（Pablo Eduardo），他塑造了在市政厅附近的前波士顿市长凯文·怀特的雕像，以及冷泉港的查尔斯·达尔文的雕像。特米尔坐在公园里的长凳上，靠近一条蜿蜒的花岗岩瀑布，瀑布流入倒影池。他跷着二郎腿，张开一只手表示欢迎，歪着头，仿佛在倾听或交谈。罗伯特·鲍勃·库格林（Robert Bob Coughlin）是马萨诸塞州生物技术委员会公司的前首席执行官，也是特米尔荣誉委员会的联合主席，他这样来结束直播仪式："我会很喜欢去那里和亨利坐一坐，和他讲一讲我们还没来得及说完的话，以及想一想亨利在这种情况下会怎么做。"

＊　＊　＊

　　艾拉伦制药首席执行官约翰·马拉加诺是致敬委员会的另一位联合主席。在他看来，他的朋友兼导师特米尔是一个非凡人物，也是一个关键人物。"生物技术公司领导层具有非凡的合作精神，"他说，"他们了不起的地方在于，你会看到在首席执行官、首席营销官、研发部门负责人、首席财务官、财务主管等层面上，他们之间是如何紧密联系并对外积极凝聚社区的。我曾与旧金山湾区的同行们有过讨论，他们哀叹在南旧金山或整个半岛都见不到这种精神。即使两家公司在某个特定的治疗类别或临床适应证上竞争，你也会发现这两家公司的首席执行官会坐在一起，讨论更广泛的环境，并共同努力确保环境是健康的。"

"波士顿是一个小镇。生物技术是一个小镇。你把两者放在一起，这就是一个非常小的城镇。"生物制药公司 Arrakis Therapeutics 的董事会主席、Editas Medicine 和 Avila Therapeutics 的前首席执行官卡特琳·博斯利（Katrine Bosley）表示，她在 2021 年领导了她的第三家生物技术公司，这是一家仍处于隐形模式 ❶ 的初创公司。博斯利认为，旧金山湾区的地理分布要分散得多，这至少在一定程度上妨碍了这种紧密联系的文化。"在生态系统的所有不同部分之间都有很大的互动密度。我总是发现人们非常乐于助人——无论你走到哪里，都能得到免费的建议。人们做很多非正式的指导，只是为了把它传递出去。"

虽然没有人量化过这种现象（如果可能的话），但它是真实存在的。特别是在生命科学领域，这些关系网络构成了肯德尔广场和大波士顿创新集群的重要组成部分。它们有多重形式。有些是正式的营利性企业，如生物制药中心（BioPharma Hub），同行们在保密环境中分享最佳实践，或者在波士顿举行各种高管会议。此外还包括非营利性的指导项目，特米尔基金会合作伙伴，以及旨在激励和支持女性教员成为公司创始人的"未来创始人计划"等临时举措。各种孵化器和创业项目也提供指导和联系。

然而，这些关系网络也经常是非正式的——通过晚餐、鸡尾酒会，或者仅仅是愿意聚在一起喝咖啡聊天建立。尽管鲍勃·兰格自己创建了近 40 家公司，并赢得了几乎所有可能的奖项，他的一份公报可以鼓舞年轻的企业家，但他只是众多例子中的一个。

---

❶ 隐形模式初创公司是指在发展的初始阶段秘密运营或有限公开曝光的公司或创业企业。——译者注

该地区先锋企业的校友也分享和培养了深厚的人脉关系。这些企业的前员工，以及在该地区长期驻扎的制药公司（数量少一些），如诺华和辉瑞开始领新的初创公司，为这些公司提供资金支持，或在这些公司的顾问委员会中任职。这些资深人士中的一些人回到了生物技术的早期，并真正看到了这一切。令人惊讶的是，这些先驱中有很多人还没有退休。他们经常在职业生涯中多次交锋，分享成功和失败，在一个项目中建立联系，这种联系又会在下一个项目中为他们服务。深入阅读初创公司首席执行官和其他高管的传记，你经常会发现他们初入职场时都在渤健、健赞、Genetics Institute、福泰制药公司或千年制药公司等公司工作过。

相互联系和关系是每个生态系统的一部分，就波士顿而言，可以追溯到婆罗门家族，他们资助了西波士顿大桥的建造，以及支持了亚历山大·格雷厄姆·贝尔等发明家。在 21 世纪 20 年代，关系网络以其更专业的表现形式，成为科技和生命科学领域的核心部分。然而，基于大量的采访和一个知情人的观察角度，这种联系在生物技术领域似乎异常牢固。

在这方面，21 世纪初的波士顿生物技术界似乎在 20 世纪 80—90 年代的科技界跌倒的地方爬了起来。它在很大程度上避免了"单打独斗"的藩篱，而"单打独斗"阻碍了 128 号公路电子公司之间的合作，也阻碍了创意和人才的交叉融合，使其更难保持创新和竞争力。相比之下，人们普遍认为波士顿生物科技公司已经从旧金山湾区分离出来，并成了世界领先的生命科学生态系统。麻省理工学院的菲尔·夏普表示："我认为它形成优势有几个原因。"夏普是渤健和艾拉伦制药的联合创始人，最近还在为初创公司Dewpoint Therapeutics 担任顾问。"原因之一是，公司与公司之间存在大量的人员来回互动和分享。而导师从未被提及过的，但这在首席执行官等人之间一直存在。要真正做点事情，真正有所作为，压力是非常大的。这里看不到僵化守旧的作风。它仍然是一个充满活力的社区。你只要走出门去说'我要做点新的东西，否则我就没法证明我的存在'，这在剑桥是非常突出的。"

加州大学伯克利分校教授安娜莉·萨克森尼安（AnnaLee Saxenian）在《区域优势：硅谷和 128 号公路的文化与竞争》（*Regional Advantage: Culture and Competition in Silicon Valley and Route 128*）一书中详细阐述了波士顿与湾区科技公司的发展。麻省理工学院和斯坦福大学在第二次世界大战期间都设立了先进的电子和计算实验室，并培养了大量技术人才，推动了战后工业的增长。因此，萨克森尼安写道："在20世纪70年代，北加利福尼亚州的硅谷和波士顿的128号公路作为世界领先的电子创新中心，而受到国际赞誉。两者都因其技术活力、企业家精神和瞩目的经济增长而闻名。"

在波士顿，由小型计算机公司如美国数字设备公司、Wang、Prime和Data general所引领的科技产业的崛起被誉为"马萨诸塞奇迹"。然而，不出几年，情况就发生了翻天覆地的变化。小型机制造商因个人电脑的出现而遭受重创。随着裁员人数的增加，初创公司未能填补这一空缺。到20世纪80年代末，一切戛然而止了，只剩下哀叹。

这位加州大学伯克利分校的学者列举了导致波士顿地区公司落后于加利福尼亚州同行的几个因素。排在第一位的是128号公路的孤岛文化。她注意到，在硅谷，"该地区密集的社会网络和开放的劳动力市场鼓励实验和创业。公司之间激烈竞争，同时通过非正式交流和合作，相互学习不断变化的市场和技术。"在波士顿附近，萨克森尼安发现了相反的情况。"这片区域经济仍然是自治企业的集合体，缺乏社会或商业上的相互依存……工程师们一般下班就回家，而不是聚在一起闲聊或讨论他们对市场或技术的看法。128号公路似乎见不到硅谷常见的社交聚会场所。"

她总结道，造成这种差异的也有地理位置和地理因素的影响。马萨诸塞州的各家公司分布在128号公路沿线和更远的地方，彼此之间往往相隔数英里。她写道："与硅谷不同的是，128号公路地区的面积非常广阔，以至于美国数字设备公司开始使用直升机将其分散各处的设施连接起来。而硅谷的企业则密集地聚集在一起，形成了工业集中区。"

128号公路公司之间相对缺乏社交互动，因此更难建立相互信任和归属感。这些因素和其他因素导致波士顿地区的公司对不断变化的市场和技术反应迟缓。萨克森尼安发现，最重要的是，虽然孤立性在规模和员工稳定性方面提供了一些优势，但总体而言，它降低了公司的竞争力和创新能力。

在肯德尔广场的当前迭代中，虽然科技巨头和制药公司都在追求专利技术的进步，也有各自版本的"单打独斗"，但128号公路隔离的结构和体验似乎几乎完全被避免了。大公司在肯德尔广场协会和马萨诸塞州生物技术委员会等组织中扮演着积极的角色，在他们的厂区举办商业活动，建立伙伴关系，并给高校资助大量联合项目——这是萨克森尼安在 128 号公路的公司中发现的另一个缺失元素。

这在一定程度上反映了在态度上一种近乎普遍的转变。在互联网、手机和社交网络时代，越来越多的企业家和员工开始寻求都市生活，以及与同龄人的互动。这种以社区为导向、相互联系和开放的心态，是企业家和风险投资公司重返波士顿和肯德尔广场的部分原因。"年轻人对 128 号公路没有兴趣，"阿特拉斯风险投资的前合伙人杰夫·法格南（Jeff Fagnan）说道，他回忆起阿特拉斯风险投资在 2010 年从沃尔瑟姆搬到剑桥的情景。"他们实际上是关于更多的接触点，更多的社区建设，以及大量的同类聚会团体。"

肯德尔广场极其严格的地理限制也有助于打破障碍。举办会议或下班后的小酌在日程安排上要容易得多。即使在 2010 年前后，餐厅、酒吧和咖啡馆在数量上有了激增，你指不定在哪里就会遇到其他公司的人。"如果我哪一天出于某种原因走过肯德尔广场，我每次都能遇到两三个熟人。"艾拉伦制药的马拉加诺说，"我们可能会私下交谈，可能会冒出一个点子，可能会说，'嘿，我们过一两天再聚一聚吧。'如果你开着车沿旧金山的 101 公路去加州大学旧金山分校，或者穿过海湾去伯克利，你就无法重温这种感觉。"

* * *

这些因素在某种程度上，适用于肯德尔广场的每个人。但在生物技术领域，这种合作、互动的网络似乎更为强大。这是如何发生的呢？并不是说很多生物技术高管都读过萨克森尼安的著作，并刻意避免落入小型计算机制造商的陷阱。

业内人士给出了一些答案，或者至少是合理的理论。其中一个原因是，生物技术公司源于共同的学术根基（远远超过小型计算机和计算机制造商）。像渤健、健赞、千年制药公司和 Genetics Institute 等开创性公司的创始人或主要科学人物都曾是麻省理工学院和哈佛大学的教授，其中许多人都曾在萨尔瓦多·卢里亚或詹姆斯·沃森手下学习。事实上，他们中的一些人仍然在那些机构任教，而且随着时间的推移，他们一起创办了更多的公司。作为一个群体，他们在推进一个全新领域分子生物学及开创生物技术产业方面发挥了核心作用。这种共同创造的意识形成了相互尊重和牢固的纽带，远远超越了任何一家公司。将一种药物推向市场的过程非常困难和复杂，而且往往涉及与他人合作，这又进一步加强了这种联系。

"这很难去复制。我想过这个问题。每个人都有自己的正式结构，拥有自己的技术，并得到知识产权和整个制药行业监管的支持。但这个群体理解科学发展的速度，"麻省理工学院的夏普说，"如果他们是在其他地方并且孤军奋战，那么就没有一个人、没有一个团队可以掌握它了。为了将这门科学带给患者，你必须有懂得如何在患者身上测试新科学的经验丰富的医生，你必须有化学工程师和能够制造药物的工程师，你必须有了解监管流程的人员，你必须融资。如果你想领导这些公司，就需要具备多方面的技能。如果你只是一个刚达及格线的人，那肯定不行。你不可能成为第二个雪佛兰❶。这个社区中首席执行官之间的沟通十分顺畅——他们是彼此的私人顾问。"

许多人表示，与软件、电子和计算等领域相比，生物技术领域的产品上市所需的时间非常长——新药通常需要十几年或更久，这也让开放和协作变得更容易。"在高科技或信息技术领域，如果他们谈论他们正在做的事情，有人就可以获取这些知识，倒推并发展它，并更快地将其推向市场。所以你无法和与你处于同一水平的人分享，你也不想分享。——你的竞争力才会强得多。"马萨诸塞州生物技术委员会的第一位全职主席贾尼丝·布尔克说。"从这个意义上说，我们行业里的竞争没有这么激烈。它不像其他行业，人人都想取得成功，成为领导者，但这太有挑战性了。所以，他们可以自由地谈论这个问题，没有人能倒推并在市场上战胜他们。所以你的压力消失了，这创造了一种活力，特别是在肯德尔广场，因为这里靠近麻省理工学院和可用的房地产。"

并且很少有生物技术公司直接参与竞争。他们一般都在研究不同的疾病或疾病的各个部分，或探索独特的方法。Navitor 制药公司首席执行官汤姆·休斯说："区区几个街区的范围内可能就有 100 家公司，但它们之间没有严格意义上的竞争对手，因为它们做的事情不同。"休斯在进入生物技术产

---

❶ 雪佛兰汽车公司，1911 年创办通用汽车的美国人威廉·杜兰特因为与通用汽车大股东杜邦家族不合，离开通用汽车并与瑞士赛车手兼工程师路易斯·雪佛兰在美国底特律创立。——译者注

业之前，曾帮助成立了诺华制药公司生物医药研究所。但生物技术公司确实面临着共同的挑战，比如，如何进行临床试验，如何通过美国食品药品监督管理局的审批，甚至只是创建一个自我维持的行业，以提供就业机会和晋升机会。他说，所有这些都促进了互动，加强了网络。

休斯和其他人还指出，风险资本比 128 号公路的科技全盛时期更加成熟，这有助于进一步巩固人与企业之间的联系。"他们正在多家不同的公司上下赌注。他们希望所有人都能成功，而能实现这一点的最佳方式就是所有人都互相学习，分享最佳实践。他们从加强公司之间的协作互动中获得了这种固有的好处。"

休斯认为，这一点在科技风险投资领域同样适用，但在生物技术领域尤其明显。"生物技术产业需要建立外部能力，让你能够在欧洲、澳大利亚或亚洲也能开展工作。这与科技行业有一点不同，后者通常由内部工作驱动，不需要实验室空间，并且可能更专注于更快地向商业活动过渡，成本也低得多。风险投资-初创公司网络在生物技术产业非常重要，它可以帮助你了解哪些供应商是合适的——以及适合做什么——你应该支付多少钱，如何解决问题，临床策略，等等。"

* * *

对于波士顿的生物技术社区来说，紧密的互动加上行业的复杂性进一步促使人们团结在一起，加强了集群。夏普说，"核心在于科学，这就是本质。深入研究大科学，押注新科学，试图弄清楚如何运用这些科学。那就是渤健文化。千年制药公司是这样，福泰制药公司也是这样。正是这种文化将这些制药公司吸引到剑桥，并让这些公司在这里发展壮大。"

近年来，生物技术网络最引人注目的例子可能是莫德纳的形成，如《聚焦：绘制莫德纳网络》一节中的地图所示。特别是在 2000 年之后，生命科学社区的发展之丰富大出人们的意料。生物技术公司、经验丰富的投资人和管理者以及整体人才库的密度不断增加，再加上一流大学和医院的吸引力，为增长提供了更多的动力。随后，世界上几乎所有大型制药公司的业务都在不断增长，又进一步增强了这种趋势。这一切都反作用于自身。由于药物制造的复杂性，不少生物技术公司关门大吉。而公司隔壁可能就有另一个空缺职位，这使得该地区对雇员更具吸引力。你可能被解雇，也可以抓住一个晋升的机会，而不用背井离乡、转学，甚至不用调整你的通勤方式。同样，如果你要成立一家公司，没有比这更好的地方来寻找你的投资人、员工或合作伙伴了。从某种意义上说，整个生态系统已经变成了一张巨大的网络。

然而，在成功孕育成功的同时，也带来了新的挑战。肯德尔广场不断扩大的网络——包括科技界和生物科技界——给本已面临挑战的公共交通基础设施带来了更大的压力，交通状况越来越糟。房地产价格急剧上涨，不仅加大了初创公司的压力，也给肯德尔广场周围的居民区带来了压力。马克·莱文还对他在该地区所有生命科学人才储备中看到的对立感到担忧。"肯德尔广场的人才争夺战——对那些备受器重的人才有很大的好处，但他们确实变得非常贵。"这位三石风险投资公司和千年制药公司的联合创始人表示，"另一个极端是，人们在职业生涯中从事大量工作越来越早。我们发现，他们走入职场的时间可能有点太早了。因此，必须在质量上取得平衡，并确保我们不会用聪明但经验不足的人创建所有这些公司。"

一些人认为，企业化甚至威胁到了协作网络，而协作网络正是肯德尔广场特色的关键要素。休斯表示，"与生物技术公司不同的是，即使有两家大型制药公司比邻，它们也会相互竞争。所以你不会有思想上相互交流或分享解决方案的感觉。当你走进去的时候，你可以感觉到就像氧气被抽空了一样。而且不仅仅是制药公司，"他补充道，"真正让肯德尔广场成为创新温床的东西，在很大程度上已经被更大的集团挤走了。"

在 2020 年年初新冠疫情暴发时，应对这些挑战的想法已处于不同的考虑阶段，甚至被采纳。与几乎所有地方一样，因为疫情给未来加上了问号，所以围绕交通、房地产和办公空间等问题的许多努力都被搁置一边。不过，到目前，情况开始慢慢恢复正常。与此同时，肯德尔广场协会主席 C. A. 韦伯指出，在乔治·弗洛伊德[1]之死事件后，在其他一些方面的行动，如更普遍的多样性和包容性挑战，受到了更多的关注，并且在疫情期间加速了许多企业和集体举措。

---

[1] 乔治·弗洛伊德，非裔美国人，出生于费耶特维尔，2020 年 5 月被三名滥用职权的警员暴力执法致死。——译者注

对韦伯来说，肯德尔广场下一步演化的挑战在于如何在这些区域取得更大的进步，并"真正将这个地方作为一个创新区来管理，而不是让它成为另一个碰巧位于一所主要大学旁边的高租金办公区。"

◉ 聚焦：绘制莫德纳网络

新冠疫情中出现了一个令人振奋的故事：高效疫苗的研发速度打破了纪录。在肯德尔广场，这一成功在莫德纳身上体现了出来。到 2020 年年初，也就是莫德纳成立 10 年后，该公司虽然已经建立了丰富的新药产品线，但开发出的药物或疫苗尚未获得美国食品药品监督管理局的批准。然而，在 2020 年 12 月，它成为继辉瑞之后第二家新冠疫苗获得联邦批准的公司。莫德纳创建背后的关键人物凸显了肯德尔广场—波士顿的生物技术网络，对许多人来说，正是这个网络将该地区与其他地区区别开来（见图 23-2）。

肯尼思·希恩（Kenneth Chien），美国麻省总医院医生和心脏病学专家

● 鲍勃·兰格，麻省理工学院生物工程师和连续创业者（见《聚焦：鲍勃·兰格是肯德尔广场的秘密武器的化身》）

● 旗舰先锋／努巴尔·阿费扬（见《聚焦：旗舰先锋——他一手缔造了肯德尔广场的公司》）

● 德里克·罗西（Derrick Rossi），哈佛大学免疫疾病研究所

主要非创始人和地址：

● 斯特凡纳·邦塞尔（Stéphane Bancel）。邦塞尔当时是法国诊断公司 bioMérieux 的首席执行官，该公司的美国总部位于肯德尔广场，邦塞尔曾担任旗舰先锋的诊断初创公司 BG Medicine 的董事会主席。当他走过朗费罗大桥时，阿费扬打电话给他，邀请他加入新公司。2011 年底，他被任命为莫德纳的首席执行官。

● 蒂姆·施普林格。哈佛免疫疾病专家，罗西的同事。施普林格是兰格的初创公司之一 Selecta Biosciences 的董事会成员，也是该公司的投资人。他帮助罗西与兰格和旗舰先锋建立了联系，并成为莫德纳背后的第一个个人投资人。施普林格自公司成立以来直到 2018 年 12 月上

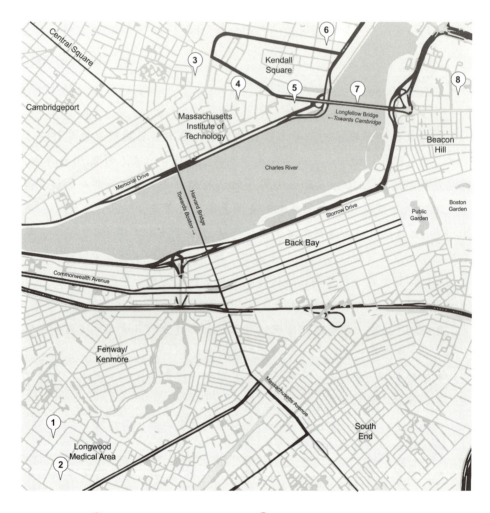

① 蒂姆·施普林格　　　　　⑤ 旗舰先锋 / 努巴尔·阿费扬

② 德里克·罗西　　　　　　⑥ 莫德纳的办公区

③ 莫德纳的办公区　　　　　⑦ 斯特凡纳·邦塞尔

④ 鲍勃·兰格　　　　　　　⑧ 肯尼思·钱

图 23-2　莫德纳网络

莫德纳的联合创始人（按字母顺序排列）

市，一直担任董事会成员或董事会观察员。

- 莫德纳的第一个正式地址位于第一街 161 号，莲花软件开发公司之前也在同一栋楼里。莫德纳从这里又搬去了科技广场 200 号。

第 24 章

挑战与区域优势

苏珊·霍克菲尔德凝视着一片破败的停车场和低矮的旧建筑。她想，在她面前蔓延开来的城市景观，一定是肯德尔广场几年前的样子。

只不过她那时候在波士顿，那是 2010 年 12 月。站在麻省理工学院院长旁边的是波士顿市长托马斯·梅尼诺。他们正在参观波士顿的海港区，市长仍在积极地将其更名为创新区。他们乘坐电梯登上了一座仍在建设中的大厦，这座大厦未来就是福泰制药公司的总部。霍克菲尔德说："这栋楼是毛坯状态，这片区域也是原始状态，但这种情况不会持续太久。"

将福泰制药公司拱手让给波士顿对剑桥来说是一个打击，而创新区的出现也在麻省理工学院和肯德尔广场周围引起了一些焦虑情绪。然后梅尼诺邀请霍克菲尔德去参观。"我不知道他为什么邀请我，也许这是恐惧的解药。"她推测道，"也许他想让麻省理工学院发挥一些作用。对于这一点我一直不太清楚，但他说的话让我至今难忘。他说，'你知道，硅谷不是一整块地方。很多分隔的地方被糟糕的高速公路连接起来。'他说，'我们地区应该有很多不同的创新区。'"

"我立刻就接受了。"霍克菲尔德回忆道，他列举了附近一些有自己创新举措的地区——从海港区到奥尔斯顿的哈佛新建筑群，再到越来越多的郊区，这些地区在价格和空间上都发挥了优势。"我们希望它们都能蓬勃发展。"她说，"虽然我们面临着必须解决的交通挑战，但如果人们可以四处走动，那甚至比硅谷更好。"

这种情绪凸显了 21 世纪 20 年代肯德尔广场的一个重要观点：在波士顿创新区首次亮相后的 10 年里，科学、高科技和创新的交织使肯德尔广场成为创新的典范，远远超出了其严格划定的地理边界。代表团从四面八方而来，去探索这个独特中心的秘密。但他们考察的并不仅仅是肯德尔广场。一些团队可能还会去中央广场参观麻省理工学院的"硬科技"孵化器——"引擎"。许多人还顺道去了位于奥尔斯顿的哈佛创新实验室，这里挨着哈佛商学院。他们思考着创新区的加速器 MassChallenge，或者成为萨默维尔绿城实验室（那里有一群气候技术初创公司）里不被察觉的观察者。再远一点，他们可能会考察塔夫茨大学的实验室或马萨诸塞大学洛厄尔分校的"全民创业"（Entrepreneurship for All）项目，以及 128 号公路沿线的许多公司和实验室。简而言之，梅尼诺的多个创新区愿景至少已经部分实现。

这个日益交织在一起的枢纽的纽带仍然是肯德尔广场。在其狭小的边界内，人员、研究机构和公司的卓越表现是无与伦比的。然而，肯德尔广场仍面临着巨大的挑战。其中大多数问题我们都已经讨论过，其中一些是深入讨论的：公司化、价格上涨对初创公司造成挤压、缺乏多样性、缺乏底层零售。除此之外，还存在住房短缺（尤其是经济适用房）和交通基础设施不足的问题。

2020 年年初，所有这些问题正在各个击破，有些措施推行得更好。接着，新冠疫情猛烈地袭击了波士顿地区，几乎所有的事情都被搁置了几个月。尽管底层零售业受到了重大打击，几家餐厅和酒吧已经被迫关门，然而到那年秋天，大多数工作都恢复了正常。

即使不论新冠疫情，这些挑战也都不是肯德尔广场独有的。多样性在任何地方都是一个重要问题，解决该问题的策略几乎得到普遍应用。交通也是一个普遍存在的问题。但这里的解决方案可能更因地制宜——比如，有人提议修建一条新的通勤线路，这将为进出拥挤的肯德尔广场开辟另一条通道。

无论这个问题是涉及多元化这样大范围的挑战，还是像规划地铁线这样小范围的挑战，许多人都觉得肯德尔广场有一个难得的机会，可以带头找到解决方案。在霍克菲尔德与梅尼诺的考察近 10 年后，在 2020 年 8 月下旬，霍克菲尔德在马萨诸塞州生物技术委员会的线上会议做闭幕发言。她将主题定为"建立区域优势"，借鉴了安娜莉·萨克森尼安的著作《区域优势：硅谷和 128 号公路的文化和竞争》。"我们的区域优势非常明显，"她告诉与会者，"但我们还有机会增强这种地区优势。"

* * *

2020 年 2 月 26 日至 27 日，渤健在波士顿万豪长码头酒店举行了场外领导层会议，来自世界各地的 175 位经理参加了这次年度聚会。正如《纽约时报》后来报道的那样："一年未见的同事们互相握手，争抢与老板们见面的时间。欧洲人按习俗行亲吻礼。"

渤健很快成为首批新型冠状病毒的超级传播者之一，其举办会议的故事成了国际新闻。但直到第二年 12 月，麻省总医院和布罗德研究所牵头的一项研究在《科学》杂志上发表，这一事件的全面影响才进入人们的视野。这项研究包括来自多个机构的 50 多名科学家，他们估计到 11 月 1 日，渤健事件可能导致全球 20.5 万至 30 万例感染。

无论确切的数字是多少，而且不仅仅是因为渤健事件，马萨诸塞州成了美国早期的热点地区。虽然肯德尔广场和波士顿几乎所有地方一样，几乎所有公司很快都关门了，但也存在显著差异。尽管大范围闭店，但肯德尔广场的许多人还是采取了行动以应对新冠疫情。许多工作已经在推进中，或正在迅速启动，以利用科学武器直接对抗新冠病毒。到目前为止，最受关注的是莫德纳公司研制疫苗的竞赛：这项工作于 2020 年年初开始，在当年 7 月底进入三期试验，并有望在年底前获得美国食品药品监督管理局批准。3 月底，布罗德研究所改造了其数据中心，用于检测新冠病毒。在企业、研究机构和高校的实验室里，也出现了许多其他了解或抗击病毒的努力。

然而，这种活动的外部迹象很难看到。2020 年 6 月的最后一周，马萨诸塞州允许非必要的实验室开放。尽管如此，住在肯德尔广场的人相对较少，而且只有一小部分人通勤上班。7 月 1 日，当我走在街上时，少数几家还在营业的餐厅只接待为数不多的顾客，一些餐厅已经关门大吉——窗户上要么贴着租赁标志，要么贴着手写的告示，宣告他们的状况。

三个多月后，也就是 10 月中旬，复苏的速度明显加快。更多的人外出活动了，餐厅似乎更有生气了，桌子摆到了人行道上。但大部分办公室里仍然空无一人，肯德尔广场总体上比起本来的熙熙攘攘，仍然只恢复了一小部分。

这些都和其他城市没什么不同。不过，尽管人们都预测波士顿地区的许多公司将被迫放弃昂贵的市中心办公空间，以实现财务反弹，但最重要的是肯德尔广场不会出现这种撤离。"新冠疫情有意思的地方在于，人们已经学会了如何在截然不同的空间工作。因此，我认为波士顿将会发生的部分情况是，你将会多出大量极其昂贵的办公空间，他们将拼命想办法去填满这些空间，"位于波士顿后湾的生命科学风险投资公司 Excel Venture Management 的胡安·恩里克斯（Juan Enriquez）说，"这对生物技术界并不适用，因为你需要非常具体的实验室布局和人员等。（肯德尔广场）以生物技术为基础，没有那么多可能空置出来的办公楼。"

亚历山大房地产公司时任总裁汤姆·安德鲁斯（Tom Andrews）补充道，这不仅仅是实验室空间的问题。他说："肯德尔广场的全部前提是临近性和高密度孕育了合作和创业行为。"

肯德尔广场的表现之所以可能会好于其他许多地方，是因为这里也有强有力的资金。生物技术公司在将一种药物投入开发的过程中，通常会在持续投入资金的情况下多年亏损：而大多数时候，疫情对它们的开发时间表几乎没有或根本没有影响。与此同时，制药公司的利润依然可观。美国数字新闻网站 Axios 在 2020 年疫情中期报道称："截至 7 月 31 日，10 家利润率最高的公司中有 9 家是制药公司。"

在肯德尔广场运营的大型科技公司的情况基本相同。Alphabet（谷歌的母公司）、微软、脸书、苹果和亚马逊保持着稳健的财务状况，因为它们的营收和利润在 2020 年都出现了增长（即使不是飙升）。它们在 2021 年年初至年中的表现仍然强劲。[1]

初创公司的前景则更加黯淡。剑桥创新中心为那些更喜欢大部分时间远程工作，但每周有一两天需要空间进行面对面沟通或开团队会议的个人或公司增加了灵活的会员计划。剑桥创新中心创始人兼首席执行官蒂姆·罗表示，由于学校师生开始返校，更多的客户在 2020 年秋季开始回流。2021 年年初，他对长期前景表示乐观。"显然，随着疫苗开始发放，我们认为重返公共工作场所的观念将会回归。起初速度缓慢，但一旦大多数想要接种疫苗的人接种后，最终势头会变得很强劲。"

生物技术初创公司的情况似乎有所好转。约翰内斯·弗吕霍夫和彼得·帕克与罗共同创立的 LabCentral，正全速推进扩建计划，这会作为肯德尔广场改造项目的一部分。

---

[1] IBM 的销售和利润都受到打击，但营业利润率有所提高。截至 2021 年年中，Alphabet、苹果、脸书和微软发布的季度收益报告显示了它们保持强劲增长势头。——原书注

"我们没有看到我们预期的影响，也几乎没有看到其他行业受到了这种影响。"首席运营官玛吉·奥图尔表示，"60 家常驻公司中，我们损失了不到 5 家。"截至 2020 年秋季，LabCentral 的新公司申请数量并没有下降。奥图尔指出，"而现在人们对生物技术研究的关注和赞赏似乎比以往更多。"

＊　＊　＊

据了解，肯德尔广场没有一个大型建设计划因为新冠疫情而被取消。3 月的时候施工全面暂停，但在州长查理·贝克的重新开放计划的第一阶段，于 5 月 18 日就复工了。"我们两个月后就回来了，"麻省理工学院投资管理公司房地产主管史蒂夫·马什说。他指出，由于项目要历时多年，"显然这是可控的。"

麻省理工学院主持了肯德尔广场两个最雄心勃勃的项目，可能涉及 1000 多名工人的办公场所问题。最远的是第 2 章中描述的肯德尔广场改造项目，该项目包括沿主街新建或翻新的 6 栋建筑。其中第一栋楼是研究生及其家人的新宿舍，于 2020 年 11 月开放。不到一年之后，位于主街 314 号的 π 塔也建成了，其最下面三层将是麻省理工学院博物馆的新馆。其他早期协议的租户包括波音公司、苹果公司和第一资本，以及一系列在新冠疫情期间签署了租约的其他公司。该建筑有望在 2021 年年中首次亮相，尽管麻省理工学院博物馆计划在 2022 年年初再向公众重新开放。肯德尔广场改造项目的另外两栋建筑，一座实验室楼（主街 238 号的钟楼）和主街上的一栋公寓大厦，将于 2022 年年中开放，剩下两栋可能要晚几年开放。

在这些建筑物周围，正在修建绿地和人行道，将校园与肯德尔广场连接起来。

第二个主要项目涉及长期饱受诟病的沃尔普运输中心。麻省理工学院已经与联邦政府达成了一项协议，在 2017 年对 14.5 英亩的场地进行了重新开发。第一栋建筑于 2019 年 6 月开始施工，其中包括将交通部的业务整合为一座 223 英尺高的大厦，占地面积仅 4 英亩多一点，位于地块一角，与渤健总部隔宾尼街对望。以前杂乱无章的地面停车场大部分将被转移到地下，从而使公共人行道与周围社区融为一体。重建后的沃尔普中心于 2023 年年底开放。

根据与政府的协议，麻省理工学院将花费 7.5 亿美元开发新沃尔普中

心（见图 24-1）。这一数额的剩余部分将以现金形式交给政府。重新设计的
沃尔普竣工后，政府将把剩余的 10 英亩土地的所有权转让给麻省理工学院。
然后，该校着手将该地块改造成一个现代化的多功能城市景观——包括约
1400 套公寓、实验室和商业空间、底层零售商店等。该项目可能需要 10 年
甚至 15 年的时间才能取得成果，但第一批附加元素应该会在新沃尔普中心
完工后的几年内亮相。"项目可能会分批次进行。我们将尽力调整节奏，以
便我们与沿途商家和零售店一起建设住房，我们希望尽可能多地装载开放门
面房空间。"马什表示。

图 24-1　艺术家对新沃尔普中心的设想，该中心于 2023 年年底开放

资料来源　Skidmore，Owings&Merrill LLP。

* * *

没有人能确定经济何时或是否会真正反弹。新常态已经接近新冠疫情前
的生活，这意味着肯德尔广场在新冠疫情前面临的挑战在疫情后仍将笼罩着
它。2019 年，肯德尔广场协会确定了三个需要显著改进的领域：场所营造、
交通运输、多样性和包容性。

至少从 20 世纪 60 年代的城市更新时期开始，场所营造和"激活街道"的口号就是一个目标。不管口号喊什么，它的含义并不仅仅限于办公室和实验室空间，还包括：餐厅、酒吧、咖啡馆、杂货店、药店、银行、公园、社区中心以及艺术和文化场所。这也意味着除了高薪的生物技术人员和技术高管以外，更多的人会住在那里。简而言之，这意味着让肯德尔广场不再只是一个商业区，而是一个多维的社区。

所有这些都反映在正在推进的肯德尔广场发展计划中。2018—2020 年年底期间，除了沃尔普中心大修和肯德尔广场改造项目计划的约 1700 套公寓外，还有约有 450 套公寓面市。近 4.5 英亩的公园、自行车道、人行道和开放空间也获得批准。

各种规划的建筑还包括底层零售空间。但可以说，零售业也是新冠疫情中受打击最大的。Graffito 首席执行官杰西·巴尔卡恩自 2007 年以来一直致力于开发肯德尔广场的零售业务。他说："当你想到激活底层零售和场所营造时，我们几乎是从无到有。"但这一成功以及未来的计划，在很大程度上都取决于肯德尔广场白天的人流量和他们下班后的活动。"这是一去不复返了。现在已经被掏空了，"他在疫情期间表示，"肯德尔广场的零售业和其他城市一样，都要求密度。但以肯德尔为例，零售业的成功与否在很大程度上取决于其实力、消费能力和白天工作人口的数量。所以，你知道，竞争将会很激烈。有很多未知数。"

增加的住房应该为餐厅、咖啡馆和其他零售业提供更坚实的基础，让它们减少对白天人口的依赖。艺术和娱乐是另一块需要作出巨大改进的领域——既能让员工下班后留在广场，又能吸引其他地方的人过来参加晚上和周末的活动。肯德尔广场长期以来梦想建造一个世界级的表演艺术中心。一块一英亩见方的地块被划作此用途，作为健赞中心启用的十英亩棕地重建计划的一部分。2020 年年底，该地块仍然空置，只不过是一块碎石地。开发商大卫·克莱姆将这块地卖给了商人兼慈善家格伦·尼克雷姆（Glenn KnicKrehm），后者设想建造一座文化艺术综合体，并将其命名为星座中心（Constellation Center）。但想要实现这一梦想，任务似乎过于艰巨。结果，根据医疗保健房地产信托 BioMed Realty 的比尔·凯恩的说法："一切都是围绕它而建的，一些社区成员感到失望。"[1]

　　2018 年年底，BioMed 公司以 5050 万美元的价格买下了这块地，这一价格比尼克雷姆买下它时付出的大约 1000 万美元高出了很多。第二年，这家房地产公司提出了一项宏伟计划，其中包括建设表演艺术综合体，但在其顶部建设商业和实验室大楼，为其建设提供资金。最终，在 2020 年 12 月，剑桥市议会一致批准了 BioMed 公司的提案，即建造一座拥有大型文化和艺术空间的三段式塔楼，其中包括一个底层剧院（见图 24-2）。BioMed 公司希望在 2022 年春季开始施工建设，计划于 2025 年开业。肯德尔广场终于可以有真正的夜生活了。

图 24-2　从特米尔广场的冬季溜冰场看过去，BioMed Realty 设计的三段式办公大厦，较低的楼层是表演艺术空间

---

[1]　这处房产的合法所有者是星座慈善基金会（Constellation Charitable Foundation），这是尼克雷姆成立的一家非营利机构。——原书注

* * *

一个艺术中心以及餐厅和零售场景的反弹所产生的潜在影响，可能会提高肯德尔广场的活力，以及实现激活街道的愿景。但这仍然留下了一个根本的问题：这一切都是为了谁？

主要还是为了富裕阶层——这仍然是一个短期内无法解决的问题。剑桥居民联盟董事会主席南希·瑞安（Nancy Ryan）指出，虽然剑桥现在要求任何超过 9 户的住宅开发项目必须留出其中 20% 的户数作为经济适用房或"包容性"住房。但考虑到肯德尔广场的房价，瑞安说，"这意味着 80%（其余正在建造的住房）的房价或租金对普通人来说仍是非常难以负担的。"

巴尔卡恩补充说，"初创公司和小企业的负担能力也存在问题。我们在肯德尔广场的大多数新建筑，都是为大公司建造的。我担心的是，人与人之间的碰撞因素可能仍然存在，但主要是大公司的员工相互打照面。"

与许多地区一样，肯德尔广场长期以来一直经历着房地产开发商、大大小小的企业、城市和居民之间的紧张关系。"贪婪的因素在这里蔓延。"一位居民鲍勃·西姆哈说。他曾长期担任麻省理工学院的规划主管。他表示，房地产公司和剑桥市在很大程度上都在努力提高利润，这往往是以牺牲居民的利益为代价的，而居民基本上只能自己为自己去争取权益。西姆哈断言："该地区的每一项便利设施（无论有什么影响），都是由社区对开发商施压才配置的。"

这是一个如何找到平衡点的问题，查克·海因兹（Chuck Hinds）说，他是东剑桥规划小组的主席，该团队代表了肯德尔广场附近的一个主要由约上万名工人组成的社区，该社区历史上一直是各族裔群体的"第一站"。"这就是平衡所在——他们赚他们的钱，而邻居能乐得其所。"

海因兹已经在这个团队工作了超过 25 年，其中包括两次担任主席。当务之急是阻止高层建筑向居民区蔓延。"如果你到社区中心环顾四周，你会发现这些高楼正在东剑桥中心围起一堵墙，"他说，"这给很多人一种幽闭恐惧症的感觉。"

2019 年，该组织申请将东剑桥划定为社区保护区。虽然这样的划定不会带来全面的保护，但会给居民更多的火力来遏制进一步的开发。当年晚些时候，剑桥历史委员会有条件地批准了该提案。由于新冠疫情，这项研究比原定的日期（2021 年 9 月）延长了一年完成。

东剑桥规划小组的其他首要任务包括保护开放空间，以及最大限度地减少大规模开发造成的其他影响。在新冠疫情之前，该组织成功阻止了计划在东剑桥修建的新变电站。小组成员动员了社区，争取了政界人士和其他公民团体的帮助，并威胁要诉诸法庭。2020 年年初达成了一项妥协，包括在渤健和阿卡迈科技总部附近的肯德尔广场修建地下变电站，并在它的顶上建造一个公园。波士顿地产拿下了这块地，并同意建造车站和公园，条件是市政府允许其在该地块上开发三栋建筑——两栋商业楼和一栋住宅。

该项目于 2021 年 2 月得到市议会的正式批准。"现在从宾尼街到社区之间就像有一堵无形的墙。"在东剑桥生活了一辈子的居民蒂姆·图米说。他自 1992 年以来一直担任议员。简而言之，图米并不认为肯德尔广场会进一步侵占东剑桥。

但是，尽管在发展问题上存在紧张关系，而且不断上涨的房价刺激许多长期居住于此的家庭卖掉他们的房子，搬到更远的地方，但图米对这些变化持观望态度。布罗德研究所的新冠病毒检测设施位于图米所住的查尔斯街，在他成长的过程中，这里曾是百威啤酒的分销工厂。图米记得啤酒厂的克莱兹代尔马每年夏天都会来表演。"所以你会看到一个啤酒仓库配送中心每天都要检测数千份拭子。对我来说，这是一件非常积极的事情。"他说道。其他一系列发展也是如此。"我关注的是这些建筑在拯救生命的治疗方法方面所发挥的作用。这不仅对居住在这里的人有好处，对全美乃至全世界都有好处。"❶

而海因兹预计"下一场战斗"可能会围绕沃尔普中心展开，但他指出，变电站的结果对所有相关方来说都是一场胜利。"你知道，人们认为我们脾气暴躁，经常大喊大叫，非常专横，但这样做的结果是让项目变得更好。"他说。

* * *

然而有一件事并没有得到改善，那就是肯德尔广场的通勤状况。肯德尔

---

❶ 作为肯德尔广场另一个开发项目的一部分，一个以图米的名字命名的公园在 2021 年秋季在罗杰斯街开放，位于第二街和第三街之间。——原书注

广场协会常常会引用网络平台 Medium 上的一个帖子，正如文章中所哀叹的那样："你怎么可能在堵车时找到治愈拥堵的方法呢。"

该组织采取了一系列措施，呼吁人们关注肯德尔广场的交通挑战。肯德尔广场约 40 名首席执行官联名致信马萨诸塞州州长和马萨诸塞州参众两院领导人，要求对"交通危机"采取行动。2019 年，肯德尔广场协会与肯德尔广场的 20 家公司签署了一项为期 18 个月的试点计划，以测试如何减少交通流量，并收集交通和通勤数据。肯德尔广场协会总裁 C. A. 韦伯断言："我们需要介入，并确保这不会削弱我们的能力。"

首要任务：地铁。MBTA 红线上的肯德尔 / 麻省理工学院站是肯德尔广场通勤的关键——能应对在肯德尔广场工作或参观的大约三分之一客流。2016 年，可获得的最新完整数据显示，工作日上午 8 点通勤期间的平均客流量为 24000 人，而系统的最大设计容量只有 20000 人。根据肯德尔广场协会、剑桥市和剑桥市重建局在 2019 年合作发布的一份报告，预计至 2040 年，乘客人数将翻一番。最重要的是，红线的服务是出了名的不可靠。

一批新列车本应于 2019 年开始投入使用——现有列车中最现代化的车型可追溯到 1994 年，据报道有些甚至可以追溯到 1969 年。但在新冠疫情之前进度就滞后了，这只会让情况雪上加霜。显然，直到 2020 年 12 月，第一辆新车才交付到红线，而车队的全部交付被推迟到 2024 年冬季，比原定计划晚了一年。当订单最终完成时，现代化的机车队预计将有每小时运送 31000 名乘客的能力。然而，"交通肯德尔"警告说："鉴于目前的需求和肯德尔广场预计的额外增长，即使设计容量增加，过度紧张的运力在未来可能仍然是一个挑战。"

该计划的另一部分（也是对许多人来说对未来最重要的一部分），取决于是否建造一条全新的交通线路。该提案建议沿大章克申旧轨道安装现代铁路系统。大章克申轨道自 1868 年以来一直作为货运连接，会穿过肯德尔广场，并在波士顿北站和奥尔斯顿波士顿大学附近规划的西站之间与麻省理工学院校园平行。

据估计，剑桥 42% 的工作岗位和三分之一的居民——大约 49000 个岗位和 33000 名坎塔布里格人——位于这条铁路线半英里范围内。这条线路上的火车仍处于零星运行状态，之前曾用于把马戏团的大象运送到波士顿演出。如果能够把这条地铁线改造成一条现代化的通勤线路的话，将为来自奥尔斯顿和西郊的人们以及涌向波士顿北站的人们提供通往肯德尔广场的直接通道。波士顿北站是一个主要枢纽，位于多伦多道明银行花园舞台附近，这里有 4 条通勤铁路和美国国家铁路客运公司，毗邻绿线和橙线地铁站。"如果你把波士顿北站和肯德尔广场连接起来，交通状况就会有很大的改善。"波士顿地产公司执行副总裁兼波士顿地区负责人布莱恩·库普（Bryan Koop）断言。他把这条规划中的线路称为"聪明列车"。

大章克申周围的宏伟计划已经在进行中——包括修建一条供骑行、慢跑、滑板运动者、行人等使用的道路，以及从波士顿大学桥穿过肯德尔广场并进入萨默维尔的一段轨道。这条规划中的 14 英尺宽的道路一小部分路段于 2016 年 6 月开放，位于阿卡迈科技总部和怀特黑德研究所对面，其中有新种植的树木、玫瑰园和休息区。该道路的全部设计计划于 2020 年年底完成，其他路段的施工将于 2021 年启动。

2019 年新冠疫情对这一切的影响在 2020 年年底尚不清楚，而且铁路服务改善计划尚未落实。2020 年 10 月，由于担心这个问题在疫情之后被不了了之，肯德尔广场协会的 C. A. 韦伯、时任马萨诸塞州生物技术委员会首席执行官鲍勃·考夫林和伍斯特地区商会首席执行官蒂姆·默里写了一篇文章，倡导修建大章克申交通线。

"我们应抓住机会为铁路服务铺设轨道，这将首次把我们在伍斯特、地铁西线、哈佛大学奥尔斯顿开发区、肯德尔广场和波士顿北站日益增长的创新经济体连为一体。"三人一致认为，"我们可以把伍斯特市中心改造成一个餐厅和零售中心，为伍斯特或波士顿（以及两者之间的所有城镇）的通勤者提供东面和西面的就业机会，并将人们引入肯德尔的生命科学和技术中心。"

* * *

通过交通基础设施、公共和私人举措等方式，各地区可以从连接更为紧密的创新区中受益，这种想法并不新鲜。麻省理工学院区域创业加速计划（MIT REAP）提出了这一点，并试图帮助教导个人、公司和政府如何培养这种氛围（见第 27 章）。

这种"水涨船高"的方法也是梅尼诺市长在 2010 年向苏珊·霍克菲尔

德提出的。在 10 年后的马萨诸塞州生物技术委员会大会上，霍克菲尔德在演讲中指出，她认为波士顿在两大领域上拥有优势，并可以进一步加强其创新集群——一是人力资本，二是科学和技术能力。"这些机会都不是肯德尔广场独有的，"她解释道，"但我们有一些让我们更容易做到的条件。"

在吸引人才方面，霍克菲尔德等人都指出，马萨诸塞州的众多顶尖高校是一个难得的招聘场所。而教育技术公司 Plexuss 统计了波士顿 10 英里内的 118 所高等教育机构——在《美国新闻与世界报道》的 2020 年大学排名中，马萨诸塞州拥有全美前 50 名大学中的 7 所，以及前 50 名文理学院中的 6 所。这些院校提供了几乎无与伦比的学生群体，以及潜在的具有创业精神的教师。霍克菲尔德断言："如果我们不利用这些资源来培育我们的创新经济，那对我们来说就是不利的。"

波士顿的另一大优势在于科学和技术，具体来说，就是生物学和工程学的融合，霍克菲尔德表示。将这些学科更紧密地结合起来对抗癌症是麻省理工学院科赫综合癌症研究所的前提，霍克菲尔德在担任麻省理工学院校长期间协助领导了该研究所，她现在也在该研究所工作。这种融合的未来力量也是她 2019 年出版的《生命科学：无尽的前沿》一书的核心。"光有很酷的科学洞察力是不够的。你需要真正伟大的工程学才能将这些生物学上的洞察力转化为市场产品，"她告诉我。"对于肯德尔广场的生物技术革命，有一件事往往没有得到充分的描述，那就是众多工程师是这场革命的关键部分。生物学家和工程师的共同参与，从一开始一直持续到今天，这就是我们取得领先的原因，因为生物技术本质上是多学科的交叉。"

那么接下来我们会讲什么呢？本书的最后几章包含了商界、学界和公民领袖对肯德尔广场未来面临的挑战和道路的见解。第 25 章汇集了 26 位领导者的简短引述和预测。第 28 章详细介绍了生物学、工程学和人工智能等关键领域的融合，并探讨了可能影响肯德尔广场未来的其他新兴领域。

例如，霍克菲尔德相信生物学和工程学的融合将带来类似于数字计算机所发生的突破。她说："如果我们细数最深刻地改变 20 世纪的技术，那一定是计算机技术，它让我们的生活发生了翻天覆地的改变。所有这些令人难以置信的信息技术之所以成为可能，是因为 1900 年左右物理学家破译了一系列物理世界的部件。他们发现了亚原子粒子——电子、质子、中子，以及 X

射线和其他连接并组织一系列物理部件的力。破译了电子，电子工业就应运而生了，随后是计算机产业和信息工业。第二次世界大战大大加速了这些新技术和新产业的发展，为计算机革命奠定了基础。"

"但说实话，生物学远远落后了。大约在 1950 年之前，生物学家还没有揭示它的组成部分，"霍克菲尔德继续说，"我们不知道这些部件是什么。当生物学家描述生物有机体的行为时，他们并不知道最基本的控制部分是什么。但是，始于 20 世纪 40 年代末并持续至今的分子生物学革命揭示了生物学的组成部分：它引发了 DNA 和 RNA 的发现，并使人们认识到这些分子携带着生物学的机器——构建蛋白质的信息。工程师们现在正在使用这份部件清单来构建技术，在我看来，这些技术将会是 21 世纪的神奇技术。"

*　*　*

如果以史为鉴，肯德尔广场不应该指望生物技术会永远持续下去，至少以目前的形势不会。"每 20 年左右就是一个轮回。形势可能会再次发生变化，"C. A. 韦伯说。"这会让肯德尔变回过去那种贫困、尘土飞扬的土地吗？"我不这么认为。但我们如何证明肯德尔的未来呢？如果生物技术有一天破产了怎么办？我是说，我们曾经都以为宝丽来会永远屹立不倒。那么，我们如何发出正确的信号，以确保我们能不断吸引下一代技术呢？无论创新在那个时代意味着什么，我们如何确保他们能不断找到自己的道路，并诞生在肯德尔？"

如何解答这个问题是一项正在进行的工作。但部分答案在于韦伯所认为的肯德尔广场的本质。"肯德尔的故事不仅仅是生物技术。虽然这是理解它的一种偷懒的方法，这是我们的思想喜欢做的事情。我们喜欢获取大量数据并将其精简为片段，但肯德尔的故事是合作。因此，如果你的企业需要积极的合作伙伴关系和积极的协作才能蓬勃发展，如果你的企业需要稳定的收购才能蓬勃发展，那么肯德尔广场就是你想要在全球寻找的关键地点之一。因为你所要做的就是跌跌撞撞地走出门，一切就在那里。"

第 25 章

肯德尔广场的声音

肯德尔广场将走向何方，是变得更好还是更糟？它的神奇力量是什么？它的致命弱点又是什么？还有什么有待证明的？未来会有什么进步？虽然肯德尔广场上不乏各种超群的人物——商人、科学家、企业家、居民、活动家、政治家——但他们富有启发性（有时甚至很有趣）的见解、预测和警告很难被纳入叙事历史。以下收集了一些杰出的想法。除了一篇外，所有内容均来自本书的采访（请参见采访列表）。唯一的例外是一封来自海伦·格雷纳的邮件。一些人对肯德尔广场需要什么作出评论，其他人则对科学、技术和医学的未来进行预测。许多内容来自本书中其他地方未引用的人，还有一些来自肯德尔广场外部对内的观察员。

努巴尔·阿费扬，旗舰先锋创始人兼首席执行官

"关键是恢复活力。那么什么力量可以让其复兴呢？初创公司正在复兴，大学也在复兴——它们不断地吸引着新的人才。在我看来，人们忽视了一个生态系统的再生能力，是否拥有这种能力是关键，这种能力是驱动生态系统发展的关键因素。肯德尔广场无疑是有这种能力的。这是自然会实现的。初创公司会做他们该做的。大学会做他们该做的。他们会培养出人才，他们会输出科学专业知识、科学成果，所以我认为肯德尔广场不会因为任何原因输给其他地方。这并不意味着其他地方不存在这种能力。但我认为这并不重要。只要它还充满活力，就没问题。"

比尔·奥莱特，麻省理工学院马丁信托创业中心董事总经理、麻省理工学院斯隆管理学院实践教授

"肯德尔广场发生了翻天覆地的变化。1980年我毕业的时候，我们不会

去肯德尔广场，那里很危险。当我在 20 世纪 80 年代末回到波士顿的时候，那里变成了一个有趣、让人感到好奇的地方。今天，它就像是马萨诸塞州的迪拜，处处是高楼大厦，感觉可能会被过度建设。谁知道明天会发生什么呢？"

大卫·巴尔的摩，怀特黑德研究所创始董事、诺贝尔奖获得者、洛克菲勒大学和加州理工学院前校长

"肯德尔广场周围形成了一种创业精神，在这里拥有老建筑对你很有帮助，因为你只要用相对少的钱翻新它们，就可以获得创业的空间。而一个真正的问题是，生物技术是否正在离开其在剑桥和湾区的传统中心，因为这些中心是如此成功，所以造成了空间拥挤，并推高了经营成本和生活成本。"

桑吉塔·巴蒂亚，连续创业者、麻省理工学院健康科学与技术、电子工程与计算机科学教授

"对我来说，肯德尔广场有一种魔力——思想和人群的密度，能量，在大街、餐厅、电梯上擦肩而过的机会，生物和工程、技术和医学的实习生和名人的组合，在这里都是特别的。我在加利福尼亚州开启了我的教师生涯，那里有它自己的魅力，但最终我意识到，当你在剑桥教书时，它会在你的脑袋里产生一种上瘾的感觉，这种感觉在世界上任何其他地方都无法真正被满足。所幸现在的食物和咖啡比 20 世纪 90 年代的好多了！"

约书亚·博格，福泰制药公司联合创始人兼前首席执行官

"如果你想在生命科学领域保持领先地位，你就必须考虑下一个革命性的技术是什么，下一个工具是什么，下一个创新试剂是什么？如果你现在问这些问题，你必须把目光投向迅速发展的人工智能领域，而不是像谷歌和计

算机公司正在考虑的那样。波士顿将继续以患者为本、以医学为本，并在生命科学方面比硅谷有优势。他们正在寻找解决自动驾驶汽车等问题的答案。从根本上来说，这个问题不难，只需要投入资金和工程。但在人类疾病方面（比如阿尔茨海默病或其他重大疾病），你需要将技术与创造性的医学见解，以及对复杂过程的系统生物学理解结合起来。像阿尔茨海默病这样的棘手问题，更适合放在波士顿地区。"

乔·钟，红星创投联合创始人兼首席执行官、Kinto Care 和 Art Technology Group 联合创始人、前董事长兼首席技术官

"似乎创业最重要的一件事就是你看到别人在做，然后你就会说，'我也能做。就那些笨蛋？如果他们能做到，我也能做到。'我认为这非常重要。这就是一种可能性的证明。"

"人们很容易对事物持怀疑态度，而且，你知道，很多时候你是对的——因为大多数初创公司都失败了。所以，如果你把所有东西都排出来，你就已经有了胜算。你会看起来很聪明。"

吉姆·柯林斯，连续创业者、麻省理工学院医学工程与科学教授、麦克阿瑟"天才"奖得主

"2014 年，我从波士顿大学转到麻省理工学院，部分是为了成为麻省理工学院翻译文化的一员，该文化专注于将学术界的发现和发明商业化，以最大限度地发挥影响力。我发现，从肯莫尔广场搬到 8000 英尺外的肯德尔广场，这个旅程将我带入了一个截然不同的世界，在这个世界中，生物技术和翻译是活动的核心。这是一个了不起的社区，从学术界到商界再到临床的互动非常密集，除非你真正体验过，否则没有人会预料到这种互动的密集程度。"

斯特凡妮·库奇，Lemeleson–MIT 项目 ❶ 执行董事

"我的愿景，我的激情所在，是创建一个创意走廊。你在绿线下车，然后步行到红线。你沿着第一街走，然后到第三街，你会看到不同的创意空间，我们可以为 STEM（科学、技术、工程及数学）和艺术规划不同的项目，让它们各有特色。如果我们从一个全局的角度来考虑，我们会得到一些我们现在没有的东西。如果我们这样做，我们将与任何其他区域都不同。"

鲍勃·考夫林，马萨诸塞州生物技术委员会前首席执行官

"我们的研究表明，我们行业的转折点——不是引爆点，是转折点——以及限制我们继续发展的因素是：公共交通、基础设施、交通拥堵、员工住房和员工发展。那么，我们需要什么才能继续做到最好呢？我们需要关注这些问题，以便为未来做好准备。我们必须改变我们的政策纲领。我们不应提倡为税收优惠提供资金，而应开始讨论为公共交通提供更多资金，为基础设施提供更多资金，以及我们如何创造更多的住房库存以降低成本。我们在本行业的平等、多样性和包容性方面做得还不够好。我们为什么要这么做？第一，这是正确的选择；第二，这也是一个很好的商业决策。我们需要继续招募、吸引和留住最优秀和最聪明的人才，无论他们来自哪里，无论他们是什么肤色，无论他们是什么性取向。我们的员工队伍越多样化，我们保持领先地位的机会就越大。"

黛博拉·邓西尔，灵北制药公司首席执行官，千年制药公司、Forum 制药公司、XTuit 制药公司前首席执行官

"科技将以一种我认为我们尚未真正掌握的方式进入生物技术领域。数

---

❶ Lemelson–MIT 项目表彰杰出的发明家，并鼓励年轻人通过发明追求创造性的生活和职业生涯。该项目由杰罗姆·勒梅尔森（Jerome H. Lemelson）和他的妻子多萝西（Dorothy）于 1994 年在麻省理工学院创立，由 Lemelson 基金会资助，并由麻省理工学院工程学院管理。——译者注

字疗法等技术将把一批不同的参与者带入创新世界。最大的未知数是美国医疗体系和医疗支付模式将如何演变，以及可能会发生什么潜在的寒蝉效应 **①**。"

约翰内斯 · 弗吕霍夫，LabCentral 联合创始人兼总裁、投资机构 Mission BioCapital 创始人兼普通合伙人

"我认为，对于生命科学和制药业来说，目前波士顿整个生态系统面临的一大风险是关于药品定价的整个讨论。这是一个巨大的社会痛点，对于政治家来说，这是一个非常容易瞄准的民粹主义的目标。我一直在敦促行业中的其他领导者要非常清楚我们向更多人发出的信号，即该行业是做什么的，它是如何表现的，以及为什么保持一个充满活力的制药创新体系的运转会关乎国家和社会的利益。我认为这是我们目前面临的最大的结构性风险。如果为了实现某些民粹主义的短期目标而实施严格的价格控制，从长期来看，可能会造成真正的损害。"

海伦 · 格雷纳，机器人园艺创业公司 Tertill 首席执行官、无人机制造公司 CyPhy Works 创始人兼首席执行官、消费类机器人公司 iRobot 联合创始人、前总裁和董事长

"肯德尔不行，那里太贵了。"（来自一封关于她的新公司将设在哪里的邮件。）

---

① 寒蝉效应（英语：Chilling Effect）是指当下对言论自由的"阻吓作用"，即使是法律没有明确禁止的。然而，在一般情况下，寒蝉效应现在经常以法律或其他行动让公众感受到压力，从而使得合法的讲话被实际上禁止。该词源自美国法律，早于 1950 年使用。然而，进一步明确使用，是美国最高法院法官小威廉·布伦南将其作为一个法律术语，用在司法判决中。——译者注

安妮·希瑟林顿，武田制药高级副总裁兼数据科学研究所负责人

"要想从肯德尔广场受益，你必须离开办公室，走出去。肯德尔广场的通勤状况很糟糕。很多人工作很努力，他们轻轻松松就能完成工作，在办公桌上解决午饭，然后回家。在哪个地方工作都差不多。直到我加入了一家小型生物技术公司，在那里，公司外部的合作至关重要，如跟所谓的竞争对手、数据联盟、潜在员工、其他寻求指导的人的合作，这时我才意识到肯德尔广场的真正力量。一切都在那里。你们有很多交集。你与同行及一些初创公司的距离远近，以及与学者的距离远近，对你的发展都会产生很大的影响。你必须接受它，并走出去。"

彭妮·希顿，强生公司疫苗全球治疗区主管

"新冠疫情加速了技术的进步，否则按原先进度还需要花费数年时间才能实现。我们从基因测序到在《新英格兰医学杂志》(*New England Journal of Medicine*) 上发表一期数据，只用了 6 个月的时间，而这通常需要 2 到 5 年的时间。现在我们将从一期进入三期，可能还需要 6 个月的时间。而做到所有这一切通常需要 7 到 9 年的时间。我们为加速开发所做的一些事情可能会成为日常工作的一部分。我认为我们将以前所未有的方式理解这些技术，并将其应用于更广泛的领域。

"在临床试验方面，我们的做法有所不同。我们有 60% 的登记完全是远程进行的。我们与沃尔格林、沃尔玛、CVS 等测试中心以及其他大型实验室都有合作。如果有人来做测试，他们可以被邀请参加研究。然后，如果他们的结果是阳性的，他们可以在 50 个州中的任何一个州登记，无论他们在哪里，他们都可以在线上表示同意。如果他们符合条件并同意参加研究，我们将所谓的"诊所"装在盒子里快递到他们家。里面有他们的药物、血氧仪、体温计、测试棉签等。研究护士和医生每天通过电话与他们沟通，以监测他们的进展。如果需要，家庭健康护士可以上门，或者他们可以把他们转介绍给该地区的其他医生。这是一种非常不同的临床试验方法。如果这种方法有

效，它将永远改变我们进行临床试验的方式。"

丹尼尔·希利斯，思维机器联合创始人、Applied Invention 创始人

"我预计下一件大事将是工程学和生物学的结合——设计生物，并使用受生物学启发的方法来设计机器。肯德尔广场是一个天然的纽带。"

埃里克·兰德，麻省理工学院和哈佛大学布罗德研究所所长和创始董事、拜登总统的科学顾问以及白宫科技政策办公室主任

"否认有好几层意思。第一层意思是，'好吧，我们不需要这样做，我们真的不需要它；第二层意思是，'我们已经在这么做了'；第三层意思是，'好吧，好吧，但我们可以自己做。'"

"你必须有一个愿景，再加上（我找不到合适的词语来表达）你可以以某种方式表现出不切实际的自信，因为如果你太现实，你可能会说服自己放弃任何事情。适当的现实主义是好的，但愿意大胆地思考我们大家一起努力会发生什么也同样是好的，而且你无法独自做到这一点。"

马克·莱文，三石风险投资公司、千年制药公司联合创始人

"现在是思考如何将事物组合在一起的非凡时刻——模式识别。CRISPR、基因疗法、Car-T 细胞、人工智能，这些东西扎堆出现。因此，未来的爆炸性发展让我感到非常兴奋。我认为我们都担心的最大挑战是如何确保我们能够向所有人提供所有这些优质药物，而不仅仅只有少数人能从中获益——每个人都有获得这些药物的途径。如果一种药每年花费 20 万美元，那不叫成功。那么，我们如何使这些药物变得经济、价格合理，为每个人带来回报，并确保它不会被过度立法？华盛顿的美国政府似乎没有政治意愿聚在一起解决这个问题，却把它变成了一个政治热点。坐下来一起解决这个问题怎么样？我们只是还没有这么做。我很担心。"

特拉维斯·麦克里迪，仲量联行执行董事兼全美业务负责人、马萨诸塞州生命科学中心前总裁兼首席执行官、肯德尔广场协会前执行董事

"当你站在某个街角时，你面前可能是一家最具活力、最令人兴奋、最有能力改变世界、最科学的、最具创新力的公司，这家公司获得了数亿美元的风险投资。而当你穿过街道，你面前可能就是公共住房。这里面有一种深刻的美国特色，你知道，这既是一种耻辱，也是一次错失的机会。我猜这是肯德尔广场下一步要解决的问题。"

李·麦圭尔，肯德尔广场协会董事会主席、麻省理工学院和哈佛大学布罗德研究所首席通信官

"我们的接近，无论是物理上的接近还是智力上的接近，都使我们能够真正缩小早期好奇心驱动的科学和促成疗法的治疗方面的发展之间的差距。新冠疫情再次向我们展示了这是多么重要。新冠疫情和任何疫情的挑战在于，距离近是解决问题的办法。因为我们是一个很小的社区，在肯德尔广场发生的很多事情都是由人与人之间的互动驱动的。这些关系是随时间逐渐建立起来的，而当许多人都是远程工作的时候，这些关系又是必不可少的，因为在一个大多数人都是远程工作的环境中是很难建立起新的关系的。所以我认为，我们现在之所以能看到许多的创新、快速的迭代和对抗疫情的本质演变，是由于在肯德尔广场的人们之间，以及过去在肯德尔广场、现在在其他地方的人们之间多年来建立的关系。"

他说："今后的问题是，我们度过这场危机后，如何确保我们能够恢复和深化这种关系建设？我们仍然没有对肯德尔广场的全面多样性做深入思考，不仅是科学的多样性，还有世界的多样性。我认为这是下一个重大挑战。如果我们只是回到过去二三十年来为肯德尔广场提供动力的东西，那我们只能走这么远了。"

菲奥娜·默里，麻省理工学院斯隆管理学院创业学教授、创新事务副院长

"我们曾经认为聚在一起是理所当然的。由于新冠疫情，我们开始把在一起办公、面对面交流的时间视为一种像金钱一样的稀缺资源，而不再是无限的资源。这个变化已经发生了，并且可能会在一段时间内继续如此。这意味着我们可能会更加慎重地安排大家一起办公的时间。这里有一种奇怪的张力，一切必须更有目的性，但如果一切都是有意为之，那么如何去获得我们认为重要的所有机缘巧合呢？

"我怀疑那些认为自己是创新者的人会希望再次集中办公。有些事情实际上需要我们有一个物理位置，例如实验室工作。但更有意思的工作不是这样的——在创新的早期阶段，我们需要集思广益。我们仍然依靠各种社会资本和现有关系的社会结构生活。另一个问题是，我们如何将新人带入我们的网络？尤其是那些与我们不同的人。那么你要如何去做那些需要更多创意的事情呢？我还没有看到这在网上运行得很好。"

凯蒂·蕾，引擎首席执行官兼执行合伙人

"想想过去 10 年发生了多少事情，建设了什么，然后再考虑下一个 10 年。从公司建设，人与人的碰撞和从麻省理工学院的角度来看，肯德尔广场是世界上最令人兴奋的地方之一。然而从城市规划和基础设施的角度来看，我们规划将让所有这些人乘坐经常出状况的红线去广场，是有点儿冒险了。我们必须改变人们上班的方式，出行方式应当作出改变；我们必须让道路更方便骑行，以及改善文化和食物。虽然现在的肯德尔广场不像 10 年前那么索然无味了，但我们还有很长的路要走，才能让这里成为一个真正充满活力的地方，让人们在晚上 7 点下班之后还有地方可去。也就是说，企业要满足我们（无论是个人的，还是商业的需求），以及在这里工作的所有不同人群的需求。我的意思是，我很欢迎肯德尔广场附近能有一些像美甲沙龙这样的地方。"

比尔·萨尔曼，哈佛商学院名誉教授

"我相信肯德尔广场和奥尔斯顿会蓬勃发展。波士顿有充足的人才和金融资本来支持这两个紧密相连的地区，他们尤其应该解决哈佛广场、肯德尔广场、奥尔斯顿和朗伍德之间的交通问题。我们这里的空间比剑桥市的大。如果他们修整了 Mass Turnpike 公路，我们将拥有近 100 英亩的商业化空间，毗邻应用工程和科学学院、哈佛商学院、波士顿大学和东北大学，与麻省理工学院隔河相望。需要有一个由不同类型的人组成的社区才能使这些地方发挥作用。在肯德尔广场你要为每平方英尺支付 92 美元，而我猜你在这里只要为每平方英尺支付 50 美元，所以这里会出现一个枢纽。哈佛的中心实际上变成了哈佛商学院。我猜他们会想出聪明的方法将人们从肯德尔广场转移到奥尔斯顿。"

菲利普·阿伦·夏普，麻省理工学院研究所教授、诺贝尔奖获得者、渤健和艾拉伦制药公司联合创始人

"据我所知，阿尔茨海默病是最厉害的'小偷'，它让人衰弱、沮丧。我们直到今天还没有哪种治疗方法可以改变这种疾病的进程。它发生在大脑中，这使得研究变得异常困难，因为你无法打开大脑，把它检查一遍，然后将其放回去。借助生物技术工具，我们很可能找到减缓这种疾病进展的治疗方法。

"我很乐观，我认为这会在剑桥发生。除此之外，还有同样使人衰弱的帕金森病、渐冻症等系列疾病。回到 50 年前，我们认为癌症只能用辐射和副作用强烈的药来治疗。现在，我们的药柜里有一大堆治疗癌症的药，除了对少数罕见的癌症不适用，这些药可以延长大多数癌症患者的生命。我认为我们正处于一个阶段：我们将在退化性慢性疾病中看到同样的进展。我们能治愈他们吗？也许能，也许不能。我们能控制它们，让患者过上有质量的生活吗？我想我们会看到这一天。这很重要。你到了 90 岁还能认出你的妻子，并享受天伦之乐——这很重要。"

苏菲·万德布鲁克（Sophie Vandebroek），施乐前首席技术官、IBM 研究院前首席运营官

"这是一种融合。人工智能将无处不在。这就是人们所说的'新电力'。因此，生命科学只有与医院、科技公司以及大学之间密切合作，才能真正利用人工智能去做好事，确保人工智能确实能产生积极的影响。这是机器人技术，这是安全，这是医疗保健。通过让这些不同的领域更加紧密地合作来创造整个未来，这可能是肯德尔广场真正可以发挥作用的地方。

"从我住在剑桥西边的地方去肯德尔广场，如果不堵车的话，我 20 分钟就能到。但我们必须在早上 7 点前出发，否则路上就要花 1 个小时。如果我把它和科技城（它就像伦敦的肯德尔广场）放在一起比较，后者的感觉就完全不同了，因为它有快速列车，包括从大陆一路开来的列车。有一个很漂亮的现代化车站。然后你出站，所有地方都可以步行到达。那里没有汽车，但所有这些公司都在那里；那里有大广场、有餐厅，人们聚在一起。身处那个空间感觉真是太好了，因为它针对行人进行了优化。在肯德尔广场可没有这种感觉，这点是非常不同的。因此，肯德尔广场可以受益于规划更多禁止汽车通行的区域。当然，它还需要良好的公共交通来补充。"

C.A. 韦伯肯德尔广场协会主席

"肯德尔广场与其他密集的商业区给人截然不同的感觉。你可以想想曼哈顿中城或者伦敦的金融区，或者其他很多有商业理由促使企业选择在那里设厂的地方。那些地方会让你感受到竞争，在某种程度上，企业对他们的左邻右里发生了什么感到好奇，但实际上没有集体主义的感觉。而在肯德尔广场，有一种非常美妙的集体主义感，因为在过去的 15 到 20 年里这里形成了一种魔力，它已经成为生物技术的主导中心，已成为大多数大型制药公司的总部所在地，它本身已经成为一个权威的科技中心。这个地方产生了自己的身份认同、社区意识、联结感和集体主义意识，这是其他地方没有的。"

"每个人来这里都是为了靠近麻省理工学院。肯德尔的每一家公司都与

肯德尔的其他公司有着某种研究伙伴关系，进行着某种积极的合作，这就是你在那里的原因。你不一定知道下一次合作需要什么。因此，创建一个社交平台、一个社交网络是有商业价值的，这样当你需要它们的时候，你就能得到它们。"

苏珊·怀特黑德，麻省理工学院董事会终身会员、怀特黑德生物医学研究所副主席

"在生物革命中真正打动我的一件事是，这里涌现出了一群杰出的领导者，尤其是萨尔瓦多·卢里亚。在焦虑的时候，我会想谁会是下一个萨尔瓦多·卢里亚？我不知道继任者是谁。我一直在思考科学家和工程师之间的区别。工程师真正解决问题，科学家喜欢问问题——这是二者根本的不同。很多人都是优秀的提问者，但这与成为一名优秀的领导者是不同的。我真的希望生命科学领域能出现一些领导者。我不知道下一个是谁——这真的很重要，尤其是如果肯德尔广场还想保持住肯德尔广场现在的地位的话。"

第 26 章

11 个塑造了肯德尔广场的决定

当谈到肯德尔广场如何成为世界知名的创新生态系统时，几乎每个人脑海里第一个想到的都是麻省理工学院。正如投资人兼创新评论员胡安·恩里克斯（Juan Enriquez）所说："没有麻省理工学院，就没有肯德尔广场，或者只有一个和现在相差甚远的肯德尔广场。如果没有世界上最伟大的大学的支撑，你几乎不可能想象在世界哪个地方能建立这样一个地方。"

1912 年，麻省理工学院决定购买剑桥查尔斯河沿岸的土地，并从其波士顿的原址搬迁，这是肯德尔广场历史上最重要的一笔。而这一决定只是因为一个关键的法院裁决而产生的。1905 年 6 月，麻省理工学院董事会（Technology Corporation）批准了该校与哈佛大学的合并，将学校搬迁到奥尔斯顿（也就是今天的哈佛商学院附近），成为哈佛大学应用科学和工程专业的骨干。麻省理工学院计划通过出售其后湾的土地来支付其合并份额。然而，马萨诸塞州最高法院裁定，由于麻省理工学院是通过联邦土地拨款获得该地产的，所以它无权出售这块地——合并的计划就此搁浅。如果这一裁决结果相反，麻省理工学院几乎肯定会和哈佛大学联合并搬离。

如果是这样的话会发生什么？麻省理工学院是否会被吸纳进其知识分子前辈的文化之中——正如许多麻省理工学院校友和教师所担心的那样？或者它会保持并增强它基于应用科学和技术的创新身份和文化？奥尔斯顿本质上会成为波士顿地区的肯德尔广场吗？

除非未来的某个麻省理工学院的神童发明了一种可以探索替代现实的时间 / 维度机器，否则我们永远不会知道。但我很想打个赌，麻省理工学院的发展大概会受到阻碍——低于今天的水平。很难想象两种文化如何在同一屋檐下蓬勃发展。两校的分家带来了巨大的变化——对肯德尔广场如此，对全球的科学和创新来说也是如此。两个世界领先的、相互竞争的卓越中心如此紧密地联系在一起，是世界上任何其他地方都没有的得天独厚的优势。

但撇开刚才提到的两个开创性事件不谈，第二次世界大战以来的其他几个关键决定塑造甚至改变了肯德尔广场的轨迹——无论是好是坏。接下来，按时间顺序，是另外 9 个似乎最重要和最有影响力的决定。并不是所有决定的权重都一样，有些比其他的更具投机性，还有一些是决定不做某事。当然，还有许多其他重要的决定没有包括在内。

辐射实验室：第二次世界大战期间，麻省理工学院建立了一个雷达研究实验室（辐射实验室），对麻省理工学院产生了颠覆性的影响。它还塑造了学校周边、肯德尔广场以及 128 号公路沿线至少一代的工业（见第 8 章）。

城市更新：1960 年，麻省理工学院、剑桥市和房地产开发商 Cabot，Cabot & Forbes 宣布了振兴麻省理工学院附近土地的计划。科技广场随后的发展激发了一项重大的城市更新工作，这对肯德尔广场的发展至关重要。"这实际上是点火器，"麻省理工学院长期规划主任鲍勃·西姆哈断言（见第 9 章）。

美国国家航空航天局电子研究中心：20 世纪 60 年代初，美国国家航空航天局决定在肯德尔广场建立电子研究中心，这一决定极大地影响了肯德尔广场多年的发展，民间对此一直众说纷纭。电子研究中心于 1970 年关闭，开放后不到 7 年，留下了约 11 英亩的空置土地给美国国家航空航天局。如果美国国家航空航天局坚持其计划，会发生什么？渤健和随后的生物技术产业会被迫在该地区的其他地方寻找一个新的中心吗？（见第 10 章）

麻省理工学院放弃开办医学院的计划：在 20 世纪 60 年代，麻省理工学院曾想过组建自己的医学院，但最终并未付诸实践。而是在 1970 年，他们与哈佛大学联合创建了哈佛–麻省理工医疗科技学院。学生可获得医学学位、博士学位，或两者兼而有之。"麻省理工学院没有自己的医学院和医院，这意味着它必须与哈佛合作，"布罗德研究所创始成员、项目资深人士大卫·阿特舒勒说，"这创造了一种从未发生过的动态。这就是铺垫。"

重组 DNA 条例：1977 年 2 月 7 日，剑桥市通过了全美第一个市级生物安全条例，规定了在剑桥市范围内进行重组 DNA 实验所需采取的步骤。该法令成为新兴生物技术产业的稳定力量。前市议员大卫·克莱姆表示："它在一个非常关键的时刻制定了规则。这就是为什么剑桥成了生命科学的中心。"（见第 12 章）

麻省理工学院改革其授权办公室：1985 年，麻省理工学院彻底改革了其技术授权的办法。该校重组了其专利、版权和许可办公室，将其更名为技术许可办公室。斯隆管理学院资深教授埃德·罗伯茨指出，重组这个办公室的一个主要目标是"更加积极主动地将麻省理工学院的科学技术推向商业化，并更加强调新公司在实现这一目标方面的作用。"

诺华将其全球研究总部迁至剑桥：2002 年 5 月，诺华宣布将其全球研究中心迁至剑桥市，紧邻麻省理工学院，这一消息震惊了整个制药界。此举开启了大型制药公司的新时代，这些公司开始拉近与大学里的人才和专业知识中心的距离。从那以后，几乎所有大型制药商都在肯德尔广场或其附近开设了重要的机构。

扎克伯格未获得风险投资：2004 年，哈佛大学学生马克·扎克伯格没能说服波士顿的风险投资人投资后来的脸书。如果有几家当地风险投资公司冒险一试，会发生什么呢？肯德尔广场和波士顿地区会变得更加以消费者或社交媒体为中心，从而抑制或削弱生物技术的影响吗？

麻省理工学院组建新的人工智能学院：2018 年 10 月，麻省理工学院宣布将投资 10 亿美元，用于识别和解决人工智能带来的机会和陷阱。其计划的核心是建立苏世民计算学院，重点研究人工智能的技术和伦理。"该计划标志着美国学术机构在计算和人工智能方面的单笔最大投资，将有助于为美国在计算和人工智能快速发展方面取得世界领先地位奠定基础。"该学院的公告称。此举有可能成为肯德尔广场的一个转型决策（更多信息见第 28 章）。

第 27 章

观察和教训

麻省理工学院马丁信托创业中心董事总经理比尔·奥莱特参加了哈佛大学肯尼迪政治学院关于创新与经济的讨论。与他一起参加讨论的还有马萨诸塞州州长查理·贝克。当轮到观众提问时，有人问："如何建立一个创业生态系统？"

"我还没来得及回答，贝克就跳了起来，"奥莱特回忆道。"他说，'这很简单。'我在想，'什么？很容易吗？'贝克毫不犹豫地解释说：'你只要让哈佛大学和麻省理工学院在你的州设立分校，然后等上个150年。'"

虽然贝克的回答是半开玩笑的，但这个问题是许多人和政府都想问的问题。事实上，人们从四面八方而来参观学习肯德尔广场和波士顿的创新生态系统。有时他们会在非正式场合接触各种团体、公司或个人。但也有很多人愿意出钱。每年，多达8个团队每人支付30万美元，参与麻省理工学院区域创业加速计划。为期两年的麻省理工学院区域创业加速计划提供了硬连接规则、研讨会和其他帮助，以帮助区域团队在他们的家乡复制肯德尔广场和其他创新生态系统的一些魔力。"我们每周都会接待一个来自另一个国家的代表团，"区域创业加速计划的组织者菲奥娜·默里在新冠疫情暴发前告诉麻省理工学院的校友杂志。"他们想知道，'我们如何才能拥有这样的生态系统？'"

在写作本书的时候，我遇到了很多人，他们分享了关于肯德尔广场的独特之处，以及是什么让创新中心更广泛地取得成功的见解和经验。当然，在历史文献和当代文献中记载了很多。正如人们所预料的那样，建造肯德尔广场这样的地方不止要五个步骤，甚至要十个步骤——把它做好（或把大部分做好）是一个广泛的、迭代的过程，永远不会结束。

我试图从肯德尔广场及其周围的领导者和一些外部专家那里提炼出大量的见解，并将其转化为可以应对那些看起来最突出的问题的观点。虽然许多内容已经在本书其他地方出现过，但此处以一种易于掌握的格式将它们一一总结，这么做是有价值的。当然，并不是每个人都同意每一步。即使他们认为某件事很重要，但他们对这件事的重要性可能有不同的看法。例如，世界一流大学是必须的吗？是的，《创意阶层的崛起》一书的作者理查德·佛罗里达如是说；其他人，比如菲奥娜·默里，则认为这很重要。我把这两种观点都囊括在内。

我按照层级来安排内容：对创新中心基本要素的 3 种看法，谨记一般原则，其他核心成分，以及政策和计划。我加入了与胡安·恩里克斯的一次有趣而深刻的谈话作为补充，我将其称为"关于麻省理工学院的一些可能可以转移的事情"。本章最后有一小节称为网络，它认为协作的核心对于系统的持久成功至关重要。虽然本文中的建议不一定都是可复制的，甚至与给定的生态系统或情况相反，但它仍然可能会提供一些线索，说明哪些建议可能有效。

对创新中心基本要素的 3 种看法

以太网发明者、麻省理工学院校友鲍勃·梅特卡夫曾经指出："发明是花朵，创新是杂草。"简而言之，创新可能是疯狂和混乱的。这也意味着不同的创新者和专家对于创新的含义可能持有不同的、重叠的，但又略有矛盾的观点。但这并不意味着一种观点是错误的，而另一种观点是正确的。以下是对创新中心基本要素的三种看法——其中两种来自肯德尔广场内部人士，另一种来自外部观察者。

▶ 专栏 13　麻省理工学院的一些可能可以转移的事情

尽管早在 1916 年麻省理工学院来到剑桥市之前，肯德尔广场就已经成为经济和创新中心，但如果没有麻省理工学院，我们几乎无法想象今天的肯德尔广场是什么样子。麻省理工学院的影响力几乎无处不在。但是，虽然不可能通过 3D 技术打印一所顶级大学来固定一个生态系统，但麻省理工学院带来的一些核心元素可能是可转移的。很少有人能比恩里克斯更能雄辩地总结这些。*

他说，这个秘密不仅仅在于拥有一所伟大的大学。"整个常青藤盟校都在试图将高等教育英国化，而麻省理工学院恰恰相反。我们不关心这些建筑是如何组合在一起的，我们只是想让它们结合在一起；我们不关心这些部门如何结合在一起，我们不希望部门之间有任何距离。我们想让这些走廊变窄而不是拓宽。这就带来了一系列的内部街道，重现了世界上一些伟大的、有趣的、古怪的城市的动态。麻省理工学院让人重温了那种机缘巧合、不期而遇的感觉。你不断地与来自不同领域、有着不同想法的人打交道，这和普林斯顿的饮食俱乐部完全不同。"

恩里克斯说，肯德尔广场是这一理念在一个非常小的城市区域的延伸或外推。"如果你想走去斯坦福大学附近由斯坦福大学创办的企业，那就祝你好运。因此，肯德尔广场的迷人之处在于，商业基础设施、创业基础设施与学术基础设施是如此紧密地交织在一起。"

"麻省理工学院真正利用的另一件事是精益求精和专注于制造产品。在创客行动发生之前，整体性的创客心态是非常重要的。这些人并不是在解决抽象的问题，而是试图说，'我能用我能做的东西解决什么问题？'"

"与工业界的联系以及与应用研究的联系意愿也非常重要，这使得教授们来回越界变得合情合理。如果你想在哈佛做这件事，你要进入政府部门，休两年或三年的假。你不可能每天从办公室走到初创公司，再到政府研究实验室，然后再走回来。"

*恩里克斯的所有言论都来自我们在 2020 年 6 月 11 日的采访，随后通过电子邮件进行了核实。

以创业者为核心

"创业生态系统有一个充分必要条件，那就是创业者。"奥莱特说，他除了在创业中心担任职务外，还是斯隆管理学院的实践教授。"有时候，我们把业务搞得太复杂了，我们忽略了简单易行和它的核心要素。这就是当你学习东西的时候会发生的事情——丢了西瓜捡了芝麻。一个好的创业生态系统会有更多的创业者、更好的创业者，以及相互联系的创业者。你可以拥有其他所有你想要的东西，包括政策、风险资本家、教育机构，等等。但归根结底，取决于你有多少创业者、他们有多优秀、他们的人脉有多广。这可以归结为人才，培养人才，并连接人才。"

创业者和一流大学

"一所世界一流大学是必要的前提。没有它，你可以造一个创意区，你可以造一个艺术区，你可以造一个网红打卡点，但你造不出一个高科技集群或综合体，"佛罗里达说。但如果仅凭这一点，你只能走这么远——这就是创业者的用武之地，他补充道，"一所大学可以发出这种技术信号，但你需要以某种方式培养一批能够利用该信号的技术和创业人才，这样它就不会泄露并流向其他地方。因此，实际上需要两个先决条件：一是出类拔萃的技术人才，二是一群可以利用这些人才的技术创业人才"。

利益相关者的社区

一个成功的创新生态系统是由一系列相互重叠的社区组成的，默里说。在过去 10 年中，她与奥莱特和其他一些同事通过麻省理工学院的区域创业加速计划与近 60 个地区展开了合作。该计划确定了五大利益相关者：企业家、大学、风险资本、公司和政府。默里总结说："你有这些重叠的社区，你需要他们在某种程度上交叉、重叠，并有一些共同的利益。"

她强调，事情可能会变得有点棘手，因为人们常常对这些利益相关者类别的含义以及它们的相对重要性有不同的看法。例如，尽管默里认为，麻省理工学院或斯坦福大学这样的世界顶级大学是一笔巨大的资产，可以为整个地区定下基调，但她并不认为这是一个成功的创新生态系统的先决条件。"我真心地认为大学需要发挥作用，"她说，"但它们必须像麻省理工学院那样一直处于领先地位吗？我不这么认为。"

在政府的角色和创新问题上，分歧甚至更大。许多人认为，政府应该制定一些一般性的政策，然后对企业家和企业放手。默里说："我并不完全赞同这种观点。例如，政府可以根据其级别（市、地区、州、国家）和所在地发挥截然不同的作用。在许多国家，政府主动加强和支持社区也是一种合法形式。当政府说这是一个好主意时，它就会产生影响。"

最后，一个城市或地区并不需要具备所有这些要素才能成功，但这确实有帮助。默里说："做得最好的地方是那些真正聚齐了五大利益相关者的地方。"

谨记一般原则

地段

"房地产有三件事最重要：第一是地段，第二是地段，第三还是地段。"这句谚语的起源尚不清楚，就连语言侦探威廉·刘易斯·萨菲尔 **❶** 也没弄清楚。

用这句话来形容创新生态系统非常贴切，但重要性还要加个指数级。光有一个像巴西利亚一样的样板城市是不够的——无论构思和设计得多么周密。肯德尔广场因其十字路口的位置而备受青睐。早期，它提供了波士顿查尔斯河对面的廉价土地，并将该城与哈佛大学和北部贸易中心更直接地联系起来。铁路和海上交通的便利增强了其优势。早在麻省理工学院于 1916 年搬往剑桥之前几十年，这些优势就使其成了主要经济和创新中心。（见第 3~7 章）

如今，虽然房地产价格已经上涨到过高的水平，但肯德尔广场仍然是一个交通便利的十字路口——毗邻麻省理工学院，一个方向到哈佛大学，另一个方向到波士顿及其政府和金融中心，和非同凡响的研究医院网络也就几站

---

❶ 威廉·刘易斯·萨菲尔（William Lewis Safire，1929 年 12 月 17 日 — 2009 年 9 月 27 日）是一位美国作家、专栏作家、记者和总统演讲撰稿人。他多年来一直是《纽约时报》的联合政治专栏作家，并为《纽约时报》杂志撰写了关于流行词源、新的或不寻常的用法以及其他与语言相关的主题的"关于语言"专栏。——译者注

地铁的距离。在交通畅通的情况下，乘坐出租车或拼车只需 10 分钟即可到达洛根国际机场。多年来，肯德尔广场也成了一个科学和技术的十字路口。它是众多国际公司、研究机构和初创公司的运营基地。它是未来的关键，也是科学技术学科的十字路口，生物学、化学、工程学、数据、人工智能和其他领域日益融合，越来越复杂和强大，为新一轮重要创新提供了潜力。

地段还有另一个意思：它可以指一家公司相对于其他同类公司的位置。一般来说，同类公司之间、潜在客户和合作伙伴之间的距离越近越好。安娜莉·萨克森尼安（AnnaLee Saxenian）在《区域优势：硅谷和 128 号公路的文化与竞争》一书中详细阐述了这一点。她指出，这样有助于建立业务、吸引人才并分享可以帮助公司适应不断变化的环境的最佳实践。佛罗里达以另一种方式展示了集中的力量，他指出，创新似乎更多地出现在有创造力和才华横溢的人才密集聚集的地区。

肯德尔广场在这方面有一些引人注目的优势。千年制药公司前首席执行官黛博拉·邓西说："虽然旧金山也是一个大中心，但公司的业务要分散得多。"邓西现为总部位于丹麦的生物科技公司灵北制药公司（Lundbeck）的负责人。"你不必为了和别人共进午餐单独跑一趟。虽然去剑桥的通勤越来越糟糕，但一旦你到了那里，导航就很容易了。你可以去拜访某人，一两小时后就能回到办公室。"

万事开头难

以肯德尔广场为例，对未来的主要愿景几乎总是偏离事实，以至于麻省理工学院的讲师约斯特·邦森称该广场为"预测失灵区"。无论是查尔斯·达文波特对麻省理工学院所在的高端房地产开发的愿景，宝丽来或莲花软件将继续占据主导地位的想法，美国国家航空航天局电子研究中心将创造数千个就业岗位的愿景，最初的城市更新计划，还是广场打出"人工智能巷"品牌，所有这些对生态系统未来的预测都往往落空。而生物技术在过去的 40 多年里不断发展，几乎让人们大出所料。

所有这些都意味着，计划应该尽可能灵活，并做好调整的准备。

连续性为王

建立或振兴一个生态系统需要用几十年的时间，需要理念和领导力的连续性。"如果你没有连续性，你就永远无法做正确的事情，因为做每件事都需要用很长时间。"麻省理工学院长期担任规划主任的罗伯特·西姆哈说，他曾帮助策划肯德尔广场 1960 年后的振兴计划。

投资人、Techstars 联合创始人布拉德·菲尔德在《创业社区》(*Startup Communities*) 一书中也表达了同样的观点。他表示，领导者必须对一个地区的创新结构做出长期承诺。"我想说的是，从今天起至少要 20 年，这样才能强化这样一种感觉，即时间跨度这么长必须是有意义的。"他说，"最理想的情况是，任务每天重置，而这应该是一个具有前瞻性的、长达 20 年的承诺。"

其他核心要素

除了麻省理工学院已经确定的五大利益相关者等基本要素，构建创新生态系统还需要一系列其他因素。其中最重要的有：

- 发现的科学和技术
- 基础设施和负担得起的创业空间
- 商业文化
- 可获得的增值资金
- 大公司和初创公司之间的联系
- 授权的专业知识
- 创业竞赛

LabCentral 为生物技术和医疗初创公司提供空间和设施，其联合创始人约翰内斯·弗吕霍夫对其中一些领域有着深刻的见解。LabCentral 于 2013 年在肯德尔广场开业，现已向世界各地扩张。他指出，顶尖大学、研究型医院以及布罗德和科赫等研究所创新科学和技术。这些创新往往会激发公司的成立，而新兴的初创公司通常需要负担得起的实验室和生产空间。萨默维尔的 LabCentral 或绿城实验室（Greentown Labs）等地方的共享设备贡献了显著的资本效率，可以为初创公司提供帮助。

可以说，比伟大的科学更重要的是文化，弗吕霍夫表示："我正在剑桥市以外的许多其他城市建立这些实验室。这种对比实际上非常有助于了解我们这里有什么，而其他人没有什么。这不仅是建筑，不仅是伟大的学术研究，而且是所有这些的融合。它还需要这种文化来鼓励（并且先验地不阻止）将你的发明商业化的想法。我们有一些在基础研究方面很出色的大学，但它们的文化确实反对教授将他们的研究成果商业化。他们认为这么做不是好事情，认为这是出卖。我认为他们没有抓住重点。"

资金是另一个大问题。每个人都将获得投资资本视为打造强大集群的要素。默里在她的利益相关者等级中将其稍微排在创业者和大学之后，强调如果拥有前两者，投资界的人很快会赶来。"你需要让资本参与进来，但我认为这是自然而然会发生的事。"她说。重要的是，一个强大的投资社区不仅仅是打开钱包这么简单。"仅仅向这些团体提供资金是不够的，"弗吕霍夫说。"很多时候，他们还需要董事会或战略方面的指导，也就是获得创始人自己可能不熟悉的领域的经验。"

肯德尔广场和波士顿地区在其他核心要素方面得分也很高。其中一个涉及大公司与初创公司之间的联系，这些联系在生命科学领域尤其深入。跨国公司长期以来一直保持着各种各样的合作伙伴关系，以及其他支持初创公司的项目，以获得人才优势并获得新技术，这通常是收购的第一步。费尔德说，企业的合作文化千差万别，但与新兴公司合作的一个关键特征是，要有一个明确的方向去推动初创公司的发展。这意味着"提前提供帮助和价值，而不是以获取价值为目标去与初创公司建立关系。当企业创新项目的领导者明白这一点时，好事就会随之发生。"

波士顿地区的大学和非营利组织，以及法律领域拥有强大的技术许可专业知识（参见聚焦：利塔·内尔森谈技术许可和"集群如何自给自足"）。此外，还有各种创业项目和竞赛——从麻省理工学院 10 万美元创业比赛到 Techstars 再到 MassChallenge。"你可以才华横溢，但要创造出可获取的成果，你确实需要建立团队，因为没有人能独自完成所有事情。"奥莱特说，"因此，这些竞赛的作用是迫使人们创建团队，并开始发展业务。"

政策与计划

许多政策和计划都致力于鼓励创新和创业——有些政策和计划比其他政

策和计划更成功。在肯德尔广场的案例中，有一些特别重要。

合作和主动性会带来积极影响

1960 年，剑桥市、麻省理工学院和房地产开发商 Cabot, Cabot & Forbes 之间独特的合作伙伴关系，促进了科技广场的发展。这个开发项目成为宝丽来的全球总部、MAC 项目和麻省理工学院人工智能实验室的所在地，并帮助激发了更大的城市更新计划，从而塑造了今天的肯德尔广场（见第 9 章和第 25 章）。

时任经济发展国务秘书的兰奇·金博尔表示，从 2004 年左右开始，马萨诸塞州采取了一系列措施，张开双臂欢迎大型制药公司进驻。这些措施包括简化许可和分区程序，改善涉及生命科学的各个州办公室之间的合作，以及促进与顶尖大学科学家的会议。"所有这些措施开始创造出一种文化，表明肯德尔广场不是一个排外的内部俱乐部，这里是一个欢迎来自世界各地的人们的地方。"金博尔说。

然后，在 2008 年年中，在州长德瓦尔·帕特里克的领导下，该州提出了为期 10 年、耗资 10 亿美元的马萨诸塞州生命科学计划。该计划提供了 5 亿美元的资本投资、2.5 亿美元的税收优惠、2.5 亿美元的赠款和其他可自由决定的选择，这改变了游戏规则，马萨诸塞州生物技术委员会前首席执行官鲍勃·考夫林说。他宣称："我们保持增长的关键在于一件事：工业界、学术界和政府真正的合作伙伴关系。"考夫林说[1]，"在这项计划实施之前，我们有最多的美国国立卫生研究院（NIH）资助的医院。我们有出色的风险投资公司。我们有很多促成成功的要素，但政府不是合作伙伴。看看我们从 2008—2012 年经济衰退期间经历的增长。21 世纪第一个 10 年中期，有两到三家大型制药公司在这里落地。如今，全球前 20 名的制药公司中有 19 家入驻了这里。那么这到底是怎么发生的呢？我们通过向政府表明希望这些公司留在这里做到了这一点，这是因为我们改变了心态。"

实施该计划的马萨诸塞州生命科学中心的创始总裁兼首席执行官苏珊·温德姆-班尼斯特（Susan Windham-Bannister）也有同样的感受。她说，

---

[1] 2021 年年初，经过 13 年多的工作，考夫林辞去了 MassBio 首席执行官的职务。——原书注

核心概念借鉴了加州大学欧文分校的路易斯·苏亚雷斯-维拉和哈佛商学院的迈克尔·波特的研究成果。她解释说，具有高创新能力的领域能够通过商业化持续将学术界的技术转化为市场。"这是你培养出来的能力，你需要一遍又一遍地去按照所有潜在和支持的要素去做。"她说，"因此，生命科学计划的战略是通过投资支持平台来增强马萨诸塞州的创新能力。这些成功要素可以分为五类（撇开联邦法规不谈，因为我们对此无法控制），那就是你的学术文化、你创业的资本和文化、你的员工、你的基础设施、你的生态系统。马萨诸塞州生命科学中心资助的所有项目都是针对其中一个或多个领域的。"她指出，在第 22 章中提到的马萨诸塞州生命科学中心向 LabCentral 提供的两笔 500 万美元赠款就是一个最好的例子。她说："创业者留在大学的原因通常是他们需要非常昂贵的实验室空间，因此 LabCentral 的创建加速了创业者走出大学，进入社区。"

保护初创公司

"要保持初创公司的高度集中。"剑桥市创新中心创始人兼首席执行官蒂姆·罗建议。"几年前，剑桥市通过了一项法律，鼓励房东为初创公司留出部分空间。这是必要的，从该地区的受欢迎程度来看，他们可能很容易被挤出这里，因为房东会欢迎高信用的企业租户。"（参见"聚焦：创新空间分区——肯德尔广场希望如何保持其创业社区的活力"）。

网络：如何将其整合在一起

正如默里所述，表现最好的生态系统会吸引众多利益相关者参与进来。一传十，十传百。深厚而相互信任的关系会促使人们分享更多的见解和战略，成功的创业者愿意指导他们的年轻同行，利用关系网络建立新团队——这些共同形成了一股无形的力量，达到一加一大于二的效果。在 128 号公路的全盛时期，波士顿缺少这样的协作网络，这与该地区落后于其竞争对手硅谷有很大关系。进入 21 世纪 30 年代，肯德尔广场和更大的波士顿生物技术社区蓬勃发展，在很大程度上是因为它们有强大的网络。

"这里面一定没这么简单，"菲利普·阿伦·夏普曾对生物技术领域的这种合作意识感到不可思议。之所以会发生这种情况，部分原因是一个联系非常紧密的生物学界协助创建了这个领域，并且携手共同发展。现在，早期的先驱者们很快就会退休（如果他们还没有退休的话）。其中一些人，例如亨利·特米尔已经去世。他们是否会向下一代灌输同样的团结和开放的意识？这种意识会扩散到更多的女性、有色人种，以及其他通常无法获得同样的金钱和人脉的人身上吗？它会扩散到新的领域吗，比如医疗保健和人工智能的融合，或者最后一章展示的其他一些新兴领域？

第 28 章

融合与一致性

凯蒂·蕾表示："我担心的一件事是，虽然生物的东西很好，但它需要平衡。任何行业都不希望生态系统过于失衡，否则你会经历巨大的繁荣和萧条周期。"

她是引擎的首席执行官兼管理合伙人。引擎是一家由麻省理工学院构思和创建的风险投资公司，为"高难度科技"初创公司投资并提供指导和基础设施支持。这些新兴公司追求极具挑战性、可能改变游戏规则的创新，这些创新可能需要多年才能实现，因此对于寻求短期回报的风险资本家来说，这些创新往往最初并不具有吸引力。引擎旨在帮助这些公司跨越创意、经过实验室研究验证和商业化之间的"死亡之谷"。有些人称之为"耐心资本"，因为引擎的模式允许一些长期计划在 12 年或更长时间内提供回报——尽管它也投资较短时间周期的初创公司。按照今天的标准，它投入的资金并不算多——"第一张支票"的资金规模通常在 100 万至 300 万美元之间。我们希望这些早期投资，加上对其指导、基础设施支持，以及许多初创公司无法企及的设备和人脉，能帮助这些公司推进他们的想法，达到能够吸引更多传统投资人的资本的程度。

蕾是波士顿创业生态圈中极具影响力的人物——她曾在 Lycos、Eons 和微软等巨头公司崭露头角，早期还曾在硅谷待过。最近，她在波士顿 Techstars 担任了六年多的董事总经理或董事长，在此过程中，她成了该地区最大的早期投资人之一，对波士顿地区的初创公司进行了 130 多笔投资（见图 28-1）。

蕾凭借丰富的经验，自引擎 2016 年成立以来一直负责该公司的运营。这家新贵公司坐落于马萨诸塞大道上一处经过改造的五层空间内，在摩登的中央广场里。它正在加速搬迁到肯德尔广场的外围——位于主街 730-750 号的一家宝丽来旧工厂。LabCentral 一边是奥斯本街对面的一栋翼楼，另一边是糖果工厂，几乎世界上所有的 Junior Mints 薄荷糖都是在那里生产的 **❶**。除了办公室和会议空间，这处长期地点还将设置实验室和创客设施。此外，它还将为那些可能需要在郊区建立业务，但又需要与肯德尔广场联系的公司提供一个安全的避风港。"所以，如果你在沃本经营一家高难度科技公司（因为你需要仓库），你就可以在剑桥找个地方开会。"蕾解释道，"我们希望人们觉得，'好吧，这也是我的地盘'，即使是临时的。我认为每个人都必须考虑这样做——邀请那些付不起肯德尔广场的租金的人进入这里，因为这非常关键。"她说，"如果说有什么不同的话，那就是在新冠疫情期间，这种互动的愿望和需求变得更加明显。人们喜欢聚在一起。他们喜欢那些碰撞，你知道吗？人们强烈要求增加而不是减少碰撞，我们希望促进这一点。"

图 28-1　凯蒂·蕾站在引擎的车间

≡Q 资料来源 Tony Luong。

---

❶ Junior Mints 薄荷糖是由 Tootsie Roll Industries 的子公司 Cambridge Brands 生产的，地址在主街 810 号。——原书注

回到肯德尔广场需要解决在它所容纳的公司类型上保持平衡的问题上，蕾表示肯德尔广场实际上做得很好。它只需要做得更好，而引擎会提供帮助。"我认为肯德尔很酷的一点是那里仍然很多样化，而且就公司类型而言，它们将变得更加多样化。"她说，"我们在那里长期设立引擎的一个原因是，它将各种各样的初创公司——一些是生物学的，一些是化学的，一些是量子的，本质上是各种不同的新兴产业——带到肯德尔广场的中心，这将使这种社区也在那里发展起来。"

＊ ＊ ＊

当我与 E. O. 威尔逊会面，并开始撰写这本书时，我们讨论的一个大主题是进化。一个欣欣向荣的生态系统，就像一个蓬勃向上的人一样，不是一成不变的。它不断进化和成长，催生新的物种，适应不断变化的环境。要想创新生态系统也是这样，一个关键方式是不同技术或科学信徒的融合，以激发创意和创新。

许多人已经在致力于肯德尔广场的下一次技术迭代。很明显，当前计算机技术、机器学习，尤其是生物技术领域的主导线程在可预见的未来不会消失。仅在生物技术领域，CRISPR 基因编辑等新兴工具，以及基因组学、RNA 干扰和基因治疗等"古老"创新，才刚刚开始崭露头角。从各方面来看，他们的未来都是非常光明的。

但是……谁知道呢。专家们当时对宝丽来和莲花也是这么想的。有远见的人预见了人工智能巷的惊人未来，但在很大程度上错过了生物技术的崛起——几乎完全错失了超越的机会。

同样，潜在的强大变革力量今天正在发挥作用。当与人们谈论可能不仅为肯德尔广场乃至整个地区提供动力的新增长领域时，出现了两条主要思路。两者都涉及融合。许多人最关心的是人工智能、医疗保健和生物学的融合。

这种融合已经进行了数年。每一家生物技术和制药公司都将计算能力和数据科学与生物学相结合。布罗德研究所凭借其强大的基因组学平台，利用了大量的机器学习和人工智能。肯德尔广场的初创公司 GNS Healthcare 最近搬到了半英里外的萨默维尔，该公司使用其"因果人工智能技术"来找出哪些患者对特定药物有反应以及这种反应背后的原因，并为特定患者群体发现新的药物靶点。如今，许多初创公司都拥护人工智能的使用，但在使用方式上存在很大差异。简而言之，人工智能有很多种风格，也有无数种方法可以将其应用于医疗保健领域。范围从比以往都准确的分析医学图像，到诊断疾病，再到寻找药物化合物。"分子患者数据、计算和前沿人工智能数学的融合将进一步改变我们对癌症、神经退行性疾病和免疫系统疾病等复杂疾病的理解，以及我们发现和开发药物，并更好地将它们与现实世界中的患者相匹配。"GNS Healthcare 联合创始人兼首席执行官科林·希尔（Colin Hill）说，"这是开启预测生物学新时代的关键，它将改变我们发现、开发和使用新药和现有药物的方式。"

这一趋势的一个表现可以在武田的数据科学研究所看到。该研究所的总部位于中央广场附近，但它的 250 名统计学家、程序员、现实世界数据专家、数字工具专家等分布在各地，包括肯德尔广场和世界各地的其他地点。

该研究所的负责人高级副总裁安妮·希瑟林顿（Anne Heatherington）解释道，"最终目标是分析和处理数据，以设计更好的药物试验，并帮助改善患者的治疗结果。"她的团队通过许多不涉及人工智能的方式来做到这一点，比如使用数字工具去远程收集患者数据，以及传统的数学方法。但一项长期的工作是寻求利用强大的计算能力、自然语言处理和人工智能技术来挖掘患者记录和医疗数据，以更好地诊断患者。希瑟林顿说，"对于一些罕见病，可能需要七年或更长时间才能做出正确的诊断，这使得更难得出结果。如果医院系统中内置了算法，病人可能会更早地被发现患有某种疾病。"

2020 年年初，武田宣布与麻省理工学院安利捷健康机器学习诊所（也就是 J-Clinic）达成合作，这将有助于这项工作和其他工作的开展。这项为期 3 到 5 年的计划（金额未公布）旨在探索武田认为可能会影响其业务的人工智能和健康交叉领域的问题。这项合作首批启动了 10 个项目，其中包括胃肠疾病诊断、药物制造和生物标志物，每个项目都涉及武田和麻省理工学院的联合团队。希瑟顿说："我们的计划是，这 10 个项目中的每一个都有两年的生命周期，之后我们将启动另一轮项目。"

IBM 是从大科技角度实现这一融合的公司，该公司于 2016 年在肯德尔广场建立了 IBM 沃森健康总部。大约在同一时间，它加强了 IBM 研究院在人工智能方面的本地实力——将两个团队安排在宾尼街附近的同一栋大厦里。蓝色巨人随后通过几项重大财务投入，重点用于其在肯德尔广场日益增长的人工智能项目。2016年，该公司宣布与布罗德研究所进行为期5年、耗资5000万美元的合作，支持一项对癌症样本进行测序，然后分析相关基因组数据的计划。该公司在2019年对计划进行了扩展，宣布了一个单独的为期3年的联合项目，旨在帮助医生利用基因组学、人工智能和临床数据，更好地预测患者患严重心血管疾病的可能性。与此同时，在2017年，它还宣布了一项为期10年、耗资2.5亿美元的计划，用于资助麻省理工学院的一个新实验室——麻省理工学院-IBM沃森人工智能实验室。

IBM通过该实验室，每年支持大约50个项目，去解决各种问题，包括医疗保健等特定领域的算法、硬件、应用程序，以及人工智能伦理。该公司致力于这项工作的团队最初设在IBM沃森健康的肯德尔广场总部。在2021年π塔建成后，它将会和IBM剑桥研究院一起搬过去，届时IBM的研究人员将直接与麻省理工学院的合作伙伴一起工作。

这只是大公司围绕计算、人工智能和医疗保健融合所做事情的两个例子。他们并不是孤军奋战。麻省理工学院毫不意外是许多合作的核心，并与许多其他公司和组织开展了与人工智能相关的计划。如第1章所述，2021年3月宣布的最新一项计划涉及在麻省理工学院和哈佛大学的布罗德研究所建立埃里克和温迪·施密特中心。新成立的研究中心得到了这位谷歌公司前首席执行官和他妻子1.5亿美元的捐赠，将把人工智能和计算机科学更广泛地应用于治疗各种疾病。它还将遵循布罗德研究所与全球其他一些顶级机构和公司合作的传统。

早在施密特中心成立之前，麻省理工学院就在2018年将事情提升到了另一个高度，当时它宣布承诺投入10亿美元，用于应对人工智能和计算能力不断增强带来的机遇和潜在障碍。承诺包括建立一个新的学院——苏世民计算学院，该学院标志着麻省理工学院70多年来最重大的结构变化。届时将新增50名教职工，重要的是，其主要目标之一是将人工智能整合到麻省理工学院的所有学科中。苏世民计算学院在公告中宣布，"该学院将重新定位麻省理工学院，将计算机技术和人工智能的力量引入所有研究领域，反过来，也让所有其他学科（包括人文学科）的深刻见解塑造计算机技术和人工智能的未来方向。"

这是一个关键点，IBM 剑桥研究院院长丽莎·阿米尼（Lisa Amini）表示，她通过所谓的"人工智能地平线网络"监督 IBM 研究院与世界各地大学的主要人工智能合作。"这不仅仅是'让我们建立一个庞大的计算机科学系，比任何大学的都大'。"她说，"我看到的是，工程、金融、建筑等许多不同学科更好地参与和利用计算机科学的工具。对我来说，这才是重磅炸弹。"

苏世民计算学院的首任院长丹尼尔·胡滕洛赫尔可能不会对她提出任何异议。胡滕洛赫尔曾在康奈尔大学工作，于 2020 年 1 月上任。20 世纪 80 年代，胡滕洛赫尔在麻省理工学院科技广场的人工智能实验室获得硕士和博士学位。"我相信我们现在所处的时代，在很多方面都与麻省理工学院成立的时期相似，当时许多技术实践已经超越了我们对它的理解。我们今天的计算机和人工智能，与我们现在所知的工程学非常相似。"他在履新后不久告诉麻省理工学院在线校友刊物《麻省理工学院掠影》（*Slice of MIT*）。他说，"跨学科思维对于应对未来的许多挑战至关重要，学院将为学生提供更多的途径，而不仅仅让一个个学科变成一座座孤岛"。

* * *

人工智能和机器学习与各个领域的融合掀起了一波创新和创业的浪潮。在连续创业者、麻省理工学院医学工程与科学教授吉姆·柯林斯看来，人工智能"将成为 21 世纪的两大主导主题之一"。他认为另一个主题是：合成生物学。

柯林斯凭借独特的优势得出了这一结论。他是合成生物学领域的开创者之一，主要因其在这一领域的工作而获得了麦克阿瑟"天才"奖。他与其他人共同创立的生物制药公司 Synlogic 位于肯德尔广场的宾尼街，致力于开发一类新型生物工程——"活的"药物，这类药物能够治疗肿瘤和各种疾病，比如胃肠道疾病和免疫疾病。这只是合成生物学的一个方面，随着它越来越多地与人工智能的力量融合，更多的可能性会出现。人工智能与合成生物学的结合将使我们能够使用先进的计算工具来理解和接受生物系统的复杂性，从而让我们能够利用生物的力量和多样性来造福我们的星球。我们将能够赋予活细胞新的功能，使我们能够解决全世界在健康、食物、能源、气候变化和可持续性方面的一些重大挑战。

这种融合更接近凯蒂·蕾所说的在肯德尔广场创造更好的行业平衡，但这只是她理想中的一部分。那么，她心目中的高难度科技是什么呢？

"有三大领域，"蕾说，"第一大领域是扭转和减缓气候变化，就是一切的脱碳。这可能是能源发电，可能是核聚变，可能是长期电池存储，也可能是工业过程脱碳，等等。第二大领域是人类健康和农业，即我们如何发现药物，我们如何真正制造组织来治愈疾病。第三大领域是先进系统和基础设施。这些东西可以连接世界，或者提高我们理解事物的方式。这正是推动智慧城市交通改善的原因。它可能是计算能力方面的量子人工智能，也可能是基础设施方面的光子学和半导体，或者可能是空间和移动性。"

引擎里的公司涉及所有这些领域。联邦聚变系统公司正在开发基于新型超导技术的高磁场磁体，以更好地绝缘等离子体（这是一个聚变系统的关键）——从而让一个反应堆更小，使该过程在商业上可行。意大利能源公司 Eni 出资 5000 万美元支持联邦聚变系统公司。量子软件开发公司 Zapata Computing 正在为量子计算机开发算法和软件，而量子计算机有可能解决对当今最强大的超级计算机而言过于复杂的方程。干细胞疗法领域初创公司 Cellino 致力于按需制造人体组织。Quaise 正在开发一种新型钻井系统，可以提供人们负担得起的地热能。

蕾总结道："这些都是我们整个世界在如何解决问题、改善交通、治疗疾病、解决能源危机、应对气候变化等方面的飞跃。"

* * *

蕾的话引发了一系列的思考。核聚变和量子计算等技术几十年来一直未能成功实现商业化。毫无疑问，这些梦想总有一天会成为现实，但这一天真的近在眼前吗？这些羽翼未丰的公司，或其他类似的公司，会成为肯德尔广场未来迭代的标志吗？

我想到了 E. O. 威尔逊的《一致性：知识的统一》(*Consilience：The Unity of Knowledge*)。这本书讲述了科学与艺术和人文学科融合的想法。他写道："科学与人文之间的联系一直是、也将永远是心灵最伟大的事业。"人们期待已久的艺术和文化中心终于在 2020 年底获批在肯德尔广场落地。如果蕾这样的企业家走入现在肯德尔广场的人群中，并且转身与艺术家和音乐家擦肩而过，会发生什么？如果肯德尔也成为一个艺术生态系统，是否会产生碰撞，带来人们尚未想象到的创新？这是理查德·佛罗里达在《创意阶层的崛起》一书中预测的事情。

最后，我还想到了蕾的最后一句话的力量。对我而言，她的话唤起了肯德尔广场的一个关键特征——在很多方面，也是其本质。两百多年来，肯德尔广场一直是不同程度、不同形式的经济增长和创新中心。蕾特别使用了一个词来说明了这种情况持续下去的必然性，或多或少沿着它两个世纪以来所走的路线，但并不完全如此。更多的是相同的，而不同的可能和你想象的不太一样。我赞同用如此美妙的词汇来概括肯德尔广场可能有的未来。

致　谢

　　本书的完成离不开许多人的帮助。我要向所有人表示感谢，包括接受采访的一百多人，他们中的许多人不止一次地与我会面，回答我的问题。他们和其他人帮助我检查事实、处理复杂的情况、挖掘照片和文件，等等。我所做的一切都多亏了他们。我深深地感谢所有人的帮助。

　　尼古拉斯·尼葛洛庞帝把这个想法带给了我。他两次给我发邮件。谢谢你，尼古拉斯，谢谢你的坚持，并帮助我继续这个精彩的项目！也非常感谢多伦·韦伯和斯隆基金会对这项工作的支持。

　　在我的研究和写作过程中，有几个人确实做到了超越。剑桥历史委员会的执行主任查尔斯·沙利文非常慷慨地投入了自己的时间和专业知识，审阅了大量的手稿，提供了原始材料，并分享了他对剑桥无与伦比的知识。凯伦·文特劳布本着真正的合作和协助精神，分享了她和丈夫迈克尔·库赫塔为他们自己的伟大著作《出生在剑桥》（*Born in Cambridge*）收集的材料，尽管我们的努力在几个地方有一点点重叠。维克·麦克尔赫尼，就像他过去多次做的那样，分享了他对科学技术史的百科全书式的知识，并帮助将事件置于更大的背景中。菲利普·阿伦·夏普为我打开了许多扇门，包括邀请我参加庆祝渤健成立 40 周年的特别晚宴。我还有幸见到了麻省理工学院的 3 位特别领导人：苏珊·霍克菲尔德、桑吉塔·巴蒂亚和南希·霍普金斯，她们在鼓励和支持生物技术领域女性创始人方面的重要工作在第 21 章 "坐失良机的 40 家公司" 中有所描述。

　　还有 3 位同仁在研究和编辑方面提供了宝贵的帮助。第一位是我以前在《麻省理工科技评论》（*Technology Review*）的同事特蕾西·施塔特。第二位是玛德琳·特纳，她帮助我寻找文件、维护参考书目，等等。第三位是约翰·凯里，他对细节有着敏锐的观察力。非常感谢他们。

麻省理工学院出版社的吉塔·玛纳克塔拉和艾米·布兰德在本书的出版过程中给予了我坚定的支持，他们战胜了无数挑战，帮助我整理出这样一本书。他们背后的团队是了不起的，他们是埃丽卡·巴里奥斯、苏莱亚·热塔、肖恩·赖丽和卡特勒恩·卡鲁索。

最后，我要感谢我的家人——我的孩子凯西和罗比以及我的妻子南希·瓦尔瑟。读者都知道，他们出现在我的生活中，给我鼓励、希望、力量、快乐，等等。